U0163555

线性代数

邓建平　编著

四川大学出版社
SICHUAN UNIVERSITY PRESS

图书在版编日（CIP）数据

线性代数 / 邓建平编著 . — 成都 : 四川大学出版社, 2022.9

ISBN 978-7-5690-5472-9

Ⅰ. ①线… Ⅱ. ①邓… Ⅲ. ①线性代数－高等学校－教材 Ⅳ. ① O151.2

中国版本图书馆 CIP 数据核字 (2022) 第 087283 号

书　　名：线性代数
　　　　　Xianxing Daishu
编　　著：邓建平

选题策划：王　睿　李思莹
责任编辑：王　睿
责任校对：周维彬
装帧设计：墨创文化
责任印制：王　炜

出版发行：四川大学出版社有限责任公司
　　　　　地址：成都市一环路南一段 24 号（610065）
　　　　　电话：（028）85408311（发行部）、85400276（总编室）
　　　　　电子邮箱：scupress@vip.163.com
　　　　　网址：https://press.scu.edu.cn
印前制作：四川胜翔数码印务设计有限公司
印刷装订：四川煤田地质制图印刷厂

成品尺寸：185 mm × 260 mm
印　　张：13.5
字　　数：334 千字

版　　次：2022 年 12 月 第 1 版
印　　次：2022 年 12 月 第 1 次印刷
定　　价：42.00 元

本社图书如有印装质量问题，请联系发行部调换

扫码查看数字版

四川大学出版社
微信公众号

前　言

线性代数是代数学的一个分支, 主要研究线性关系问题. 线性关系是指数学对象之间存在一次方程的关系. 例如, 解析几何里平面上直线的方程是二元一次方程; 空间平面的方程是三元一次方程, 而空间直线可以看成是两个平面的交线, 由两个三元一次方程所组成的方程组来表示. 由 m 个 n 元一次方程所组成的方程组称为线性方程组. 线性关系问题简称为线性问题, 求解线性方程组的问题是最简单的线性问题.

20 世纪, 线性代数才作为数学的一个分支, 然而它的历史却非常久远. “鸡兔同笼”问题实际上就是一个简单的线性方程组求解的问题. 在中国古代的数学著作《九章算术 · 方程》章中, 已经比较完整地叙述了消去未知量的方法, 其中所述方法实质上相当于现代对方程组的增广矩阵施行初等行变换. 由于费马和笛卡儿的贡献, 现代意义的线性代数基本上出现于 17 世纪. 直到 18 世纪末, 线性代数的领域还只限于平面与空间. 19 世纪上半叶才完成了到 n 维线性空间的过渡. 随着深入研究线性方程组和变量的线性变换问题, 行列式和矩阵在 18 至 19 世纪先后产生, 为处理线性问题提供了强有力的工具, 从而推动了线性代数的发展. 向量概念的引入, 形成了线性空间 (也称为向量空间) 的概念. 凡是线性问题都可以用线性空间的观点加以讨论. 因此, 线性空间及其上的线性变换, 以及与此相联系的矩阵理论, 构成了线性代数的核心内容.

线性代数在数学、物理学和技术科学中有着重要的应用, 因而它在各种代数分支中居首要地位. 在计算机得到广泛应用的今天, 计算机图形学、计算机辅助设计、密码学、虚拟现实等都以线性代数作为其理论和算法基础的一部分. 线性代数所体现的几何观念与代数方法之间的联系, 具体概念抽象出来的公理化方法以及严谨的逻辑论证、巧妙的归纳综合、烦琐的数字计算等, 对于强化人们的数学训练, 增益数学能力是非常有用的. 随着科学技术的发展, 我们不仅要研究单个变量之间的关系, 还要进一步研究多个变量之间的关系, 各种实际问题在大多数情况下可以线性化, 随着计算机技术的发展, 线性化了的问题可以被计算出来, 线性代数正是解决这些问题的有力工具.

线性代数的内容是已经积累起来的成熟知识. 编者依据现代生产技术和理论科学的需要, 按照学校培养新型应用技术型人才的目标要求, 遵循线性代数课程教学基本规律, 在基础部黄卫华老师的指导下, 通过多次教学实践编写了本书. 希望通过对本书的学习, 学生具有一定的逻辑推理能力、巧妙的归纳综合能力、烦琐的数字计算能力以及解决实际问题的能力, 为学习后继课程奠定良好的基础.

本书是严格按照“线性代数课程教学基本要求”, 结合编者在南京大学多年的教学经验精心编写而成的. 本书主要介绍了线性代数的基本理论和基本方法, 内容包括行列式、矩阵、向量、线性方程组、矩阵的特征值与特征向量、二次型、线性空间与线性变换、内积空间. 本书每章都附有丰富的练习和习题, 练习供学生课堂使用, 习题供学生课后使用.

本书在内容的编排上深入浅出，力图让读者深刻领会数学思想，掌握数学技巧，提高数学能力.

本书可作为高等院校开设线性代数课程的教材，也可以作为考研读者备考的参考用书.

在编写本书的过程中，编者参阅了国内外许多与线性代数相关的优秀著作，在此深表谢意，请恕不一一列名.

衷心感谢黄卫华老师对本书的精心审阅，提出的宝贵意见. 衷心感谢四川大学出版社编校团队对本书的悉心编校.

限于编者水平和经验，书中难免存在错误和缺点，殷切期望广大读者不吝批评指正.

邓建平

2021年3月于南京大学

目　　录

第 1 章　行列式

1.1　行列式的定义

定义 1.1.1 设 K 是由一些复数组成的集合, 其中 $0, 1$ 在 K 中. 如果 K 中任意两个数的和、差、积、商 (除数不为零) 均是 K 中的数, 则称 K 是一个**数域**, 记为 $\mathbb{K}$.

注 1 K 的任意两个数的和、差、积、商属于 K, 也称为 K 对数的加法、减法、乘法、除法运算封闭.

注 2 任何数域 $\mathbb{K}$ 都包含有理数域 $\mathbb{Q}$.

其实, 因为 1 属于任何数域 $\mathbb{K}$, 将 1 连加 n 次, 得到 $n \in \mathbb{K}$. 故任一正整数属于 $\mathbb{K}$. 又 $0 - n = -n \in \mathbb{K}$. 故任一整数都属于 $\mathbb{K}$. 最后, 若 $m \neq 0, m, n$ 为整数, 则由除法的封闭性, 得到 $\frac{n}{m} \in \mathbb{K}$. 这就证明了任一有理数都属于 $\mathbb{K}$, 即 $\mathbb{K} \supseteq \mathbb{Q}$.

如 $P_1 = \left\{a + b\sqrt{2} | a, b \in \mathbb{Q}\right\}$ 是数域. $P_2 = \left\{a + b\sqrt[3]{2} | a, b \in \mathbb{Q}\right\}$ 不是数域 (因为 $\sqrt[3]{2} \in P_2$, 但 $\sqrt[3]{2} \cdot \sqrt[3]{2} = \sqrt[3]{4} \notin P_2$).

注 3 实数域 $\mathbb{R}$ 与复数域 $\mathbb{C}$ 之间不存在其他数域.

其实, 设 $\mathbb{K}$ 是 $\mathbb{C}$ 中包含 $\mathbb{R}$ 且不同于 $\mathbb{R}$ 的数域, 则 $\mathbb{K}$ 至少含有一个复数 $a + b\mathrm{i}(b \neq 0)$. 由 $\mathbb{K}$ 是数域得到 $\mathrm{i} = \dfrac{a + b\mathrm{i} - a}{b} \in \mathbb{K}$. 又 $\mathbb{R} \subseteq \mathbb{K}$, 所以对任意实数 c, d 都有 $c + d\mathrm{i} \in \mathbb{K}$, 即 $\mathbb{K}$ 含有全体复数. 故 $\mathbb{K} = \mathbb{C}$.

定义 1.1.2 (n 阶行列式的归纳法定义) 设 $a_{ij}\ (i, j = 1, 2, \cdots, n)$ 是数域 $\mathbb{K}$ 上的数. 记

$$D_n = \begin{vmatrix} a_{11} & a_{12} & \cdots & a_{1n} \\ a_{21} & a_{22} & \cdots & a_{2n} \\ \vdots & \vdots & & \vdots \\ a_{n1} & a_{n2} & \cdots & a_{nn} \end{vmatrix}, \tag{1.1.1}$$

称 D_n 为 n 阶行列式. D_n 的值定义为:

当 $n = 1$ 时, $D_1 = a_{11}$;

当 $n > 1$ 时, $D_n = \sum\limits_{j=1}^{n}(-1)^{1+j}a_{1j}M_{1j} = \sum\limits_{j=1}^{n}a_{1j}A_{1j}$, 其中 M_{ij} 是在 D_n 中划去第 i 行和第 j 列的所有元素, 其余元素及位置皆不变的 $n-1$ 阶行列式, 称为 a_{ij} 的**余子式**, 而 $A_{ij} = (-1)^{i+j}M_{ij}$ 称为 a_{ij} 的**代数余子式**.

注 行列式 D_n 中的元素 a_{ij} 也称为 D_n 的 (i, j) 元 $(i, j = 1, 2, \cdots, n)$.

由定义 1.1.2 可得:

(1) $D_2 = \begin{vmatrix} a_{11} & a_{12} \\ a_{21} & a_{22} \end{vmatrix} = a_{11}A_{11} + a_{12}A_{12} = a_{11}a_{22} - a_{12}a_{21}$.

(2) $D_3=\begin{vmatrix} a_{11} & a_{12} & a_{13} \\ a_{21} & a_{22} & a_{23} \\ a_{31} & a_{32} & a_{33} \end{vmatrix}=a_{11}A_{11}+a_{12}A_{12}+a_{13}A_{13}$

$=a_{11}a_{22}a_{33}+a_{12}a_{23}a_{31}+a_{13}a_{21}a_{32}-a_{31}a_{22}a_{13}-a_{21}a_{12}a_{33}-a_{11}a_{32}a_{23}.$

(3) D_n 中所有元素都为 0 的行列式记为 $|\boldsymbol{O}|$, 则 $|\boldsymbol{O}|=0$.

(4) D_n 中 $a_{ii}=1, a_{ij}=0\,(i\neq j)\,(i,j=1,2,\cdots,n)$ 的行列式记为 $|\boldsymbol{E}|$, 则 $|\boldsymbol{E}|=1$.

(5) D_n 中 $a_{ii}=\lambda_i, a_{ij}=0\,(i\neq j)\,(i,j=1,2,\cdots,n)$ 的行列式称为对角行列式, 记为 $|\mathrm{diag}(\lambda_1,\lambda_2,\cdots,\lambda_n)|$, 则

$$|\mathrm{diag}(\lambda_1,\lambda_2,\cdots,\lambda_n)|=\prod_{i=1}^{n}\lambda_i.$$

(6) 下三角行列式 $\begin{vmatrix} a_{11} & & \boldsymbol{O} \\ & \ddots & \\ * & & a_{nn} \end{vmatrix}=\prod_{i=1}^{n}a_{ii}.$

注 1 行列式, 余子式, 代数余子式都各指一个数.

注 2 三阶行列式可按下图所示方法记忆: 三阶行列式的值等于三条实线上的三个数相乘带正号与三条虚线上的三个数相乘带负号之和.

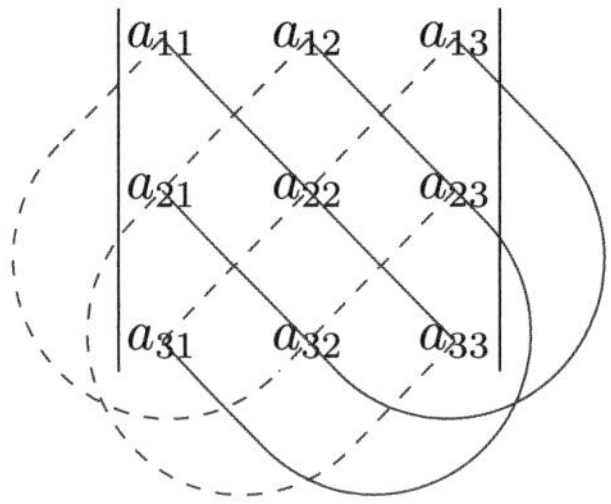

例 1.1.1 计算三阶行列式 $D_3=\begin{vmatrix} 2 & 3 & 5 \\ 7 & 11 & 13 \\ 17 & 19 & 23 \end{vmatrix}$.

解 $D_3=2\times 11\times 23+7\times 19\times 5+17\times 13\times 3-5\times 11\times 17-3\times 7\times 23-2\times 19\times 13$

$=506+665+663-935-483-494=-78.$

或者 $D_3=2\times 11\times 23+7\times 19\times 5+17\times 13\times 3-5\times 11\times 17-3\times 7\times 23-2\times 19\times 13$

$=(22-21)\times 23+(35-26)\times 19+(39-55)\times 17$

$=23+171-272=22+172-272=22-100=-78.$

下面介绍行列式的逆序法定义: 由 $1,2,\cdots,n$ 组成的任一有序数组称为一个 n **元排列**. 显然, 这 n 个数的全体 n 元排列一共有 $n!$ 个. 在任一 n 元排列中, 对任意的两个数, 若大数在前小数在后, 则称这两个数为一个**逆序排列**. 如在 $1,3,2$ 这个三元排列中 $3,2$ 是一个逆序排列. 在一个排列中, 逆序排列的总数称为这个排列的**逆序数**, 记为 σ. 如 $\sigma(1,2,3)=0$, $\sigma(1,3,2)=1$, $\sigma(3,2,1)=3$, 而 $\sigma(n,n-1,\cdots,1)=\dfrac{n(n-1)}{2}$.

例 1.1.2 设 $\sigma(j_1,j_2,\cdots,j_n)=k$. 求 $\sigma(j_n,j_{n-1},\cdots,j_1)$.

解　在 n 元排列 $j_1,j_2,\cdots,j_n$ 中任取两个数, 共有 $\dfrac{n(n-1)}{2}$ 种取法. 由于在一个 n 元排列中每两个数或者构成顺序, 或者构成逆序, 所以在排列 $j_1,j_2,\cdots,j_n$ 中逆序总数与顺序总数之和等于 $\dfrac{n(n-1)}{2}$. 又因为 $j_n,j_{n-1},\cdots,j_1$ 中逆序总数正好是 $j_1,j_2,\cdots,j_n$ 中的顺序总数. 故 $\sigma(j_n,j_{n-1},\cdots,j_1)=\dfrac{n(n-1)}{2}-\sigma(j_1,j_2,\cdots,j_n)=\dfrac{n(n-1)}{2}-k$.

定义 1.1.2′(行列式的逆序法定义) n 阶行列式

$$D_n=\begin{vmatrix} a_{11} & a_{12} & \cdots & a_{1n} \\ a_{21} & a_{22} & \cdots & a_{2n} \\ \vdots & \vdots & & \vdots \\ a_{n1} & a_{n2} & \cdots & a_{nn} \end{vmatrix}$$

的值定义为

$$D_n=\sum_{j_1,j_2,\cdots,j_n}(-1)^{\sigma(j_1,j_2,\cdots,j_n)}a_{1j_1}a_{2j_2}\cdots a_{nj_n}.$$

其中 $\sum\limits_{j_1,j_2,\cdots,j_n}$ 表示取遍所有的 n 元排列, 对形如 $a_{1j_1}a_{2j_2}\cdots a_{nj_n}$ 的项求和(n 阶行列式 D_n 的和式中共有 $n!$ 项).

1.2　行列式的性质

定理 1.2.1 设行列式 D_n 如式(1.1.1)所示, 则

$$D_n=\sum_{i=1}^{n}(-1)^{i+1}a_{i1}M_{i1}=\sum_{i=1}^{n}a_{i1}A_{i1}. \tag{1.2.1}$$

证　数学归纳法. 当 $n=2$ 时, 因 $A_{11}=a_{22},A_{21}=-a_{12}$, 故

$$D_2=a_{11}a_{22}-a_{12}a_{21}=a_{11}A_{11}+a_{21}A_{21}.$$

假设 $n-1$ 时式(1.2.1)成立. 由定义 1.1.2, 得到

$$D_n=a_{11}A_{11}+\sum_{j=2}^{n}(-1)^{1+j}a_{1j}M_{1j}. \tag{1.2.2}$$

其中 M_{1j} 是 $n-1$ 阶行列式. 设 M_{1j} 中 a_{i1} 的余子式为 $(M_{1j})_{i1}$, 则 $(M_{1j})_{i1}=(M_{11})_{ij}$. 按归纳假设 M_{1j} 可按第一列展开

$$M_{1j}=\sum_{i=2}^{n}(-1)^{(i-1)+1}a_{i1}(M_{1j})_{i1}=\sum_{i=2}^{n}(-1)^{i}a_{i1}(M_{11})_{ij},$$

将此式代入式 (1.2.2), 得到

$$\begin{aligned}D_n &= a_{11}A_{11}+\sum_{j=2}^{n}(-1)^{1+j}a_{1j}\sum_{i=2}^{n}(-1)^{i}a_{i1}(M_{11})_{ij}\\ &= a_{11}A_{11}+\sum_{j=2}^{n}\sum_{i=2}^{n}(-1)^{i+j+1}a_{1j}a_{i1}(M_{11})_{ij}\end{aligned} \tag{1.2.3}$$

另一方面, 将 D_n 按第一列展开, 得到

$$D_n = a_{11}A_{11}+\sum_{i=2}^{n}(-1)^{i+1}a_{i1}M_{i1}, \tag{1.2.4}$$

设 M_{i1} 中 a_{1j} 的余子式为 $(M_{i1})_{1j}$, 则

$$(M_{i1})_{1j} = (M_{11})_{ij}.$$

将 M_{i1} 按第一行展开, 得到

$$M_{i1} = \sum_{j=2}^{n}(-1)^{1+(j-1)}a_{1j}(M_{i1})_{1j} = \sum_{j=2}^{n}(-1)^{j}a_{1j}(M_{11})_{ij}.$$

将此式代入式 (1.2.4), 得到

$$\begin{aligned}D_n &= a_{11}A_{11}+\sum_{i=2}^{n}(-1)^{i+1}a_{i1}\sum_{j=2}^{n}(-1)^{j}a_{1j}(M_{11})_{ij}\\ &= a_{11}A_{11}+\sum_{i=2}^{n}\sum_{j=2}^{n}(-1)^{i+j+1}a_{i1}a_{1j}(M_{11})_{ij},\end{aligned} \tag{1.2.5}$$

比较式 (1.2.3) 和 式(1.2.5) 即得式 (1.2.1) 成立.

由定理 1.2.1 可得上三角行列式 $\begin{vmatrix} a_{11} & & * \\ & \ddots & \\ \boldsymbol{O} & & a_{nn}\end{vmatrix} = \prod_{i=1}^{n} a_{ii}.$

定理 1.2.2 将行列式 D_n 的行列互换, 则 D_n 的值不变.

证 记 D_n 的行列互换的行列式为 D_n^{T}, 称 D_n^{T} 为 D_n 的转置行列式. $D_2^{\mathrm{T}} = D_2$ 是显然的. 假设 $D_n^{\mathrm{T}} = D_n$, 则

$$D_{n+1}^{\mathrm{T}} = \sum_{i=1}^{n+1} a_{i1}A_{i1}^{\mathrm{T}} = \sum_{i=1}^{n+1} a_{i1}A_{i1} = D_{n+1}.$$

定理 1.2.3 将行列式 D_n 的两行 (列) 互换, 行列式 D_n 的值反号.

证 对互换两列给出证明. 若 $\sigma(j_1, j_2, \cdots, j_n)$ 是偶数 (包括 0), 则称之为偶排列; 若 $\sigma(j_1, j_2, \cdots, j_n)$ 是奇数, 则称之为奇排列. 若交换排列 $(j_1, j_2, \cdots, j_n)$ 中的 j_k 与 j_l, 其余

数不动, 则排列的奇偶性改变. 其实, 首先考虑相邻两个数的交换, 若 $j_k > j_{k+1}$, 交换后逆序数减少1, 若 $j_k < j_{k+1}$, 交换后逆序数增加1, 无论哪种情况, 排列的奇偶性都改变了. 对于一般情况, 不妨设$j_k < j_l$, 将 j_k 与 j_{k+1} 交换, j_k 与 j_{k+2} 交换, $\cdots$, 交换 $j_l - j_k$ 次后再将 j_l 与 j_{l-1} 交换, $\cdots$, 经 $j_l - 1 - j_k$ 次交换后, j_k 与 j_l 实现了交换, 这样一共交换 $2(j_l - j_k) - 1$ 次, 因此, 排列的奇偶性改变了. 定理也由此得证.

也可以用数学归纳法来证明: 只需证明相邻两行元素交换即可.

考虑交换 k, l 两行: 不妨设 $k < l$, 将 k 行与 $k+1$ 行交换, (新) $k+1$ 行与 $k+2$ 行交换, $\cdots$, 交换 $l-k$ 次后再将 $l-1$ (原 l) 行与 $l-2$ 行交换, $\cdots$, 经过 $l-1-k$ 次交换后, 原 k 行与 l 行实现了交换, 这样一共交换了 $2(l-k)-1$ 次. 因为 $(-1)^{2(l-k)-1} = -1$, 所以只需证明相邻两行元素交换即可. 设 $D_n^{(1)}$ 是 D_n 中第 k 行与第 $k+1$ 行交换. $D_2^{(1)} = -D_2$, 假设 $D_{n-1}^{(1)} = -D_{n-1}$, 并记 $D_n^{(1)}$ 中 (i,j) 元的余子式为 $M_{ij}^{(1)}$. 由归纳假设, 得到

$$M_{i1}^{(1)} = -M_{i1}(i = 1, \cdots, k-1, k+2, \cdots, n)$$

又因为

$$M_{k1}^{(1)} = M_{k+1,1}, M_{k+1,1}^{(1)} = M_{k1}.$$

所以

$$\begin{aligned} D_n^{(1)} &= \sum_{i=1}^{n} (-1)^{i+1} a_{i1} M_{i1}^{(1)} \\ &= -\sum_{i=1}^{k-1} (-1)^{i+1} a_{i1} M_{i1} + (-1)^{k+1} a_{k+1,1} M_{k+1,1} \\ &\quad + (-1)^{(k+1)+1} a_{k1} M_{k1} - \sum_{i=k+2}^{n} (-1)^{i+1} a_{i1} M_{i1} = -D_n. \end{aligned}$$

推论 1.2.4 若行列式 D_n 的两行 (列) 相同, 则 $D_n = 0$.

推论 1.2.5 若行列式 D_n 的一行 (列) 元素全为 0, 则 $D_n = 0$.

推论 1.2.6 若行列式 D_n 的某行 (列) 元素乘以 k, 则得到的行列式的值为原行列式的值的 k 倍.

定理 1.2.7 若行列式 D_n 的某行 (列) 元素是两组数的和, 则 D_n 可化为两个行列式的和.

证

$$D_n = \begin{vmatrix} a_{11} & a_{12} & \cdots & a_{1n} \\ \vdots & \vdots & & \vdots \\ a_{k1}+b_{k1} & a_{k2}+b_{k2} & \cdots & a_{kn}+b_{kn} \\ \vdots & \vdots & & \vdots \\ a_{n1} & a_{n2} & \cdots & a_{nn} \end{vmatrix}$$

$$= -\begin{vmatrix} a_{k1}+b_{k1} & a_{k2}+b_{k2} & \cdots & a_{kn}+b_{kn} \\ \vdots & \vdots & & \vdots \\ a_{11} & a_{12} & \cdots & a_{1n} \\ \vdots & \vdots & & \vdots \\ a_{n1} & a_{n2} & \cdots & a_{nn} \end{vmatrix}$$

$$
\begin{aligned}
&= -\sum_{j=1}^{n}(-1)^{1+j}(a_{kj}+b_{kj})M_{1j}\\
&= -\sum_{j=1}^{n}(-1)^{1+j}a_{kj}M_{1j} - \sum_{j=1}^{n}(-1)^{1+j}b_{kj}M_{1j}\\
&= -\begin{vmatrix} a_{k1} & a_{k2} & \cdots & a_{kn}\\ \vdots & \vdots & & \vdots\\ a_{11} & a_{12} & \cdots & a_{1n}\\ \vdots & \vdots & & \vdots\\ a_{n1} & a_{n2} & \cdots & a_{nn}\end{vmatrix} - \begin{vmatrix} b_{k1} & b_{k2} & \cdots & b_{kn}\\ \vdots & \vdots & & \vdots\\ a_{11} & a_{12} & \cdots & a_{1n}\\ \vdots & \vdots & & \vdots\\ a_{n1} & a_{n2} & \cdots & a_{nn}\end{vmatrix}\\
&= \begin{vmatrix} a_{11} & a_{12} & \cdots & a_{1n}\\ \vdots & \vdots & & \vdots\\ a_{k1} & a_{k2} & \cdots & a_{kn}\\ \vdots & \vdots & & \vdots\\ a_{n1} & a_{n2} & \cdots & a_{nn}\end{vmatrix} + \begin{vmatrix} a_{11} & a_{12} & \cdots & a_{1n}\\ \vdots & \vdots & & \vdots\\ b_{k1} & b_{k2} & \cdots & b_{kn}\\ \vdots & \vdots & & \vdots\\ a_{n1} & a_{n2} & \cdots & a_{nn}\end{vmatrix}.
\end{aligned}
$$

定理 1.2.8 行列式 D_n 的某行 (列) 元素乘以 k 再加到另一行 (列), D_n 的值不变.

定理 1.2.9 行列式 D_n 按任意行 (列) 展开定理:

$$
\begin{aligned}
D_n &= \sum_{j=1}^{n} a_{ij}A_{ij}\ (\text{按第 } i \text{ 行展开}, i=1,2,\cdots,n)\\
&= \sum_{i=1}^{n} a_{ij}A_{ij}\ (\text{按第 } j \text{ 列展开}, j=1,2,\cdots,n).
\end{aligned}
$$

定理 1.2.10 设行列式 D_n, a_{ij}, A_{kl} 如定义 1.1.2, 则

$$
\sum_{j=1}^{n} a_{ij}A_{kj} = \delta_{ik}D_n,\quad \sum_{i=1}^{n} a_{ij}A_{ik} = \delta_{jk}D_n.
$$

其中 $\delta_{ik} = \begin{cases} 1, & i=k,\\ 0, & i\neq k,\end{cases}$ $\delta_{jk} = \begin{cases} 1, & j=k,\\ 0, & j\neq k.\end{cases}$

证 将第 i 行加到第 k 行后, 再按第 k 行展开可得第一个等式成立; 将第 j 列加到第 k 列后, 再按第 k 列展开可得第二个等式成立.

注 定义 1.1.2 和定义 1.1.2′的等价性:

设 D_n 是 n 阶行列式, 其 (i,j) 元为 a_{ij}. 记 D_n 的第 i 行为 $\boldsymbol{\alpha}_i(i=1,2,\cdots,n)$. $\boldsymbol{e}_i$ 是第 i 个分量为1, 其余分量为0的 n 维行向量 $(i=1,2,\cdots,n)$. 于是 $D_n = \begin{vmatrix}\boldsymbol{\alpha}_1\\ \boldsymbol{\alpha}_2\\ \vdots\\ \boldsymbol{\alpha}_n\end{vmatrix}$, $\boldsymbol{\alpha}_i =$

$a_{i1}\boldsymbol{e}_1+\cdots+a_{in}\boldsymbol{e}_n=\sum\limits_{j=1}^{n}a_{ij}\boldsymbol{e}_j$, 由行列式的性质 (定理 1.2.7, 推论 1.2.6), 得到

$$D_n=\begin{vmatrix}\sum\limits_{j=1}^{n}a_{1j}\boldsymbol{e}_j\\ \boldsymbol{\alpha}_2\\ \vdots\\ \boldsymbol{\alpha}_n\end{vmatrix}=\sum_{j=1}^{n}a_{1j}\begin{vmatrix}\boldsymbol{e}_j\\ \boldsymbol{\alpha}_2\\ \vdots\\ \boldsymbol{\alpha}_n\end{vmatrix}=\sum_{j,l}a_{1j}a_{2l}\begin{vmatrix}\boldsymbol{e}_j\\ \boldsymbol{e}_l\\ \vdots\\ \boldsymbol{\alpha}_n\end{vmatrix}=\cdots=\sum_{j_1,j_2,\cdots,j_n}a_{1j_1}a_{2j_2}\cdots a_{nj_n}\begin{vmatrix}\boldsymbol{e}_{j_1}\\ \boldsymbol{e}_{j_2}\\ \vdots\\ \boldsymbol{e}_{j_n}\end{vmatrix}.$$

因为 $\boldsymbol{e}_{j_k}=\boldsymbol{e}_{j_l}$ 时, 行列式 $\begin{vmatrix}\boldsymbol{e}_{j_1}\\ \boldsymbol{e}_{j_2}\\ \vdots\\ \boldsymbol{e}_{j_n}\end{vmatrix}$ 为0, 所以不为0的行列式 $\begin{vmatrix}\boldsymbol{e}_{j_1}\\ \boldsymbol{e}_{j_2}\\ \vdots\\ \boldsymbol{e}_{j_n}\end{vmatrix}$ 必须是 $j_k\neq j_l$. 这就是说 $(j_1,j_2,\cdots,j_n)$ 是 $(1,2,\cdots,n)$ 的一个排列. 这时, 行列式 $\begin{vmatrix}\boldsymbol{e}_{j_1}\\ \boldsymbol{e}_{j_2}\\ \vdots\\ \boldsymbol{e}_{j_n}\end{vmatrix}$ 为1或 -1. 故 D_n 的展开式一共有 $n!$ 项, 每一项的值为 $(-1)^{\sigma}a_{1j_1}a_{2j_2}\cdots a_{nj_n}$, 其中 σ 只与排列 $(j_1,j_2,\cdots,j_n)$ 有关.

现在来计算 $\begin{vmatrix}\boldsymbol{e}_{j_1}\\ \boldsymbol{e}_{j_2}\\ \vdots\\ \boldsymbol{e}_{j_n}\end{vmatrix}$, 若 $j_k=k$, 则该行列式的值为1. 设 n 在第 k 个位置, 即 $n=j_k$, 其逆序数是 $m_k(m_k=n-k)$, 将 j_k 与 j_{k+1} 交换, 再与 j_{k+2} 交换, $\cdots$, 经过 m_k 次交换后, n 就到了最后一位. 对 $n-1$ 进行类似的做法, 经过 m_l 次 (m_l 为 $n-1$ 的逆序数) 交换, $n-1$ 到了倒数第二位, 依次类推, 正好经过 $\sigma(j_1,j_2,\cdots,j_n)$ 次交换后, $(j_1,j_2,\cdots,j_n)$ 变成了 $(1,2,\cdots,n)$. 反之,

$$\begin{aligned}D_n=\begin{vmatrix}a_{11}&a_{12}&\cdots&a_{1n}\\a_{21}&a_{22}&\cdots&a_{2n}\\ \vdots&\vdots&&\vdots\\a_{n1}&a_{n2}&\cdots&a_{nn}\end{vmatrix}&=\sum_{j_1,j_2,\cdots,j_n}(-1)^{\sigma(j_1,j_2,\cdots,j_n)}a_{1j_1}a_{2j_2}\cdots a_{nj_n}\\&=\sum_{k=1}^{n}a_{k1}\left(\sum_{j_1,\cdots,j_k=1,\cdots,j_n}(-1)^{\sigma(j_1,\cdots,j_k=1,\cdots,j_n)}a_{1j_1}\cdots a_{k-1j_{k-1}}a_{k+1j_{k+1}}\cdots a_{nj_n}\right)\\&=\sum_{k=1}^{n}(-1)^{k+1}a_{k1}M_{k1}.\end{aligned}$$

1.3　行列式的计算

例 1.3.1　计算 n 阶斜上 (下) 三角行列式

$$D_n=\begin{vmatrix} a_{11} & a_{12} & \cdots & a_{1,n-1} & a_{1n} \\ a_{21} & a_{22} & \cdots & a_{2,n-1} & 0 \\ \vdots & \vdots & & \vdots & \vdots \\ a_{n-1,1} & a_{n-1,2} & \cdots & 0 & 0 \\ a_{n1} & 0 & \cdots & 0 & 0 \end{vmatrix} \left(D_n=\begin{vmatrix} 0 & 0 & & 0 & a_{1n} \\ 0 & 0 & \cdots & a_{2,n-1} & a_{2n} \\ \vdots & \vdots & & \vdots & \vdots \\ 0 & a_{n-1,2} & \cdots & a_{n-1,n-1} & a_{n-1,n} \\ a_{n1} & a_{n2} & \cdots & a_{n,n-1} & a_{nn} \end{vmatrix} \right)$$

解法一　将 D_n 的第 1 行顺次交换 $n-1$ 次到第 n 行, 新的第 1 行顺次交换 $n-2$ 次到第 $n-1$ 行, $\cdots$, 新的第 1 行顺次交换 1 次到第 2 行, 得到

$$D_n=(-1)^{1+2+\cdots+(n-1)}\begin{vmatrix} a_{n1} & 0 & \cdots & 0 & 0 \\ a_{n-1,1} & a_{n-1,2} & \cdots & 0 & 0 \\ \vdots & \vdots & & \vdots & \vdots \\ a_{21} & a_{22} & \cdots & a_{2,n-1} & 0 \\ a_{11} & a_{12} & \cdots & a_{1,n-1} & a_{1n} \end{vmatrix}=(-1)^{\frac{n(n-1)}{2}}a_{n1}a_{n-1,2}\cdots a_{1n}.$$

解法二　将 D_n 的第 1 行与第 n 行交换, 第 2 行与第 $n-1$ 行交换, $\cdots$, 当 n 是奇数时, 第 $\left[\dfrac{n}{2}\right]$[①] 行与第 $\left[\dfrac{n}{2}\right]+2$ 行交换, 当 n 是偶数时, 第 $\left[\dfrac{n}{2}\right]$ 行与第 $\left[\dfrac{n}{2}\right]+1$ 行交换, 得到

$$D_n=(-1)^{\left[\frac{n}{2}\right]}\begin{vmatrix} a_{n1} & 0 & \cdots & 0 & 0 \\ a_{n-1,1} & a_{n-1,2} & \cdots & 0 & 0 \\ \vdots & \vdots & & \vdots & \vdots \\ a_{21} & a_{22} & \cdots & a_{2,n-1} & 0 \\ a_{11} & a_{12} & \cdots & a_{1,n-1} & a_{1n} \end{vmatrix}=(-1)^{\left[\frac{n}{2}\right]}a_{n1}a_{n-1,2}\cdots a_{1n}.$$

解法三　$D_n=(-1)^{\sigma(n,n-1,\cdots,1)}a_{1n}a_{2,n-1}\cdots a_{n1}=(-1)^{\frac{n(n-1)}{2}}a_{1n}a_{2,n-1}\cdots a_{n1}.$

例 1.3.2 计算 n 阶行列式 $D_n=\begin{vmatrix} a_1 & b & \cdots & b \\ b & a_2 & \cdots & b \\ \vdots & \vdots & & \vdots \\ b & b & \cdots & a_n \end{vmatrix}$, $a_k\neq b\,(k=1,2,\cdots,n)$.

解　$$D_n=(a_1-b)\begin{vmatrix} \dfrac{a_1}{a_1-b} & -1 & \cdots & -1 \\ b & a_2-b & \cdots & 0 \\ \vdots & \vdots & & \vdots \\ b & 0 & \cdots & a_n-b \end{vmatrix}$$

$$=\prod_{k=1}^{n}(a_k-b)\begin{vmatrix} \frac{a_1}{a_1-b} & -1 & \cdots & -1 \\ \frac{b}{a_2-b} & 1 & \cdots & 0 \\ \vdots & \vdots & & \vdots \\ \frac{b}{a_n-b} & 0 & \cdots & 1 \end{vmatrix}=\prod_{k=1}^{n}(a_k-b)\left(1+\sum_{k=1}^{n}\frac{b}{a_k-b}\right).$$

①取整函数 $[x]$ 表示不超过 x 的最大整数.

练习 1.3.1 计算4阶行列式: $D_4 = \begin{vmatrix} 1 & a_1 & 0 & 0 \\ -1 & 1-a_1 & a_2 & 0 \\ 0 & -1 & 1-a_2 & a_3 \\ 0 & 0 & -1 & 1-a_3 \end{vmatrix}$.

例 1.3.3 计算n阶范德蒙德[①] (Vandermonde) 行列式

$$V_n = \begin{vmatrix} 1 & 1 & 1 & \cdots & 1 & 1 \\ a_1 & a_2 & a_3 & \cdots & a_{n-1} & a_n \\ a_1^2 & a_2^2 & a_3^2 & \cdots & a_{n-1}^2 & a_n^2 \\ \vdots & \vdots & \vdots & & \vdots & \vdots \\ a_1^{n-2} & a_2^{n-2} & a_3^{n-2} & \cdots & a_{n-1}^{n-2} & a_n^{n-2} \\ a_1^{n-1} & a_2^{n-1} & a_3^{n-1} & \cdots & a_{n-1}^{n-1} & a_n^{n-1} \end{vmatrix}.$$

解 第$n-1$行的$-a_n$倍加到第n行, 第$n-2$行的$-a_n$倍加到第$n-1$行, $\cdots$, 第1行的$-a_n$倍加到第2行, 得到

$$V_n = \begin{vmatrix} 1 & 1 & \cdots & 1 & 1 \\ a_1-a_n & a_2-a_n & \cdots & a_{n-1}-a_n & 0 \\ (a_1-a_n)a_1 & (a_2-a_n)a_2 & \cdots & (a_{n-1}-a_n)a_{n-1} & 0 \\ \vdots & \vdots & & \vdots & \vdots \\ (a_1-a_n)a_1^{n-3} & (a_2-a_n)a_2^{n-3} & \cdots & (a_{n-1}-a_n)a_{n-1}^{n-3} & 0 \\ (a_1-a_n)a_1^{n-2} & (a_2-a_n)a_2^{n-2} & \cdots & (a_{n-1}-a_n)a_{n-1}^{n-2} & 0 \end{vmatrix}$$

$$= (-1)^{1+n}\prod_{k=1}^{n-1}(a_k-a_n)\begin{vmatrix} 1 & 1 & 1 & \cdots & 1 \\ a_1 & a_2 & a_3 & \cdots & a_{n-1} \\ a_1^2 & a_2^2 & a_3^2 & \cdots & a_{n-1}^2 \\ \vdots & \vdots & \vdots & & \vdots \\ a_1^{n-2} & a_2^{n-2} & a_3^{n-2} & \cdots & a_{n-1}^{n-2} \end{vmatrix}$$

$$= \prod_{k=1}^{n-1}(a_n-a_k)V_{n-1} = \prod_{k=1}^{n-1}(a_n-a_k)\prod_{l=1}^{n-2}(a_{n-1}-a_l)V_{n-2}$$

$$= \cdots$$

$$= \prod_{1\leqslant i<j\leqslant n}(a_j-a_i).$$

练习 1.3.2 计算3阶行列式 $D_3 = \begin{vmatrix} a+b & x+b & x+a \\ x & a & b \\ x^2 & a^2 & b^2 \end{vmatrix}$.

[①] 范德蒙德(Vandermonde A T,1735-1796 年), 法国数学家.

例 1.3.4 证明:

$$\left|\begin{array}{cccc:cccc} a_{11} & a_{12} & \cdots & a_{1n} & 0 & 0 & \cdots & 0 \\ a_{21} & a_{22} & \cdots & a_{2n} & 0 & 0 & \cdots & 0 \\ \vdots & \vdots & & \vdots & \vdots & \vdots & & \vdots \\ a_{n1} & a_{n2} & \cdots & a_{nn} & 0 & 0 & \cdots & 0 \\ \hdashline c_{11} & c_{12} & \cdots & c_{1n} & b_{11} & b_{12} & \cdots & b_{1m} \\ c_{21} & c_{22} & \cdots & c_{2n} & b_{21} & b_{22} & \cdots & b_{2m} \\ \vdots & \vdots & & \vdots & \vdots & \vdots & & \vdots \\ c_{m1} & c_{m2} & \cdots & c_{mn} & b_{m1} & b_{m2} & \cdots & b_{mm} \end{array}\right| = \left|\begin{array}{cccc:cccc} a_{11} & a_{12} & \cdots & a_{1n} & c_{11} & c_{12} & \cdots & c_{1m} \\ a_{21} & a_{22} & \cdots & a_{2n} & c_{21} & c_{22} & \cdots & c_{2m} \\ \vdots & \vdots & & \vdots & \vdots & \vdots & & \vdots \\ a_{n1} & a_{n2} & \cdots & a_{nn} & c_{n1} & c_{n2} & \cdots & c_{nm} \\ \hdashline 0 & 0 & \cdots & 0 & b_{11} & b_{12} & \cdots & b_{1m} \\ 0 & 0 & \cdots & 0 & b_{21} & b_{22} & \cdots & b_{2m} \\ \vdots & \vdots & & \vdots & \vdots & \vdots & & \vdots \\ 0 & 0 & \cdots & 0 & b_{m1} & b_{m2} & \cdots & b_{mm} \end{array}\right|$$

$$= \begin{vmatrix} a_{11} & a_{12} & \cdots & a_{1n} \\ a_{21} & a_{22} & \cdots & a_{2n} \\ \vdots & \vdots & & \vdots \\ a_{n1} & a_{n2} & \cdots & a_{nn} \end{vmatrix} \begin{vmatrix} b_{11} & b_{12} & \cdots & b_{1m} \\ b_{21} & b_{22} & \cdots & b_{2m} \\ \vdots & \vdots & & \vdots \\ b_{m1} & b_{m2} & \cdots & b_{mm} \end{vmatrix} = A_n B_m.$$

证 当$n=1$时, 结论成立. 假设结论对$n-1$已经成立. 则

$$\left|\begin{array}{cccc:cccc} a_{11} & a_{12} & \cdots & a_{1n} & 0 & 0 & \cdots & 0 \\ a_{21} & a_{22} & \cdots & a_{2n} & 0 & 0 & \cdots & 0 \\ \vdots & \vdots & & \vdots & \vdots & \vdots & & \vdots \\ a_{n1} & a_{n2} & \cdots & a_{nn} & 0 & 0 & \cdots & 0 \\ \hdashline c_{11} & c_{12} & \cdots & c_{1n} & b_{11} & b_{12} & \cdots & b_{1m} \\ c_{21} & c_{22} & \cdots & c_{2n} & b_{21} & b_{22} & \cdots & b_{2m} \\ \vdots & \vdots & & \vdots & \vdots & \vdots & & \vdots \\ c_{m1} & c_{m2} & \cdots & c_{mn} & b_{m1} & b_{m2} & \cdots & b_{mm} \end{array}\right| = \sum_{k=1}^{n}(-1)^{1+k}a_{1k}M_{1k}B_m = A_nB_m,$$

其中M_{1k}是A_n中$a_{1k}\,(k=1,2,\cdots,n)$的余子式.

$$\left|\begin{array}{cccc:cccc} a_{11} & a_{12} & \cdots & a_{1n} & c_{11} & c_{12} & \cdots & c_{1m} \\ a_{21} & a_{22} & \cdots & a_{2n} & c_{21} & c_{22} & \cdots & c_{2m} \\ \vdots & \vdots & & \vdots & \vdots & \vdots & & \vdots \\ a_{n1} & a_{n2} & \cdots & a_{nn} & c_{n1} & c_{n2} & \cdots & c_{nm} \\ \hdashline 0 & 0 & \cdots & 0 & b_{11} & b_{12} & \cdots & b_{1m} \\ 0 & 0 & \cdots & 0 & b_{21} & b_{22} & \cdots & b_{2m} \\ \vdots & \vdots & & \vdots & \vdots & \vdots & & \vdots \\ 0 & 0 & \cdots & 0 & b_{m1} & b_{m2} & \cdots & b_{mm} \end{array}\right| = \sum_{k=1}^{n}(-1)^{k+1}a_{k1}M_{k1}B_m = A_nB_m,$$

其中M_{k1}是A_n中$a_{k1}\,(k=1,2,\cdots,n)$的余子式.

练习 1.3.3 计算4阶行列式: $D_4 = \begin{vmatrix} 0 & q & r & s \\ p & 0 & r & s \\ p & q & 0 & s \\ p & q & r & 0 \end{vmatrix}.$

例 1.3.5 计算n阶行列式 $D_n = \begin{vmatrix} 1-x & 1 & 1 & \cdots & 1 & 1 \\ 0 & 1-x & 1 & \cdots & 1 & 1 \\ 0 & 0 & 1-x & \cdots & 1 & 1 \\ \vdots & \vdots & \vdots & & \vdots & \vdots \\ 0 & 0 & 0 & \cdots & 1-x & 1 \\ x & x & x & \cdots & x & 1 \end{vmatrix}$.

解　从第n列开始依次加上其前一列的-1倍, 得到

$$D_n = \begin{vmatrix} 1-x & x & 0 & \cdots & 0 & 0 \\ 0 & 1-x & x & \cdots & 0 & 0 \\ 0 & 0 & 1-x & \cdots & 0 & 0 \\ \vdots & \vdots & \vdots & & \vdots & \vdots \\ 0 & 0 & 0 & \cdots & 1-x & x \\ x & 0 & 0 & \cdots & 0 & 1-x \end{vmatrix},$$

再按第一列展开, 得到

$$D_n = (1-x)^n + (-1)^{n+1}x^n.$$

例 1.3.6 计算$2n$阶行列式 $D_{2n} = \begin{vmatrix} a & 0 & \cdots & 0 & 0 & \cdots & 0 & b \\ 0 & a & \cdots & 0 & 0 & \cdots & b & 0 \\ \vdots & \vdots & & \vdots & \vdots & & \vdots & \vdots \\ 0 & 0 & \cdots & a & b & \cdots & 0 & 0 \\ 0 & 0 & \cdots & b & a & \cdots & 0 & 0 \\ \vdots & \vdots & & \vdots & \vdots & & \vdots & \vdots \\ 0 & b & \cdots & 0 & 0 & \cdots & a & 0 \\ b & 0 & \cdots & 0 & 0 & \cdots & 0 & a \end{vmatrix}$.

解　由行列式的定义, 得到

$$D_{2n} = (-1)^{1+1}aM_{11} + (-1)^{1+2n}bM_{1,2n} = aM_{11} - bM_{1,2n},$$

将 M_{11} 按第 $2n-1$ 行 (列) 展开, 有

$$M_{11} = (-1)^{2n-1+2n-1}aD_{2n-2} = aD_{2(n-1)},$$

将 $M_{1,2n}$ 按第 1 列 (或 $2n-1$ 行) 展开, 有

$$M_{1,2n} = (-1)^{(2n-1)+1}bD_{2n-2} = bD_{2(n-1)}.$$

故

$$D_{2n} = (a^2-b^2)D_{2(n-1)} = (a^2-b^2)^2D_{2(n-2)} = \cdots = (a^2-b^2)^{n-1}D_2 = (a^2-b^2)^n.$$

练习 1.3.4 设 $D_4 = \begin{vmatrix} 2 & 1 & 22 & 5 \\ 1 & 3 & 17 & 2 \\ 4 & 5 & 11 & 1 \\ -3 & 2 & 3 & 7 \end{vmatrix}$, 其中 M_{ij}, A_{ij} 分别是 D_4 中 (i,j) 元的余子式和代数余子式. 计算:

(1) $A_{13}+2A_{23}+3A_{33}$;

(2) $M_{13}-M_{23}+3M_{43}$.

练习 1.3.5 计算 n 阶行列式 $D_n = \begin{vmatrix} 1^2 & 2^2 & \cdots & n^2 \\ 2^2 & 3^2 & \cdots & (n+1)^2 \\ \vdots & \vdots & & \vdots \\ n^2 & (n+1)^2 & \cdots & (2n-1)^2 \end{vmatrix}$.

练习 1.3.6 设 $b \neq 0, D_n = \begin{vmatrix} a_{11} & a_{12} & \cdots & a_{1n} \\ a_{21} & a_{22} & \cdots & a_{2n} \\ \vdots & \vdots & & \vdots \\ a_{n1} & a_{n2} & \cdots & a_{nn} \end{vmatrix} = c$. 现将 a_{ij} 换成 $b^{i-j}a_{ij}$, 则得到的行列式的值是________.

练习 1.3.7 设 n 阶行列式 $D_n = c$. 若从 D_n 的第 n 列开始每一列加上 D_n 的前一列, 同时把 D_n 的第 n 列加到第 1 列, 则得到的行列式的值为________.

1.4　克莱姆法则

定理 1.4.1 (克莱姆[①]法则) 设有 n 元 (n 式) 线性方程组

$$\begin{cases} a_{11}x_1 + a_{12}x_2 + \cdots + a_{1n}x_n = b_1, \\ a_{21}x_1 + a_{22}x_2 + \cdots + a_{2n}x_n = b_2, \\ \quad \vdots \qquad\quad \vdots \qquad\qquad\quad \vdots \qquad \vdots \\ a_{n1}x_1 + a_{n2}x_2 + \cdots + a_{nn}x_n = b_n. \end{cases} \tag{1.4.1}$$

记 $D_n = \begin{vmatrix} a_{11} & a_{12} & \cdots & a_{1n} \\ a_{21} & a_{22} & \cdots & a_{2n} \\ \vdots & \vdots & & \vdots \\ a_{n1} & a_{n2} & \cdots & a_{nn} \end{vmatrix}$, 若 $D_n \neq 0$, 则方程组有唯一 (一组) 解

$$x_k = \frac{D_n^{(k)}}{D_n}, \; k = 1, 2, \cdots, n,$$

其中 $D_n^{(k)}$ 是 D_n 中的第 k 列换成 $(b_1, b_2, \cdots, b_n)^{\mathrm{T}}$ 的 n 阶行列式.

[①]克莱姆(Cramer G, 1704-1752年), 瑞士数学家.

证 存在性. 将 $x_k=\dfrac{D_n^{(k)}}{D_n}\,(k=1,2,\cdots,n)$ 代入方程组的第 i 个方程, 得到

$$\begin{aligned}\sum_{k=1}^{n}a_{ik}x_k&=\sum_{k=1}^{n}a_{ik}\frac{1}{D_n}\left(\sum_{j=1}^{n}b_jA_{jk}\right)=\frac{1}{D_n}\sum_{j=1}^{n}b_j\left(\sum_{k=1}^{n}a_{ik}A_{jk}\right)\\&=b_i\,(i=1,2,\cdots,n).\end{aligned}$$

唯一性. 用 A_{ik} 乘以方程组的第 i 个方程, 再对 i 从 1 到 n 求和, 得到

$$\sum_{i=1}^{n}a_{i1}A_{ik}x_1+\sum_{i=1}^{n}a_{i2}A_{ik}x_2+\cdots+\sum_{i=1}^{n}a_{in}A_{ik}x_n=\sum_{i=1}^{n}b_iA_{ik}.$$

由行列式的性质, 得

$$\sum_{i=1}^{n}a_{ik}A_{ik}x_k=\sum_{i=1}^{n}b_iA_{ik}=D_n^{(k)},$$

即 $x_k=\dfrac{D_n^{(k)}}{D_n}\,(k=1,2,\cdots,n)$.

当方程组 (1.4.1) 右端的常数项 $(b_1,b_2,\cdots,b_n)^{\mathrm T}=(0,0,\cdots,0)^{\mathrm T}$ 时, 则称其为齐次线性方程组; 当 $(b_1,b_2,\cdots,b_n)^{\mathrm T}\neq(0,0,\cdots,0)^{\mathrm T}$ 时, 则称其为非齐次线性方程组. 显然, $x_1=x_2=\cdots=x_n=0$ 是齐次线性方程组的解, 称这样的解为**零解**; 否则, 就称为**非零解**.

推论 1.4.2 齐次线性方程组

$$\begin{cases}a_{11}x_1+a_{12}x_2+\cdots+a_{1n}x_n=0,\\a_{21}x_1+a_{22}x_2+\cdots+a_{2n}x_n=0,\\\qquad\vdots\qquad\vdots\qquad\qquad\vdots\quad\ \vdots\\a_{n1}x_1+a_{n2}x_2+\cdots+a_{nn}x_n=0\end{cases}$$

只有零解的充分必要条件是 $D_n\neq 0$.

注 1 必要性的证明将在线性方程组的一般理论中给出.

注 2 一般来说, 用克莱姆法则求解线性方程组的计算量相当大, 故通常将克莱姆法则用于理论分析.

习 题 1

1. 证明下列各题.

(1) $\begin{vmatrix}a_1+b_1 & b_2+c_2 & c_2+a_2\\ a_3+b_3 & b_3+c_3 & c_3+a_3\end{vmatrix}=2\begin{vmatrix}a_1 & b_1 & c_1\\ a_2 & b_2 & c_2\\ a_3 & b_3 & c_3\end{vmatrix}$;

(2) $\begin{vmatrix}a_1+b_1 & b_1-c_1 & c_1+a_1\\ a_2+b_2 & b_2-c_2 & c_2+a_2\\ a_3+b_3 & b_3-c_3 & c_3+a_3\end{vmatrix}=0$;

(3) 证明: $\begin{vmatrix} ax+by & ay+bz & az+bx \\ ay+bz & az+bx & ax+by \\ az+bx & ax+by & ay+bz \end{vmatrix} = (a^3+b^3)\begin{vmatrix} x & y & z \\ y & z & x \\ z & x & y \end{vmatrix}$.

2. 计算 n 阶行列式 $D_n = \begin{vmatrix} 1 & 2 & 3 & \cdots & n-1 & n \\ 1 & 2^2 & 3^2 & \cdots & (n-1)^2 & n^2 \\ \vdots & \vdots & \vdots & & \vdots & \vdots \\ 1 & 2^{n-1} & 3^{n-1} & \cdots & (n-1)^{n-1} & n^{n-1} \\ 1 & 2^n & 3^n & \cdots & (n-1)^n & n^n \end{vmatrix}$.

3. 计算 n 阶行列式 $D_n = \begin{vmatrix} 0 & 0 & 0 & \cdots & 0 & 1 & 0 \\ 0 & 0 & 0 & \cdots & 2 & 0 & 0 \\ \vdots & \vdots & \vdots & & \vdots & \vdots & \vdots \\ 0 & n-2 & 0 & \cdots & 0 & 0 & 0 \\ n-1 & 0 & 0 & \cdots & 0 & 0 & 0 \\ 0 & 0 & 0 & \cdots & 0 & 0 & n \end{vmatrix}$.

4. 设 $D(t) = \begin{vmatrix} a_{11}+t & a_{12}+t & \cdots & a_{1n}+t \\ a_{21}+t & a_{22}+t & \cdots & a_{2n}+t \\ \vdots & \vdots & & \vdots \\ a_{n1}+t & a_{n2}+t & \cdots & a_{nn}+t \end{vmatrix}$. 证明:

$D(t) = D(0) + t\sum_{i,j=1}^{n} A_{ij}$, 其中 A_{ij} 是 $D(0)$ 中 a_{ij} 的代数余子式.

5. 计算 4 阶行列式 $D_4 = \begin{vmatrix} x & a & b & c \\ a & x & c & b \\ b & c & x & a \\ c & b & a & x \end{vmatrix}$.

6. 计算 4 阶行列式 $D_4 = \begin{vmatrix} 1 & a & a^2 & a^4 \\ 1 & b & b^2 & b^4 \\ 1 & c & c^2 & c^4 \\ 1 & d & d^2 & d^4 \end{vmatrix}$.

7. 计算 n 阶行列式 $D_n = \begin{vmatrix} a & b & 0 & \cdots & 0 & 0 & 0 \\ c & a & b & \cdots & 0 & 0 & 0 \\ \vdots & \vdots & \vdots & & \vdots & \vdots & \vdots \\ 0 & 0 & 0 & \cdots & c & a & b \\ 0 & 0 & 0 & \cdots & 0 & c & a \end{vmatrix}$, 其中 $bc \neq 0$.

8. 计算$n+1$阶行列式$D_{n+1}=\begin{vmatrix} a_0 & 1 & 1 & \cdots & 1 \\ 1 & -a_1 & 0 & \cdots & 0 \\ 1 & 0 & -a_2 & \cdots & 0 \\ \vdots & \vdots & \vdots & & \vdots \\ 1 & 0 & 0 & \cdots & -a_n \end{vmatrix}$, 其中$a_k\neq 0\,(k=1,2,\cdots,n)$.

9. 计算n阶行列式D_n, 其中D_n中的(i,j)元$a_{ij}=|i-j|\,(i,j=1,2,\cdots,n)$.

10. 计算n阶行列式$D_n=\begin{vmatrix} 1+a_1 & 1 & \cdots & 1 & 1 \\ 1 & 1+a_2 & \cdots & 1 & 1 \\ \vdots & \vdots & & \vdots & \vdots \\ 1 & 1 & \cdots & 1+a_{n-1} & 1 \\ 1 & 1 & \cdots & 1 & 1+a_n \end{vmatrix}$,
其中$a_k\neq 0\,(k=1,2,\cdots,n)$.

11. 设$y\neq z$, 计算n阶行列式$D_n=\begin{vmatrix} x & y & \cdots & y & y \\ z & x & \cdots & y & y \\ \vdots & \vdots & & \vdots & \vdots \\ z & z & \cdots & x & y \\ z & z & \cdots & z & x \end{vmatrix}$.

12. 设$f_k(x)=x^k+a_{k1}x^{k-1}+\cdots+a_{kk}$, 计算$n$阶行列式

$$D_n=\begin{vmatrix} 1 & f_1(x_1) & f_2(x_1) & \cdots & f_{n-1}(x_1) \\ 1 & f_1(x_2) & f_2(x_2) & \cdots & f_{n-1}(x_2) \\ \vdots & \vdots & \vdots & & \vdots \\ 1 & f_1(x_{n-1}) & f_2(x_{n-1}) & \cdots & f_{n-1}(x_{n-1}) \\ 1 & f_1(x_n) & f_2(x_n) & \cdots & f_{n-1}(x_n) \end{vmatrix}.$$

13. 计算n阶行列式$D_n=\begin{vmatrix} a_1^{n-1} & a_1^{n-2}b_1 & \cdots & a_1b_1^{n-2} & b_1^{n-1} \\ a_2^{n-1} & a_2^{n-2}b_2 & \cdots & a_2b_2^{n-2} & b_2^{n-1} \\ \vdots & \vdots & & \vdots & \vdots \\ a_{n-1}^{n-1} & a_{n-1}^{n-2}b_{n-1} & \cdots & a_{n-1}b_{n-1}^{n-2} & b_{n-1}^{n-1} \\ a_n^{n-1} & a_n^{n-2}b_n & \cdots & a_nb_n^{n-2} & b_n^{n-1} \end{vmatrix}$.

14. 如果有$n+1$个不同的x, 使得$f(x)=a_0+a_1x+\cdots+a_nx^n$等于0, 证明：$f(x)\equiv 0$.

15. 设a,b,c为方程$x^3+px+q=0$的三个根, 证明: $\begin{vmatrix} a & b & c \\ b & c & a \\ c & a & b \end{vmatrix}=0$.

16. 计算三阶行列式 $D_3 = \begin{vmatrix} (a+b)^2 & c^2 & c^2 \\ a^2 & (b+c)^2 & a^2 \\ b^2 & b^2 & (c+a)^2 \end{vmatrix}$.

17. 计算 $n+1$ 阶行列式 $D_{n+1} = \begin{vmatrix} a_0 & -1 & 0 & \cdots & 0 & 0 \\ a_1 & x & -1 & \cdots & 0 & 0 \\ \vdots & \vdots & \vdots & & \vdots & \vdots \\ a_{n-1} & 0 & 0 & \cdots & x & -1 \\ a_n & 0 & 0 & \cdots & 0 & x \end{vmatrix} (n \geqslant 2)$.

18. 计算 n 阶行列式

$$D_n = \begin{vmatrix} a_0+a_1 & a_1 & 0 & \cdots & 0 & 0 \\ a_1 & a_1+a_2 & a_2 & \cdots & 0 & 0 \\ \vdots & \vdots & \vdots & & \vdots & \vdots \\ 0 & 0 & 0 & \cdots & a_{n-2}+a_{n-1} & a_{n-1} \\ 0 & 0 & 0 & \cdots & a_{n-1} & a_{n-1}+a_n \end{vmatrix},$$

其中 $\prod\limits_{k=0}^{n} a_k \neq 0$.

19. 计算 n 阶行列式 $D_n = \begin{vmatrix} x_1 & a_1b_2 & a_1b_3 & \cdots & a_1b_n \\ a_2b_1 & x_2 & a_2b_3 & \cdots & a_2b_n \\ a_3b_1 & a_3b_2 & x_3 & \cdots & a_3b_n \\ \vdots & \vdots & \vdots & & \vdots \\ a_nb_1 & a_nb_2 & a_nb_3 & \cdots & x_n \end{vmatrix}$.

20. 如果 n 阶行列式 D_n 的所有元素都是 1 或 -1, 证明: 当 $n \geqslant 3$ 时, $|D_n| \leqslant (n-1)(n-1)!$.

第 2 章　矩　阵

2.1　矩阵的概念

定义 2.1.1 数域 $\mathbb{K}$ 中的 $m\times n$ 个数 $a_{ij}\,(i=1,2,\cdots,m;j=1,2,\cdots,n)$ 排成 m 行 n 列的矩形阵列 (为便于分辨, 常用括号括起来) 称为数域 $\mathbb{K}$ 上的 $m\times n$ 矩阵, 简称为**矩阵**, 常记为 $(a_{ij})_{m\times n}$ 或用大写英文字母 (如 $\boldsymbol{A},\boldsymbol{B}$ 等) 表示, 其中数 a_{ij} 称为矩阵 $\boldsymbol{A}$ 的**元素** 或 (i,j) **元**. 特别称 $\boldsymbol{A}=(a_{ij})_{n\times n}$ 为 n 阶矩阵或 n 阶方阵. 又若 $\mathbb{K}$ 是实 (复) 数域时, 则称 $\boldsymbol{A}$ 为**实 (复) 矩阵**. 数域 $\mathbb{K}$ 上 $m\times n$ 矩阵全体记为 $\mathbb{K}^{m\times n}$.

$$\begin{pmatrix} a_{11} & a_{12} & \cdots & a_{1n} \\ a_{21} & a_{22} & \cdots & a_{2n} \\ \vdots & \vdots & & \vdots \\ a_{m1} & a_{m2} & \cdots & a_{mn} \end{pmatrix} \tag{2.1.1}$$

常见的特殊矩阵:

(1) 式 (2.1.1) 中的所有元素都等于 0 的矩阵称为**零矩阵**, 记为 $\boldsymbol{O}$ 或 $\boldsymbol{O}_{m\times n}$.

(2) 在 n 阶矩阵中, 称 $a_{ii}\,(i=1,2,\cdots,n)$ 为**主对角元**, $a_{ii}=1\,(i=1,2,\cdots,n), a_{ij}=0\,(i\neq j)$ 的矩阵称为**单位矩阵**, 记为 $\boldsymbol{I}$ 或 $\boldsymbol{E}$.

(3) 在 n 阶方阵中, a_{ii} 不全为 $0\,(i=1,2,\cdots,n)$, $a_{ij}=0\,(i\neq j)$ 的矩阵称为**对角矩阵**, 记为 $\mathrm{diag}(\lambda_1,\lambda_2,\cdots,\lambda_n)$, 即

$$\mathrm{diag}(\lambda_1,\lambda_2,\cdots,\lambda_n)=\begin{pmatrix} \lambda_1 & 0 & \cdots & 0 \\ 0 & \lambda_2 & \cdots & 0 \\ \vdots & \vdots & & \vdots \\ 0 & 0 & \cdots & \lambda_n \end{pmatrix}=\begin{pmatrix} \lambda_1 & & \boldsymbol{O} \\ & \ddots & \\ \boldsymbol{O} & & \lambda_n \end{pmatrix}.$$

(4) 在 n 阶方阵中, $a_{ij}=0\,(i>j)$, 其余元素不全为 0 的矩阵称为**上三角矩阵**, 即矩阵

$$\begin{pmatrix} a_{11} & & * \\ & \ddots & \\ \boldsymbol{O} & & a_{nn} \end{pmatrix}$$

称为上三角矩阵. 同样, 主对角线右上方都是零的方阵称为**下三角矩阵**.

(5) 在 n 阶方阵中, $a_{ij}=a_{ji}\,(i,j=1,2,\cdots,n)$ 的矩阵称为**对称矩阵**, $a_{ij}=-a_{ji}\,(i,j=1,2,\cdots,n)$ 的矩阵称为**反对称矩阵**.

(6) 通常 $1\times n$ 矩阵称为 n **维行向量**, $n\times 1$ 矩阵称为 n **维列向量**.

定义 2.1.2 (矩阵的相等) 设 $\boldsymbol{A}=(a_{ij})_{m\times n}$, $\boldsymbol{B}=(b_{ij})_{m\times n}$, 若 $a_{ij}=b_{ij}\,(i=1,2,\cdots,m;j=1,2,\cdots,n)$, 则称矩阵 $\boldsymbol{A}$ 与 $\boldsymbol{B}$ 相等, 记为 $\boldsymbol{A}=\boldsymbol{B}$.

定义 2.1.3 (矩阵的转置) 把数域 $\mathbb{K}$ 上的矩阵 $\boldsymbol{A}=(a_{ij})_{m\times n}$ 的行列互换后得到的矩阵

$$\boldsymbol{B}=\begin{pmatrix} a_{11} & a_{21} & \cdots & a_{m1} \\ a_{12} & a_{22} & \cdots & a_{m2} \\ \vdots & \vdots & & \vdots \\ a_{1n} & a_{2n} & \cdots & a_{mn} \end{pmatrix}$$

称为矩阵 $\boldsymbol{A}$ 的**转置矩阵**, 记为 $\boldsymbol{B}=\boldsymbol{A}^{\mathrm{T}}$ 或 $\boldsymbol{B}=\boldsymbol{A}'$.

定义 2.1.4 (矩阵的共轭) 对复数域 $\mathbb{C}$ 上的矩阵 $\boldsymbol{A}=(a_{ij})_{m\times n}$ 的元素取共轭后得到的矩阵

$$\boldsymbol{C}=\begin{pmatrix} \overline{a}_{11} & \overline{a}_{12} & \cdots & \overline{a}_{1n} \\ \overline{a}_{21} & \overline{a}_{22} & \cdots & \overline{a}_{2n} \\ \vdots & \vdots & & \vdots \\ \overline{a}_{m1} & \overline{a}_{m2} & \cdots & \overline{a}_{mn} \end{pmatrix}$$

称为矩阵 $\boldsymbol{A}$ 的**共轭矩阵**, 记为 $\boldsymbol{C}=\overline{\boldsymbol{A}}$.

定义 2.1.5 (方阵的行列式) 行列式

$$\begin{vmatrix} a_{11} & a_{12} & \cdots & a_{1n} \\ a_{21} & a_{22} & \cdots & a_{2n} \\ \vdots & \vdots & & \vdots \\ a_{n1} & a_{n2} & \cdots & a_{nn} \end{vmatrix}$$

称为方阵 $\boldsymbol{A}=(a_{ij})_{n\times n}$ 的行列式, 记为 $|\boldsymbol{A}|$ 或 $\det \boldsymbol{A}$.

2.2 矩阵的运算

定义 2.2.1 (矩阵的加法与数乘) 设数域 $\mathbb{K}$ 上的两个矩阵 $\boldsymbol{A}=(a_{ij})_{m\times n}$, $\boldsymbol{B}=(b_{ij})_{m\times n}$.

(1) 定义矩阵 $\boldsymbol{A}$ 加矩阵 $\boldsymbol{B}$ 为 $(a_{ij}+b_{ij})_{m\times n}$, 记为 $\boldsymbol{A}+\boldsymbol{B}$, 即 $\boldsymbol{A}+\boldsymbol{B}=(a_{ij}+b_{ij})_{m\times n}$;

(2) $k\in\mathbb{K}$, 定义数 k 与矩阵 $\boldsymbol{A}$ 的数乘为 $(ka_{ij})_{m\times n}$, 记为 $k\boldsymbol{A}$, 即 $k\boldsymbol{A}=(ka_{ij})_{m\times n}$, 设 $\boldsymbol{E}$ 是单位矩阵，$k\in\mathbb{K}$，则 $k\boldsymbol{E}$ 称为**数量矩阵**;

(3) 定义矩阵 $\boldsymbol{A}$ 与 $\boldsymbol{B}$ 的减法为 $\boldsymbol{A}+(-\boldsymbol{B})$, 记为 $\boldsymbol{A}-\boldsymbol{B}$, 通常矩阵 $(-a_{ij})_{m\times n}$ 称为矩阵 $(a_{ij})_{m\times n}$ 的**负矩阵**.

定理 2.2.1 设 $\boldsymbol{A},\boldsymbol{B}$ 是数域 $\mathbb{K}$ 上的 $m\times n$ 矩阵, 数 $k\in\mathbb{K}$, 则

(1) $(\boldsymbol{A}^{\mathrm{T}})^{\mathrm{T}}=\boldsymbol{A}$;

(2) $(\boldsymbol{A}+\boldsymbol{B})^{\mathrm{T}}=\boldsymbol{A}^{\mathrm{T}}+\boldsymbol{B}^{\mathrm{T}}$;

(3) $(k\boldsymbol{A})^{\mathrm{T}}=k\boldsymbol{A}^{\mathrm{T}}$;

(4) $\overline{\boldsymbol{A}}^{\mathrm{T}}=\overline{\boldsymbol{A}^{\mathrm{T}}}$.

练习 2.2.1 任一 n 阶矩阵都可以表示为一个对称矩阵和一个反对称矩阵之和.

定理 2.2.2 设 $\boldsymbol{A},\boldsymbol{B},\boldsymbol{C}$ 是数域 $\mathbb{K}$ 上的 $m\times n$ 矩阵, 数 $k,l\in\mathbb{K}$, 则矩阵的线性运算 (加法和数乘) 有下列性质:

(1) $\boldsymbol{A}+\boldsymbol{B}=\boldsymbol{B}+\boldsymbol{A}$ (加法交换律);

(2) $(\boldsymbol{A}+\boldsymbol{B})+\boldsymbol{C}=\boldsymbol{A}+(\boldsymbol{B}+\boldsymbol{C})$ (加法结合律);

(3) $\boldsymbol{A}+\boldsymbol{O}=\boldsymbol{A}$ (存在零元);

(4) $\boldsymbol{A}+(-\boldsymbol{A})=\boldsymbol{O}$ (存在负元);

(5) $1\boldsymbol{A}=\boldsymbol{A}$;

(6) $k(l\boldsymbol{A})=(kl)\boldsymbol{A}$;

(7) $k(\boldsymbol{A}+\boldsymbol{B})=k\boldsymbol{A}+k\boldsymbol{B}$;

(8) $(k+l)\boldsymbol{A}=k\boldsymbol{A}+l\boldsymbol{A}$.

定义 2.2.2 (矩阵的乘法) 设数域 $\mathbb{K}$ 上的矩阵 $\boldsymbol{A}=(a_{ik})_{m\times n},\boldsymbol{B}=(b_{kj})_{n\times p}$. 记 $c_{ij}=\sum\limits_{k=1}^{n}a_{ik}b_{kj}\ (i=1,2,\cdots,m;j=1,2,\cdots,p)$, 称矩阵 $\boldsymbol{C}=(c_{ij})_{m\times p}$ 为矩阵 $\boldsymbol{A}$ 与 $\boldsymbol{B}$ 的乘积, 记为 $\boldsymbol{C}=\boldsymbol{AB}$.

注 在矩阵乘法的定义中, 矩阵 $\boldsymbol{C}$ 的 (i,j) 元为矩阵 $\boldsymbol{A}$ 的第 i 行行向量 $\boldsymbol{\alpha}_i=(a_{i1},a_{i2},\cdots,a_{in})\ (i=1,2,\cdots,m)$ 与矩阵 $\boldsymbol{B}$ 的第 j 列列向量 $\boldsymbol{\beta}_j=(b_{1j},b_{2j},\cdots,b_{nj})^{\mathrm{T}}\ (j=1,2,\cdots,p)$ 的对应分量的乘积之和. 因此, 仅当 $\boldsymbol{A}$ 的列数与 $\boldsymbol{B}$ 的行数相等时, $\boldsymbol{AB}$ 才有意义, 且即使 $\boldsymbol{A},\boldsymbol{B}$ 都是 n 阶方阵, $\boldsymbol{AB}$ 与 $\boldsymbol{BA}$ 也不一定相等, 即矩阵乘法一般不成立交换律, 但 n 阶数量矩阵与 n 阶方阵的乘法可以交换, 即 $(k\boldsymbol{E})\boldsymbol{A}=\boldsymbol{A}(k\boldsymbol{E})=k\boldsymbol{A}$. 此外, 当 $\boldsymbol{AB}=\boldsymbol{O}$ 时, 也不一定有 $\boldsymbol{A}=\boldsymbol{O}$ 或 $\boldsymbol{B}=\boldsymbol{O}$, 即存在两个非零矩阵, 其乘积为 $\boldsymbol{O}$.

例 2.2.1 设 $\boldsymbol{A}=\begin{pmatrix}1&0\\1&0\end{pmatrix},\boldsymbol{B}=\begin{pmatrix}0&0\\0&1\end{pmatrix}$, 则 $\boldsymbol{AB}=\begin{pmatrix}1&0\\1&0\end{pmatrix}\begin{pmatrix}0&0\\0&1\end{pmatrix}=\begin{pmatrix}0&0\\0&0\end{pmatrix}=\boldsymbol{O}$; $\boldsymbol{BA}=\begin{pmatrix}0&0\\0&1\end{pmatrix}\begin{pmatrix}1&0\\1&0\end{pmatrix}=\begin{pmatrix}0&0\\1&0\end{pmatrix}$. 故 $\boldsymbol{AB}\neq\boldsymbol{BA}$.

例 2.2.2 若 $\boldsymbol{A},\boldsymbol{B}$ 都是由非负实数组成的矩阵, 且 $\boldsymbol{AB}$ 有一行元素都为0, 证明: $\boldsymbol{A}$ 有一行元素都为0, 或者 $\boldsymbol{B}$ 有一行元素都为0.

证 设 $\boldsymbol{A}=(a_{ij})_{m\times n},\boldsymbol{B}=(b_{jk})_{n\times p}$, 且 $\boldsymbol{AB}=\boldsymbol{C}=(c_{ik})_{m\times p}$ 的第 i 行元素都为0, 则 $\forall\, k\in\{1,2,\cdots,p\}$, 有 $c_{ik}=a_{i1}b_{1k}+a_{i2}b_{2k}+\cdots+a_{in}b_{nk}=0$. 已知 $a_{ij}\geqslant 0,b_{ij}\geqslant 0$, 若 $\boldsymbol{A}$ 的第 i 行元素不全为0, 不妨设 $a_{il}\neq 0$, 而 $a_{ij}=0(1\leqslant j\leqslant l-1)$, 则 $b_{lk}=0$ 对一切 $k\in\{1,2,\cdots,p\}$ 成立, 即 $\boldsymbol{B}$ 的第 l 行元素都为0.

定理 2.2.3 设下列矩阵都是数域 $\mathbb{K}$ 上的矩阵, 适合矩阵乘法对行列的要求, 则

(1) (结合律) $(\boldsymbol{AB})\boldsymbol{C}=\boldsymbol{A}(\boldsymbol{BC})$;

(2) (分配律 Ⅰ) $\boldsymbol{A}(\boldsymbol{B}+\boldsymbol{C})=\boldsymbol{AB}+\boldsymbol{AC}$;

(3) (分配律 Ⅱ) $(\boldsymbol{A}+\boldsymbol{B})\boldsymbol{C}=\boldsymbol{AC}+\boldsymbol{BC}$;

(4) $(\boldsymbol{AB})^{\mathrm{T}}=\boldsymbol{B}^{\mathrm{T}}\boldsymbol{A}^{\mathrm{T}}$;

(5) $k(\boldsymbol{AB})=(k\boldsymbol{A})\boldsymbol{B}=\boldsymbol{A}(k\boldsymbol{B})$;

(6) $|\boldsymbol{AB}| = |\boldsymbol{A}||\boldsymbol{B}|$.

证 只需证明 (1), (4), (6).

(1) 设 $\boldsymbol{A} = (a_{ij})_{m\times n}, \boldsymbol{B} = (b_{jk})_{n\times p}, \boldsymbol{C} = (c_{kl})_{p\times q}$. 因为

$$
\begin{aligned}
[(\boldsymbol{AB})\boldsymbol{C}]_{il} &= \sum_{k=1}^{p}\left(\sum_{j=1}^{n} a_{ij}b_{jk}\right)c_{kl} = \sum_{k=1}^{p}\sum_{j=1}^{n} a_{ij}b_{jk}c_{kl} = \sum_{j=1}^{n} a_{ij}\left(\sum_{k=1}^{p} b_{jk}c_{kl}\right)\\
&= [\boldsymbol{A}(\boldsymbol{BC})]_{il}\,(i = 1, 2, \cdots, m;\ l = 1, 2, \cdots, q),
\end{aligned}
$$

所以 $(\boldsymbol{AB})\boldsymbol{C} = \boldsymbol{A}(\boldsymbol{BC})$.

(4) 因为 $\left[(\boldsymbol{AB})^{\mathrm{T}}\right]_{ik} = (\boldsymbol{AB})_{ki} = \sum\limits_{j=1}^{n} a_{kj}b_{ji} = \sum\limits_{j=1}^{n} b_{ji}a_{kj} = \left(\boldsymbol{B}^{\mathrm{T}}\boldsymbol{A}^{\mathrm{T}}\right)_{ik}$ $(i = 1, 2, \cdots, m;\ k = 1, 2, \cdots, p)$, 所以 $(\boldsymbol{AB})^{\mathrm{T}} = \boldsymbol{B}^{\mathrm{T}}\boldsymbol{A}^{\mathrm{T}}$.

$$
(6)\ |\boldsymbol{A}||\boldsymbol{B}| = \begin{vmatrix}
a_{11} & a_{12} & \cdots & a_{1j} & \cdots & a_{1n} & 0 & 0 & \cdots & 0 & \cdots & 0\\
a_{21} & a_{22} & \cdots & a_{2j} & \cdots & a_{2n} & 0 & 0 & \cdots & 0 & \cdots & 0\\
\vdots & \vdots & & \vdots & & \vdots & \vdots & \vdots & & \vdots & & \vdots\\
a_{i1} & a_{i2} & \cdots & a_{ij} & \cdots & a_{in} & 0 & 0 & \cdots & 0 & \cdots & 0\\
\vdots & \vdots & & \vdots & & \vdots & \vdots & \vdots & & \vdots & & \vdots\\
a_{n1} & a_{n2} & \cdots & a_{nj} & \cdots & a_{nn} & 0 & 0 & \cdots & 0 & \cdots & 0\\
-1 & 0 & \cdots & 0 & \cdots & 0 & b_{11} & b_{12} & \cdots & b_{1k} & \cdots & b_{1n}\\
0 & -1 & \cdots & 0 & \cdots & 0 & b_{21} & b_{22} & \cdots & b_{2k} & \cdots & b_{2n}\\
\vdots & \vdots & & \vdots & & \vdots & \vdots & \vdots & & \vdots & & \vdots\\
0 & 0 & \cdots & -1 & \cdots & 0 & b_{j1} & b_{j2} & \cdots & b_{jk} & \cdots & b_{jn}\\
\vdots & \vdots & & \vdots & & \vdots & \vdots & \vdots & & \vdots & & \vdots\\
0 & 0 & \cdots & 0 & \cdots & -1 & b_{n1} & b_{n2} & \cdots & b_{nk} & \cdots & b_{nn}
\end{vmatrix}
$$

$$
= \begin{vmatrix}
a_{11} & a_{12} & \cdots & a_{1j} & \cdots & a_{1n} & 0 & 0 & \cdots & 0 & \cdots & 0\\
a_{21} & a_{22} & \cdots & a_{2j} & \cdots & a_{2n} & 0 & 0 & \cdots & 0 & \cdots & 0\\
\vdots & \vdots & & \vdots & & \vdots & \vdots & \vdots & & \vdots & & \vdots\\
a_{i1} & a_{i2} & \cdots & 0 & \cdots & a_{in} & a_{ij}b_{j1} & a_{ij}b_{j2} & \cdots & a_{ij}b_{jk} & \cdots & a_{ij}b_{jn}\\
\vdots & \vdots & & \vdots & & \vdots & \vdots & \vdots & & \vdots & & \vdots\\
a_{n1} & a_{n2} & \cdots & a_{nj} & \cdots & a_{nn} & 0 & 0 & \cdots & 0 & \cdots & 0\\
-1 & 0 & \cdots & 0 & \cdots & 0 & b_{11} & b_{12} & \cdots & b_{1k} & \cdots & b_{1n}\\
0 & -1 & \cdots & 0 & \cdots & 0 & b_{21} & b_{22} & \cdots & b_{2k} & \cdots & b_{2n}\\
\vdots & \vdots & & \vdots & & \vdots & \vdots & \vdots & & \vdots & & \vdots\\
0 & 0 & \cdots & -1 & \cdots & 0 & b_{j1} & b_{j2} & \cdots & b_{jk} & \cdots & b_{jn}\\
\vdots & \vdots & & \vdots & & \vdots & \vdots & \vdots & & \vdots & & \vdots\\
0 & 0 & \cdots & 0 & \cdots & -1 & b_{n1} & b_{n2} & \cdots & b_{nk} & \cdots & b_{nn}
\end{vmatrix}
$$

$$= \begin{vmatrix} a_{11} & a_{12} & \cdots & a_{1j} & \cdots & a_{1n} & 0 & 0 & \cdots & 0 & \cdots & 0 \\ a_{21} & a_{22} & \cdots & a_{2j} & \cdots & a_{2n} & 0 & 0 & \cdots & 0 & \cdots & 0 \\ \vdots & \vdots & & \vdots & & \vdots & \vdots & \vdots & & \vdots & & \vdots \\ 0 & 0 & \cdots & 0 & \cdots & 0 & \sum_{j=1}^{n} a_{ij}b_{j1} & \sum_{j=1}^{n} a_{ij}b_{j2} & \cdots & \sum_{j=1}^{n} a_{ij}b_{jk} & \cdots & \sum_{j=1}^{n} a_{ij}b_{jn} \\ \vdots & \vdots & & \vdots & & \vdots & \vdots & \vdots & & \vdots & & \vdots \\ a_{n1} & a_{n2} & \cdots & a_{nj} & \cdots & a_{nn} & 0 & 0 & \cdots & 0 & \cdots & 0 \\ -1 & 0 & \cdots & 0 & \cdots & 0 & b_{11} & b_{12} & \cdots & b_{1k} & \cdots & b_{1n} \\ 0 & -1 & \cdots & 0 & \cdots & 0 & b_{21} & b_{22} & \cdots & b_{2k} & \cdots & b_{2n} \\ \vdots & \vdots & & \vdots & & \vdots & \vdots & \vdots & & \vdots & & \vdots \\ 0 & 0 & \cdots & -1 & \cdots & 0 & b_{j1} & b_{j2} & \cdots & b_{jk} & \cdots & b_{jn} \\ \vdots & \vdots & & \vdots & & \vdots & \vdots & \vdots & & \vdots & & \vdots \\ 0 & 0 & \cdots & 0 & \cdots & -1 & b_{n1} & b_{n2} & \cdots & b_{nk} & \cdots & b_{nn} \end{vmatrix}$$

$$= \begin{vmatrix} \boldsymbol{O} & \boldsymbol{AB} \\ -\boldsymbol{E} & \boldsymbol{B} \end{vmatrix} = (-1)^{n^2} \begin{vmatrix} \boldsymbol{AB} & \boldsymbol{O} \\ \boldsymbol{B} & -\boldsymbol{E} \end{vmatrix}$$

$$= (-1)^{n^2}|-\boldsymbol{E}||\boldsymbol{AB}| = (-1)^{n^2+n}|\boldsymbol{AB}| = |\boldsymbol{AB}|.$$

例 2.2.3 设 $\boldsymbol{A}$ 是偶数阶矩阵, $|\boldsymbol{A}| < 0$, 又有 $\boldsymbol{A}\boldsymbol{A}^{\mathrm{T}} = \boldsymbol{E}$, 证明: $|\boldsymbol{E} - \boldsymbol{A}| = 0$.

证 由 $\boldsymbol{A}\boldsymbol{A}^{\mathrm{T}} = \boldsymbol{E}$, 可得 $1 = |\boldsymbol{E}| = |\boldsymbol{A}\boldsymbol{A}^{\mathrm{T}}| = |\boldsymbol{A}||\boldsymbol{A}^{\mathrm{T}}| = |\boldsymbol{A}|^2$, 但 $|\boldsymbol{A}| < 0$, 故 $|\boldsymbol{A}| = |\boldsymbol{A}^{\mathrm{T}}| = -1$. 而 $|\boldsymbol{E} - \boldsymbol{A}| = |\boldsymbol{A}\boldsymbol{A}^{\mathrm{T}} - \boldsymbol{A}| = |\boldsymbol{A}(\boldsymbol{A}^{\mathrm{T}} - \boldsymbol{E})| = |\boldsymbol{A}||\boldsymbol{A}^{\mathrm{T}} - \boldsymbol{E}^{\mathrm{T}}| = -|\boldsymbol{A} - \boldsymbol{E}| = -|(-1)(\boldsymbol{E} - \boldsymbol{A})| = (-1)^{n+1}|\boldsymbol{E} - \boldsymbol{A}| = -|\boldsymbol{E} - \boldsymbol{A}|$. 故 $|\boldsymbol{E} - \boldsymbol{A}| = 0$.

练习 2.2.2 设 $\boldsymbol{A}, \boldsymbol{B}$ 是 n 阶方阵, 若 $\boldsymbol{B}$ 的第 j 列元素全为0, 则 [ ]

A. $\boldsymbol{AB}$ 的第 j 行元素全为0　B. $\boldsymbol{AB}$ 的第 j 列元素全为0

C. $\boldsymbol{BA}$ 的第 j 行元素全为0　D. $\boldsymbol{BA}$ 的第 j 列元素全为0

练习 2.2.3 设 $\boldsymbol{A}$ 是 n 阶方阵, $\boldsymbol{B}$ 是 $\boldsymbol{A}$ 中两列对换之方阵, 若 $|\boldsymbol{A}| \neq |\boldsymbol{B}|$, 则 [ ]

A. $|\boldsymbol{A}|$ 可能为0　B. $|\boldsymbol{A}| \neq 0$　C. $|\boldsymbol{A} + \boldsymbol{B}| \neq 0$　D. $|\boldsymbol{A} - \boldsymbol{B}| \neq 0$

2.3 可逆矩阵

2.3.1 可逆矩阵的定义

定义 2.3.1 设 $\boldsymbol{A}$ 是 n 阶方阵, 若存在一个 n 阶方阵 $\boldsymbol{B}$, 使得 $\boldsymbol{AB} = \boldsymbol{BA} = \boldsymbol{E}$, 则称 $\boldsymbol{A}$ 是**可逆矩阵**, 也称为**非奇异矩阵**, 并称 $\boldsymbol{B}$ 是 $\boldsymbol{A}$ 的**逆矩阵**, 记为 $\boldsymbol{B} = \boldsymbol{A}^{-1}$; 否则称 $\boldsymbol{A}$ 为**不可逆矩阵**, 或称为**奇异矩阵**.

2.3.2 可逆矩阵的性质

定理 2.3.1 若 n 阶方阵 $\boldsymbol{A}$ 可逆, 则其逆矩阵唯一.

证　设 $\boldsymbol{B}, \boldsymbol{C}$ 是 $\boldsymbol{A}$ 的两个逆矩阵, 则 $\boldsymbol{AB} = \boldsymbol{BA} = \boldsymbol{E}$, $\boldsymbol{AC} = \boldsymbol{CA} = \boldsymbol{E}$. 故

$$\boldsymbol{B} = \boldsymbol{BE} = \boldsymbol{B}(\boldsymbol{AC}) = (\boldsymbol{BA})\boldsymbol{C} = \boldsymbol{EC} = \boldsymbol{C}.$$

定理 2.3.2 设下列矩阵都可逆, 则矩阵的求逆运算有下列性质:

(1) $(\boldsymbol{A}^{-1})^{-1} = \boldsymbol{A}$;

(2) $(\boldsymbol{AB})^{-1} = \boldsymbol{B}^{-1}\boldsymbol{A}^{-1}$;

(3) $(k\boldsymbol{A})^{-1} = k^{-1}\boldsymbol{A}^{-1}$ (k 为非零常数);

(4) $(\boldsymbol{A}^{\mathrm{T}})^{-1} = (\boldsymbol{A}^{-1})^{\mathrm{T}}$.

证　(1) 和 (3) 明显. 下面证 (2) 和 (4).

(2)　因为 $(\boldsymbol{AB})(\boldsymbol{B}^{-1}\boldsymbol{A}^{-1}) = \boldsymbol{A}(\boldsymbol{BB}^{-1})\boldsymbol{A}^{-1} = \boldsymbol{AEA}^{-1} = \boldsymbol{E}$, $(\boldsymbol{B}^{-1}\boldsymbol{A}^{-1})(\boldsymbol{AB}) = \boldsymbol{E}$, 所以

$$(\boldsymbol{AB})^{-1} = \boldsymbol{B}^{-1}\boldsymbol{A}^{-1}.$$

(4)　因为 $(\boldsymbol{A}^{-1})^{\mathrm{T}}\boldsymbol{A}^{\mathrm{T}} = (\boldsymbol{AA}^{-1})^{\mathrm{T}} = \boldsymbol{E}$, $\boldsymbol{A}^{\mathrm{T}}(\boldsymbol{A}^{-1})^{\mathrm{T}} = (\boldsymbol{A}^{-1}\boldsymbol{A})^{\mathrm{T}} = \boldsymbol{E}$, 所以

$$(\boldsymbol{A}^{\mathrm{T}})^{-1} = (\boldsymbol{A}^{-1})^{\mathrm{T}}.$$

推论 2.3.3 若 $\boldsymbol{A}_1, \boldsymbol{A}_2, \cdots, \boldsymbol{A}_m$ 均为 n 阶可逆矩阵, 则 $\boldsymbol{A}_1\boldsymbol{A}_2\cdots\boldsymbol{A}_m$ 也是可逆矩阵, 且

$$(\boldsymbol{A}_1\boldsymbol{A}_2\cdots\boldsymbol{A}_m)^{-1} = \boldsymbol{A}_m^{-1}\cdots\boldsymbol{A}_2^{-1}\boldsymbol{A}_1^{-1}.$$

***例 2.3.1** 设 $\boldsymbol{A}, \boldsymbol{B}$ 都是 n 阶方阵, 且 $\boldsymbol{E} + \boldsymbol{AB}$ 可逆, 证明: $\boldsymbol{E} + \boldsymbol{BA}$ 也可逆.

证　因为 $\boldsymbol{A}(\boldsymbol{E} + \boldsymbol{BA}) = (\boldsymbol{E} + \boldsymbol{AB})\boldsymbol{A}$, 所以 $\boldsymbol{B}(\boldsymbol{E} + \boldsymbol{AB})^{-1}\boldsymbol{A}(\boldsymbol{E} + \boldsymbol{BA}) = \boldsymbol{BA}$, 故

$$\begin{aligned}\boldsymbol{E} &= \boldsymbol{E} + \boldsymbol{BA} - \boldsymbol{BA}\\ &= \boldsymbol{E} + \boldsymbol{BA} - \boldsymbol{B}(\boldsymbol{E} + \boldsymbol{AB})^{-1}\boldsymbol{A}(\boldsymbol{E} + \boldsymbol{BA})\\ &= [\boldsymbol{E} - \boldsymbol{B}(\boldsymbol{E} + \boldsymbol{AB})^{-1}\boldsymbol{A}](\boldsymbol{E} + \boldsymbol{BA}).\end{aligned}$$

而

$$\begin{aligned}(\boldsymbol{E} + \boldsymbol{BA})[\boldsymbol{E} - \boldsymbol{B}(\boldsymbol{E} + \boldsymbol{AB})^{-1}\boldsymbol{A}] &= \boldsymbol{E} + \boldsymbol{BA} - (\boldsymbol{E} + \boldsymbol{BA})\boldsymbol{B}(\boldsymbol{E} + \boldsymbol{AB})^{-1}\boldsymbol{A}\\ &= \boldsymbol{E} + \boldsymbol{BA} - \boldsymbol{B}(\boldsymbol{E} + \boldsymbol{AB})(\boldsymbol{E} + \boldsymbol{AB})^{-1}\boldsymbol{A}\\ &= \boldsymbol{E}.\end{aligned}$$

故 $\boldsymbol{E} + \boldsymbol{BA}$ 可逆, 且

$$(\boldsymbol{E} + \boldsymbol{BA})^{-1} = \boldsymbol{E} - \boldsymbol{B}(\boldsymbol{E} + \boldsymbol{AB})^{-1}\boldsymbol{A}.$$

练习 2.3.1 设 $\boldsymbol{A}$ 是 n 阶方阵, 且 $\boldsymbol{A}^2 = \boldsymbol{A}$, 证明: 矩阵 $\boldsymbol{E} - 2\boldsymbol{A}$ 可逆.

练习 2.3.2 设 $\boldsymbol{A}, \boldsymbol{B}, \boldsymbol{A} + \boldsymbol{B}, \boldsymbol{A}^{-1} + \boldsymbol{B}^{-1}$ 都是 n 阶可逆矩阵, 则 $\boldsymbol{A}^{-1} + \boldsymbol{B}^{-1}$ 的逆矩阵 $(\boldsymbol{A}^{-1} + \boldsymbol{B}^{-1})^{-1}$ 为　　[　]

A. $\boldsymbol{A}^{-1} + \boldsymbol{B}^{-1}$　　B. $\boldsymbol{A} + \boldsymbol{B}$　　C. $(\boldsymbol{A} + \boldsymbol{B})^{-1}$　　D. $\boldsymbol{A}(\boldsymbol{A} + \boldsymbol{B})^{-1}\boldsymbol{B}$

练习 2.3.3 设 $\boldsymbol{A}$ 是 $m \times n$ 矩阵, $\boldsymbol{B}$ 是 $n \times m$ 矩阵, 且 $\boldsymbol{E} + \boldsymbol{AB}$ 可逆, 证明: $\boldsymbol{E} + \boldsymbol{BA}$ 也可逆.

2.3.3　伴随矩阵与矩阵可逆的充分必要条件

定义 2.3.2 (伴随矩阵) 设 $\boldsymbol{A}=(a_{ij})$ 是一个 n 阶方阵, 行列式 $|\boldsymbol{A}|$ 中元素 a_{ij} 的代数余子式记为 A_{ij}, 称矩阵

$$\begin{pmatrix} A_{11} & A_{21} & \cdots & A_{n1} \\ A_{12} & A_{22} & \cdots & A_{n2} \\ \vdots & \vdots & & \vdots \\ A_{1n} & A_{2n} & \cdots & A_{nn} \end{pmatrix}$$

为 $\boldsymbol{A}$ 的**伴随矩阵**, 记为 $\boldsymbol{A}^*$.

伴随矩阵具有重要性质:

定理 2.3.4 $\boldsymbol{A}\boldsymbol{A}^*=\boldsymbol{A}^*\boldsymbol{A}=|\boldsymbol{A}|\boldsymbol{E}$.

证　因为 $\sum\limits_{j=1}^{n} a_{ij}A_{kj}=\delta_{ik}|\boldsymbol{A}|$, $\sum\limits_{i=1}^{n} a_{ij}A_{ik}=\delta_{jk}|\boldsymbol{A}|$, 其中 $\delta_{ik}=\begin{cases}1, & i=k,\\ 0, & i\neq k\end{cases}$ $(i,k=1,2,\cdots,n)$, 所以 $\boldsymbol{A}\boldsymbol{A}^*=\boldsymbol{A}^*\boldsymbol{A}=|\boldsymbol{A}|\boldsymbol{E}$.

定理 2.3.5 n 阶矩阵 $\boldsymbol{A}$ 可逆的充分必要条件是 $|\boldsymbol{A}|\neq 0$, 且当 $|\boldsymbol{A}|\neq 0$ 时, $\boldsymbol{A}^{-1}=|\boldsymbol{A}|^{-1}\boldsymbol{A}^*$.

证　设 $\boldsymbol{A}$ 可逆, 则 $\boldsymbol{A}\boldsymbol{A}^{-1}=\boldsymbol{E}$, 于是 $|\boldsymbol{A}||\boldsymbol{A}^{-1}|=|\boldsymbol{A}\boldsymbol{A}^{-1}|=|\boldsymbol{E}|=1$, 故 $|\boldsymbol{A}|\neq 0$. 反之, 设 $|\boldsymbol{A}|\neq 0$, 则

$$\boldsymbol{A}(|\boldsymbol{A}|^{-1}\boldsymbol{A}^*)=(|\boldsymbol{A}|^{-1}\boldsymbol{A}^*)\boldsymbol{A}=\boldsymbol{E},$$

即 $\boldsymbol{A}$ 可逆, 且 $\boldsymbol{A}^{-1}=|\boldsymbol{A}|^{-1}\boldsymbol{A}^*$.

注 定理 2.3.5 告诉我们一种求可逆方阵的逆矩阵的方法. 但是, 当所求矩阵的阶数较高时, 运算量会很大. 实际中，阶数不大时才使用它.

例 2.3.1 若 $ad\neq bc$, $\boldsymbol{A}=\begin{pmatrix} a & b \\ c & d\end{pmatrix}$, 则 $\boldsymbol{A}^{-1}=|\boldsymbol{A}|^{-1}\boldsymbol{A}^*=\dfrac{1}{ad-bc}\begin{pmatrix} d & -b \\ -c & a\end{pmatrix}$.

例 2.3.2 设 n 阶方阵 $\boldsymbol{A},\boldsymbol{B},\boldsymbol{A}+\boldsymbol{B}$ 都可逆, 证明: 方阵 $\boldsymbol{A}^{-1}+\boldsymbol{B}^{-1}$ 也可逆, 并求出其逆.

证　因为

$$\boldsymbol{A}+\boldsymbol{B}=\boldsymbol{A}(\boldsymbol{E}+\boldsymbol{A}^{-1}\boldsymbol{B})=\boldsymbol{A}(\boldsymbol{B}^{-1}+\boldsymbol{A}^{-1})\boldsymbol{B}, \tag{1}$$

所以 $|\boldsymbol{A}||\boldsymbol{A}^{-1}+\boldsymbol{B}^{-1}||\boldsymbol{B}|=|\boldsymbol{A}+\boldsymbol{B}|\neq 0$. 故 $|\boldsymbol{A}^{-1}+\boldsymbol{B}^{-1}|\neq 0$, 即 $\boldsymbol{A}^{-1}+\boldsymbol{B}^{-1}$ 可逆, 且由 (1) 式, 得到 $\boldsymbol{A}(\boldsymbol{A}^{-1}+\boldsymbol{B}^{-1})\boldsymbol{B}(\boldsymbol{A}+\boldsymbol{B})^{-1}=\boldsymbol{E}$. 于是

$$(\boldsymbol{A}^{-1}+\boldsymbol{B}^{-1})\boldsymbol{B}(\boldsymbol{A}+\boldsymbol{B})^{-1}\boldsymbol{A}=\boldsymbol{E},$$

$$\boldsymbol{B}(\boldsymbol{A}+\boldsymbol{B})^{-1}\boldsymbol{A}(\boldsymbol{A}^{-1}+\boldsymbol{B}^{-1})=[(\boldsymbol{A}+\boldsymbol{B})\boldsymbol{B}^{-1}]^{-1}(\boldsymbol{E}+\boldsymbol{A}\boldsymbol{B}^{-1})=\boldsymbol{E}.$$

按可逆矩阵的定义, 得到

$$(\boldsymbol{A}^{-1}+\boldsymbol{B}^{-1})^{-1}=\boldsymbol{B}(\boldsymbol{A}+\boldsymbol{B})^{-1}\boldsymbol{A}.$$

例 2.3.3 对 n 阶方阵 $\boldsymbol{A},\boldsymbol{B}$, 有 $(\boldsymbol{AB})^*=\boldsymbol{B}^*\boldsymbol{A}^*$.

证 先设 $\boldsymbol{A},\boldsymbol{B}$ 都是可逆矩阵, 由 $\boldsymbol{A}^*=|\boldsymbol{A}|\boldsymbol{A}^{-1}$, $\boldsymbol{B}^*=|\boldsymbol{B}|\boldsymbol{B}^{-1}$, 及 $(\boldsymbol{AB})^{-1}=\boldsymbol{B}^{-1}\boldsymbol{A}^{-1}$, 故 $(\boldsymbol{AB})^*=|\boldsymbol{AB}|(\boldsymbol{AB})^{-1}=|\boldsymbol{B}|\boldsymbol{B}^{-1}|\boldsymbol{A}|\boldsymbol{A}^{-1}=\boldsymbol{B}^*\boldsymbol{A}^*$.

一般情况下, 可引进参数 t, 使行列式 $|t\boldsymbol{E}+\boldsymbol{A}|=0$ 的 t 为有限个, 因此, 存在无穷数列 $\{t_m\}$, 满足 $\lim\limits_{m\to\infty}t_m=0$, 且 $t_m\boldsymbol{E}+\boldsymbol{A}$, $t_m\boldsymbol{E}+\boldsymbol{B}$ 都是可逆矩阵, 故

$$[(t_m\boldsymbol{E}+\boldsymbol{A})(t_m\boldsymbol{E}+\boldsymbol{B})]^*=(t_m\boldsymbol{E}+\boldsymbol{B})^*(t_m\boldsymbol{E}+\boldsymbol{A})^*.$$

在上式两边令 $m\to\infty$ 取极限即得 $(\boldsymbol{AB})^*=\boldsymbol{B}^*\boldsymbol{A}^*$.

推论 2.3.6 n 阶矩阵 $\boldsymbol{A}$ 可逆的充分必要条件是存在 $\boldsymbol{B}$ 使得 $\boldsymbol{AB}=\boldsymbol{E}$(或者 $\boldsymbol{BA}=\boldsymbol{E}$).

证 必要性是显然的. 下面证充分性. 设 $\boldsymbol{AB}=\boldsymbol{E}$, 则 $|\boldsymbol{AB}|=|\boldsymbol{A}||\boldsymbol{B}|=|\boldsymbol{E}|=1$, 这表明 $|\boldsymbol{A}|\neq 0$, 由定理 2.3.5 知 $\boldsymbol{A}$ 可逆.

例 2.3.4 设 $\boldsymbol{A}$ 为 n 阶可逆矩阵. 若 $\boldsymbol{A}$ 的各元素都是整数, 证明 $\boldsymbol{A}^{-1}$ 的各元素也为整数的充分必要条件是 $|\boldsymbol{A}|=1$ 或 $|\boldsymbol{A}|=-1$.

证 由 $|\boldsymbol{A}||\boldsymbol{A}^{-1}|=|\boldsymbol{A}\boldsymbol{A}^{-1}|=1$ 和 $|\boldsymbol{A}|,|\boldsymbol{A}^{-1}|$ 都是整数可得 $|\boldsymbol{A}|=1$ 或 $|\boldsymbol{A}|=-1$. 反之, $\boldsymbol{A}^{-1}=\dfrac{1}{|\boldsymbol{A}|}\boldsymbol{A}^*$ 和 $|\boldsymbol{A}|=1$ 或 $|\boldsymbol{A}|=-1$ 及 $\boldsymbol{A}^*$ 的各元素也都是整数，即得 $\boldsymbol{A}^{-1}$ 的各元素也都是整数.

练习 2.3.4 设 $\boldsymbol{A},\boldsymbol{B}$ 都是 n 阶方阵, 且 $|\boldsymbol{A}|=2$, $|\boldsymbol{B}|=-3$, 则 $|2\boldsymbol{A}^*\boldsymbol{B}^{-1}|=$______.

练习 2.3.5 设 $\boldsymbol{A}$ 为 n 阶方阵, 且 $|\boldsymbol{A}|=\frac{1}{2}$, 则 $|(3\boldsymbol{A})^{-1}-2\boldsymbol{A}^*|=$______.

2.4　矩阵的初等变换与初等矩阵

2.4.1　矩阵的初等变换

定义 2.4.1 (矩阵的初等变换) 下列三种矩阵变换分别称为矩阵的**第一类、第二类、第三类初等行(列)变换**:

(1) 交换矩阵中 i,j 两行 (列) 的位置, 记为 $r_i\leftrightarrow r_j$ $(c_i\leftrightarrow c_j)$;

(2) 用非 0 常数 k 乘以矩阵的某一行 (列), 记为 kr_i (kc_j);

(3) 将矩阵的第 i 行(列)乘以常数 k 后加到第 j 行 (列) 上去, 记为 r_j+kr_i (c_j+kc_i).

2.4.2　初等矩阵

定义 2.4.2 (初等矩阵) 设 $\boldsymbol{E}$ 是 n 阶单位矩阵.

(1) 对调 $\boldsymbol{E}$ 的两行 (列) 位置, 比如第 i 行 (列) 和第 j 行 (列), 得到的矩阵称为**第一类初等矩阵**, 记为 $\boldsymbol{E}_{ij}$;

(2) 用非 0 常数 k 乘以 $\boldsymbol{E}$ 的第 i 行 (列) 所得到的矩阵称为**第二类初等矩阵**, 记为 $\boldsymbol{E}(i(k))$;

(3) $\boldsymbol{E}$ 的第 i 行 (第 j 列) 乘以常数 k 后加到第 j 行 (第 i 列) 上去得到的矩阵称为**第三类初等矩阵**, 记为 $\boldsymbol{E}(i(k),j)$.

三类初等矩阵的行列式如下:

$$|\boldsymbol{E}_{ij}| = -1, |\boldsymbol{E}(i(k))| = k, |\boldsymbol{E}(i(k), j)| = 1,$$

这说明初等矩阵都是可逆矩阵.

定义 2.4.3 [行(列)等价] 若矩阵 $\boldsymbol{A}$ 经过有限次初等行 (列) 变换变到 $\boldsymbol{B}$, 则称 $\boldsymbol{A}$ 与 $\boldsymbol{B}$ **行 (列) 等价**, 记为 $\boldsymbol{A} \xrightarrow{r} \boldsymbol{B}$ ($\boldsymbol{A} \xrightarrow{c} \boldsymbol{B}$). 若 $\boldsymbol{A}$ 经过有限次初等变换变到 $\boldsymbol{B}$, 则称 $\boldsymbol{A}$ 与 $\boldsymbol{B}$ 等价, 记作 $\boldsymbol{A} \leftrightarrow \boldsymbol{B}$.

注 矩阵的行 (列) 等价及矩阵等价均是等价关系.

2.4.3 矩阵的标准型

定义 2.4.4 (行简化阶梯形矩阵与矩阵的标准型) 若矩阵 $\boldsymbol{B}$ 满足下列条件:

(1) $\boldsymbol{B}$ 的所有元素为0的行都在非0行 (至少有一个元素不为0) 的下面;

(2) 每一个非0行的第一个非0元素 (自左至右) 都等于1, 称为首1;

(3) 每一个非0行的首1所在的列在上一行首1所在列的右边;

(4) 每一个非0行的首1是它所在列的唯一非0元素,

则称 $\boldsymbol{B}$ 是**行简化阶梯形矩阵**. 类似可以定义列简化阶梯形矩阵.

若 $\boldsymbol{A}$ 既是行简化阶梯形矩阵, 又是列简化阶梯形矩阵, 则称 $\boldsymbol{A}$ 是**标准型**, 记为 $\boldsymbol{A} = \begin{pmatrix} \boldsymbol{E} & \boldsymbol{O} \\ \boldsymbol{O} & \boldsymbol{O} \end{pmatrix}$.

例 2.4.1 将 $\boldsymbol{A} = \begin{pmatrix} 0 & 0 & -3 & 4 \\ 1 & 0 & 3 & 1 \\ -3 & 0 & -9 & -3 \end{pmatrix}$ 化为行简化阶梯形矩阵.

解

$$\boldsymbol{A} \to \begin{pmatrix} 1 & 0 & 3 & 1 \\ 0 & 0 & -3 & 4 \\ -3 & 0 & -9 & -3 \end{pmatrix} \to \begin{pmatrix} 1 & 0 & 3 & 1 \\ 0 & 0 & -3 & 4 \\ 0 & 0 & 0 & 0 \end{pmatrix} \to \begin{pmatrix} 1 & 0 & 0 & 5 \\ 0 & 0 & -3 & 4 \\ 0 & 0 & 0 & 0 \end{pmatrix} \to \begin{pmatrix} 1 & 0 & 0 & 5 \\ 0 & 0 & 1 & -\frac{4}{3} \\ 0 & 0 & 0 & 0 \end{pmatrix}.$$

定理 2.4.1 设 $\boldsymbol{A}$ 是 $m \times n$ 矩阵, 对 $\boldsymbol{A}$ 施行一次初等行 (列) 变换的结果与在 $\boldsymbol{A}$ 的左 (右) 边乘以一个相对应的 $m(n)$ 阶初等矩阵相一致. 换言之, 对矩阵 $\boldsymbol{A}$ 作一次初等行变换后得到的矩阵等于用一个 m 阶相应的初等矩阵左乘以 $\boldsymbol{A}$ 所得的积, 对矩阵 $\boldsymbol{A}$ 作一次初等列变换后得到的矩阵等于用一个 n 阶相应的初等矩阵右乘以 $\boldsymbol{A}$ 所得的积.

证 直接验证即得.

定理 2.4.2 任意 $m \times n$ 矩阵 $\boldsymbol{A}$ 一定与一个行简化阶梯形矩阵 $\boldsymbol{B}$ 等价, 即存在有限个初等矩阵 $\boldsymbol{E}_1, \boldsymbol{E}_2, \cdots, \boldsymbol{E}_k$, 使得 $\boldsymbol{E}_k \cdots \boldsymbol{E}_2 \boldsymbol{E}_1 \boldsymbol{A} = \boldsymbol{B}$.

如例 2.4.1, 令 $\boldsymbol{E}_1 = \begin{pmatrix} 0 & 1 & 0 \\ 1 & 0 & 0 \\ 0 & 0 & 1 \end{pmatrix}$, $\boldsymbol{E}_2 = \begin{pmatrix} 1 & 0 & 0 \\ 0 & 1 & 0 \\ 3 & 0 & 1 \end{pmatrix}$, $\boldsymbol{E}_3 = \begin{pmatrix} 1 & 1 & 0 \\ 0 & 1 & 0 \\ 0 & 0 & 1 \end{pmatrix}$,

$$E_4=\begin{pmatrix}1&0&0\\0&-\frac{1}{3}&0\\0&0&1\end{pmatrix}, \text{则 } E_4E_3E_2E_1A=\begin{pmatrix}1&0&0&5\\0&0&1&-\frac{4}{3}\\0&0&0&0\end{pmatrix}.$$

练习 2.4.1 用矩阵的初等变换求矩阵 $A=\begin{pmatrix}2&0&-1&3\\1&2&-2&4\\0&1&3&-1\end{pmatrix}$的标准型.

练习 2.4.2 设 A 经过有限次初等变换变到 B, 则下列结论正确的是　[　]

A. 若 A 与 B 都是 n 阶方阵, 则 $|A|=|B|$

B. 若 A 与 B 都是 n 阶方阵, 则 $|A|$ 与 $|B|$ 都为 0 或都不为 0

C. 若 A 与 B 都是 n 阶方阵, 且 $|A|\neq 0$, $|B|$ 可以为 0 也可以不为 0

D. $A=B$

练习 2.4.3 矩阵 $A=\begin{pmatrix}1&2&0\\0&-1&3\\0&0&2\end{pmatrix}$能否写成有限个初等矩阵的积? 若能, 请试写出; 若不能, 请说明理由.

2.4.4　矩阵的秩

设 A 是一个 $m\times n$ 矩阵, A 中任取 k 行 k 列 ($k\leqslant \min\{m,n\}$), 记位于这些行列交点处的 k^2 个元素按在 A 中的相对位置构成的 k 阶行列式称为矩阵 A 的一个 k 阶子式, 记为 $A\begin{pmatrix}i_1&i_2&\cdots&i_k\\j_1&j_2&\cdots&j_k\end{pmatrix}$.

定义 2.4.5 (矩阵的秩) 一个矩阵 A 中不等于 0 的子式的最大阶数称为这个矩阵的**秩**, 记为 $r(A)$; 若 A 没有不等于 0 的子式, 则规定 $r(A)=0$.

注 $r(A)=r$ 是指 A 中至少有一个 r 阶子式不等于 0, 而所有大于 r 阶的子式都等于 0. 换言之, $r(A)=r$ 是指 A 中至少有一个 r 阶子式不等于 0, 而所有 $r+1$ 阶 (如果存在的话) 子式都等于 0.

由此立得 $r(A)=r(A^{\mathrm{T}})$, $0\leqslant r(A)\leqslant \min\{m,n\}$.

若 n 阶方阵 A 的秩 $r(A)=n$, 则 $|A|\neq 0$, 反之也对. 此时常称 A 是**满秩矩阵**. 此外, 若 $r(A_{m\times n})=m(n)$, 则称 A 是**行(列)满秩矩阵**.

2.4.5　用矩阵的初等变换求矩阵的秩

定理 2.4.3 矩阵的秩在矩阵的初等变换下不变.

证　显然矩阵的秩在矩阵的第一类和第二类初等变换下不变.

下面证明矩阵的秩在矩阵的第三类初等变换下不变:

$$\text{设}\,\boldsymbol{A}=\begin{pmatrix}a_{11}&a_{12}&\cdots&a_{1n}\\ \vdots&\vdots&&\vdots\\ a_{i1}&a_{i2}&\cdots&a_{in}\\ \vdots&\vdots&&\vdots\\ a_{j1}&a_{j2}&\cdots&a_{jn}\\ \vdots&\vdots&&\vdots\\ a_{m1}&a_{m2}&\cdots&a_{mn}\end{pmatrix}\xrightarrow{r_i+kr_j}\begin{pmatrix}a_{11}&a_{12}&\cdots&a_{1n}\\ \vdots&\vdots&&\vdots\\ a_{i1}+ka_{j1}&a_{i2}+ka_{j2}&\cdots&a_{in}+ka_{jn}\\ \vdots&\vdots&&\vdots\\ a_{j1}&a_{j2}&\cdots&a_{jn}\\ \vdots&\vdots&&\vdots\\ a_{m1}&a_{m2}&\cdots&a_{mn}\end{pmatrix}=\boldsymbol{B},$$

记 $r(\boldsymbol{A})=r$.

(1) 若 $\boldsymbol{B}$ 没有 $r+1$ 阶子式, 自然也就没有 $r+1$ 阶非零子式, 于是 $r(\boldsymbol{B})\leqslant r$;

(2) 若 $\boldsymbol{B}$ 有 $r+1$ 阶子式, 在 $\boldsymbol{B}$ 中任取一个 $r+1$ 阶子式 D, 分以下三种情况讨论:

① D 不含第 i 行元素, 此时 D 也是 $\boldsymbol{A}$ 的一个 $r+1$ 阶子式, 故 $D=0$;

② D 同时含有第 i 行和第 j 行元素, 由行列式的性质可知, D 等于 $\boldsymbol{A}$ 的一个 $r+1$ 阶子式, 故 $D=0$;

③ D 含有第 i 行元素, 但不含第 j 行元素, 此时由行列式的性质可知, D 等于 $\boldsymbol{A}$ 中一个 $r+1$ 阶子式与另一个 $r+1$ 阶子式(最多相差一个符号)的 k 倍的和, 故 $D=0$.

综上所述, $\boldsymbol{B}$ 中任一 $r+1$ 阶子式都等于0, 于是 $r(\boldsymbol{B})\leqslant r=r(\boldsymbol{A})$.

由于 $\boldsymbol{B}\xrightarrow{r_i+(-k)r_j}\boldsymbol{A}$, 同理可得 $r(\boldsymbol{A})\leqslant r(\boldsymbol{B})$. 故 $r(\boldsymbol{A})=r(\boldsymbol{B})$.

推论 2.4.4 设 $\boldsymbol{A}$ 是 $m\times n$ 矩阵, 则 $r(\boldsymbol{A})$ 等于其行简化阶梯形矩阵中首1的个数.

例 2.4.2 设 $\boldsymbol{A}=\begin{pmatrix}1&3&5&7\\2&0&1&1\\3&3&0&3\end{pmatrix}$, 求 $r(\boldsymbol{A})$.

解 $\boldsymbol{A}\to\begin{pmatrix}1&3&5&7\\0&-6&-9&-13\\0&-6&-15&-18\end{pmatrix}\to\begin{pmatrix}1&3&5&7\\0&-6&-9&-13\\0&0&-6&-5\end{pmatrix}=\boldsymbol{B}$. 显然 $r(\boldsymbol{B})=3$, 因为矩阵的初等行变换不会改变矩阵的秩, 故 $r(\boldsymbol{A})=3$.

推论 2.4.5 任一 $m\times n$ 矩阵 $\boldsymbol{A}=(a_{ij})$ 总可以经过有限次初等变换化为下列形式的矩阵

$$\boldsymbol{\Lambda}=\begin{pmatrix}\boldsymbol{E}_r&\boldsymbol{O}\\ \boldsymbol{O}&\boldsymbol{O}\end{pmatrix}.$$

即存在 m 阶满秩矩阵 $\boldsymbol{P}$ 和 n 阶满秩矩阵 $\boldsymbol{Q}$, 使得 $\boldsymbol{PAQ}=\boldsymbol{\Lambda}$.

证 $\boldsymbol{A}=\boldsymbol{O}$ 时, 显然.

现设 $\boldsymbol{A}\neq\boldsymbol{O}$, 即 $\boldsymbol{A}$ 至少有一个元素 $a_{ij}\neq 0$. 若 a_{ij} 不在 $(1,1)$ 位置, 则可将它所在行与第一行交换, 再将它所在列与第一列交换，就可将 a_{ij} 调至 $(1,1)$ 位置, 故不妨设 $a_{11}\neq 0$. 接下来将第一行元素乘以 $-a_{11}^{-1}a_{i1}$ 加到第 $i\,(i=2,3,\cdots,m)$ 行上去, 于是第一列元素除 a_{11}

外都变成了 0; 再将第一列元素乘以 $-a_{11}^{-1}a_{1j}$ 加到第 $j\ (j=2,3,\cdots,n)$ 列上去, 则第一行元素除 a_{11} 外都变成了 0; 再用 a_{11}^{-1} 乘以第一行就得到如下形状的矩阵

$$\begin{pmatrix} 1 & 0 & \cdots & 0 \\ 0 & b_{22} & \cdots & b_{2n} \\ \vdots & \vdots & & \vdots \\ 0 & b_{m2} & \cdots & b_{mn} \end{pmatrix},$$

如果存在 $b_{ij}\neq 0(i=2,3,\cdots,m;\ j=2,3,\cdots,n)$, 再对第二行采用上面相同方法使 $(2,2)$ 元等于 1, 二行二列其余元素为 0, 这样做下去即可得结论 (1 的个数 r 不变).

例 2.4.3 n 阶方阵 $\boldsymbol{A}$ 是奇异矩阵的充分必要条件是: 存在不为零的 n 阶方阵 $\boldsymbol{B}$, 使得 $\boldsymbol{AB}=\boldsymbol{O}$.

证 若 $\boldsymbol{A}$ 是奇异矩阵, 则存在可逆矩阵 $\boldsymbol{P},\boldsymbol{Q}$ 使得 $\boldsymbol{PAQ}=\begin{pmatrix}\boldsymbol{E}_r & \boldsymbol{O}\\ \boldsymbol{O} & \boldsymbol{O}\end{pmatrix}$, 令 $\boldsymbol{C}=\begin{pmatrix}\boldsymbol{O} & \boldsymbol{O}\\ \boldsymbol{O} & \boldsymbol{E}_{n-r}\end{pmatrix}$, 则 $\boldsymbol{PAQC}=\boldsymbol{O}$, 但 $\boldsymbol{P}$ 可逆, 故 $\boldsymbol{AQC}=\boldsymbol{O}$, 令 $\boldsymbol{B}=\boldsymbol{QC}$ 即可. 反之, 设 $\boldsymbol{A}$ 可逆, 则从 $\boldsymbol{AB}=\boldsymbol{O}$, 得到 $\boldsymbol{B}=(\boldsymbol{A}^{-1}\boldsymbol{A})\boldsymbol{B}=\boldsymbol{A}^{-1}(\boldsymbol{AB})=\boldsymbol{A}^{-1}\boldsymbol{O}=\boldsymbol{O}$. 这与已知 $\boldsymbol{B}\neq\boldsymbol{O}$ 矛盾.

练习 2.4.4 求矩阵 $\boldsymbol{A}=\begin{pmatrix} 2 & 0 & -1 & 3 \\ 1 & 2 & -2 & 4 \\ 0 & 1 & 3 & -1 \end{pmatrix}$ 的秩 $r(\boldsymbol{A})$.

练习 2.4.5 任一秩为 r 的 $m\times n$ 矩阵总可以表示为 r 个秩为 1 的矩阵之和.

2.4.6 用矩阵的初等变换求解逆矩阵问题

推论 2.4.6 一个奇异矩阵经过有限次初等变换后仍然是奇异矩阵, 一个可逆矩阵经过有限次初等变换后仍然是可逆矩阵.

推论 2.4.7 n 阶可逆矩阵 $\boldsymbol{A}$ 行 (列) 等价于 n 阶单位矩阵, 即 n 阶可逆矩阵 $\boldsymbol{A}$ 必可经过有限次初等行 (列) 变换化为 n 阶单位矩阵 $\boldsymbol{E}$.

若矩阵 $\boldsymbol{A}$ 可逆, 则存在初等矩阵 $\boldsymbol{E}_1,\boldsymbol{E}_2,\cdots,\boldsymbol{E}_s$, 使得 $\boldsymbol{E}_s\cdots\boldsymbol{E}_2\boldsymbol{E}_1\boldsymbol{A}=\boldsymbol{E}$. 于是

$$\boldsymbol{A}^{-1}=\boldsymbol{E}_s\cdots\boldsymbol{E}_2\boldsymbol{E}_1.$$

若以 $\boldsymbol{E}_1,\boldsymbol{E}_2,\cdots,\boldsymbol{E}_s$ 逐次左乘 $n\times 2n$ 矩阵 $(\boldsymbol{A},\boldsymbol{E})$ 可得

$$\boldsymbol{E}_s\cdots\boldsymbol{E}_2\boldsymbol{E}_1(\boldsymbol{A},\boldsymbol{E})=(\boldsymbol{E}_s\cdots\boldsymbol{E}_2\boldsymbol{E}_1\boldsymbol{A},\ \boldsymbol{E}_s\cdots\boldsymbol{E}_2\boldsymbol{E}_1\boldsymbol{E})=(\boldsymbol{E},\boldsymbol{A}^{-1}).$$

注 以上对矩阵施行初等变换的方法既可以判断方阵是否可逆, 当方阵可逆时, 又可以同时求出逆矩阵. 但若要求出逆矩阵时, 对 $(\boldsymbol{A},\boldsymbol{E})$ 只能施行初等行变换, 对 $\begin{pmatrix}\boldsymbol{A}\\ \boldsymbol{E}\end{pmatrix}$ 只能施行初等列变换.

例 2.4.4 已知 $\boldsymbol{A}=\begin{pmatrix}3&0&1\\1&1&0\\0&1&4\end{pmatrix}$, 且满足 $\boldsymbol{AB}=\boldsymbol{A}+2\boldsymbol{B}$, 求 $\boldsymbol{B}$.

解 由 $\boldsymbol{AB}=\boldsymbol{A}+2\boldsymbol{B}$, 得到 $(\boldsymbol{A}-2\boldsymbol{E})\boldsymbol{B}=\boldsymbol{A}$, 又 $|\boldsymbol{A}-2\boldsymbol{E}|=\begin{vmatrix}1&0&1\\1&-1&0\\0&1&2\end{vmatrix}=-1\neq 0$. 故 $\boldsymbol{B}=(\boldsymbol{A}-2\boldsymbol{E})^{-1}\boldsymbol{A}$.

下面用矩阵的初等行变换来计算它:

$$(\boldsymbol{A}-2\boldsymbol{E},\boldsymbol{A})=\begin{pmatrix}1&0&1&3&0&1\\1&-1&0&1&1&0\\0&1&2&0&1&4\end{pmatrix}\to\begin{pmatrix}1&0&1&3&0&1\\0&-1&-1&-2&1&-1\\0&1&2&0&1&4\end{pmatrix}$$

$$\to\begin{pmatrix}1&0&1&3&0&1\\0&1&1&2&-1&1\\0&0&1&-2&2&3\end{pmatrix}\to\begin{pmatrix}1&0&0&5&-2&-2\\0&1&0&4&-3&-2\\0&0&1&-2&2&3\end{pmatrix}=(\boldsymbol{E},(\boldsymbol{A}-2\boldsymbol{E})^{-1}\boldsymbol{A}).$$

故

$$\boldsymbol{B}=(\boldsymbol{A}-2\boldsymbol{E})^{-1}\boldsymbol{A}=\begin{pmatrix}5&-2&-2\\4&-3&-2\\-2&2&3\end{pmatrix}.$$

***例 2.4.1** 求矩阵 $\boldsymbol{A}=\begin{pmatrix}1+a_1&1&\cdots&1\\1&1+a_2&\cdots&1\\\vdots&\vdots&&\vdots\\1&1&\cdots&1+a_n\end{pmatrix}$ 的逆矩阵, 其中 $a_k>0(k=1,2,\cdots,n)$.

解 $$(\boldsymbol{A},\boldsymbol{E})\to\left(\begin{array}{cccc:cccc}1+\frac{1}{a_1}&\frac{1}{a_1}&\cdots&\frac{1}{a_1}&\frac{1}{a_1}&0&\cdots&0\\\frac{1}{a_2}&1+\frac{1}{a_2}&\cdots&\frac{1}{a_2}&0&\frac{1}{a_2}&\cdots&0\\\vdots&\vdots&&\vdots&\vdots&\vdots&&\vdots\\\frac{1}{a_n}&\frac{1}{a_n}&\cdots&1+\frac{1}{a_n}&0&0&\cdots&\frac{1}{a_n}\end{array}\right),$$

将第一行下面的行都加到第一行, 并记 $s=1+\sum\limits_{k=1}^{n}\frac{1}{a_k}$, 则上面的矩阵变为

$$\left(\begin{array}{cccc:cccc}s&s&\cdots&s&\frac{1}{a_1}&\frac{1}{a_2}&\cdots&\frac{1}{a_n}\\\frac{1}{a_2}&1+\frac{1}{a_2}&\cdots&\frac{1}{a_2}&0&\frac{1}{a_2}&\cdots&0\\\vdots&\vdots&&\vdots&\vdots&\vdots&&\vdots\\\frac{1}{a_n}&\frac{1}{a_n}&\cdots&1+\frac{1}{a_n}&0&0&\cdots&\frac{1}{a_n}\end{array}\right)\to\left(\begin{array}{cccc:cccc}1&1&\cdots&1&\frac{1}{sa_1}&\frac{1}{sa_2}&\cdots&\frac{1}{sa_n}\\\frac{1}{a_2}&1+\frac{1}{a_2}&\cdots&\frac{1}{a_2}&0&\frac{1}{a_2}&\cdots&0\\\vdots&\vdots&&\vdots&\vdots&\vdots&&\vdots\\\frac{1}{a_n}&\frac{1}{a_n}&\cdots&1+\frac{1}{a_n}&0&0&\cdots&\frac{1}{a_n}\end{array}\right)$$

$$\rightarrow\left(\begin{array}{cccc:cccc} 1 & 1 & \cdots & 1 & \frac{1}{sa_1} & \frac{1}{sa_2} & \cdots & \frac{1}{sa_n} \\ 0 & 1 & \cdots & 0 & \frac{-1}{sa_2a_1} & \frac{sa_2-1}{sa_2^2} & \cdots & \frac{-1}{sa_2a_n} \\ \vdots & \vdots & & \vdots & \vdots & \vdots & & \vdots \\ 0 & 0 & \cdots & 1 & \frac{-1}{sa_na_1} & \frac{-1}{sa_na_2} & \cdots & \frac{sa_n-1}{sa_n^2} \end{array}\right)\rightarrow\left(\begin{array}{cccc:cccc} 1 & 0 & \cdots & 0 & \frac{sa_1-1}{sa_1^2} & \frac{-1}{sa_1a_2} & \cdots & \frac{-1}{sa_1a_n} \\ 0 & 1 & \cdots & 0 & \frac{-1}{sa_2a_1} & \frac{sa_2-1}{sa_2^2} & \cdots & \frac{-1}{sa_2a_n} \\ \vdots & \vdots & & \vdots & \vdots & \vdots & & \vdots \\ 0 & 0 & \cdots & 1 & \frac{-1}{sa_na_1} & \frac{-1}{sa_na_2} & \cdots & \frac{sa_n-1}{sa_n^2} \end{array}\right),$$

故 $\boldsymbol{A}^{-1}=-\frac{1}{s}\begin{pmatrix} \frac{1-sa_1}{a_1^2} & \frac{1}{a_1a_2} & \cdots & \frac{1}{a_1a_n} \\ \frac{1}{a_2a_1} & \frac{1-sa_2}{a_2^2} & \cdots & \frac{1}{a_2a_n} \\ \vdots & \vdots & & \vdots \\ \frac{1}{a_na_1} & \frac{1}{a_na_2} & \cdots & \frac{1-sa_n}{a_n^2} \end{pmatrix}$.

练习 2.4.6 矩阵 $\boldsymbol{A}=\begin{pmatrix} 1 & 2 & 3 \\ 2 & 1 & 2 \\ 1 & 3 & 4 \end{pmatrix}$是否可逆, 可逆时求出其逆.

练习 2.4.7 求解矩阵方程 $\boldsymbol{X}\begin{pmatrix} 2 & 2 & 3 \\ 1 & -1 & 0 \\ -1 & 2 & 1 \end{pmatrix}=\begin{pmatrix} 1 & 1 & 2 \\ 0 & -1 & 1 \end{pmatrix}$.

2.5　分块矩阵

2.5.1　分块矩阵的定义和运算

设 $\boldsymbol{A}$ 是一个 $m\times n$ 矩阵, 用若干条横线把它分成 r 块, 再用若干条纵线将它分成 s 块, 我们得到一个有 rs 块的分块矩阵, 可记为 $\boldsymbol{A}=\begin{pmatrix} \boldsymbol{A}_{11} & \boldsymbol{A}_{12} & \cdots & \boldsymbol{A}_{1s} \\ \boldsymbol{A}_{21} & \boldsymbol{A}_{22} & \cdots & \boldsymbol{A}_{2s} \\ \vdots & \vdots & & \vdots \\ \boldsymbol{A}_{r1} & \boldsymbol{A}_{r2} & \cdots & \boldsymbol{A}_{rs} \end{pmatrix}$, 这里 $\boldsymbol{A}_{ij}(i=1,2,\cdots,r;j=1,2,\cdots,s)$ 表示一个矩阵, 而不是一个数.

1. 分块矩阵的运算: 在形式上和数字矩阵完全一样, 在此不重复.

2. 分块对角矩阵:

我们称形如 $\begin{pmatrix} \boldsymbol{A}_1 & \boldsymbol{O} & \cdots & \boldsymbol{O} \\ \boldsymbol{O} & \boldsymbol{A}_2 & \cdots & \boldsymbol{O} \\ \vdots & \vdots & & \vdots \\ \boldsymbol{O} & \boldsymbol{O} & \cdots & \boldsymbol{A}_s \end{pmatrix}$ 的分块矩阵为分块对角矩阵, 其中 $\boldsymbol{A}_k$ 是 $n_k\,(k=1,2,\cdots,s)$ 阶方阵.

(1) 分块对角矩阵的乘法与乘方: 若 $\boldsymbol{A},\boldsymbol{B}$ 都是分块对角矩阵且符合相乘条件, 则 $\boldsymbol{AB}$

也是分块对角矩阵, 即

$$\begin{pmatrix} \boldsymbol{A}_1 & & & \\ & \boldsymbol{A}_2 & & \\ & & \ddots & \\ & & & \boldsymbol{A}_s \end{pmatrix}\begin{pmatrix} \boldsymbol{B}_1 & & & \\ & \boldsymbol{B}_2 & & \\ & & \ddots & \\ & & & \boldsymbol{B}_s \end{pmatrix}=\begin{pmatrix} \boldsymbol{A}_1\boldsymbol{B}_1 & & & \\ & \boldsymbol{A}_2\boldsymbol{B}_2 & & \\ & & \ddots & \\ & & & \boldsymbol{A}_s\boldsymbol{B}_s \end{pmatrix}.$$

特别地, $\begin{pmatrix} \boldsymbol{A}_1 & \boldsymbol{O} & \cdots & \boldsymbol{O} \\ \boldsymbol{O} & \boldsymbol{A}_2 & \cdots & \boldsymbol{O} \\ \vdots & \vdots & & \vdots \\ \boldsymbol{O} & \boldsymbol{O} & \cdots & \boldsymbol{A}_s \end{pmatrix}^k = \begin{pmatrix} \boldsymbol{A}_1^k & \boldsymbol{O} & \cdots & \boldsymbol{O} \\ \boldsymbol{O} & \boldsymbol{A}_2^k & \cdots & \boldsymbol{O} \\ \vdots & \vdots & & \vdots \\ \boldsymbol{O} & \boldsymbol{O} & \cdots & \boldsymbol{A}_s^k \end{pmatrix}$, 其中 $\boldsymbol{A}^k = \underbrace{\boldsymbol{A}\boldsymbol{A}\cdots\boldsymbol{A}}_{k}$.

(2) 常用两种分块方法: 即按行分块和按列分块:

$$\boldsymbol{A}=\begin{pmatrix} \boldsymbol{\alpha}_1 \\ \boldsymbol{\alpha}_2 \\ \vdots \\ \boldsymbol{\alpha}_m \end{pmatrix}, \text{其中 } \boldsymbol{\alpha}_i=(a_{i1},a_{i2},\cdots,a_{in})\,(i=1,2,\cdots,m);$$

$$\boldsymbol{B}=(\boldsymbol{\beta}_1,\boldsymbol{\beta}_2,\cdots,\boldsymbol{\beta}_p), \text{其中 } \boldsymbol{\beta}_j=\begin{pmatrix} b_{1j} \\ b_{2j} \\ \vdots \\ b_{nj} \end{pmatrix}(j=1,2,\cdots,p).$$

$$\boldsymbol{AB}=(\boldsymbol{A}\boldsymbol{\beta}_1,\boldsymbol{A}\boldsymbol{\beta}_2,\cdots,\boldsymbol{A}\boldsymbol{\beta}_p), \text{其中 } \boldsymbol{A}\boldsymbol{\beta}_j=\begin{pmatrix} \sum\limits_{k=1}^n a_{1k}b_{kj} \\ \sum\limits_{k=1}^n a_{2k}b_{kj} \\ \vdots \\ \sum\limits_{k=1}^n a_{mk}b_{kj} \end{pmatrix}(j=1,2,\cdots,p).$$

$$\boldsymbol{AB}=\begin{pmatrix} \boldsymbol{\alpha}_1\boldsymbol{B} \\ \boldsymbol{\alpha}_2\boldsymbol{B} \\ \vdots \\ \boldsymbol{\alpha}_m\boldsymbol{B} \end{pmatrix}, \text{其中 } \boldsymbol{\alpha}_i\boldsymbol{B}=\left(\sum_{k=1}^n a_{ik}b_{k1},\sum_{k=1}^n a_{ik}b_{k2},\cdots,\sum_{k=1}^n a_{ik}b_{kp}\right)(i=1,2,\cdots,m).$$

例 2.5.1 设 $\boldsymbol{A}=\left(\begin{array}{c:ccc} 1 & 0 & 0 & 0 \\ -1 & 0 & 0 & 0 \\ \hdashline 1 & 2 & 1 & 3 \end{array}\right)=\begin{pmatrix} \boldsymbol{A}_{11} & \boldsymbol{A}_{12} \\ \boldsymbol{A}_{21} & \boldsymbol{A}_{22} \end{pmatrix}, \boldsymbol{B}=\begin{pmatrix} 1 & 0 & 3 & 2 \\ -1 & 2 & 0 & 1 \\ -2 & 4 & 1 & 1 \\ -1 & 1 & 5 & 3 \end{pmatrix}$,

其中 $\boldsymbol{A}_{11}=\begin{pmatrix} 1 \\ -1 \end{pmatrix}$, $\boldsymbol{A}_{12}=\boldsymbol{O}_{2\times 3}$, $\boldsymbol{A}_{21}=1$, $\boldsymbol{A}_{22}=(2,1,3)$, 试将 $\boldsymbol{B}$ 适当分块后, 并按分块矩阵相乘的规则计算 $\boldsymbol{AB}$.

解　令 $\boldsymbol{B}=\left(\begin{array}{cccc}1&0&3&2\\ \hdashline -1&2&0&1\\ -2&4&1&1\\ -1&1&5&3\end{array}\right)=\begin{pmatrix}\boldsymbol{B}_{11}\\ \boldsymbol{B}_{21}\end{pmatrix}$, 其中

$$\boldsymbol{B}_{11}=(1,0,3,2),\ \boldsymbol{B}_{21}=\begin{pmatrix}-1&2&0&1\\ -2&4&1&1\\ -1&1&5&3\end{pmatrix},$$

故 $\boldsymbol{AB}=\begin{pmatrix}\boldsymbol{A}_{11}\boldsymbol{B}_{11}+\boldsymbol{A}_{12}\boldsymbol{B}_{21}\\ \boldsymbol{A}_{21}\boldsymbol{B}_{11}+\boldsymbol{A}_{22}\boldsymbol{B}_{21}\end{pmatrix}=\begin{pmatrix}1&0&3&2\\ -1&0&-3&-2\\ -6&11&19&14\end{pmatrix}$.

2.5.2　分块初等矩阵与分块初等变换

记 $\boldsymbol{E}=\mathrm{diag}(\boldsymbol{E}_1,\boldsymbol{E}_2,\cdots,\boldsymbol{E}_k)$ 是分块单位矩阵, 定义下列三种矩阵分别为**第一、第二、第三类分块初等矩阵**.

(1) 对调 $\boldsymbol{E}$ 的第 i 块行 (列) 与第 j 块行 (列) 得到的矩阵;

(2) 以可逆矩阵 $\boldsymbol{C}$ 左 (右) 乘以 $\boldsymbol{E}$ 的第 i 块行 (列) 得到的矩阵;

(3) 以矩阵 $\boldsymbol{B}$ 左 (右) 乘以 $\boldsymbol{E}$ 的第 i 块行 (列) 后加到第 j 块行 (列) 上去得到的矩阵.

结论: 分块初等矩阵是可逆矩阵, 其中第三类分块初等矩阵的行列式等于 1, 且矩阵的分块初等行 (列) 变换相当于用相应类型的分块初等矩阵左 (右) 乘以被变换的矩阵.

如第三类分块行初等变换: $\begin{pmatrix}\boldsymbol{A}_1\\ \vdots\\ \boldsymbol{A}_i\\ \vdots\\ \boldsymbol{A}_j\\ \vdots\\ \boldsymbol{A}_k\end{pmatrix}\to\begin{pmatrix}\boldsymbol{A}_1\\ \vdots\\ \boldsymbol{A}_i\\ \vdots\\ \boldsymbol{A}_j+\boldsymbol{BA}_i\\ \vdots\\ \boldsymbol{A}_k\end{pmatrix}$　(1)

所得结果 (1) 和第三类分块初等矩阵左乘分块矩阵:

$$\begin{pmatrix}\boldsymbol{E}_1&&&&&&\\ &\ddots&&&&&\\ &&\boldsymbol{E}_i&&&&\\ &&&\ddots&&&\\ &&\boldsymbol{B}&&\boldsymbol{E}_j&&\\ &&&&&\ddots&\\ &&&&&&\boldsymbol{E}_k\end{pmatrix}\begin{pmatrix}\boldsymbol{A}_1\\ \vdots\\ \boldsymbol{A}_i\\ \vdots\\ \boldsymbol{A}_j\\ \vdots\\ \boldsymbol{A}_k\end{pmatrix}=\begin{pmatrix}\boldsymbol{A}_1\\ \vdots\\ \boldsymbol{A}_i\\ \vdots\\ \boldsymbol{A}_j+\boldsymbol{BA}_i\\ \vdots\\ \boldsymbol{A}_k\end{pmatrix}. \tag{2}$$

所得结果 (2) 相同, 其余结论显然.

分块矩阵求逆 (假设以下矩阵 $\boldsymbol{A},\boldsymbol{B}$ 可逆):

因为 $\left(\begin{array}{cc:cc}\boldsymbol{C} & \boldsymbol{A} & \boldsymbol{E} & \boldsymbol{O}\\ \boldsymbol{B} & \boldsymbol{O} & \boldsymbol{O} & \boldsymbol{E}\end{array}\right)\to\left(\begin{array}{cc:cc}\boldsymbol{B} & \boldsymbol{O} & \boldsymbol{O} & \boldsymbol{E}\\ \boldsymbol{C} & \boldsymbol{A} & \boldsymbol{E} & \boldsymbol{O}\end{array}\right)\to\left(\begin{array}{cc:cc}\boldsymbol{E} & \boldsymbol{O} & \boldsymbol{O} & \boldsymbol{B}^{-1}\\ \boldsymbol{C} & \boldsymbol{A} & \boldsymbol{E} & \boldsymbol{O}\end{array}\right)$

$$\to\left(\begin{array}{cc:cc}\boldsymbol{E} & \boldsymbol{O} & \boldsymbol{O} & \boldsymbol{B}^{-1}\\ \boldsymbol{O} & \boldsymbol{A} & \boldsymbol{E} & -\boldsymbol{C}\boldsymbol{B}^{-1}\end{array}\right)\to\left(\begin{array}{cc:cc}\boldsymbol{E} & \boldsymbol{O} & \boldsymbol{O} & \boldsymbol{B}^{-1}\\ \boldsymbol{O} & \boldsymbol{E} & \boldsymbol{A}^{-1} & -\boldsymbol{A}^{-1}\boldsymbol{C}\boldsymbol{B}^{-1}\end{array}\right),$$

所以

$$\begin{pmatrix}\boldsymbol{C} & \boldsymbol{A}\\ \boldsymbol{B} & \boldsymbol{O}\end{pmatrix}^{-1}=\begin{pmatrix}\boldsymbol{O} & \boldsymbol{B}^{-1}\\ \boldsymbol{A}^{-1} & -\boldsymbol{A}^{-1}\boldsymbol{C}\boldsymbol{B}^{-1}\end{pmatrix}.$$

同理可得

$$\begin{pmatrix}\boldsymbol{A} & \boldsymbol{O}\\ \boldsymbol{O} & \boldsymbol{B}\end{pmatrix}^{-1}=\begin{pmatrix}\boldsymbol{A}^{-1} & \boldsymbol{O}\\ \boldsymbol{O} & \boldsymbol{B}^{-1}\end{pmatrix};\ \begin{pmatrix}\boldsymbol{O} & \boldsymbol{A}\\ \boldsymbol{B} & \boldsymbol{O}\end{pmatrix}^{-1}=\begin{pmatrix}\boldsymbol{O} & \boldsymbol{B}^{-1}\\ \boldsymbol{A}^{-1} & \boldsymbol{O}\end{pmatrix};$$

$$\begin{pmatrix}\boldsymbol{A} & \boldsymbol{C}\\ \boldsymbol{O} & \boldsymbol{B}\end{pmatrix}^{-1}=\begin{pmatrix}\boldsymbol{A}^{-1} & -\boldsymbol{A}^{-1}\boldsymbol{C}\boldsymbol{B}^{-1}\\ \boldsymbol{O} & \boldsymbol{B}^{-1}\end{pmatrix};\ \begin{pmatrix}\boldsymbol{A} & \boldsymbol{O}\\ \boldsymbol{C} & \boldsymbol{B}\end{pmatrix}^{-1}=\begin{pmatrix}\boldsymbol{A}^{-1} & \boldsymbol{O}\\ -\boldsymbol{B}^{-1}\boldsymbol{C}\boldsymbol{A}^{-1} & \boldsymbol{B}^{-1}\end{pmatrix};$$

$$\begin{pmatrix}\boldsymbol{O} & \boldsymbol{A}\\ \boldsymbol{B} & \boldsymbol{C}\end{pmatrix}^{-1}=\begin{pmatrix}-\boldsymbol{B}^{-1}\boldsymbol{C}\boldsymbol{A}^{-1} & \boldsymbol{B}^{-1}\\ \boldsymbol{A}^{-1} & \boldsymbol{O}\end{pmatrix};\ \begin{pmatrix}\boldsymbol{C} & \boldsymbol{A}\\ \boldsymbol{B} & \boldsymbol{O}\end{pmatrix}^{-1}=\begin{pmatrix}\boldsymbol{O} & \boldsymbol{B}^{-1}\\ \boldsymbol{A}^{-1} & -\boldsymbol{A}^{-1}\boldsymbol{C}\boldsymbol{B}^{-1}\end{pmatrix}.$$

***例 2.5.1** 设 $\boldsymbol{A},\boldsymbol{B}$ 都是 n 阶方阵, 且 $\boldsymbol{E}+\boldsymbol{AB}$ 可逆. 证明: $\boldsymbol{E}+\boldsymbol{BA}$ 也可逆.

证 因为 $\begin{pmatrix}\boldsymbol{E} & \boldsymbol{B}\\ -\boldsymbol{A} & \boldsymbol{E}\end{pmatrix}\to\begin{pmatrix}\boldsymbol{E} & \boldsymbol{B}\\ \boldsymbol{O} & \boldsymbol{E}+\boldsymbol{AB}\end{pmatrix}$, 故

$$\begin{pmatrix}\boldsymbol{E} & \boldsymbol{O}\\ \boldsymbol{A} & \boldsymbol{E}\end{pmatrix}\begin{pmatrix}\boldsymbol{E} & \boldsymbol{B}\\ -\boldsymbol{A} & \boldsymbol{E}\end{pmatrix}=\begin{pmatrix}\boldsymbol{E} & \boldsymbol{B}\\ \boldsymbol{O} & \boldsymbol{E}+\boldsymbol{AB}\end{pmatrix};$$

又因为 $\begin{pmatrix}\boldsymbol{E} & \boldsymbol{B}\\ -\boldsymbol{A} & \boldsymbol{E}\end{pmatrix}\to\begin{pmatrix}\boldsymbol{E}+\boldsymbol{BA} & \boldsymbol{B}\\ \boldsymbol{O} & \boldsymbol{E}\end{pmatrix}$, 故

$$\begin{pmatrix}\boldsymbol{E} & \boldsymbol{B}\\ -\boldsymbol{A} & \boldsymbol{E}\end{pmatrix}\begin{pmatrix}\boldsymbol{E} & \boldsymbol{O}\\ \boldsymbol{A} & \boldsymbol{E}\end{pmatrix}=\begin{pmatrix}\boldsymbol{E}+\boldsymbol{BA} & \boldsymbol{B}\\ \boldsymbol{O} & \boldsymbol{E}\end{pmatrix}.$$

从而

$$\begin{aligned}|\boldsymbol{E}+\boldsymbol{BA}|&=\begin{vmatrix}\boldsymbol{E}+\boldsymbol{BA} & \boldsymbol{B}\\ \boldsymbol{O} & \boldsymbol{E}\end{vmatrix}=\left|\begin{pmatrix}\boldsymbol{E} & \boldsymbol{B}\\ -\boldsymbol{A} & \boldsymbol{E}\end{pmatrix}\begin{pmatrix}\boldsymbol{E} & \boldsymbol{O}\\ \boldsymbol{A} & \boldsymbol{E}\end{pmatrix}\right|=\begin{vmatrix}\boldsymbol{E} & \boldsymbol{B}\\ -\boldsymbol{A} & \boldsymbol{E}\end{vmatrix}\\&=\left|\begin{pmatrix}\boldsymbol{E} & \boldsymbol{O}\\ \boldsymbol{A} & \boldsymbol{E}\end{pmatrix}\begin{pmatrix}\boldsymbol{E} & \boldsymbol{B}\\ -\boldsymbol{A} & \boldsymbol{E}\end{pmatrix}\right|=\begin{vmatrix}\boldsymbol{E} & \boldsymbol{B}\\ \boldsymbol{O} & \boldsymbol{E}+\boldsymbol{AB}\end{vmatrix}=|\boldsymbol{E}+\boldsymbol{AB}|\neq 0.\end{aligned}$$

故 $\boldsymbol{E}+\boldsymbol{BA}$ 可逆.

习 题 2

1. 设 k 是正整数, $\boldsymbol{A}=\begin{pmatrix}\cos\theta & \sin\theta\\ -\sin\theta & \cos\theta\end{pmatrix}$, $\boldsymbol{B}=\begin{pmatrix}\lambda & 1 & 0\\ 0 & \lambda & 1\\ 0 & 0 & \lambda\end{pmatrix}$, 计算 $\boldsymbol{A}^k, \boldsymbol{B}^k$.

2. 设 $\boldsymbol{A}$ 是 n 阶实方阵, 且 $\boldsymbol{A}^{\mathrm{T}}=-\boldsymbol{A}$, 若存在 n 阶实方阵 $\boldsymbol{B}$, 使得 $\boldsymbol{BA}=\boldsymbol{B}$, 则 $\boldsymbol{B}=\boldsymbol{O}$.

3. 设 $\boldsymbol{A}=\begin{pmatrix}a & b & c & d\\ b & -a & d & -c\\ c & -d & -a & b\\ d & c & -b & -a\end{pmatrix}$, 求 $|\boldsymbol{A}|$.

4. 设 $\boldsymbol{A}=\begin{pmatrix}(a_0+b_0)^n & (a_0+b_1)^n & \cdots & (a_0+b_n)^n\\ (a_1+b_0)^n & (a_1+b_1)^n & \cdots & (a_1+b_n)^n\\ \vdots & \vdots & & \vdots\\ (a_n+b_0)^n & (a_n+b_0)^n & \cdots & (a_n+b_0)^n\end{pmatrix}$, 求 $|\boldsymbol{A}|$.

5. 设 $\boldsymbol{A}$ 是 n 阶方阵, $\boldsymbol{A}^*$ 是其伴随矩阵, 则下列结论错误的是　　[　　]

A. 若 $\boldsymbol{A}$ 是可逆矩阵, 则 $\boldsymbol{A}^*$ 也是可逆矩阵

B. 若 $\boldsymbol{A}$ 是不可逆矩阵, 则 $\boldsymbol{A}^*$ 也是不可逆矩阵

C. $\boldsymbol{A}$ 和 $\boldsymbol{A}^*$ 都是可逆矩阵或者都是不可逆矩阵

D. $|\boldsymbol{AA}^*|=|\boldsymbol{A}|$

6. 设 $\boldsymbol{A}$ 是 n 阶可逆矩阵, $\boldsymbol{A}^*$ 是其伴随矩阵, 则　　[　　]

A. $(\boldsymbol{A}^*)^*=|\boldsymbol{A}|^{n-1}\boldsymbol{A}$　　B. $(\boldsymbol{A}^*)^*=|\boldsymbol{A}|^{n+1}\boldsymbol{A}$

C. $(\boldsymbol{A}^*)^*=|\boldsymbol{A}|^{n-2}\boldsymbol{A}$　　D. $(\boldsymbol{A}^*)^*=|\boldsymbol{A}|^{n+2}\boldsymbol{A}$

7. 若矩阵 $\boldsymbol{A}$ 可逆, 则矩阵 $\boldsymbol{A}$ 的伴随矩阵 $\boldsymbol{A}^*$ 也可逆, 且 $(\boldsymbol{A}^*)^{-1}=(\boldsymbol{A}^{-1})^*$.

8. 已知 $\boldsymbol{ABA}=\boldsymbol{C}$, 其中 $\boldsymbol{A}=\begin{pmatrix}1 & 0 & 0\\ 1 & 1 & 3\\ 0 & 1 & -1\end{pmatrix}$, $\boldsymbol{C}=\begin{pmatrix}1 & 0 & 1\\ 0 & 1 & 0\\ 0 & 0 & 1\end{pmatrix}$, 求 $\boldsymbol{B}^*$.

9. 设矩阵 $\boldsymbol{A}$ 的伴随矩阵 $\boldsymbol{A}^*=\begin{pmatrix}1 & 0 & 0 & 0\\ 0 & 1 & 0 & 0\\ 1 & 0 & 1 & 0\\ 0 & -3 & 0 & 8\end{pmatrix}$, 且 $\boldsymbol{ABA}^{-1}=\boldsymbol{BA}^{-1}+3\boldsymbol{E}$, 求矩阵 $\boldsymbol{B}$.

10. 设 $\boldsymbol{A}=(a_{ij})_{3\times3}$, 且 $\boldsymbol{A}^*=\boldsymbol{A}^{\mathrm{T}}$, 若 $a_{11}=a_{12}=a_{13}>0$, 试求 a_{11}.

11. 求矩阵 $\boldsymbol{A}=\begin{pmatrix}0&0&\cdots&0&-a_n\\1&0&\cdots&0&-a_{n-1}\\\vdots&\vdots&&\vdots&\vdots\\0&0&\cdots&0&-a_2\\0&0&\cdots&1&-a_1\end{pmatrix}$ 的逆矩阵 $\boldsymbol{A}^{-1}$, 其中 $a_k\neq 0\,(k=1,2,\cdots,n)$.

12. 设 $\boldsymbol{A}^3=2\boldsymbol{E},\boldsymbol{B}=\boldsymbol{A}^2-2\boldsymbol{A}+2\boldsymbol{E}$, 求矩阵 $\boldsymbol{B}$ 的逆矩阵 $\boldsymbol{B}^{-1}$.

13. 设 $\boldsymbol{A}^k=\boldsymbol{O}\,(k\in\mathbb{N}^*)$, $\boldsymbol{E}$ 为单位矩阵, 问 $\boldsymbol{E}-\boldsymbol{A},\boldsymbol{E}+\boldsymbol{A}$ 是否可逆? 若是, 则求出其逆, 否则请说明理由.

14. 已知3阶方阵 $\boldsymbol{A}$ 与3维列向量 $\boldsymbol{\alpha}$, 满足条件 $\boldsymbol{A}^3\boldsymbol{\alpha}=3\boldsymbol{A}\boldsymbol{\alpha}-2\boldsymbol{A}^2\boldsymbol{\alpha}$, 且方阵 $\boldsymbol{P}=(\boldsymbol{\alpha},\boldsymbol{A}\boldsymbol{\alpha},\boldsymbol{A}^2\boldsymbol{\alpha})$ 可逆.

(1) 求3阶方阵 $\boldsymbol{B}$, 使得 $\boldsymbol{A}=\boldsymbol{P}\boldsymbol{B}\boldsymbol{P}^{-1}$;

(2) 求行列式 $|\boldsymbol{E}+\boldsymbol{A}|$.

15. 求解矩阵方程 $\begin{pmatrix}1&0&1\\-1&1&1\\2&-1&1\end{pmatrix}\boldsymbol{X}=\begin{pmatrix}1&1\\0&1\\-1&0\end{pmatrix}$.

16. 设 $\boldsymbol{A}$ 是 n 阶方阵, $\boldsymbol{E}+\boldsymbol{A}$ 可逆, 且 $f(\boldsymbol{A})=(\boldsymbol{E}-\boldsymbol{A})(\boldsymbol{E}+\boldsymbol{A})^{-1}$, 证明:

(1) $[\boldsymbol{E}+f(\boldsymbol{A})](\boldsymbol{E}+\boldsymbol{A})=2\boldsymbol{E}$;

(2) $f(f(\boldsymbol{A}))=\boldsymbol{A}$.

17. 下列说法错误的是 [ ]

A. 有限个初等矩阵的积必然是可逆矩阵

B. 两个初等矩阵的积仍然是初等矩阵

C. 可逆矩阵之和不一定是可逆矩阵

D. 可逆矩阵必然是有限个初等矩阵的积

18. 设 $\boldsymbol{A},\boldsymbol{B}$ 为方阵, 分块对角矩阵 $\boldsymbol{C}=\operatorname{diag}(\boldsymbol{A},\boldsymbol{B})$ 的伴随矩阵 $\boldsymbol{C}^*=$ [ ]

A. $\operatorname{diag}(\boldsymbol{A}^*,\boldsymbol{B}^*)$

B. $\operatorname{diag}(|\boldsymbol{A}|\boldsymbol{A}^*,|\boldsymbol{B}|\boldsymbol{B}^*)$

C. $\operatorname{diag}(|\boldsymbol{B}|\boldsymbol{A}^*,|\boldsymbol{A}|\boldsymbol{B}^*)$

D. $\operatorname{diag}(|\boldsymbol{A}\boldsymbol{B}|\boldsymbol{A}^*,|\boldsymbol{A}\boldsymbol{B}|\boldsymbol{B}^*)$

19. 证明下列各题:

(1) 设 $\boldsymbol{A},\boldsymbol{B}$ 都是 n 阶方阵, 且 $\boldsymbol{A}\boldsymbol{B}=\boldsymbol{A}+\boldsymbol{B}$, 则 $\boldsymbol{E}-\boldsymbol{A}$ 和 $\boldsymbol{E}-\boldsymbol{B}$ 都可逆且 $\boldsymbol{A}\boldsymbol{B}=\boldsymbol{B}\boldsymbol{A}$;

(2) 设 $\boldsymbol{A}$ 是 n 阶可逆矩阵, $\boldsymbol{\alpha},\boldsymbol{\beta}$ 是 n 维列向量, 且 $1+\boldsymbol{\beta}^{\mathrm{T}}\boldsymbol{A}\boldsymbol{\alpha}\neq 0$, 证明: 矩阵 $\boldsymbol{E}+\boldsymbol{A}\boldsymbol{\alpha}\boldsymbol{\beta}^{\mathrm{T}}$ 可逆, 且 $(\boldsymbol{E}+\boldsymbol{A}\boldsymbol{\alpha}\boldsymbol{\beta}^{\mathrm{T}})^{-1}=\boldsymbol{E}-\dfrac{\boldsymbol{A}\boldsymbol{\alpha}\boldsymbol{\beta}^{\mathrm{T}}}{1+\boldsymbol{\beta}^{\mathrm{T}}\boldsymbol{A}\boldsymbol{\alpha}}$.

(3) 设 $\boldsymbol{A}$ 是二阶方阵, 若存在 $n>2$, 使得 $\boldsymbol{A}^n=\boldsymbol{O}$, 证明: $\boldsymbol{A}^2=\boldsymbol{O}$;

(4) 上三角矩阵的逆矩阵也是上三角矩阵;

(5) 可逆的对称矩阵的逆矩阵也是对称矩阵;

(6) 设 $n>2$, 则 $(\boldsymbol{A}^*)^*=|\boldsymbol{A}|^{n-2}\boldsymbol{A}$;

(7) 设 $\boldsymbol{A},\boldsymbol{B}$ 都是 n 阶方阵, 则 $\begin{vmatrix}\boldsymbol{A} & \boldsymbol{B}\\ \boldsymbol{B} & \boldsymbol{A}\end{vmatrix}=|\boldsymbol{A}+\boldsymbol{B}||\boldsymbol{A}-\boldsymbol{B}|$;

(8) 设 $\boldsymbol{A}$ 是 m 阶可逆矩阵, $\boldsymbol{B}$ 是 $m\times n$ 矩阵, $\boldsymbol{C}$ 是 $n\times m$ 矩阵, $\boldsymbol{D}$ 是 n 阶方阵, 则 $\begin{vmatrix}\boldsymbol{A} & \boldsymbol{B}\\ \boldsymbol{C} & \boldsymbol{D}\end{vmatrix}=|\boldsymbol{A}||\boldsymbol{D}-\boldsymbol{C}\boldsymbol{A}^{-1}\boldsymbol{B}|$.

20. 设 $\boldsymbol{A}$ 为 n 阶可逆矩阵, $\boldsymbol{\alpha}$ 为 n 维列向量, b 为常数. 记 $\boldsymbol{P}=\begin{pmatrix}\boldsymbol{E} & \boldsymbol{0}\\ -\boldsymbol{\alpha}^{\mathrm{T}}\boldsymbol{A}^* & |\boldsymbol{A}|\end{pmatrix}, \boldsymbol{Q}=\begin{pmatrix}\boldsymbol{A} & \boldsymbol{\alpha}\\ \boldsymbol{\alpha}^{\mathrm{T}} & b\end{pmatrix}$, 其中 $\boldsymbol{A}^*$ 是 $\boldsymbol{A}$ 的伴随矩阵, $\boldsymbol{E}$ 是 n 阶单位矩阵.

(1) 计算并化简 $\boldsymbol{P}\boldsymbol{Q}$;

(2) $\boldsymbol{Q}$ 可逆的充分必要条件是 $\boldsymbol{\alpha}^{\mathrm{T}}\boldsymbol{A}^{-1}\boldsymbol{\alpha}\neq b$.

21. 设 $\boldsymbol{A}$ 是 n 阶实方阵, 且 $\boldsymbol{A}^{\mathrm{T}}=\boldsymbol{A}^*$, 求 $r(\boldsymbol{A})$.

22. 设 $\boldsymbol{A},\boldsymbol{B}$ 都是 n 阶方阵, 证明: $r(\boldsymbol{E}+\boldsymbol{A}\boldsymbol{B})=r(\boldsymbol{E}+\boldsymbol{B}\boldsymbol{A})$.

第3章 向 量

3.1 向量组的线性组合定义

定义 3.1.1 设$\boldsymbol{\alpha}_1,\boldsymbol{\alpha}_2,\cdots,\boldsymbol{\alpha}_m$是$m$个$n$维列(行)向量, 称$k_1\boldsymbol{\alpha}_1+k_2\boldsymbol{\alpha}_2+\cdots+k_m\boldsymbol{\alpha}_m$为向量组$\boldsymbol{\alpha}_1,\boldsymbol{\alpha}_2,\cdots,\boldsymbol{\alpha}_m$的一个**线性组合**, 其中$k_1,k_2,\cdots,k_m\in\mathbb{K}$. 向量组$\boldsymbol{\alpha}_1,\boldsymbol{\alpha}_2,\cdots,\boldsymbol{\alpha}_m$的所有线性组合的集合记为

$$L(\boldsymbol{\alpha}_1,\boldsymbol{\alpha}_2,\cdots,\boldsymbol{\alpha}_m)\ \text{或}\ \operatorname{span}\{\boldsymbol{\alpha}_1,\boldsymbol{\alpha}_2,\cdots,\boldsymbol{\alpha}_m\}.$$

若任一n维向量$\boldsymbol{\beta}$可以写成$\boldsymbol{\alpha}_1,\boldsymbol{\alpha}_2,\cdots,\boldsymbol{\alpha}_m$的线性组合, 即存在$k_1,k_2,\cdots,k_m\in\mathbb{K}$, 使得$\boldsymbol{\beta}=k_1\boldsymbol{\alpha}_1+k_2\boldsymbol{\alpha}_2+\cdots+k_m\boldsymbol{\alpha}_m$, 则称$\boldsymbol{\beta}$可由$\boldsymbol{\alpha}_1,\boldsymbol{\alpha}_2,\cdots,\boldsymbol{\alpha}_m$**线性表示**.

例 3.1.1 设$\boldsymbol{e}_k=(0,0,\cdots,0,1,0,\cdots,0)^{\mathrm{T}}\in\mathbb{K}^{n\times 1}$(第$k$个分量为1, 其余分量为0, $k=1,2,\cdots,n$), 则$\forall\,\boldsymbol{\alpha}=(a_1,a_2,\cdots,a_n)^{\mathrm{T}}$都有$\boldsymbol{\alpha}=a_1\boldsymbol{e}_1+a_2\boldsymbol{e}_2+\cdots+a_n\boldsymbol{e}_n$, 并称向量组$\boldsymbol{e}_1,\boldsymbol{e}_2,\cdots,\boldsymbol{e}_n$为$n$维**基本向量组**.

定义 3.1.2 (等价向量组) 给定两个向量组:

$$(\text{I})\ \boldsymbol{\alpha}_1,\boldsymbol{\alpha}_2,\cdots,\boldsymbol{\alpha}_m\ \text{和}\ (\text{II})\ \boldsymbol{\beta}_1,\boldsymbol{\beta}_2,\cdots,\boldsymbol{\beta}_n.$$

若向量组(Ⅰ)的每一个向量均可由向量组(Ⅱ)线性表示, 则称向量组(Ⅰ)可由向量组(Ⅱ)线性表示; 若向量组(Ⅰ)和向量组(Ⅱ)可以相互线性表示, 则称这两个**向量组等价**.

例 3.1.2 向量组$\boldsymbol{\beta}_1=\begin{pmatrix}1\\0\\0\end{pmatrix},\boldsymbol{\beta}_2=\begin{pmatrix}1\\1\\0\end{pmatrix},\boldsymbol{\beta}_3=\begin{pmatrix}1\\1\\1\end{pmatrix}$和向量组$\boldsymbol{e}_1,\boldsymbol{e}_2,\boldsymbol{e}_3$等价.

证 $\boldsymbol{\beta}_1=\boldsymbol{e}_1+0\boldsymbol{e}_2+0\boldsymbol{e}_3=\boldsymbol{e}_1$, $\boldsymbol{\beta}_2=\boldsymbol{e}_1+\boldsymbol{e}_2$, $\boldsymbol{\beta}_3=\boldsymbol{e}_1+\boldsymbol{e}_2+\boldsymbol{e}_3$;
$\boldsymbol{e}_1=\boldsymbol{\beta}_1$, $\boldsymbol{e}_2=-\boldsymbol{\beta}_1+\boldsymbol{\beta}_2$, $\boldsymbol{e}_3=-\boldsymbol{\beta}_2+\boldsymbol{\beta}_3$.

3.2 向量组的线性相关与线性无关的定义和性质

定义 3.2.1 设$\boldsymbol{\alpha}_1,\boldsymbol{\alpha}_2,\cdots,\boldsymbol{\alpha}_m$是$m$个$n$维向量. 若存在数域$\mathbb{K}$中不全为零的数$k_1,k_2,\cdots,k_m$, 使得

$$k_1\boldsymbol{\alpha}_1+k_2\boldsymbol{\alpha}_2+\cdots+k_m\boldsymbol{\alpha}_m=\boldsymbol{0},$$

则称向量组$\boldsymbol{\alpha}_1,\boldsymbol{\alpha}_2,\cdots,\boldsymbol{\alpha}_m$**线性相关**; 否则, 即

$$k_1\boldsymbol{\alpha}_1+k_2\boldsymbol{\alpha}_2+\cdots+k_m\boldsymbol{\alpha}_m=\boldsymbol{0}\Rightarrow k_1=k_2=\cdots=k_m=0,$$

则称向量组$\boldsymbol{\alpha}_1,\boldsymbol{\alpha}_2,\cdots,\boldsymbol{\alpha}_m$**线性无关**.

由此可得:

(1) 一个向量$\boldsymbol{\alpha}$线性相关当且仅当$\boldsymbol{\alpha}=\mathbf{0}$;

(2) 含有零向量$\mathbf{0}$的向量组一定线性相关;

(3) 若向量组$\boldsymbol{\alpha}_1,\boldsymbol{\alpha}_2,\cdots,\boldsymbol{\alpha}_m$中有两个向量相同(或对应分量成比例), 则此向量组线性相关.

(4) S_1和S_2是两个向量组且$S_1\subseteq S_2$, 则

① 若S_1线性相关, 则S_2线性相关;

② 若S_2线性无关, 则S_1线性无关.

例 3.2.1 n维基本向量组$\boldsymbol{e}_1,\boldsymbol{e}_2,\cdots,\boldsymbol{e}_n$线性无关.

证 设$x_1\boldsymbol{e}_1+x_2\boldsymbol{e}_2+\cdots+x_n\boldsymbol{e}_n=\mathbf{0}$, 写出分量形式, 得到

$$\begin{cases} x_1 + 0x_2 + \cdots + 0x_n = 0, \\ 0x_1 + x_2 + \cdots + 0x_n = 0, \\ \quad\vdots \qquad \vdots \qquad\qquad \vdots \quad \vdots \\ 0x_1 + 0x_2 + \cdots + x_n = 0, \end{cases}$$

即$x_1=x_2=\cdots=x_n=0$, 故$\boldsymbol{e}_1,\boldsymbol{e}_2,\cdots,\boldsymbol{e}_n$线性无关.

定理 3.2.1 设$m>1$, 向量组$\boldsymbol{\alpha}_1,\boldsymbol{\alpha}_2,\cdots,\boldsymbol{\alpha}_m$线性相关当且仅当该向量组中存在一个向量可由其余$m-1$个向量线性表示.

定理 3.2.2 向量组$\boldsymbol{\alpha}_1,\boldsymbol{\alpha}_2,\cdots,\boldsymbol{\alpha}_m$线性无关, $\boldsymbol{\alpha}_1,\boldsymbol{\alpha}_2,\cdots,\boldsymbol{\alpha}_m,\boldsymbol{\beta}$线性相关, 则$\boldsymbol{\beta}$可由$\boldsymbol{\alpha}_1,\boldsymbol{\alpha}_2,\cdots,\boldsymbol{\alpha}_m$唯一地线性表示.

证 因为向量组$\boldsymbol{\alpha}_1,\boldsymbol{\alpha}_2,\cdots,\boldsymbol{\alpha}_m,\boldsymbol{\beta}$线性相关, 故存在不全为0的数$k_1,k_2,\cdots,k_m,k$, 使得

$$k_1\boldsymbol{\alpha}_1+k_2\boldsymbol{\alpha}_2+\cdots+k_m\boldsymbol{\alpha}_m+k\boldsymbol{\beta}=\mathbf{0}.$$

因为$\boldsymbol{\alpha}_1,\boldsymbol{\alpha}_2,\cdots,\boldsymbol{\alpha}_m$线性无关, 所以$k\neq 0$, 由此得到

$$\boldsymbol{\beta}=-\frac{k_1}{k}\boldsymbol{\alpha}_1-\frac{k_2}{k}\boldsymbol{\alpha}_2-\cdots-\frac{k_m}{k}\boldsymbol{\alpha}_m.$$

假设又有

$$\boldsymbol{\beta}=c_1\boldsymbol{\alpha}_1+c_2\boldsymbol{\alpha}_2+\cdots+c_m\boldsymbol{\alpha}_m,$$

则

$$\left(c_1+\frac{k_1}{k}\right)\boldsymbol{\alpha}_1+\left(c_2+\frac{k_2}{k}\right)\boldsymbol{\alpha}_2+\cdots+\left(c_m+\frac{k_m}{k}\right)\boldsymbol{\alpha}_m=\mathbf{0},$$

但$\boldsymbol{\alpha}_1,\boldsymbol{\alpha}_2,\cdots,\boldsymbol{\alpha}_m$线性无关, 所以

$$c_1=-\frac{k_1}{k},c_2=-\frac{k_2}{k},\cdots,c_m=-\frac{k_m}{k}.$$

例 3.2.2 若 $\boldsymbol{\alpha}=(a_1,a_2,\cdots,a_n),\boldsymbol{\beta}=(b_1,b_2,\cdots,b_n)$, 则 $\boldsymbol{\alpha},\boldsymbol{\beta}$ 线性相关当且仅当

$$\frac{a_1}{b_1}=\frac{a_2}{b_2}=\cdots=\frac{a_n}{b_n}.$$

练习 3.2.1 设向量 $\boldsymbol{\beta}$ 可由向量组 $\boldsymbol{\alpha}_1,\boldsymbol{\alpha}_2,\cdots,\boldsymbol{\alpha}_r\ (r>1)$ 线性表示, 但不能由向量组 $\boldsymbol{\alpha}_1,\boldsymbol{\alpha}_2,\cdots,\boldsymbol{\alpha}_{r-1}$ 线性表示. 问向量组 $\boldsymbol{\alpha}_1,\boldsymbol{\alpha}_2,\cdots,\boldsymbol{\alpha}_r$ 和向量组 $\boldsymbol{\alpha}_1,\boldsymbol{\alpha}_2,\cdots,\boldsymbol{\alpha}_{r-1},\boldsymbol{\beta}$ 是否等价?

练习 3.2.2 设 $\boldsymbol{\beta}=\boldsymbol{\alpha}_1+\boldsymbol{\alpha}_2+\cdots+\boldsymbol{\alpha}_m(m>1)$, 证明: 向量组 $\boldsymbol{\beta}-\boldsymbol{\alpha}_1,\boldsymbol{\beta}-\boldsymbol{\alpha}_2,\cdots,\boldsymbol{\beta}-\boldsymbol{\alpha}_m$ 线性无关的充分必要条件是向量组 $\boldsymbol{\alpha}_1,\boldsymbol{\alpha}_2,\cdots,\boldsymbol{\alpha}_m$ 线性无关.

练习 3.2.3 设向量组 $\boldsymbol{\alpha}_1,\boldsymbol{\alpha}_2,\cdots,\boldsymbol{\alpha}_n\ (n>1)$ 线性无关, 证明: 向量组 $\boldsymbol{\alpha}_1+\boldsymbol{\alpha}_2,\boldsymbol{\alpha}_2+\boldsymbol{\alpha}_3,\cdots,\boldsymbol{\alpha}_{n-1}+\boldsymbol{\alpha}_n,\boldsymbol{\alpha}_n+\boldsymbol{\alpha}_1$ 线性无关的充分必要条件是 n 为奇数.

3.3 向量组的秩与矩阵的秩

定义 3.3.1 (极大无关组) 设向量组 $\boldsymbol{\alpha}_1,\boldsymbol{\alpha}_2,\cdots,\boldsymbol{\alpha}_r$ 是某一给定向量组的一个部分组, 且满足下列条件:

(1) $\boldsymbol{\alpha}_1,\boldsymbol{\alpha}_2,\cdots,\boldsymbol{\alpha}_r$ 线性无关;

(2) 原向量组中任一向量 $\boldsymbol{\alpha}$ 均可由 $\boldsymbol{\alpha}_1,\boldsymbol{\alpha}_2,\cdots,\boldsymbol{\alpha}_r$ 线性表示.

则称 $\boldsymbol{\alpha}_1,\boldsymbol{\alpha}_2,\cdots,\boldsymbol{\alpha}_r$ 为原向量组的一个**极大线性无关组**, 简称为**极大无关组**.

注 一个向量组与其极大无关组等价.

设 $\boldsymbol{A}=\begin{pmatrix} a_{11} & a_{12} & \cdots & a_{1n} \\ a_{21} & a_{22} & \cdots & a_{2n} \\ \vdots & \vdots & & \vdots \\ a_{m1} & a_{m2} & \cdots & a_{mn} \end{pmatrix}\in\mathbb{K}^{m\times n}$. $\boldsymbol{A}$ 的 n 个列向量

$\boldsymbol{\alpha}_1=\begin{pmatrix} a_{11} \\ a_{21} \\ \vdots \\ a_{m1} \end{pmatrix},\boldsymbol{\alpha}_2=\begin{pmatrix} a_{12} \\ a_{22} \\ \vdots \\ a_{m2} \end{pmatrix},\cdots,\boldsymbol{\alpha}_n=\begin{pmatrix} a_{1n} \\ a_{2n} \\ \vdots \\ a_{mn} \end{pmatrix}$ 称为 $\boldsymbol{A}$ 的**列向量组**;

对应地, $\boldsymbol{A}$ 的 m 个行向量 $\boldsymbol{\beta}_1=(a_{11},a_{12},\cdots,a_{1n}),\boldsymbol{\beta}_2=(a_{21},a_{22},\cdots,a_{2n}),\cdots,$ $\boldsymbol{\beta}_m=(a_{m1},a_{m2},\cdots,a_{mn})$ 称为 $\boldsymbol{A}$ 的**行向量组**.

定理 3.3.1 设矩阵 $\boldsymbol{A}=(a_{ij})_{m\times n}$ 经过有限次初等行变换变为矩阵 $\boldsymbol{B}=(b_{ij})_{m\times n}$, 则

(1) 矩阵 $\boldsymbol{A}$ 的列向量组 $\boldsymbol{\alpha}_1,\boldsymbol{\alpha}_2,\cdots,\boldsymbol{\alpha}_n$ 中任一部分组 $\boldsymbol{\alpha}_{i_1},\boldsymbol{\alpha}_{i_2},\cdots,\boldsymbol{\alpha}_{i_r}$ 与矩阵 $\boldsymbol{B}$ 的列向量组 $\boldsymbol{\beta}_1,\boldsymbol{\beta}_2,\cdots,\boldsymbol{\beta}_n$ 中相对应的部分组 $\boldsymbol{\beta}_{i_1},\boldsymbol{\beta}_{i_2},\cdots,\boldsymbol{\beta}_{i_r}$ 同时为线性相关 (或线性无关) 向量组;

(2) 矩阵 $\boldsymbol{A}$ 的列向量 $\boldsymbol{\alpha}_j$ 可由 $\boldsymbol{\alpha}_{i_1},\boldsymbol{\alpha}_{i_2},\cdots,\boldsymbol{\alpha}_{i_r}$ 线性表示, 则矩阵 $\boldsymbol{B}$ 中与 $\boldsymbol{\alpha}_j$ 相对应的列向量 $\boldsymbol{\beta}_j$ 也可由 $\boldsymbol{\beta}_{i_1},\boldsymbol{\beta}_{i_2},\cdots,\boldsymbol{\beta}_{i_r}$ 线性表示, 反之亦然, 并且线性表示的系数完全一致.

证　(1) 由定理2.4.1可知，对矩阵 $\boldsymbol{A}$ 施行有限次初等行变换相当于在 $\boldsymbol{A}$ 的左边乘以一个相应的 m 阶可逆矩阵 $\boldsymbol{P}$，即存在可逆矩阵 $\boldsymbol{P}$，使得 $\boldsymbol{PA}=\boldsymbol{B}$，亦即

$$\boldsymbol{P}(\boldsymbol{\alpha}_1,\boldsymbol{\alpha}_2,\cdots,\boldsymbol{\alpha}_n)=(\boldsymbol{P\alpha}_1,\boldsymbol{P\alpha}_2,\cdots,\boldsymbol{P\alpha}_n)=(\boldsymbol{\beta}_1,\boldsymbol{\beta}_2,\cdots,\boldsymbol{\beta}_n),$$

于是 $\boldsymbol{P\alpha}_j=\boldsymbol{\beta}_j\,(j=1,2,\cdots,n)$. 设 $\boldsymbol{\alpha}_{i_1},\boldsymbol{\alpha}_{i_2},\cdots,\boldsymbol{\alpha}_{i_r}$ 线性相关，即存在 $c_i\,(i=1,2,\cdots,r)$ 不全为0，使得

$$c_1\boldsymbol{\alpha}_{i_1}+c_2\boldsymbol{\alpha}_{i_2}+\cdots+c_r\boldsymbol{\alpha}_{i_r}=\boldsymbol{0},$$

从而

$$\begin{aligned}c_1\boldsymbol{\beta}_{i_1}+c_2\boldsymbol{\beta}_{i_2}+\cdots+c_r\boldsymbol{\beta}_{i_r}&=c_1\boldsymbol{P\alpha}_{i_1}+c_2\boldsymbol{P\alpha}_{i_2}+\cdots+c_r\boldsymbol{P\alpha}_{i_r}\\&=\boldsymbol{P}(c_1\boldsymbol{\alpha}_{i_1}+c_2\boldsymbol{\alpha}_{i_2}+\cdots+c_r\boldsymbol{\alpha}_{i_r})=\boldsymbol{0},\end{aligned}$$

所以 $\boldsymbol{\beta}_{i_1},\boldsymbol{\beta}_{i_2},\cdots,\boldsymbol{\beta}_{i_r}$ 线性相关. 因为 $\boldsymbol{\alpha}_j=\boldsymbol{P}^{-1}\boldsymbol{\beta}_j\,(j=1,2,\cdots,n)$，故当 $\boldsymbol{\beta}_{i_1},\boldsymbol{\beta}_{i_2},\cdots,\boldsymbol{\beta}_{i_r}$ 线性相关时，$\boldsymbol{\alpha}_{i_1},\boldsymbol{\alpha}_{i_2},\cdots,\boldsymbol{\alpha}_{i_r}$ 线性相关. 换言之，如果 $\boldsymbol{\alpha}_{i_1},\boldsymbol{\alpha}_{i_2},\cdots,\boldsymbol{\alpha}_{i_r}$ 线性无关，则 $\boldsymbol{\beta}_{i_1},\boldsymbol{\beta}_{i_2},\cdots,\boldsymbol{\beta}_{i_r}$ 线性无关.

(2) 若 $\boldsymbol{\alpha}_j$ 可由 $\boldsymbol{\alpha}_{i_1},\boldsymbol{\alpha}_{i_2},\cdots,\boldsymbol{\alpha}_{i_r}$ 线性表示为

$$\boldsymbol{\alpha}_j=c_1\boldsymbol{\alpha}_{i_1}+c_2\boldsymbol{\alpha}_{i_2}+\cdots+c_r\boldsymbol{\alpha}_{i_r},$$

则

$$\begin{aligned}\boldsymbol{\beta}_j=\boldsymbol{P\alpha}_j&=\boldsymbol{P}(c_1\boldsymbol{\alpha}_{i_1}+c_2\boldsymbol{\alpha}_{i_2}+\cdots+c_r\boldsymbol{\alpha}_{i_r})=c_1\boldsymbol{P\alpha}_{i_1}+c_2\boldsymbol{P\alpha}_{i_2}+\cdots+c_r\boldsymbol{P\alpha}_{i_r}\\&=c_1\boldsymbol{\beta}_{i_1}+c_2\boldsymbol{\beta}_{i_2}+\cdots+c_r\boldsymbol{\beta}_{i_r},\end{aligned}$$

即 $\boldsymbol{\beta}_j$ 可由 $\boldsymbol{\beta}_{i_1},\boldsymbol{\beta}_{i_2},\cdots,\boldsymbol{\beta}_{i_r}$ 线性表示，且线性表示的系数与 $\boldsymbol{\alpha}_j$ 由 $\boldsymbol{\alpha}_{i_1},\boldsymbol{\alpha}_{i_2},\cdots,\boldsymbol{\alpha}_{i_r}$ 线性表示的系数完全一致. 反之亦然.

求向量组的一个极大无关组的矩阵方法(也是很实用的方法)：

例 3.3.1 设 $\boldsymbol{\alpha}_1=\begin{pmatrix}2\\2\\5\\4\\1\end{pmatrix},\boldsymbol{\alpha}_2=\begin{pmatrix}3\\2\\7\\6\\2\end{pmatrix},\boldsymbol{\alpha}_3=\begin{pmatrix}1\\1\\2\\1\\0\end{pmatrix},\boldsymbol{\alpha}_4=\begin{pmatrix}1\\0\\1\\0\\0\end{pmatrix},\boldsymbol{\alpha}_5=\begin{pmatrix}-1\\-2\\-4\\-4\\-1\end{pmatrix}$，$\boldsymbol{\alpha}_6=\begin{pmatrix}3\\5\\11\\11\\3\end{pmatrix}$，求向量组 S：$\boldsymbol{\alpha}_1,\boldsymbol{\alpha}_2,\boldsymbol{\alpha}_3,\boldsymbol{\alpha}_4,\boldsymbol{\alpha}_5,\boldsymbol{\alpha}_6$ 的一个极大无关组，并将该组向量中的其余向量用该极大无关组线性表示.

解　以 $\boldsymbol{\alpha}_1,\boldsymbol{\alpha}_2,\boldsymbol{\alpha}_3,\boldsymbol{\alpha}_4,\boldsymbol{\alpha}_5,\boldsymbol{\alpha}_6$ 为列作矩阵 $\boldsymbol{A}=(\boldsymbol{\alpha}_1,\boldsymbol{\alpha}_2,\boldsymbol{\alpha}_3,\boldsymbol{\alpha}_4,\boldsymbol{\alpha}_5,\boldsymbol{\alpha}_6)$，对 $\boldsymbol{A}$ 施行初等

行变换, 直到将 $\boldsymbol{A}$ 变为行简化阶梯形矩阵(记为 $\boldsymbol{B}$):

$$\boldsymbol{A} \to \begin{pmatrix} 1 & 0 & 0 & -2 & -3 & 7 \\ 0 & 1 & 0 & 1 & 1 & -2 \\ 0 & 0 & 1 & 2 & 2 & -5 \\ 0 & 0 & 0 & 0 & 0 & 0 \\ 0 & 0 & 0 & 0 & 0 & 0 \end{pmatrix} = \boldsymbol{B} = (\boldsymbol{\beta}_1, \boldsymbol{\beta}_2, \boldsymbol{\beta}_3, \boldsymbol{\beta}_4, \boldsymbol{\beta}_5, \boldsymbol{\beta}_6).$$

从行简化阶梯形矩阵 $\boldsymbol{B}$ 看出 $\boldsymbol{\beta}_1, \boldsymbol{\beta}_2, \boldsymbol{\beta}_3$ 线性无关, $\boldsymbol{\beta}_4 = -2\boldsymbol{\beta}_1 + \boldsymbol{\beta}_2 + 2\boldsymbol{\beta}_3, \boldsymbol{\beta}_5 = -3\boldsymbol{\beta}_1 + \boldsymbol{\beta}_2 + 2\boldsymbol{\beta}_3, \boldsymbol{\beta}_6 = 7\boldsymbol{\beta}_1 - 2\boldsymbol{\beta}_2 - 5\boldsymbol{\beta}_3$. 由定理3.3.1可知, $\boldsymbol{\alpha}_1, \boldsymbol{\alpha}_2, \boldsymbol{\alpha}_3$ 是 S 的一个极大无关组且 $\boldsymbol{\alpha}_4 = -2\boldsymbol{\alpha}_1 + \boldsymbol{\alpha}_2 + 2\boldsymbol{\alpha}_3, \boldsymbol{\alpha}_5 = -3\boldsymbol{\alpha}_1 + \boldsymbol{\alpha}_2 + 2\boldsymbol{\alpha}_3, \boldsymbol{\alpha}_6 = 7\boldsymbol{\alpha}_1 - 2\boldsymbol{\alpha}_2 - 5\boldsymbol{\alpha}_3$.

注 1 一个向量组的极大无关组一般不唯一. 在例3.3.1中, $\boldsymbol{\alpha}_1, \boldsymbol{\alpha}_2, \boldsymbol{\alpha}_4$ 和 $\boldsymbol{\alpha}_1, \boldsymbol{\alpha}_3, \boldsymbol{\alpha}_4$ 均是原向量组的极大无关组.

注 2 任意有限个非零向量组成的向量组 S 必有极大无关组. 其实, 如果 S 本身是线性无关的向量组, 则 S 就是极大无关组. 不然, 可从 S 中选出一个非零向量, 记之为 $\boldsymbol{\alpha}_1$, 若其余向量均能由 $\boldsymbol{\alpha}_1$ 线性表示, 则 $\boldsymbol{\alpha}_1$ 就是 S 的一个极大无关组; 否则, 选出 $\boldsymbol{\alpha}_2$, 使得 $\boldsymbol{\alpha}_2$ 与 $\boldsymbol{\alpha}_1$ 线性无关, 现假设已选出 m 个线性无关的向量 $\boldsymbol{\alpha}_1, \boldsymbol{\alpha}_2, \cdots, \boldsymbol{\alpha}_m$, 如果 S 中其余向量均能由 $\boldsymbol{\alpha}_1, \boldsymbol{\alpha}_2, \cdots, \boldsymbol{\alpha}_m$ 线性表示, 则 $\boldsymbol{\alpha}_1, \boldsymbol{\alpha}_2, \cdots, \boldsymbol{\alpha}_m$ 就是 S 的一个极大无关组; 否则, 又可找到 $\boldsymbol{\alpha}_{m+1}$, 使得 $\boldsymbol{\alpha}_1, \boldsymbol{\alpha}_2, \cdots, \boldsymbol{\alpha}_{m+1}$ 线性无关. 继续这样做下去, 由于 S 中向量的个数有限, 故总可以找到 S 的极大无关组.

定理 3.3.2 *一个向量组的各极大无关组所含向量的个数相同.*

证 设向量组 $\boldsymbol{\alpha}_1, \boldsymbol{\alpha}_2, \cdots, \boldsymbol{\alpha}_r$ 和向量组 $\boldsymbol{\beta}_1, \boldsymbol{\beta}_2, \cdots, \boldsymbol{\beta}_s$ 都是向量组 S 的极大无关组. 因为 $\forall\, \boldsymbol{\alpha}_j$ 都存在唯一一组数 $c_{1j}, c_{2j}, \cdots, c_{sj}$, 使得

$$\boldsymbol{\alpha}_j = c_{1j}\boldsymbol{\beta}_1 + c_{2j}\boldsymbol{\beta}_2 + \cdots + c_{sj}\boldsymbol{\beta}_s,\ j = 1, 2, \cdots, r.$$

记 $\boldsymbol{C} = (c_{ij})_{s\times r} = (\boldsymbol{c}_1, \boldsymbol{c}_2, \cdots, \boldsymbol{c}_r)$, 其中 $\boldsymbol{c}_j = \begin{pmatrix} c_{1j} \\ c_{2j} \\ \vdots \\ c_{sj} \end{pmatrix} (j = 1, 2, \cdots, r)$, 则

$$(\boldsymbol{\alpha}_1, \boldsymbol{\alpha}_2, \cdots, \boldsymbol{\alpha}_r) = (\boldsymbol{\beta}_1, \boldsymbol{\beta}_2, \cdots, \boldsymbol{\beta}_s)\boldsymbol{C}.$$

假设 $r > s$, 则 $r(\boldsymbol{C}) < r$, 故 $\boldsymbol{c}_1, \boldsymbol{c}_2, \cdots, \boldsymbol{c}_r$ 线性相关(将 $\boldsymbol{C}$ 化为行简化阶梯形矩阵 $\boldsymbol{D}$, 则 $\boldsymbol{D}$ 必有一列可由其余 $r-1$ 列线性表示, 否则将有 $r(\boldsymbol{C}) = r$, 即存在不全为0的数 $k_1, k_2, \cdots, k_r$ 使得 $k_1\boldsymbol{c}_1 + k_2\boldsymbol{c}_2 + \cdots + k_r\boldsymbol{c}_r = \boldsymbol{0}$, 亦即

$$\boldsymbol{C}\begin{pmatrix} k_1 \\ k_2 \\ \vdots \\ k_r \end{pmatrix} = \boldsymbol{0},$$

于是

$$(\boldsymbol{\alpha}_1,\boldsymbol{\alpha}_2,\cdots,\boldsymbol{\alpha}_r)\begin{pmatrix}k_1\\k_2\\\vdots\\k_r\end{pmatrix}=(\boldsymbol{\beta}_1,\boldsymbol{\beta}_2,\cdots,\boldsymbol{\beta}_s)\boldsymbol{C}\begin{pmatrix}k_1\\k_2\\\vdots\\k_r\end{pmatrix}=\mathbf{0},$$

即 $k_1\boldsymbol{\alpha}_1+k_2\boldsymbol{\alpha}_2+\cdots+k_r\boldsymbol{\alpha}_r=\mathbf{0}$, 亦即 $\boldsymbol{\alpha}_1,\boldsymbol{\alpha}_2,\cdots,\boldsymbol{\alpha}_r$ 线性相关. 这与 $\boldsymbol{\alpha}_1,\boldsymbol{\alpha}_2,\cdots,\boldsymbol{\alpha}_r$ 线性无关矛盾, 因此 $r\leqslant s$. 反过来, $\forall\boldsymbol{\beta}_j\ (j=1,2,\cdots,s)$ 也可唯一地由 $\boldsymbol{\alpha}_1,\boldsymbol{\alpha}_2,\cdots,\boldsymbol{\alpha}_r$ 线性表示, 同理可得 $s\leqslant r$. 故 $s=r$.

定义 3.3.2 (向量组的秩) 一个向量组 S 的一个极大无关组所含向量的个数称为这个向量组的**秩**, 记为 $r(S)$.

定理 3.3.3 设向量组 A 可由向量组 B 线性表示, 则 $r(A)\leqslant r(B)$.

证 不妨设向量组 A 的一个极大无关组是 $\boldsymbol{\alpha}_1,\boldsymbol{\alpha}_2,\cdots,\boldsymbol{\alpha}_{r(A)}$, 向量组 B 的一个极大无关组是 $\boldsymbol{\beta}_1,\boldsymbol{\beta}_2,\cdots,\boldsymbol{\beta}_{r(B)}$. 因为 $\boldsymbol{\alpha}_1,\boldsymbol{\alpha}_2,\cdots,\boldsymbol{\alpha}_{r(A)}$ 可由 $\boldsymbol{\beta}_1,\boldsymbol{\beta}_2,\cdots,\boldsymbol{\beta}_{r(B)}$ 线性表示, 所以, 用定理 3.3.2 的证明方法, 得到 $r(A)\leqslant r(B)$.

例 3.3.2 n 阶方阵 $\boldsymbol{A}$ 可逆当且仅当 $\boldsymbol{A}$ 的列向量组 (或行向量组) 线性无关.

证 必要性. 设 $\boldsymbol{A}=(\boldsymbol{\alpha}_1,\boldsymbol{\alpha}_2,\cdots,\boldsymbol{\alpha}_n)$, 令

$$x_1\boldsymbol{\alpha}_1+x_2\boldsymbol{\alpha}_2+\cdots+x_n\boldsymbol{\alpha}_n=\mathbf{0},$$

即 $\boldsymbol{A}\begin{pmatrix}x_1\\x_2\\\vdots\\x_n\end{pmatrix}=\mathbf{0}$. 因为 $\boldsymbol{A}$ 可逆, 故 $|\boldsymbol{A}|\neq 0$, 由克莱姆法则, 得到 $x_1=x_2=\cdots=x_n=0$. 故 $\boldsymbol{A}$ 的列向量组线性无关.

充分性. 对矩阵 $\boldsymbol{A}$ 施行初等行变换，将它变为行简化阶梯形矩阵 $\boldsymbol{B}$. 由定理 3.3.1可知, 矩阵 $\boldsymbol{B}$ 的列向量组线性无关, 这表明 $\boldsymbol{B}=\boldsymbol{E}$. 换言之, 存在可逆矩阵 $\boldsymbol{P}$, 使得 $\boldsymbol{PA}=\boldsymbol{E}$, 故 $\boldsymbol{A}$ 可逆.

在上述证明中用 $\boldsymbol{A}^{\mathrm{T}}$ 代替 $\boldsymbol{A}$ 即得 $\boldsymbol{A}$ 的行向量组的情况.

例 3.3.3 设 n 个 n 维向量 $\boldsymbol{\alpha}_1,\boldsymbol{\alpha}_2,\cdots,\boldsymbol{\alpha}_n$ 线性无关, $\boldsymbol{\alpha}_{n+1}=k_1\boldsymbol{\alpha}_1+k_2\boldsymbol{\alpha}_2+\cdots+k_n\boldsymbol{\alpha}_n$, $k_1,k_2,\cdots,k_n$ 全不为零. 证明: $\boldsymbol{\alpha}_1,\boldsymbol{\alpha}_2,\cdots,\boldsymbol{\alpha}_n,\boldsymbol{\alpha}_{n+1}$ 中任意 n 个向量线性无关.

证 反证法. 假设存在 n 个向量

$$\boldsymbol{\alpha}_1,\boldsymbol{\alpha}_2,\cdots,\boldsymbol{\alpha}_{j-1},\boldsymbol{\alpha}_{j+1},\cdots,\boldsymbol{\alpha}_{n+1}$$

线性相关(因为 $\boldsymbol{\alpha}_1,\boldsymbol{\alpha}_2,\cdots,\boldsymbol{\alpha}_n$ 线性无关, $\boldsymbol{\alpha}_{n+1}$ 必须在其中). 于是存在不全为零的数 $c_1,c_2,\cdots,c_{j-1},c_{j+1},\cdots,c_{n+1}$, 使得

$$c_1\boldsymbol{\alpha}_1+c_2\boldsymbol{\alpha}_2+\cdots+c_{j-1}\boldsymbol{\alpha}_{j-1}+c_{j+1}\boldsymbol{\alpha}_{j+1}+\cdots+c_{n+1}\boldsymbol{\alpha}_{n+1}=\mathbf{0}. \tag{1}$$

一方面, 由 $\boldsymbol{\alpha}_1,\boldsymbol{\alpha}_2,\cdots,\boldsymbol{\alpha}_n$ 线性无关, 得到 $c_{n+1}\neq 0$; 另一方面, 将 $\boldsymbol{\alpha}_{n+1}$ 代入 (1) 式, 得到

$$(c_1+k_1c_{n+1})\boldsymbol{\alpha}_1+(c_2+k_2c_{n+1})\boldsymbol{\alpha}_2+\cdots+(c_{j-1}+k_{j-1}c_{n+1})\boldsymbol{\alpha}_{j-1}+k_jc_{n+1}\boldsymbol{\alpha}_j$$
$$+(c_{j+1}+k_{j+1}c_{n+1})\boldsymbol{\alpha}_{j+1}+\cdots+(c_n+k_nc_{n+1})\boldsymbol{\alpha}_n=\mathbf{0}.$$

又由 $\boldsymbol{\alpha}_1,\boldsymbol{\alpha}_2,\cdots,\boldsymbol{\alpha}_n$ 线性无关, 得到 $k_jc_{n+1}=0$. 但 $k_j\neq 0$, 故 $c_{n+1}=0$. 这是矛盾.

练习 3.3.1 设向量 $\boldsymbol{\beta}$ 可由向量组 $\boldsymbol{\alpha}_1,\boldsymbol{\alpha}_2,\cdots,\boldsymbol{\alpha}_r$ 线性表示, 但不能由它的任何一个个数少于 r 的部分向量组线性表示, 问向量组 $\boldsymbol{\alpha}_1,\boldsymbol{\alpha}_2,\cdots,\boldsymbol{\alpha}_r$ 是否线性无关?

定义 3.3.3 (矩阵的行秩、列秩) 矩阵 $\boldsymbol{A}=(a_{ij})_{m\times n}$ 的列向量组 $\boldsymbol{\alpha}_1,\boldsymbol{\alpha}_2,\cdots,\boldsymbol{\alpha}_n$ 的秩称为矩阵 $\boldsymbol{A}$ 的**列秩**; 矩阵 $\boldsymbol{A}$ 的行向量组 $\boldsymbol{\beta}_1,\boldsymbol{\beta}_2,\cdots,\boldsymbol{\beta}_m$ 的秩称为矩阵 $\boldsymbol{A}$ 的**行秩**.

定理 3.3.4 任一矩阵 $\boldsymbol{A}=(a_{ij})_{m\times n}$ 的行秩和列秩相等, 等于矩阵 $\boldsymbol{A}$ 的秩.

证 设 $r(\boldsymbol{A})=r$, 对矩阵 $\boldsymbol{A}$ 施行有限次初等行变换将其化为行简化阶梯形矩阵 $\boldsymbol{B}$, 则矩阵 $\boldsymbol{B}$ 中有 r 个首 1, 矩阵 $\boldsymbol{B}$ 中首 1 所在的 r 个列是矩阵 $\boldsymbol{B}$ 的列向量组的一个极大无关组, 矩阵 $\boldsymbol{A}$ 的列向量组中与矩阵 $\boldsymbol{B}$ 的极大无关组相对应的列向量组是矩阵 $\boldsymbol{A}$ 的列向量组的一个极大无关组, 于是矩阵 $\boldsymbol{A}$ 的列秩等于 r. 在前述证明中, 用 $\boldsymbol{A}^{\mathrm{T}}$ 代替 $\boldsymbol{A}$ 可得 $\boldsymbol{A}^{\mathrm{T}}$ 的列秩, 即 $\boldsymbol{A}$ 的行秩等于 $r(\boldsymbol{A}^{\mathrm{T}})$. 因为 $r(\boldsymbol{A}^{\mathrm{T}})=r(\boldsymbol{A})$, 故 $\boldsymbol{A}$ 的行秩和列秩都等于矩阵 $\boldsymbol{A}$ 的秩 $r(\boldsymbol{A})$.

例 3.3.4 设 $\boldsymbol{C}=\begin{pmatrix}\boldsymbol{A}&\boldsymbol{O}\\\boldsymbol{O}&\boldsymbol{B}\end{pmatrix}$, 证明: $r(\boldsymbol{C})=r(\boldsymbol{A})+r(\boldsymbol{B})$.

证 因为存在可逆矩阵 $\boldsymbol{P},\boldsymbol{Q}$ 和可逆矩阵 $\boldsymbol{M},\boldsymbol{N}$, 使得

$$\boldsymbol{PAQ}=\begin{pmatrix}\boldsymbol{E}_{r(\boldsymbol{A})}&\boldsymbol{O}\\\boldsymbol{O}&\boldsymbol{O}\end{pmatrix},\boldsymbol{MBN}=\begin{pmatrix}\boldsymbol{E}_{r(\boldsymbol{B})}&\boldsymbol{O}\\\boldsymbol{O}&\boldsymbol{O}\end{pmatrix}.$$

于是

$$\begin{pmatrix}\boldsymbol{P}&\boldsymbol{O}\\\boldsymbol{O}&\boldsymbol{M}\end{pmatrix}\begin{pmatrix}\boldsymbol{A}&\boldsymbol{O}\\\boldsymbol{O}&\boldsymbol{B}\end{pmatrix}\begin{pmatrix}\boldsymbol{Q}&\boldsymbol{O}\\\boldsymbol{O}&\boldsymbol{N}\end{pmatrix}=\begin{pmatrix}\boldsymbol{E}_{r(\boldsymbol{A})}&\boldsymbol{O}&\boldsymbol{O}&\boldsymbol{O}\\\boldsymbol{O}&\boldsymbol{O}&\boldsymbol{O}&\boldsymbol{O}\\\boldsymbol{O}&\boldsymbol{O}&\boldsymbol{E}_{r(\boldsymbol{B})}&\boldsymbol{O}\\\boldsymbol{O}&\boldsymbol{O}&\boldsymbol{O}&\boldsymbol{O}\end{pmatrix}.$$

故 $r(\boldsymbol{C})=r(\boldsymbol{A})+r(\boldsymbol{B})$.

定理 3.3.5 设矩阵 $\boldsymbol{A}=(a_{ij})_{m\times n},\boldsymbol{B}=(b_{ij})_{m\times n}$, 则 $r(\boldsymbol{A}\pm\boldsymbol{B})\leqslant r(\boldsymbol{A})+r(\boldsymbol{B})$.

证 设 $\boldsymbol{A},\boldsymbol{B}$ 的行向量组的极大无关组分别为

$$\boldsymbol{\alpha}_1,\boldsymbol{\alpha}_2,\cdots,\boldsymbol{\alpha}_{r(\boldsymbol{A})};\ \boldsymbol{\beta}_1,\boldsymbol{\beta}_2,\cdots,\boldsymbol{\beta}_{r(\boldsymbol{B})}.$$

因为 $\boldsymbol{A}$ 的每一个行向量 $\boldsymbol{\alpha}_j\,(j=1,2,\cdots,m)$ 可由 $\boldsymbol{\alpha}_1,\boldsymbol{\alpha}_2,\cdots,\boldsymbol{\alpha}_{r(\boldsymbol{A})}$ 线性表示, $\boldsymbol{B}$ 的每一个行向量 $\boldsymbol{\beta}_j\,(j=1,2,\cdots,m)$ 可由 $\boldsymbol{\beta}_1,\boldsymbol{\beta}_2,\cdots,\boldsymbol{\beta}_{r(\boldsymbol{B})}$ 线性表示, 所以 $\boldsymbol{A}\pm\boldsymbol{B}$ 的每一个行向量 $\boldsymbol{\alpha}_j\pm\boldsymbol{\beta}_j\,(j=1,2,\cdots,m)$ 可由向量组

$$S:\boldsymbol{\alpha}_1,\boldsymbol{\alpha}_2,\cdots,\boldsymbol{\alpha}_{r(\boldsymbol{A})},\boldsymbol{\beta}_1,\boldsymbol{\beta}_2,\cdots,\boldsymbol{\beta}_{r(\boldsymbol{B})}$$

线性表示. 由定理 3.3.3, 得 $r(\boldsymbol{A}\pm\boldsymbol{B})\leqslant r(S)$. 显然 $r(S)\leqslant r(\boldsymbol{A})+r(\boldsymbol{B})$. 于是

$$r(\boldsymbol{A}\pm\boldsymbol{B})\leqslant r(\boldsymbol{A})+r(\boldsymbol{B}).$$

定理 3.3.6 设矩阵 $\boldsymbol{A}=(a_{ij})_{m\times k},\boldsymbol{B}=(b_{ij})_{k\times n}$, 则 $r(\boldsymbol{AB})\leqslant\min\{r(\boldsymbol{A}),r(\boldsymbol{B})\}$.

证 一方面, 将矩阵 $\boldsymbol{B}$ 按列分块: $\boldsymbol{B}=(\boldsymbol{\beta}_1,\boldsymbol{\beta}_2,\cdots,\boldsymbol{\beta}_n)$, 则

$$\boldsymbol{AB}=(\boldsymbol{A\beta}_1,\boldsymbol{A\beta}_2,\cdots,\boldsymbol{A\beta}_n).$$

设 $\boldsymbol{B}$ 的列向量组的一个极大无关组是 $\boldsymbol{\beta}_{i_1},\boldsymbol{\beta}_{i_2},\cdots,\boldsymbol{\beta}_{i_r}$, 则 $\boldsymbol{B}$ 的任一列向量 $\boldsymbol{\beta}_j\ (j=1,2,\cdots,n)$ 均可用 $\boldsymbol{\beta}_{i_1},\boldsymbol{\beta}_{i_2},\cdots,\boldsymbol{\beta}_{i_r}$ 线性表示. 于是 $\boldsymbol{AB}$ 的任一列向量 $\boldsymbol{A\beta}_j\ (j=1,2,\cdots,n)$ 均可用 $\boldsymbol{A\beta}_{i_1},\boldsymbol{A\beta}_{i_2},\cdots,\boldsymbol{A\beta}_{i_r}$ 线性表示, 由定理 3.3.3, 得到 $r(\boldsymbol{AB})\leqslant r(\boldsymbol{B})$.

另一方面, $r(\boldsymbol{AB})=r(\boldsymbol{B}^{\mathrm{T}}\boldsymbol{A}^{\mathrm{T}})\leqslant r(\boldsymbol{A}^{\mathrm{T}})=r(\boldsymbol{A})$. 或者将 $\boldsymbol{A}$ 按行分块, 按上述方法也可得 $r(\boldsymbol{AB})\leqslant r(\boldsymbol{A})$. 故 $r(\boldsymbol{AB})\leqslant\min\{r(\boldsymbol{A}),r(\boldsymbol{B})\}$.

定理 3.3.7 (西尔维斯特[①]秩不等式) 设矩阵 $\boldsymbol{A}=(a_{ij})_{m\times k},\boldsymbol{B}=(b_{ij})_{k\times n}$, 则

$$r(\boldsymbol{AB})\geqslant r(\boldsymbol{A})+r(\boldsymbol{B})-k.$$

证 考虑下列矩阵的分块初等变换:

$$\begin{pmatrix}\boldsymbol{E}_k&\boldsymbol{O}\\\boldsymbol{O}&\boldsymbol{AB}\end{pmatrix}\to\begin{pmatrix}\boldsymbol{E}_k&\boldsymbol{O}\\\boldsymbol{A}&\boldsymbol{AB}\end{pmatrix}\to\begin{pmatrix}\boldsymbol{E}_k&-\boldsymbol{B}\\\boldsymbol{A}&\boldsymbol{O}\end{pmatrix}\to\begin{pmatrix}\boldsymbol{B}&\boldsymbol{E}_k\\\boldsymbol{O}&\boldsymbol{A}\end{pmatrix}.$$

由矩阵的秩的定义, 得到矩阵 $\begin{pmatrix}\boldsymbol{B}&\boldsymbol{E}_k\\\boldsymbol{O}&\boldsymbol{A}\end{pmatrix}$ 的秩大于或等于矩阵 $\begin{pmatrix}\boldsymbol{B}&\boldsymbol{O}\\\boldsymbol{O}&\boldsymbol{A}\end{pmatrix}$ 的秩. 故

$$r(\boldsymbol{AB})+r(\boldsymbol{E}_k)\geqslant r(\boldsymbol{A})+r(\boldsymbol{B}),\text{即}\,r(\boldsymbol{AB})\geqslant r(\boldsymbol{A})+r(\boldsymbol{B})-k.$$

例 3.3.5 设 $\boldsymbol{A}$ 是 n 阶方阵, $\boldsymbol{A}^*$ 是 $\boldsymbol{A}$ 的伴随矩阵, 则

$$r(\boldsymbol{A}^*)=\begin{cases}n,\ r(\boldsymbol{A})=n,\\1,\ r(\boldsymbol{A})=n-1,\\0,\ r(\boldsymbol{A})<n-1.\end{cases}$$

证 当 $r(\boldsymbol{A})=n$ 时, $r(\boldsymbol{A}^*)=n$ 明显. 当 $r(\boldsymbol{A})<n-1$ 时, $\boldsymbol{A}^*=\boldsymbol{O}$, 故 $r(\boldsymbol{A}^*)=0$. 当 $r(\boldsymbol{A})=n-1$ 时, 一方面 $\boldsymbol{A}^*\neq\boldsymbol{O}$, 故 $r(\boldsymbol{A}^*)\geqslant1$; 另一方面 $\boldsymbol{AA}^*=\boldsymbol{O}$, 由定理 3.3.7, 得到

$$0=r(\boldsymbol{AA}^*)\geqslant r(\boldsymbol{A})+r(\boldsymbol{A}^*)-n,$$

即 $r(\boldsymbol{A}^*)\leqslant1$. 综合上述可得 $r(\boldsymbol{A}^*)=1$.

[①]西尔维斯特 (Sylvester J J,1814-1897 年), 英国数学家.

例 3.3.6 设 $\boldsymbol{A}$ 是 n 阶方阵, 则 $\boldsymbol{A}^2=\boldsymbol{E}$ 的充分必要条件是 $r(\boldsymbol{E}+\boldsymbol{A})+r(\boldsymbol{E}-\boldsymbol{A})=n$.

证 考虑下列矩阵的分块初等变换:

$$\begin{pmatrix}\boldsymbol{E}+\boldsymbol{A} & \boldsymbol{O}\\ \boldsymbol{O} & \boldsymbol{E}-\boldsymbol{A}\end{pmatrix}\to\begin{pmatrix}\boldsymbol{E}+\boldsymbol{A} & \boldsymbol{E}+\boldsymbol{A}\\ \boldsymbol{O} & \boldsymbol{E}-\boldsymbol{A}\end{pmatrix}\to\begin{pmatrix}\boldsymbol{E}+\boldsymbol{A} & \boldsymbol{E}+\boldsymbol{A}\\ \boldsymbol{E}+\boldsymbol{A} & 2\boldsymbol{E}\end{pmatrix}\to$$

$$\begin{pmatrix}\frac{1}{2}(\boldsymbol{E}-\boldsymbol{A}^2) & \boldsymbol{E}+\boldsymbol{A}\\ \boldsymbol{O} & 2\boldsymbol{E}\end{pmatrix}\to\begin{pmatrix}\frac{1}{2}(\boldsymbol{E}-\boldsymbol{A}^2) & \boldsymbol{O}\\ \boldsymbol{O} & 2\boldsymbol{E}\end{pmatrix}\to\begin{pmatrix}\boldsymbol{E}-\boldsymbol{A}^2 & \boldsymbol{O}\\ \boldsymbol{O} & \boldsymbol{E}\end{pmatrix},$$

故 $r(\boldsymbol{E}+\boldsymbol{A})+r(\boldsymbol{E}-\boldsymbol{A})=n$ 当且仅当 $r(\boldsymbol{E}-\boldsymbol{A}^2)=0$, 即 $\boldsymbol{A}^2=\boldsymbol{E}$.

例 3.3.7 设 $\boldsymbol{A}$ 是 $m\times n$ 矩阵, $r(\boldsymbol{A})=n$, 即 $\boldsymbol{A}$ 列满秩. 证明: 存在秩等于 n 的 $n\times m$ 矩阵 $\boldsymbol{B}$, 使得 $\boldsymbol{BA}=\boldsymbol{E}$.

证 由题设, 得到 $m\geqslant n$. 当 $m=n$ 时, 取 $\boldsymbol{B}=\boldsymbol{A}^{-1}$ 即可. 当 $m>n$ 时, 存在 m 阶可逆矩阵 $\boldsymbol{P}$, 使得 $\boldsymbol{PA}=\begin{pmatrix}\boldsymbol{E}\\ \boldsymbol{O}\end{pmatrix}$. 故 $(\boldsymbol{E},\boldsymbol{O})\boldsymbol{PA}=\boldsymbol{E}$. 令 $\boldsymbol{B}=(\boldsymbol{E},\boldsymbol{O})\boldsymbol{P}$, 则 $r(\boldsymbol{B})=n$, 且 $\boldsymbol{BA}=\boldsymbol{E}$.

***例 3.3.1** 设 $\boldsymbol{A}=(a_{ij}),\boldsymbol{B}=(b_{ij})$ 分别是 m,n 阶方阵, $\boldsymbol{C}=\begin{pmatrix}\boldsymbol{A} & \boldsymbol{O}\\ \boldsymbol{O} & \boldsymbol{B}\end{pmatrix}$, 求 $\boldsymbol{C}^*$.

解法一 考虑元素 c_{ij} 的代数余子式 C_{ij}.

(1) 当 $1\leqslant i,j\leqslant m$ 时, $C_{ij}=|\boldsymbol{B}|A_{ij}$, 其中 A_{ij} 是 $|\boldsymbol{A}|$ 中元素 a_{ij} 的代数余子式; 当 $1\leqslant i,j\leqslant n$ 时, $C_{i+m,j+m}=|\boldsymbol{A}|B_{ij}$, 其中 B_{ij} 是 $|\boldsymbol{B}|$ 中元素 b_{ij} 的代数余子式.

(2) 当 $1\leqslant i\leqslant m$, $m+1\leqslant j\leqslant m+n$ 时, $|\boldsymbol{C}|$ 中元素 c_{ij} 的余子式 M_{ij} 的前 $m-1$ 行行向量组的秩不超过 $m-1$, 后 n 行行向量组的秩等于后 $n-1$ 列列向量组的秩, 从而 M_{ij} 的行向量组的秩不超过 $m+n-2$, 而 M_{ij} 是 $m+n-1$ 阶行列式, 故 $M_{ij}=0$, 即 $C_{ij}=0$. 当 $m+1\leqslant i\leqslant m+n$, $1\leqslant j\leqslant m$ 时, 同上推理可得 $C_{ij}=0$. 故 $\boldsymbol{C}^*=\begin{pmatrix}|\boldsymbol{B}|\boldsymbol{A}^* & \boldsymbol{O}\\ \boldsymbol{O} & |\boldsymbol{A}|\boldsymbol{B}^*\end{pmatrix}$.

解法二 先设 $\boldsymbol{A},\boldsymbol{B}$ 都是可逆矩阵, 易得 $\boldsymbol{C}^*=|\boldsymbol{C}|\boldsymbol{C}^{-1}=\begin{pmatrix}|\boldsymbol{B}|\boldsymbol{A}^* & \boldsymbol{O}\\ \boldsymbol{O} & |\boldsymbol{A}|\boldsymbol{B}^*\end{pmatrix}$. 对于一般情况, 可引进参数 t, 使行列式 $|t\boldsymbol{E}+\boldsymbol{C}|=0$ 的 t 至多 $m+n$ 个, 因此, 存在无穷数列 $\{t_k\}$, 满足 $\lim\limits_{k\to\infty}t_k=0$, 且

$$(t_k\boldsymbol{E}+\boldsymbol{C})^*=\begin{pmatrix}|t_k\boldsymbol{E}+\boldsymbol{B}|(t_k\boldsymbol{E}+\boldsymbol{A})^* & \boldsymbol{O}\\ \boldsymbol{O} & |t_k\boldsymbol{E}+\boldsymbol{A}|(t_k\boldsymbol{E}+\boldsymbol{B})^*\end{pmatrix}.$$

在上式两边令 $k\to\infty$ 取极限, 得到 $\boldsymbol{C}^*=\begin{pmatrix}|\boldsymbol{B}|\boldsymbol{A}^* & \boldsymbol{O}\\ \boldsymbol{O} & |\boldsymbol{A}|\boldsymbol{B}^*\end{pmatrix}$.

类似可得 $\boldsymbol{M}=\begin{pmatrix}\boldsymbol{O} & \boldsymbol{A}\\ \boldsymbol{B} & \boldsymbol{O}\end{pmatrix}$ 的伴随矩阵 $\boldsymbol{M}^*=\begin{pmatrix}\boldsymbol{O} & (-1)^{mn}|\boldsymbol{A}|\boldsymbol{B}^*\\ (-1)^{mn}|\boldsymbol{B}|\boldsymbol{A}^* & \boldsymbol{O}\end{pmatrix}$.

练习 3.3.2 设 $\boldsymbol{A}$ 为 $n(n>1)$ 阶方阵, 且 $|\boldsymbol{A}|=0$, 则 [ ]

A. $\boldsymbol{A}$ 中存在一行 (列) 元素全为0

B. $\boldsymbol{A}$ 中至少有一个行(列)向量是其余行 (列) 向量的线性组合

C. $\boldsymbol{A}$ 中存在两行 (列) 元素对应成比例

D. $\boldsymbol{A}$ 中每一个行 (列) 向量是其余行 (列) 向量的线性组合

练习 3.3.3 设 $\boldsymbol{A}=\begin{pmatrix}1&2&a\\2&4&6\\3&6&9\end{pmatrix}$, $\boldsymbol{B}$ 为三阶非零矩阵, 且 $\boldsymbol{BA}=\boldsymbol{O}$, 则 [ ]

A. 当 $a=3$ 时, $r(\boldsymbol{B})=1$ B. 当 $a=3$ 时, $r(\boldsymbol{B})=2$

C. 当 $a\neq 3$ 时, $r(\boldsymbol{B})=1$ D. 当 $a\neq 3$ 时, $r(\boldsymbol{B})=2$

练习 3.3.4 设 $\boldsymbol{A}$ 是 n 阶方阵, 证明: $\boldsymbol{A}^2=\boldsymbol{A}$ 的充分必要条件是 $r(\boldsymbol{A})+r(\boldsymbol{E}-\boldsymbol{A})=n$.

习 题 3

1. 设 $\boldsymbol{\alpha}_1=(1,2,0,3)^{\mathrm{T}},\boldsymbol{\alpha}_2=(1,0,-2,5)^{\mathrm{T}},\boldsymbol{\alpha}_3=(5,9,-1,16)^{\mathrm{T}}$, 问是否存在 $a_{ij}\in\mathbb{R}\,(i=1,2,3,j=1,2,3)$, 使得 $\boldsymbol{\beta}_1,\boldsymbol{\beta}_2,\boldsymbol{\beta}_3$ 线性无关? 其中 $\boldsymbol{\beta}_i=a_{i1}\boldsymbol{\alpha}_1+a_{i2}\boldsymbol{\alpha}_2+a_{i3}\boldsymbol{\alpha}_3\,(i=1,2,3)$.

2. 证明: 向量组 $\boldsymbol{\alpha}_1,\boldsymbol{\alpha}_2,\cdots,\boldsymbol{\alpha}_n\in\mathbb{R}^{n\times 1}$ 线性无关当且仅当

$$D=\begin{vmatrix}\boldsymbol{\alpha}_1^{\mathrm{T}}\boldsymbol{\alpha}_1&\boldsymbol{\alpha}_1^{\mathrm{T}}\boldsymbol{\alpha}_2&\cdots&\boldsymbol{\alpha}_1^{\mathrm{T}}\boldsymbol{\alpha}_n\\\boldsymbol{\alpha}_2^{\mathrm{T}}\boldsymbol{\alpha}_1&\boldsymbol{\alpha}_2^{\mathrm{T}}\boldsymbol{\alpha}_2&\cdots&\boldsymbol{\alpha}_2^{\mathrm{T}}\boldsymbol{\alpha}_n\\\vdots&\vdots&&\vdots\\\boldsymbol{\alpha}_n^{\mathrm{T}}\boldsymbol{\alpha}_1&\boldsymbol{\alpha}_n^{\mathrm{T}}\boldsymbol{\alpha}_2&\cdots&\boldsymbol{\alpha}_n^{\mathrm{T}}\boldsymbol{\alpha}_n\end{vmatrix}\neq 0.$$

3. 设方阵 $\boldsymbol{A}=(\boldsymbol{\alpha}_1,\boldsymbol{\alpha}_2,\boldsymbol{\alpha}_3)$ 的列向量组 $\boldsymbol{\alpha}_1,\boldsymbol{\alpha}_2,\boldsymbol{\alpha}_3$ 线性无关, 且 $\boldsymbol{A\alpha}_1=\boldsymbol{\alpha}_1+2\boldsymbol{\alpha}_2+\boldsymbol{\alpha}_3,\boldsymbol{A\alpha}_2=\boldsymbol{\alpha}_1+\boldsymbol{\alpha}_3,\boldsymbol{A\alpha}_3=\boldsymbol{\alpha}_2+2\boldsymbol{\alpha}_3$, 求 $|\boldsymbol{A}|$.

4. 向量组 $\boldsymbol{\alpha}_1,\boldsymbol{\alpha}_2,\cdots,\boldsymbol{\alpha}_r$ 的秩为 r 的充分必要条件是 [ ]

 A. 该向量组不含零向量

 B. 该向量组中不存在两个向量的对应分量成比例

 C. 该向量组中存在一个向量不能由其余向量线性表示

 D. 该向量组线性无关

5. 已知任意 n 维向量 $\boldsymbol{\beta}$ 均可由向量组 $\boldsymbol{\alpha}_1,\boldsymbol{\alpha}_2,\cdots,\boldsymbol{\alpha}_n$ 线性表示, 则向量组 $\boldsymbol{\alpha}_1,\boldsymbol{\alpha}_2,\cdots,\boldsymbol{\alpha}_n$ [ ]

 A. 线性相关 B. 秩 $r(\boldsymbol{\alpha}_1,\boldsymbol{\alpha}_2,\cdots,\boldsymbol{\alpha}_n)=n$

 C. 秩 $r(\boldsymbol{\alpha}_1,\boldsymbol{\alpha}_2,\cdots,\boldsymbol{\alpha}_n)<n$ D. 秩 $r(\boldsymbol{\alpha}_1,\boldsymbol{\alpha}_2,\cdots,\boldsymbol{\alpha}_n)\leqslant n$

6. 求下列各向量组的秩和一个极大无关组:

(1) $\boldsymbol{\alpha}_1=(1,2)^{\mathrm{T}},\boldsymbol{\alpha}_2=(1,-1)^{\mathrm{T}},\boldsymbol{\alpha}_3=(0,1)^{\mathrm{T}}$;

(2) $\boldsymbol{\alpha}_1=(1,2,3)^{\mathrm{T}},\boldsymbol{\alpha}_2=(1,0,-1)^{\mathrm{T}},\boldsymbol{\alpha}_3=(2,0,1)^{\mathrm{T}}$;

(3) $\boldsymbol{\alpha}_1=(1,3,-1,2)^{\mathrm{T}},\boldsymbol{\alpha}_2=(3,5,0,-1)^{\mathrm{T}},\boldsymbol{\alpha}_3=(0,1,0,1)^{\mathrm{T}},\boldsymbol{\alpha}_4=(1,0,1,0)^{\mathrm{T}}$.

7. 若向量组 $\boldsymbol{\alpha}_1,\boldsymbol{\alpha}_2$ 线性相关, 向量组 $\boldsymbol{\beta}_1,\boldsymbol{\beta}_2$ 线性相关, 试问 $\boldsymbol{\alpha}_1+\boldsymbol{\beta}_1,\boldsymbol{\alpha}_2+\boldsymbol{\beta}_2$ 是否一定线性相关?

8. 若向量组 $\boldsymbol{\alpha}_1,\boldsymbol{\alpha}_2$ 线性无关, 向量组 $\boldsymbol{\beta}_1,\boldsymbol{\beta}_2$ 线性无关, 试问 $\boldsymbol{\alpha}_1+\boldsymbol{\beta}_1,\boldsymbol{\alpha}_2+\boldsymbol{\beta}_2$ 是否一定线性无关?

9. 设向量 $\boldsymbol{\alpha},\boldsymbol{\beta},\boldsymbol{\gamma}$ 是 3 个 n 维向量, 若 $\boldsymbol{\alpha},\boldsymbol{\beta}$ 线性无关, $\boldsymbol{\beta},\boldsymbol{\gamma}$ 线性无关, $\boldsymbol{\alpha},\boldsymbol{\gamma}$ 线性无关. 试问 $\boldsymbol{\alpha},\boldsymbol{\beta},\boldsymbol{\gamma}$ 是否一定线性无关？

10. 设 $\boldsymbol{\alpha}_1,\boldsymbol{\alpha}_2,\boldsymbol{\alpha}_3,\boldsymbol{\beta}_1,\boldsymbol{\beta}_2$ 是 5 个 4 维列向量. 若 $\boldsymbol{\alpha}_1,\boldsymbol{\alpha}_2,\boldsymbol{\alpha}_3$ 线性无关, 且 $\boldsymbol{\alpha}_i^{\mathrm{T}}\boldsymbol{\beta}_j=0\,(i=1,2,3;j=1,2)$, 问向量组 $\boldsymbol{\beta}_1,\boldsymbol{\beta}_2$ 是否线性相关？

11. 设向量 $\boldsymbol{\beta}$ 可由向量组 $\boldsymbol{\alpha}_1,\boldsymbol{\alpha}_2,\cdots,\boldsymbol{\alpha}_n$ 线性表示, 但不能由其中任何一个个数少于 n 的部分向量组线性表示. 问向量组 $\boldsymbol{\alpha}_1,\boldsymbol{\alpha}_2,\cdots,\boldsymbol{\alpha}_n$ 是否线性无关？

12. 设矩阵 $\boldsymbol{A}=\begin{pmatrix}0&1&0&0\\0&0&1&0\\0&0&0&1\\0&0&0&0\end{pmatrix}$, 求 $r(\boldsymbol{A}^2)$.

13. 设 $\boldsymbol{A}$ 是 $n\times m$ 矩阵, $\boldsymbol{B}$ 是 $m\times n$ 矩阵, 其中 $n>m$, $\boldsymbol{E}$ 是 m 阶单位矩阵, 且 $\boldsymbol{BA}=\boldsymbol{E}$. 证明: $\boldsymbol{A}$ 的列向量组线性无关.

14. 设 $\boldsymbol{A},\boldsymbol{B}$ 都是 n 阶方阵, $\boldsymbol{E}$ 是 n 阶单位矩阵, 证明:

$$r(\boldsymbol{AB}-\boldsymbol{E})\leqslant r(\boldsymbol{A}-\boldsymbol{E})+r(\boldsymbol{B}-\boldsymbol{E}).$$

15. 设 n 维列向量组 $\boldsymbol{\alpha}_1,\boldsymbol{\alpha}_2,\cdots,\boldsymbol{\alpha}_m$ 线性无关, $\boldsymbol{A}$ 为 n 阶可逆矩阵. 证明: 向量组 $\boldsymbol{A\alpha}_1,\boldsymbol{A\alpha}_2,\cdots,\boldsymbol{A\alpha}_m$ 线性无关.

16. 证明: m 维向量 $\boldsymbol{\beta}$ 可由向量组 $\boldsymbol{\alpha}_1,\boldsymbol{\alpha}_2,\cdots,\boldsymbol{\alpha}_m$ 唯一线性表示的充分必要条件是向量组 $\boldsymbol{\alpha}_1,\boldsymbol{\alpha}_2,\cdots,\boldsymbol{\alpha}_m$ 线性无关.

17. 设 $\boldsymbol{A}$ 是一个 n 阶方阵, $\boldsymbol{A}$ 的第 $i_1,i_2,\cdots,i_r$ 行和第 $i_1,i_2,\cdots,i_r$ 列的交点处的元素构成的 $r\,(1\leqslant r\leqslant n)$ 阶子(行列)式称为 $\boldsymbol{A}$ 的一个主子式. 若 $\boldsymbol{A}$ 是对称 (或反对称) 矩阵且 $r(\boldsymbol{A})=r$, 则 $\boldsymbol{A}$ 必有一个 r 阶主子式不等于 0.

18. 设 $\boldsymbol{A}$ 是 $m\times n$ 矩阵, $r(\boldsymbol{A})=r$. 任取 $\boldsymbol{A}$ 的 r 个线性无关的行向量, 再取 $\boldsymbol{A}$ 的 r 个线性无关的列向量, 位于交点处的元素构成的 r 阶子式是否一定不为 0？若是, 给出证明; 若否, 举出反例.

19. 设 $\boldsymbol{A}$ 是 $m\times n$ 矩阵, 且 $r(\boldsymbol{A})=r$. 证明: 存在 $m\times r$ 矩阵 $\boldsymbol{B}$ 和 $r\times n$ 矩阵 $\boldsymbol{C}$, 使得 $\boldsymbol{A}=\boldsymbol{BC}$,且 $r(\boldsymbol{B})=r(\boldsymbol{C})=r$.

20. 证明: $r(\boldsymbol{ABC}) \geqslant r(\boldsymbol{AB}) + r(\boldsymbol{BC}) - r(\boldsymbol{B})$.

21. 已知 n 阶矩阵 $\boldsymbol{A}_i^2 = \boldsymbol{A}_i\,(i = 1, 2, \cdots, m)$, $\boldsymbol{B} = \boldsymbol{A}_1\boldsymbol{A}_2\cdots\boldsymbol{A}_m$, 证明:

$$r(\boldsymbol{E} - \boldsymbol{B}) \leqslant m(n - r(\boldsymbol{B})).$$

22. 设 $\boldsymbol{A}, \boldsymbol{B}$ 分别是数域 $\mathbb{K}$ 上的 $m \times n, n \times m$ 矩阵, 证明:

$$r(\boldsymbol{A} - \boldsymbol{ABA}) = r(\boldsymbol{A}) + r(\boldsymbol{E} - \boldsymbol{BA}) - n.$$

23. 设 $\boldsymbol{A}_1, \boldsymbol{A}_2, \cdots, \boldsymbol{A}_k$ 都是数域 $\mathbb{K}$ 上的 n 阶矩阵, 令 $\boldsymbol{A} = \boldsymbol{A}_1 + \boldsymbol{A}_2 + \cdots + \boldsymbol{A}_k$, 证明: $\boldsymbol{A}$ 为幂等矩阵 ($\boldsymbol{A}^2 = \boldsymbol{A}$) 且 $r(\boldsymbol{A}) = \sum\limits_{i=1}^{k} r(\boldsymbol{A}_i)$ 的充分必要条件是各 $\boldsymbol{A}_i\,(i = 1, 2, \cdots, k)$ 均为幂等矩阵, 且 $\boldsymbol{A}_i\boldsymbol{A}_j = \boldsymbol{O}\,(i \neq j)$.

第4章　线性方程组

4.1　线性方程组的概念

定义 4.1.1 (线性方程) 未知数都是1次的方程称为**线性方程**. 一般形式为

$$a_1x_1 + a_2x_2 + \cdots + a_nx_n = b,$$

其中 $a_1, a_2, \cdots, a_n$ 不全为0. 由若干个线性方程组成的方程组称为**线性方程组**.

定义 4.1.2 (线性方程组) n 元 (m 式) 线性方程组的一般形式为

$$\begin{cases} a_{11}x_1 + a_{12}x_2 + \cdots + a_{1n}x_n = b_1, \\ a_{21}x_1 + a_{22}x_2 + \cdots + a_{2n}x_n = b_2, \\ \quad\vdots \qquad\quad \vdots \qquad\qquad\qquad \vdots \qquad\quad \vdots \\ a_{m1}x_1 + a_{m2}x_2 + \cdots + a_{mn}x_n = b_m. \end{cases} \tag{4.1.1}$$

定义 4.1.3 (线性方程组的矩阵形式) 记

$$\boldsymbol{A} = \begin{pmatrix} a_{11} & a_{12} & \cdots & a_{1n} \\ a_{21} & a_{22} & \cdots & a_{2n} \\ \vdots & \vdots & & \vdots \\ a_{m1} & a_{m2} & \cdots & a_{mn} \end{pmatrix}, \boldsymbol{B} = \begin{pmatrix} a_{11} & a_{12} & \cdots & a_{1n} & b_1 \\ a_{21} & a_{22} & \cdots & a_{2n} & b_2 \\ \vdots & \vdots & & \vdots & \vdots \\ a_{m1} & a_{m2} & \cdots & a_{mn} & b_m \end{pmatrix},$$

$$\boldsymbol{X} = (x_1, x_2, \cdots, x_n)^{\mathrm{T}}, \boldsymbol{\beta} = (b_1, b_2, \cdots, b_m)^{\mathrm{T}},$$

则方程组 (4.1.1) 可表示为矩阵形式:

$$\boldsymbol{AX} = \boldsymbol{\beta}. \tag{4.1.2}$$

其中 $\boldsymbol{A}, \boldsymbol{B}, \boldsymbol{\beta}$ 分别称为方程组 (4.1.2) 的**系数矩阵**, **增广矩阵**和**常数项矩阵**.

当 $\boldsymbol{\beta} = \mathbf{0}$ 时, 称方程组 (4.1.1) 为**齐次线性方程组**, 即

$$\boldsymbol{AX} = \mathbf{0}. \tag{4.1.3}$$

并称方程组 (4.1.3) 是方程组 (4.1.2) **对应的齐次线性方程组**或**导出组**.

定义 4.1.4 (线性方程组的解) 若用有序数组 $(c_1, c_2, \cdots, c_n)$ 代替方程组 (4.1.1) 中的 $(x_1, x_2, \cdots, x_n)$, 方程组 (4.1.1) 中的每一个方程的等号都成立, 则称 $(c_1, c_2, \cdots, c_n)$ 为方程组 (4.1.1) 的一个**解向量**. 方程组解的全体称为其集合, **解方程组就是求其集合**. 若两个方程组的解集合相同, 则称它们是**同解方程组**.

4.2 线性方程组解的性质

定理 4.2.1 齐次线性方程组 (4.1.3) 的任意 k 个解 $\boldsymbol{X}_1, \boldsymbol{X}_2, \cdots, \boldsymbol{X}_k$ 的线性组合

$$c_1\boldsymbol{X}_1 + c_2\boldsymbol{X}_2 + \cdots + c_k\boldsymbol{X}_k$$

仍是齐次线性方程组 (4.1.3) 的解.

证
$$\begin{aligned}\boldsymbol{A}(c_1\boldsymbol{X}_1 + c_2\boldsymbol{X}_2 + \cdots + c_k\boldsymbol{X}_k) &= c_1\boldsymbol{A}\boldsymbol{X}_1 + c_2\boldsymbol{A}\boldsymbol{X}_2 + \cdots + c_k\boldsymbol{A}\boldsymbol{X}_k\\ &= c_1\boldsymbol{0} + c_2\boldsymbol{0} + \cdots + c_k\boldsymbol{0} = \boldsymbol{0}.\end{aligned}$$

定理 4.2.2 非齐次线性方程组 (4.1.2) 的任意两个解 $\boldsymbol{\xi}, \boldsymbol{\eta}$ 之差是齐次线性方程组 (4.1.3) 的解.

证 $\boldsymbol{A}(\boldsymbol{\xi} - \boldsymbol{\eta}) = \boldsymbol{A}\boldsymbol{\xi} - \boldsymbol{A}\boldsymbol{\eta} = \boldsymbol{\beta} - \boldsymbol{\beta} = \boldsymbol{0}.$

定理 4.2.3 非齐次线性方程组 (4.1.2) 的任一解 γ 与齐次线性方程组 (4.1.3) 的任一解 $\boldsymbol{X}$ 之和是非齐次线性方程组 (4.1.2) 的解.

证 $\boldsymbol{A}(\boldsymbol{X} + \gamma) = \boldsymbol{A}\boldsymbol{X} + \boldsymbol{A}\gamma = \boldsymbol{0} + \boldsymbol{\beta} = \boldsymbol{\beta}.$

定理 4.2.4 非齐次线性方程组 (4.1.2) 的任意 k 个解 $\gamma_1, \gamma_2, \cdots, \gamma_k$ 的线性组合 $t_1\gamma_1 + t_2\gamma_2 + \cdots + t_k\gamma_k$, 其中 $t_1 + t_2 + \cdots + t_k = 1$, 仍然是非齐次线性方程组 (4.1.2) 的解.

证
$$\begin{aligned}\boldsymbol{A}(t_1\gamma_1 + t_2\gamma_2 + \cdots + t_k\gamma_k) &= t_1\boldsymbol{A}\gamma_1 + t_2\boldsymbol{A}\gamma_2 + \cdots + t_k\boldsymbol{A}\gamma_k\\ &= t_1\boldsymbol{\beta} + t_2\boldsymbol{\beta} + \cdots + t_k\boldsymbol{\beta}\\ &= (t_1 + t_2 + \cdots + t_k)\boldsymbol{\beta} = \boldsymbol{\beta}.\end{aligned}$$

4.3 线性方程组是否有解的充分必要条件

首先, 从几何的角度上来看一下线性方程组 (4.1.1) 的解的情况: 设 $n = 3$, 当 $m = 1$ 时, 方程组(4.1.1) 表示一个平面, 其解集合就是全平面 (上点的坐标); 当 $m = 2$ 时, 方程组(4.1.1) 表示两个平面, 它们相交 (含重合) 或平行; 当 $m \geqslant 3$ 时, 方程组(4.1.1) 表示 m 个平面, 它们或相交于一点, 或相交于一条直线, 或相交于一个平面, 或者没有公共点.

其次, 从高斯消元法 (加减消元法) 引入线性方程组的**初等变换**:

(1) 交换方程组 (4.1.1) 中某两个方程的位置;

(2) 用一个非零数乘以方程组 (4.1.1) 中的某一个方程;

(3) 用一个数乘以方程组 (4.1.1) 中的某一个方程后加到方程组 (4.1.1) 的另一个方程中.

因为上述初等变换是可逆变换, 所以初等变换后的方程组与原方程组同解.

对线性方程组 (4.1.1) 施行初等变换相当于对其增广矩阵 $\boldsymbol{B}$ 施行初等行变换.

通过对 $\boldsymbol{B}$ 施行有限次初等行变换 (必要时可交换 $\boldsymbol{B}$ 中前 n 列的位置, 这相当于调换未知量的位置, 显然这样做对方程组的解没有影响), $\boldsymbol{B}$ 可化为行简化阶梯形矩阵

$$\boldsymbol{C}=\begin{pmatrix}1&0&\cdots&0&c_{1,r+1}&\cdots&c_{1n}&d_1\\0&1&\cdots&0&c_{2,r+1}&\cdots&c_{2n}&d_2\\\vdots&\vdots&&\vdots&\vdots&&\vdots&\vdots\\0&0&\cdots&1&c_{r,r+1}&\cdots&c_{rn}&d_r\\0&0&\cdots&0&0&\cdots&0&d_{r+1}\\\vdots&\vdots&&\vdots&\vdots&&\vdots&\vdots\\0&0&\cdots&0&0&\cdots&0&0\end{pmatrix}. \tag{4.3.1}$$

与矩阵 $\boldsymbol{C}$ 相对应的线性方程组:

$$\begin{cases}x_{i_1}+\cdots+c_{1,r+1}x_{i_{r+1}}+\cdots+c_{1n}x_{i_n}=d_1,\\ \quad x_{i_2}+\cdots+c_{2,r+1}x_{i_{r+1}}+\cdots+c_{2n}x_{i_n}=d_2,\\ \qquad\ddots\qquad\vdots\qquad\vdots\qquad\vdots\\ \qquad\quad x_{i_r}+c_{r,r+1}x_{i_{r+1}}+\cdots+c_{rn}x_{i_n}=d_r,\\ \qquad\qquad 0=d_{r+1},\\ \qquad\qquad 0=0,\\ \qquad\qquad\vdots\quad\vdots\\ \qquad\qquad 0=0.\end{cases} \tag{4.3.2}$$

这里 $i_1,i_2,\cdots,i_n$ 是 $1,2,\cdots,n$ 的一个排列. 若对 $\boldsymbol{B}$ 施行初等行变换时, 没有对 $\boldsymbol{B}$ 的前 n 列作交换, 则 $i_1=1,i_2=2,\cdots,i_n=n$.

线性方程组 (4.3.2) 与线性方程组 (4.1.1) 同解.

线性方程组 (4.3.2) 有解当且仅当 $r(\boldsymbol{B})=r(\boldsymbol{A})$.

当 $r(\boldsymbol{B})=r(\boldsymbol{A})=r$ 时, 线性方程组 (4.3.2) 的解又分为以下两种情况:

(1) $r=n$ 时, 线性方程组 (4.3.2) 有唯一解: $x_{i_k}=d_k\ (k=1,2,\cdots,n)$;

(2) $r<n$ 时, 由线性方程组 (4.3.2), 可知

$$\begin{cases}x_{i_1}=d_1-c_{1,r+1}x_{i_{r+1}}-\cdots-c_{1n}x_{i_n},\\x_{i_2}=d_2-c_{2,r+1}x_{i_{r+1}}-\cdots-c_{2n}x_{i_n},\\\quad\vdots\qquad\vdots\qquad\vdots\qquad\qquad\vdots\\x_{i_r}=d_r-c_{r,r+1}x_{i_{r+1}}-\cdots-c_{rn}x_{i_n}.\end{cases} \tag{4.3.3}$$

现以 $(t_{i_{r+1}}, t_{i_{r+2}}, \cdots, t_{i_n})$ 代替 $(x_{i_{r+1}}, x_{i_{r+2}}, \cdots, x_{i_n})$, 得到 $x_{i_1}, x_{i_2}, \cdots, x_{i_r}$, 即

$$\begin{cases} x_{i_1} = d_1 - c_{1,r+1}t_{i_{r+1}} - \cdots - c_{1n}t_{i_n}, \\ x_{i_2} = d_2 - c_{2,r+1}t_{i_{r+1}} - \cdots - c_{2n}xt_{i_n}, \\ \quad\vdots \qquad \vdots \qquad \vdots \qquad\qquad \vdots \\ x_{i_r} = d_r - c_{r,r+1}t_{i_{r+1}} - \cdots - c_{rn}t_{i_n}, \\ x_{i_{r+1}} = t_{i_{r+1}}, \\ \quad\vdots \qquad \vdots \\ x_{i_n} = t_{i_n} \end{cases} \tag{4.3.4}$$

是线性方程组 (4.3.2) 的解, 也是线性方程组 (4.1.1) 的解. 因为 $(t_{i_{r+1}}, t_{i_{r+2}}, \cdots, t_{i_n})$ 是任意的, 所以线性方程组 (4.1.1) 有无穷多解. (4.3.4) 称为线性方程组 (4.1.1) 的**一般解**或**通解**.

与增广矩阵 $\boldsymbol{B}$ 的行简化阶梯形矩阵 $\boldsymbol{C}$ 中首 1 对应的未知量 $x_{i_1}, x_{i_2}, \cdots, x_{i_r}$ 称为**主未知量**, 未知量 $x_{i_{r+1}}, x_{i_{r+2}}, \cdots, x_{i_n}$ 称为**自由未知量**.

定理 4.3.1 记线性方程组 (4.1.1) 的系数矩阵为 $\boldsymbol{A}$, 增广矩阵为 $\boldsymbol{B}$, 则

(1) 若 $r(\boldsymbol{A}) = r(\boldsymbol{B}) = n$, 则线性方程组 (4.1.1) 有且仅有一组解;

(2) 若 $r(\boldsymbol{A}) = r(\boldsymbol{B}) < n$, 则线性方程组 (4.1.1) 有无穷多解;

(3) 若 $r(\boldsymbol{A}) < r(\boldsymbol{B})$, 则线性方程组 (4.1.1) 无解.

例 4.3.1 当 λ 为何值时, 线性方程组

$$\begin{cases} 2x_1 - x_2 + x_3 + x_4 = 1, \\ x_1 + 2x_2 - x_3 + 4x_4 = 2, \\ x_1 + 7x_2 - 4x_3 + 11x_4 = \lambda \end{cases}$$

有解?

解 对线性方程组的增广矩阵 $\boldsymbol{B}$ 施行初等行变换:

$$\boldsymbol{B} = \begin{pmatrix} 2 & -1 & 1 & 1 & 1 \\ 1 & 2 & -1 & 4 & 2 \\ 1 & 7 & -4 & 11 & \lambda \end{pmatrix} \to \begin{pmatrix} 1 & 2 & -1 & 4 & 2 \\ 2 & -1 & 1 & 1 & 1 \\ 1 & 7 & -4 & 11 & \lambda \end{pmatrix} \to$$

$$\begin{pmatrix} 1 & 2 & -1 & 4 & 2 \\ 0 & -5 & 3 & -7 & -3 \\ 0 & 5 & -3 & 7 & \lambda-2 \end{pmatrix} \to \begin{pmatrix} 1 & 2 & -1 & 4 & 2 \\ 0 & -5 & 3 & -7 & -3 \\ 0 & 0 & 0 & 0 & \lambda-5 \end{pmatrix},$$

故原线性方程组的系数矩阵 $\boldsymbol{A}$ 的秩 $r(\boldsymbol{A}) = 2$. 因此, 当 $r(\boldsymbol{B}) = r(\boldsymbol{A}) = 2$, 即 $\lambda = 5$ 时, 原线性方程组有 (无穷多) 解.

例 4.3.2 讨论线性方程组 $\begin{cases} ax_1 + x_2 + x_3 + x_4 = 1, \\ x_1 + ax_2 + x_3 + x_4 = a, \\ x_1 + x_2 + ax_3 + x_4 = a^2, \\ x_1 + x_2 + x_3 + ax_4 = a^3 \end{cases}$ 解的情况.

解 记线性方程组的系数矩阵为 $\boldsymbol{A}$, 增广矩阵为 $\boldsymbol{B}$. 对方程组的增广矩阵 $\boldsymbol{B}$ 施行初等行变换 (第二、三、四行都加到第一行):

$$\boldsymbol{B} \to \begin{pmatrix} a+3 & a+3 & a+3 & a+3 & 1+a+a^2+a^3 \\ 1 & a & 1 & 1 & a \\ 1 & 1 & a & 1 & a^2 \\ 1 & 1 & 1 & a & a^3 \end{pmatrix},$$

若 $a=-3$, 则 $1+a+a^2+a^3=-20\neq 0$, 从而 $r(\boldsymbol{B})>r(\boldsymbol{A})$. 故原线性方程组无解.

现设 $a\neq -3$, 记 $c=(a+3)^{-1}(1+a+a^2+a^3)$, 则上述矩阵经初等行变换, 得到

$$\begin{pmatrix} 1 & 1 & 1 & 1 & c \\ 1 & a & 1 & 1 & a \\ 1 & 1 & a & 1 & a^2 \\ 1 & 1 & 1 & a & a^3 \end{pmatrix} \to \begin{pmatrix} 1 & 1 & 1 & 1 & c \\ 0 & a-1 & 0 & 0 & a-c \\ 0 & 0 & a-1 & 0 & a^2-c \\ 0 & 0 & 0 & a-1 & a^3-c \end{pmatrix},$$

因此, 当 $a=1$ 时, $c=1$, $r(\boldsymbol{B})=r(\boldsymbol{A})=1$, 原线性方程组有无穷多解; 当 $a\neq 1$, $a\neq -3$ 时, $r(\boldsymbol{B})=r(\boldsymbol{A})=4$, 原线性方程组有且仅有一解.

总之, 当 $a=-3$ 时, 原线性方程组无解; 当 $a=1$ 时, 原线性方程组有无穷多解; 当 $a\neq 1$, $a\neq -3$ 时, 原线性方程组有且仅有一解.

例 4.3.3 证明: 平面上的三条不同直线 $l_1: ax+by+c=0$; $l_2: bx+cy+a=0$; $l_3: cx+ay+b=0$ 相交于一点当且仅当 $a+b+c=0$.

证 显然, l_1,l_2,l_3 相交于一点当且仅当线性方程组 $\begin{cases} ax+by=-c, \\ bx+cy=-a, \\ cx+ay=-b \end{cases}$ 有唯一解.

记 $\boldsymbol{A}=\begin{pmatrix} a & b \\ b & c \\ c & a \end{pmatrix}$, $\boldsymbol{B}=\begin{pmatrix} a & b & -c \\ b & c & -a \\ c & a & -b \end{pmatrix}$, 则

$$|\boldsymbol{B}|=(a+b+c)\begin{vmatrix} 1 & 1 & 1 \\ c & b & a \\ a & c & b \end{vmatrix}=\frac{1}{2}(a+b+c)\left[(a-b)^2+(b-c)^2+(c-a)^2\right].$$

必要性. 因为上述线性方程组有唯一解, 所以 $r(\boldsymbol{B})=r(\boldsymbol{A})=2$, 所以 $|\boldsymbol{B}|=0$. 若 $a=b=c$, 则 $r(\boldsymbol{A})\leqslant 1$, 矛盾, 所以 $(a-b)^2+(b-c)^2+(c-a)^2\neq 0$, 所以 $a+b+c=0$.

充分性. 因为 $a+b+c=0$, 所以 $r(\boldsymbol{B})\leqslant 2$. 又因为 l_1,l_2,l_3 是三条不同的直线, 所以 $r(\boldsymbol{A})=2$. 但是 $r(\boldsymbol{A})\leqslant r(\boldsymbol{B})$, 所以 $r(\boldsymbol{B})=r(\boldsymbol{A})=2$, 即上述线性方程组有唯一解.

练习 4.3.1 讨论线性方程组 $\begin{cases} kx_1+x_2+x_3=-2, \\ x_1+kx_2+x_3=-2, \\ x_1+x_2+kx_3=-2 \end{cases}$ 解的情况.

练习 4.3.2 讨论线性方程组 $\begin{cases} x_1 + 3x_2 + 2x_3 + 3x_4 = 1, \\ x_1 + 2x_2 + x_3 - x_4 = 1, \\ 2x_1 + 3x_2 + 3x_3 + ax_4 = -6, \\ 3x_1 + 2x_2 + x_3 - 11x_4 = b \end{cases}$ 解的情况.

4.4　线性方程组的解

定义 4.4.1 (齐次线性方程组的基础解系) 设 $\boldsymbol{AX}=\boldsymbol{0}$ 是 n 元 (m 式) 齐次线性方程组. 假设 $\boldsymbol{\eta}_1,\boldsymbol{\eta}_2,\cdots,\boldsymbol{\eta}_k$ 是它的一组解向量. 若这组解向量线性无关且方程组的任一解向量均可表示为它们的线性组合, 则称 $\boldsymbol{\eta}_1,\boldsymbol{\eta}_2,\cdots,\boldsymbol{\eta}_k$ 是齐次线性方程组 $\boldsymbol{AX}=\boldsymbol{0}$ 的一组**基础解系**.

定理 4.4.1 *设 $\boldsymbol{AX}=\boldsymbol{0}$ 是 n 元 (m 式) 齐次线性方程组, $r(\boldsymbol{A})=r<n$, 则该方程组有非零解, 且每组基础解系均由 $n-r$ 个线性无关的解向量组成.*

证　经过适当交换方程式的次序并除去多余的方程式后可得一个与原方程组同解的线性方程组 (为书写方便, 设前 r 个未知量是主未知量. 也可以用克莱姆法则将同解方程组解出来, 其解含有 $n-r$ 个参数).

$$\begin{cases} x_1 + \cdots + c_{1,r+1}x_{r+1} + \cdots + c_{1n}x_n = 0, \\ x_2 + \cdots + c_{2,r+1}x_{r+1} + \cdots + c_{2n}x_n = 0, \\ \quad\ddots \qquad \vdots \qquad\qquad \vdots \quad \vdots \\ x_r + c_{r,r+1}x_{r+1} + \cdots + c_{rn}x_n = 0, \end{cases} \tag{4.4.1}$$

其中 $x_{r+1},x_{r+2},\cdots,x_n$ 可取任何数, 现依次取:

$$\begin{aligned} x_{r+1}=1,\ x_{r+2}=0,\ \cdots\ x_n=0; \\ x_{r+1}=0,\ x_{r+2}=1,\ \cdots\ x_n=0; \\ \vdots \qquad\quad \vdots \qquad\quad \vdots \\ x_{r+1}=0,\ x_{r+2}=0,\ \cdots\ x_n=1. \end{aligned}$$

得到线性方程组 (4.4.1) 的 $n-r$ 个解:

$$\boldsymbol{\alpha}_1=\begin{pmatrix} -c_{1,r+1} \\ -c_{2,r+1} \\ \vdots \\ -c_{r,r+1} \\ 1 \\ 0 \\ \vdots \\ 0 \end{pmatrix}, \boldsymbol{\alpha}_2=\begin{pmatrix} -c_{1,r+2} \\ -c_{2,r+2} \\ \vdots \\ -c_{r,r+2} \\ 0 \\ 1 \\ \vdots \\ 0 \end{pmatrix}, \cdots, \boldsymbol{\alpha}_{n-r}=\begin{pmatrix} -c_{1n} \\ -c_{2n} \\ \vdots \\ -c_{rn} \\ 0 \\ 0 \\ \vdots \\ 1 \end{pmatrix},$$

显然 $\boldsymbol{\alpha}_1,\boldsymbol{\alpha}_2,\cdots,\boldsymbol{\alpha}_{n-r}$ 线性无关.

现设 $\boldsymbol{\alpha}=(a_1,a_2,\cdots,a_n)^{\mathrm{T}}$ 是线性方程组 (4.4.1) 的任一解向量, 则有

$$\begin{cases} a_1 &= -c_{1,r+1}a_{r+1}-c_{1,r+2}a_{r+2}-\cdots-c_{1n}a_n,\\ a_2 &= -c_{2,r+1}a_{r+1}-c_{2,r+2}a_{r+2}-\cdots-c_{2n}a_n,\\ \vdots & \qquad\vdots \qquad\qquad\quad \vdots \qquad\qquad\quad \vdots\\ a_r &= -c_{r,r+1}a_{r+1}-c_{r,r+2}a_{r+2}-\cdots-c_{rn}a_n,\\ a_{r+1} &= a_{r+1},\\ \vdots & \quad \vdots\\ a_n &= a_n. \end{cases}$$

于是 $\boldsymbol{\alpha}=a_{r+1}\boldsymbol{\alpha}_1+a_{r+2}\boldsymbol{\alpha}_2+\cdots+a_n\boldsymbol{\alpha}_{n-r}$. 这说明 $\boldsymbol{\alpha}_1,\boldsymbol{\alpha}_2,\cdots,\boldsymbol{\alpha}_{n-r}$ 是线性方程组 (4.4.1) 的一组基础解系, 这组解也是原齐次线性方程组 $\boldsymbol{AX}=\boldsymbol{0}$ 的一组基础解系.

定义 4.4.2 设 $\boldsymbol{\alpha}_1,\boldsymbol{\alpha}_2,\cdots,\boldsymbol{\alpha}_{n-r}$ 是齐次线性方程组 $\boldsymbol{AX}=\boldsymbol{0}$ 的一组基础解系, 则

$$k_1\boldsymbol{\alpha}_1+k_2\boldsymbol{\alpha}_2+\cdots+k_{n-r}\boldsymbol{\alpha}_{n-r}$$

是 $\boldsymbol{AX}=\boldsymbol{0}$ 的**通解**, 其中 $k_1,k_2,\cdots,k_{n-r}$ 是任意常数.

定义 4.4.3 非齐次线性方程组 $\boldsymbol{AX}=\boldsymbol{\beta}$ 的任一解 $\boldsymbol{\gamma}_0$ 称为非齐次线性方程组 $\boldsymbol{AX}=\boldsymbol{\beta}$ 的一个**特解**, 非齐次线性方程组 $\boldsymbol{AX}=\boldsymbol{\beta}$ 的解的全体称为非齐次线性方程组该方程组 $\boldsymbol{AX}=\boldsymbol{\beta}$ 的**通解**.

定理 4.4.2 设 $\boldsymbol{\gamma}_0$ 是非齐次线性方程组 $\boldsymbol{AX}=\boldsymbol{\beta}$ 的一个特解, 则 $\boldsymbol{AX}=\boldsymbol{\beta}$ 的任一解 $\boldsymbol{\gamma}$ 都具有形式 $\boldsymbol{\gamma}=\boldsymbol{\gamma}_0+\boldsymbol{\alpha}$, 其中 $\boldsymbol{\alpha}$ 是齐次线性方程组 $\boldsymbol{AX}=\boldsymbol{0}$ 的解. 进一步, 若 $\boldsymbol{AX}=\boldsymbol{0}$ 的一组基础解系为 $\boldsymbol{\alpha}_1,\boldsymbol{\alpha}_2,\cdots,\boldsymbol{\alpha}_{n-r}$, 则 $\boldsymbol{AX}=\boldsymbol{\beta}$ 的通解为 $\boldsymbol{\gamma}_0+k_1\boldsymbol{\alpha}_1+k_2\boldsymbol{\alpha}_2+\cdots+k_{n-r}\boldsymbol{\alpha}_{n-r}$, 其中 $k_1,k_2,\cdots,k_{n-r}$ 是任意常数.

证 设 $\boldsymbol{\gamma}$ 是 $\boldsymbol{AX}=\boldsymbol{\beta}$ 的任一解, 因为 $\boldsymbol{A}(\boldsymbol{\gamma}-\boldsymbol{\gamma_0})=\boldsymbol{\beta}-\boldsymbol{\beta}=\boldsymbol{0}$, 所以 $\boldsymbol{\gamma}-\boldsymbol{\gamma}_0$ 是对应齐次线性方程组 $\boldsymbol{AX}=\boldsymbol{0}$ 的解.

由定理 4.4.2 可知, 只要求出齐次线性方程组 $\boldsymbol{AX}=\boldsymbol{0}$ 的通解或者求出它的一组基础解系和非齐次线性方程组 $\boldsymbol{AX}=\boldsymbol{\beta}$ 的一个特解, 那么非齐次线性方程组 $\boldsymbol{AX}=\boldsymbol{\beta}$ 的通解也就知道了.

例 4.4.1 求解线性方程组

$$\begin{cases} x_1+x_2+x_3+x_4+x_5=2,\\ 3x_1+3x_2+2x_3+x_4=5,\\ x_3+2x_4+3x_5=1,\\ 2x_1+2x_2+x_3-x_5=3. \end{cases}$$

解 对线性方程组的增广矩阵 $\boldsymbol{B}=\begin{pmatrix}1&1&1&1&1&2\\3&3&2&1&0&5\\0&0&1&2&3&1\\2&2&1&0&-1&3\end{pmatrix}$ 施行初等行变换:

$$B=\begin{pmatrix}1&1&1&1&1&2\\3&3&2&1&0&5\\0&0&1&2&3&1\\2&2&1&0&-1&3\end{pmatrix}\to\begin{pmatrix}1&1&0&-1&-2&1\\0&0&1&2&3&1\\0&0&0&0&0&0\\0&0&0&0&0&0\end{pmatrix},$$

由此可得原线性方程组的一个特解为$\boldsymbol{\gamma}_0=\begin{pmatrix}1\\0\\1\\0\\0\end{pmatrix}$, 对应齐次线性方程组的一组基础解系为

$$\boldsymbol{\alpha}_1=\begin{pmatrix}-1\\1\\0\\0\\0\end{pmatrix},\boldsymbol{\alpha}_2=\begin{pmatrix}1\\0\\-2\\1\\0\end{pmatrix},\boldsymbol{\alpha}_3=\begin{pmatrix}2\\0\\-3\\0\\1\end{pmatrix}.$$

故原线性方程组的通解为$\boldsymbol{X}=(x_1,x_2,x_3,x_4,x_5)^{\mathrm{T}}=\boldsymbol{\gamma}_0+k_1\boldsymbol{\alpha}_1+k_2\boldsymbol{\alpha}_2+k_3\boldsymbol{\alpha}_3$, 其中$k_1,k_2,k_3$是任意常数.

例 4.4.2 设$\boldsymbol{A}=\begin{pmatrix}a_1+b&a_2&\cdots&a_n\\a_1&a_2+b&\cdots&a_n\\\vdots&\vdots&&\vdots\\a_1&a_2&\cdots&a_n+b\end{pmatrix}$, $\boldsymbol{X}=\begin{pmatrix}x_1\\x_2\\\vdots\\x_n\end{pmatrix}$, 其中$\sum\limits_{i=1}^{n}a_i\neq0$. 讨论$a_1,a_2,\cdots,a_n$和$b$满足何种条件时:

(1) 齐次线性方程组$\boldsymbol{AX}=\boldsymbol{0}$仅有零解;

(2) 在齐次线性方程组有非零解时, 求出$\boldsymbol{AX}=\boldsymbol{0}$的一组基础解系.

解 因为$|\boldsymbol{A}|=\left(b+\sum\limits_{i=1}^{n}a_i\right)b^{n-1}$, 所以

(1) 当$b\neq0$, $b+\sum\limits_{i=1}^{n}a_i\neq0$时, 方程组仅有零解;

(2) 当$b=0$时, 原线性方程组与方程$a_1x_1+a_2x_2+\cdots+a_nx_n=0$同解. 因为$\sum\limits_{i=1}^{n}a_i\neq0$, 所以$a_i$不全为0. 不妨设$a_1\neq0$, 由此可得原线性方程组的一组基础解系:

$$\boldsymbol{\alpha}_1=\begin{pmatrix}-\frac{a_2}{a_1}\\1\\0\\\vdots\\0\\0\end{pmatrix},\boldsymbol{\alpha}_2=\begin{pmatrix}-\frac{a_3}{a_1}\\0\\1\\\vdots\\0\\0\end{pmatrix},\cdots,\boldsymbol{\alpha}_{n-1}=\begin{pmatrix}-\frac{a_n}{a_1}\\0\\0\\\vdots\\0\\1\end{pmatrix}.$$

当 $b=-\sum\limits_{i=1}^{n}a_i$ 时, 因为 $\sum\limits_{i=1}^{n}a_i\neq 0$, 所以 $b\neq 0$, 原线性方程组的系数矩阵 $\boldsymbol{A}$ 经初等行变换可化为

$$\boldsymbol{B}=\begin{pmatrix}-1 & 1 & 0 & \cdots & 0\\ -1 & 0 & 1 & \cdots & 0\\ \vdots & \vdots & \vdots & & \vdots\\ -1 & 0 & 0 & \cdots & 1\\ 0 & 0 & 0 & \cdots & 0\end{pmatrix}$$

显然 $r(\boldsymbol{B})=n-1$. 此时, 令 x_1 为自由未知量, 可求出原线性方程组的一组基础解系:

$$\boldsymbol{\alpha}=(1,1,\cdots,1)^{\mathrm{T}}.$$

例 4.4.3 有一堆苹果, 把它们分给 5 只猴子. 第一只猴子来了, 把苹果平均分成 5 堆, 还多一个, 扔了, 自己拿走一堆; 第二只猴子来了, 又把苹果平均分成 5 堆, 又多一个, 扔了, 自己拿走一堆; 以后每只猴子来了都如此办理. 问原来至少有多少个苹果? 最后至少有多少个苹果?

解　设原来共有 x 个苹果, 5 只猴子分得的苹果个数依次为 $x_k\,(k=1,2,3,4,5)$, 则有

$$\begin{cases} x = 5x_1+1,\\ 4x_1 = 5x_2+1,\\ 4x_2 = 5x_3+1,\\ 4x_3 = 5x_4+1,\\ 4x_4 = 5x_5+1,\end{cases}\tag{4.4.2}$$

将后 4 个方程两端分别加 4, 整理得到

$$\begin{cases} x_1+1 = \dfrac{5}{4}(x_2+1),\\ x_2+1 = \dfrac{5}{4}(x_3+1),\\ x_3+1 = \dfrac{5}{4}(x_4+1),\\ x_4+1 = \dfrac{5}{4}(x_5+1),\end{cases}\tag{4.4.3}$$

于是

$$x_1+1=\left(\frac{5}{4}\right)^4(x_5+1).$$

故

$$x_1=\left(\frac{5}{4}\right)^4(x_5+1)-1,\tag{4.4.4}$$

再代入线性方程组 (4.4.2) 的第一个方程, 得到

$$x=5\left(\frac{5}{4}\right)^4(x_5+1)-4.\tag{4.4.5}$$

由于 x 是整数, 4 与 5 互素, 由(4.4.5)看出 x_5+1 必须能被 4^4 整除, 即 $x_5+1=4^4n$ (n 为正整数). 当 $n=1$ 时, $x_5=255, x=3121$. 故原来至少有 3121 个苹果, 最后还剩 1020 个苹果.

练习 4.4.1 求解线性方程组

$$\begin{cases} x_1+3x_2-2x_3+4x_4+x_5=7, \\ 2x_1+5x_2+x_3-x_4=1, \\ 4x_1+11x_2+8x_4+x_5=-6. \end{cases}$$

习 题 4

1. 已知线性方程组 (Ⅰ) $\begin{cases} ax+by+cz=d, \\ lx+my+nz=k \end{cases}$ 有解 $t(1,2,-1)^{\mathrm{T}}+(1,-1,0)^{\mathrm{T}}$, 则线性方程组 (Ⅱ) $\begin{cases} -ax+by+cz=d, \\ lx+my+nz=k \end{cases}$ 有解________.

2. 当 a,b 取何值时线性方程组

$$\begin{cases} x_1+x_2-x_3=1, \\ 2x_1+(a+2)x_2-bx_3=3, \\ -ax_2+(a+b)x_3=-2 \end{cases}$$

无解? 取何值时有解? 有唯一解时, 求出其唯一解; 有无穷解时, 求出其通解.

3. 讨论参数 a,b 取何值时, 线性方程组

$$\begin{cases} ax_1+bx_2+2x_3=1, \\ ax_1+(2b-1)x_2+3x_3=1, \\ ax_1+bx_2+(b+3)x_3=2b-1 \end{cases}$$

有解, 并求出其解.

4. 已知线性方程组 $\begin{cases} x_2+ax_3+bx_4=0, \\ -x_1+cx_3+dx_4=0, \\ ax_1+cx_2-ex_4=0, \\ bx_1+dx_2+ex_3=0 \end{cases}$ 有两个自由变量, 则参数 a,b,c,d 满足的条件是________.

5. 设 $n(n\geqslant 3)$ 阶矩阵 $\boldsymbol{A}$ 的主对角元素均为 1, 其余元素均为 a, 且齐次线性方程组 $\boldsymbol{AX}=\mathbf{0}$ 的基础解系中含有一个解向量, 则 $a=$________.

6. 已知 $\boldsymbol{A}=\begin{pmatrix} 1 & 2 & 3 \\ 2 & 4 & t \\ 3 & 6 & 9 \end{pmatrix}$, $\boldsymbol{B}$ 为 3 阶非零方阵, 且 $\boldsymbol{BA}=\boldsymbol{O}$, 则 [ ]

A. 当 $t=6$ 时, $r(\boldsymbol{B})$ 必为 1　　　　B. 当 $t=6$ 时, $r(\boldsymbol{B})$ 必为 2

C. 当 $t \neq 6$ 时, $r(\boldsymbol{B})$ 必为1　　D. 当 $t \neq 6$ 时, $r(\boldsymbol{B})$ 必为2

7. 设 $\boldsymbol{A}^*$ 是3阶方阵 $\boldsymbol{A}$ 的伴随矩阵, 且 $\boldsymbol{A}$ 的所有2阶子式都等于0, 则 [ ]

A. $r(\boldsymbol{A}) \leqslant 1, r(\boldsymbol{A}^*) = 1$　　B. $r(\boldsymbol{A}) = 1, r(\boldsymbol{A}^*) = 0$

C. $r(\boldsymbol{A}) \leqslant 1, r(\boldsymbol{A}^*) = 0$　　D. $r(\boldsymbol{A}) = 2, r(\boldsymbol{A}^*) = 1$

8. 设 $\boldsymbol{A} = (\boldsymbol{\alpha}_1, \boldsymbol{\alpha}_2, \boldsymbol{\alpha}_3, \boldsymbol{\alpha}_4)$ 是4阶方阵, $\boldsymbol{A}^*$ 为 $\boldsymbol{A}$ 的伴随矩阵, 若 $(1,0,1,0)^{\mathrm{T}}$ 是线性方程组 $\boldsymbol{AX} = \boldsymbol{0}$ 的一组基础解系, 则 $\boldsymbol{A}^*\boldsymbol{X} = \boldsymbol{0}$ 的一组基础解系可为 [ ]

A. $\boldsymbol{\alpha}_1, \boldsymbol{\alpha}_2, \boldsymbol{\alpha}_3$　　B. $\boldsymbol{\alpha}_2, \boldsymbol{\alpha}_3, \boldsymbol{\alpha}_4$

C. $\boldsymbol{\alpha}_1, \boldsymbol{\alpha}_3, \boldsymbol{\alpha}_4$　　D. $\boldsymbol{\alpha}_1, \boldsymbol{\alpha}_2, \boldsymbol{\alpha}_1 + \boldsymbol{\alpha}_3$

9. 设 $\boldsymbol{A}$ 为 n 阶方阵, $\boldsymbol{\alpha}$ 为 n 维列向量, $\boldsymbol{B} = \begin{pmatrix} \boldsymbol{A} & \boldsymbol{\alpha} \\ \boldsymbol{\alpha}^{\mathrm{T}} & 0 \end{pmatrix}$, 若 $r(\boldsymbol{B}) = r(\boldsymbol{A})$, 则下列结论正确的是 [ ]

A. $\boldsymbol{B}\begin{pmatrix} \boldsymbol{X} \\ y \end{pmatrix} = \boldsymbol{0}$ 必有非零解　　B. $\boldsymbol{B}\begin{pmatrix} \boldsymbol{X} \\ y \end{pmatrix} = \boldsymbol{0}$ 仅有零解

C. $\boldsymbol{AX} = \boldsymbol{\alpha}$ 必有无穷多解　　D. $\boldsymbol{AX} = \boldsymbol{\alpha}$ 必有唯一解

10. 设 $\boldsymbol{A}$ 为 $m \times n$ 矩阵, 则线性方程组 $\boldsymbol{AX} = \boldsymbol{\beta}$ 有唯一解的充分必要条件是 [ ]

A. $m = n$ 且 $|\boldsymbol{A}| \neq 0$

B. $\boldsymbol{AX} = \boldsymbol{0}$ 有唯一零解

C. $\boldsymbol{A}$ 的列向量组 $\boldsymbol{\alpha}_1, \boldsymbol{\alpha}_2, \cdots, \boldsymbol{\alpha}_n$ 与 $\boldsymbol{\alpha}_1, \boldsymbol{\alpha}_2, \cdots, \boldsymbol{\alpha}_n, \boldsymbol{\beta}$ 是等价向量组

D. $r(\boldsymbol{A}) = n, \boldsymbol{\beta}$ 可由 $\boldsymbol{A}$ 的列向量组 $\boldsymbol{\alpha}_1, \boldsymbol{\alpha}_2, \cdots, \boldsymbol{\alpha}_n$ 线性表示

11. 设 $\boldsymbol{\alpha}_1, \boldsymbol{\alpha}_2, \boldsymbol{\alpha}_3$ 是四元非齐次线性方程组 $\boldsymbol{AX} = \boldsymbol{\beta}$ 的解, 且 $r(\boldsymbol{A}) = 3$, $\boldsymbol{\alpha}_1 = (1,2,3,4)^{\mathrm{T}}, \boldsymbol{\alpha}_2 + \boldsymbol{\alpha}_3 = (0,1,2,3)^{\mathrm{T}}$, k 为任意常数, 则其通解是 [ ]

A. $(1,2,3,4)^{\mathrm{T}} + k(1,1,1,1)^{\mathrm{T}}$　　B. $(1,2,3,4)^{\mathrm{T}} + k(0,1,2,3)^{\mathrm{T}}$

C. $(1,2,3,4)^{\mathrm{T}} + k(2,3,4,5)^{\mathrm{T}}$　　D. $(1,2,3,4)^{\mathrm{T}} + k(3,4,5,6)^{\mathrm{T}}$

12. 设 $\boldsymbol{\alpha}_1, \boldsymbol{\alpha}_2, \boldsymbol{\alpha}_3$ 是齐次线性方程组 $\boldsymbol{AX} = \boldsymbol{0}$ 的一组基础解系, 则 [ ] 也是该方程组的一组基础解系.

A. $\boldsymbol{\alpha}_1 + \boldsymbol{\alpha}_2 - \boldsymbol{\alpha}_3, \boldsymbol{\alpha}_1 + \boldsymbol{\alpha}_2 + 5\boldsymbol{\alpha}_3, 4\boldsymbol{\alpha}_1 + \boldsymbol{\alpha}_2 - 2\boldsymbol{\alpha}_3$

B. $\boldsymbol{\alpha}_1 + 2\boldsymbol{\alpha}_2 + \boldsymbol{\alpha}_3, 2\boldsymbol{\alpha}_1 + \boldsymbol{\alpha}_2 + 2\boldsymbol{\alpha}_3, \boldsymbol{\alpha}_1 + \boldsymbol{\alpha}_2 + \boldsymbol{\alpha}_3$

C. $\boldsymbol{\alpha}_1 + \boldsymbol{\alpha}_2, \boldsymbol{\alpha}_1 + \boldsymbol{\alpha}_2 + \boldsymbol{\alpha}_3$

D. $\boldsymbol{\alpha}_1-\boldsymbol{\alpha}_2, \boldsymbol{\alpha}_2-\boldsymbol{\alpha}_3, \boldsymbol{\alpha}_3-\boldsymbol{\alpha}_1$

13. 设非齐次线性方程组 $\boldsymbol{AX}=\boldsymbol{\beta}$ 的部分方程组成一个新的线性方程组 $\boldsymbol{BX}=\boldsymbol{\gamma}$. 证明: 若 $\boldsymbol{AX}=\boldsymbol{\beta}$ 有解且 $r(\boldsymbol{A})=r(\boldsymbol{B})$, 则这两个方程组同解.

14. 求解线性方程组

$$\begin{cases} x_1-x_2-x_3-\cdots-x_n=2, \\ -x_1+3x_2-x_3-\cdots-x_n=2^2, \\ \qquad\vdots \qquad\qquad\qquad \vdots \\ -x_1-x_2-x_3-\cdots+(2^n-1)x_n=2^n. \end{cases}$$

15. 求解线性方程组

$$\begin{cases} x_1=2a_{11}x_1+2a_{12}x_2+\cdots+2a_{1n}x_n, \\ x_2=2a_{21}x_1+2a_{22}x_2+\cdots+a_{2n}x_n, \\ \vdots \qquad \vdots \qquad \vdots \qquad \vdots \\ x_n=2a_{n1}x_1+2a_{n2}x_2+\cdots+2a_{nn}x_n, \end{cases}$$

其中 $a_{ij}(i,j=1,2,\cdots,n)$ 都是整数.

16. 求解下列线性方程组:

(1) $\begin{cases} 2x_1-4x_2+x_3+2x_4-x_5=0, \\ 3x_1-6x_2+3x_3+9x_4-2x_5=0, \\ -x_1+3x_2+4x_3-5x_4=0; \end{cases}$

(2) $\begin{cases} 2x_1-3x_2+x_3+x_4-x_5=-5, \\ 4x_1-9x_2-10x_3+5x_4-2x_5=-4, \\ -x_1+3x_2+4x_3-2x_4+2x_5=1; \end{cases}$

(3) $\begin{cases} x_1+2x_2-x_3+3x_4+x_5=2, \\ -x_1-2x_2+x_3-x_4+3x_5=4, \\ 2x_1+4x_2-2x_3+6x_4+3x_5=6. \end{cases}$

17. 设有齐次线性方程组 (I) $\begin{cases} x_1+x_2=0, \\ x_2-x_4=0 \end{cases}$ 和某齐次线性方程组 (II) 的通解 $\boldsymbol{X}=(x_1,x_2,x_3,x_4)^{\mathrm{T}}=k_1(0,1,1,0)^{\mathrm{T}}+k_2(-1,2,2,1)^{\mathrm{T}}$.

(1) 求齐次线性方程组 (I) 的一组基础解系;

(2) 问齐次线性方程组 (I) 和 (II) 是否有非零公共解? 若有, 则求出所有的非零公共解; 若没有, 则说明理由.

18. 设 $\boldsymbol{AX}=\boldsymbol{0}$ 的一组基础解系为 $\boldsymbol{\alpha}_1=\begin{pmatrix}0\\0\\1\\1\end{pmatrix},\boldsymbol{\alpha}_2=\begin{pmatrix}1\\2\\0\\-1\end{pmatrix}$, $\boldsymbol{BX}=\boldsymbol{0}$ 的一组基础解系为 $\boldsymbol{\beta}_1=\begin{pmatrix}1\\-1\\1\\1\end{pmatrix},\boldsymbol{\beta}_2=\begin{pmatrix}2\\1\\1\\0\end{pmatrix}$, 其中 $\boldsymbol{A}\in\mathbb{R}^{m\times 4},\boldsymbol{B}\in\mathbb{R}^{p\times 4}$, 求 $\begin{pmatrix}\boldsymbol{A}\\\boldsymbol{B}\end{pmatrix}\boldsymbol{X}=\boldsymbol{0}$ 的一组基础解系.

19. 设 $\boldsymbol{A}=\begin{pmatrix}1&-2&3&-4\\0&1&-1&1\\1&2&0&-3\end{pmatrix}$, $\boldsymbol{E}$ 为三阶单位矩阵.

(1) 求线性方程组 $\boldsymbol{AX}=\boldsymbol{0}$ 的一组基础解系;

(2) 求满足 $\boldsymbol{AB}=\boldsymbol{E}$ 的所有矩阵 $\boldsymbol{B}$.

20. 判定下列向量 $\boldsymbol{\beta}$ 能否由向量组 $\boldsymbol{\alpha}_1,\boldsymbol{\alpha}_2,\boldsymbol{\alpha}_3$ 线性表示, 其中

(1) $\boldsymbol{\beta}=\begin{pmatrix}1\\1\\1\\1\end{pmatrix},\boldsymbol{\alpha}_1=\begin{pmatrix}-1\\2\\1\\3\end{pmatrix},\boldsymbol{\alpha}_2=\begin{pmatrix}2\\0\\1\\1\end{pmatrix},\boldsymbol{\alpha}_3=\begin{pmatrix}2\\3\\-1\\1\end{pmatrix}$;

(2) $\boldsymbol{\beta}=\begin{pmatrix}5\\-2\\4\\a\end{pmatrix},\boldsymbol{\alpha}_1=\begin{pmatrix}1\\-1\\0\\3\end{pmatrix},\boldsymbol{\alpha}_2=\begin{pmatrix}2\\0\\1\\1\end{pmatrix},\boldsymbol{\alpha}_3=\begin{pmatrix}0\\1\\-2\\1\end{pmatrix}$.

21. 设 $\boldsymbol{A}=\begin{pmatrix}1&a&0&0\\0&1&a&0\\0&0&1&a\\a&0&0&1\end{pmatrix},\boldsymbol{\beta}=\begin{pmatrix}1\\-1\\0\\0\end{pmatrix}$.

(1) 求 $|\boldsymbol{A}|$;

(2) 已知线性方程组 $\boldsymbol{AX}=\boldsymbol{\beta}$ 有无穷多解, 求 a, 并求 $\boldsymbol{AX}=\boldsymbol{\beta}$ 的通解.

22. 设 $\boldsymbol{A}=\begin{pmatrix}1&-1&-1\\-1&1&1\\0&-4&-2\end{pmatrix},\boldsymbol{\xi}_1=\begin{pmatrix}-1\\1\\-2\end{pmatrix}$.

(1) 求满足条件 $\boldsymbol{A\xi}_2=\boldsymbol{\xi}_1,\boldsymbol{A}^2\boldsymbol{\xi}_3=\boldsymbol{\xi}_1$ 的所有向量 $\boldsymbol{\xi}_2,\boldsymbol{\xi}_3$;

(2) 对 (1) 中的任意向量 $\boldsymbol{\zeta}_2,\boldsymbol{\zeta}_3$, 证明. $\boldsymbol{\xi}_1,\boldsymbol{\xi}_2,\boldsymbol{\xi}_3$ 线性无关.

23. 设 $\boldsymbol{A}$ 是 $m\times n$ 实矩阵, 证明:

(1) $\boldsymbol{AX}=\boldsymbol{0}$ 与 $\boldsymbol{A}^{\mathrm{T}}\boldsymbol{AX}=\boldsymbol{0}$ 是同解方程组;

(2) $r(\boldsymbol{A}^{\mathrm{T}}\boldsymbol{A})=r(\boldsymbol{A})$;

(3) 对任意 n 维列向量 $\boldsymbol{\beta}$, 方程组 $\boldsymbol{A}^{\mathrm{T}}\boldsymbol{AX}=\boldsymbol{A}^{\mathrm{T}}\boldsymbol{\beta}$ 有解.

24. 设有两个线性方程组

$$\begin{cases} a_{11}x_1+a_{12}x_2+\cdots+a_{1n}x_n=b_1, \\ a_{21}x_1+a_{22}x_2+\cdots+a_{2n}x_n=b_2, \\ \quad\vdots \qquad\quad \vdots \qquad\qquad\quad \vdots \qquad \vdots \\ a_{m1}x_1+a_{m2}x_2+\cdots+a_{mn}x_n=b_m; \end{cases} \tag{4.4.6}$$

$$\begin{cases} a_{11}x_1+a_{21}x_2+\cdots+a_{m1}x_m=0, \\ a_{12}x_1+a_{22}x_2+\cdots+a_{m2}x_m=0, \\ \quad\vdots \qquad\quad \vdots \qquad\qquad\quad \vdots \qquad \vdots \\ a_{1n}x_1+a_{2n}x_2+\cdots+a_{mn}x_m=0, \\ b_1x_1+b_2x_2+\cdots+b_mx_m=1. \end{cases} \tag{4.4.7}$$

证明: 线性方程组 (4.4.6) 有解当且仅当线性方程组 (4.4.7) 无解.

25. 设 $\boldsymbol{A}$ 是 n 阶方阵, 证明: $r(\boldsymbol{A}^n)=r(\boldsymbol{A}^{n+1})$.

26. 证明: 线性方程组

$$\begin{cases} x_1-2x_2+x_3=b_1, \\ x_2-2x_3+x_4=b_2, \\ \qquad\vdots \\ x_{n-2}-2x_{n-1}+x_n=b_{n-2}, \\ x_1+\cdots+x_{n-1}-2x_n=b_{n-1}, \\ -2x_1+x_2\cdots+x_n=b_n \end{cases}$$

有解的充要条件是 $\displaystyle\sum_{k=1}^{n}b_k=0$.

27. 证明: 线性方程组 $\begin{pmatrix}\boldsymbol{A}\\ \boldsymbol{b}^{\mathrm{T}}\end{pmatrix}\boldsymbol{X}=\boldsymbol{0}$ 与线性方程组 $\boldsymbol{AX}=\boldsymbol{0}$ 同解当且仅当 $\boldsymbol{A}^{\mathrm{T}}\boldsymbol{Y}=\boldsymbol{b}$ 有解, 其中 $\boldsymbol{A}\in\mathbb{R}^{m\times n}$.

28. 设非齐次线性方程组 $\boldsymbol{AX}=\boldsymbol{\beta}$ 的一个特解为 $\boldsymbol{\gamma}$, 齐次线性方程组 $\boldsymbol{AX}=\boldsymbol{0}$ 的一组基础解系为 $\boldsymbol{\alpha}_1,\boldsymbol{\alpha}_2,\cdots,\boldsymbol{\alpha}_{n-r}$. 证明: $\boldsymbol{\gamma},\boldsymbol{\gamma}+\boldsymbol{\alpha}_1,\boldsymbol{\gamma}+\boldsymbol{\alpha}_2,\cdots,\boldsymbol{\gamma}+\boldsymbol{\alpha}_{n-r}$ 线性无关.

29. 设 $\boldsymbol{A}$ 是 $m\times n$ 矩阵, $r(\boldsymbol{A})=r$, 且非齐次线性方程组 $\boldsymbol{AX}=\boldsymbol{\beta}$ 有解, 试问 $\boldsymbol{AX}=\boldsymbol{\beta}$ 的解向量中线性无关的向量最多有多少个? 并写出 $\boldsymbol{AX}=\boldsymbol{\beta}$ 的一组个数至多的线性无关的解向量.

30. 证明: 齐次线性方程组 $\begin{cases} a_{11}x_1+a_{12}x_2+\cdots+a_{1n}x_n=0, \\ a_{21}x_1+a_{22}x_2+\cdots+a_{2n}x_n=0, \\ \quad\vdots \qquad\quad \vdots \qquad\qquad\quad \vdots \quad\ \ \vdots \\ a_{m1}x_1+a_{m2}x_2+\cdots+a_{mn}x_n=0 \end{cases}$ 的解都是方程 $b_1x_1+b_2x_2+\cdots+b_nx_n=0$ 的解的充分必要条件是: $\boldsymbol{\beta}=(b_1,b_2,\cdots,b_n)$ 可由向量组 $\boldsymbol{\alpha}_i=(a_{i1},a_{i2},\cdots,a_{in})\,(i=1,2,\cdots,m)$ 线性表示.

31. 已知线性方程组 $\boldsymbol{AX}=\mathbf{0}$ 的一组基础解系为 $\boldsymbol{\alpha}_1,\boldsymbol{\alpha}_2,\cdots,\boldsymbol{\alpha}_r$, 求线性齐次方程组 $(\boldsymbol{A},\boldsymbol{A})\begin{pmatrix}\boldsymbol{X}\\ \boldsymbol{Y}\end{pmatrix}=\mathbf{0}$ 的一组基础解系, 其中 $\boldsymbol{A}\in\mathbb{R}^{m\times n}$.

32. 设 $\boldsymbol{A}\in\mathbb{R}^{r\times n},\boldsymbol{B}\in\mathbb{R}^{(n-r)\times n}$ 都是行满秩矩阵, 且 $\boldsymbol{AB}^{\mathrm{T}}=\boldsymbol{O}$, 证明: $\boldsymbol{B}^{\mathrm{T}}$ 的列向量组构成 $\boldsymbol{AX}=\mathbf{0}$ 的一组基础解系, $\boldsymbol{A}^{\mathrm{T}}$ 的列向量组构成 $\boldsymbol{BY}=\mathbf{0}$ 的一组基础解系.

33. 设线性方程组

$$\begin{cases} a_{11}x_1 & + & a_{12}x_2 & +\cdots+ & a_{1n}x_n & =0, \\ a_{21}x_1 & + & a_{22}x_2 & +\cdots+ & a_{2n}x_n & =0, \\ \quad\vdots & & \quad\vdots & & \quad\vdots & \ \ \vdots \\ a_{n-1,1}x_1 & + & a_{n-2,2}x_2 & +\cdots+ & a_{n-1,n}x_n & =0. \end{cases} \tag{4.4.8}$$

的系数矩阵

$$\boldsymbol{A}=\begin{pmatrix} a_{11} & a_{12} & \cdots & a_{1n} \\ a_{21} & a_{22} & \cdots & a_{2n} \\ \vdots & \vdots & & \vdots \\ a_{n-1,1} & a_{n-2,2} & \cdots & a_{n-2,n} \end{pmatrix}$$

行满秩, M_i 为 $\boldsymbol{A}$ 中划掉第 i 列后剩下的 $n-1$ 阶方阵的行列式, 证明:

$$(M_1,-M_2,\cdots,(-1)^{n-1}M_n)^{\mathrm{T}}$$

是方程组 (4.4.8) 的一组基础解系.

34. 设 $\boldsymbol{A}=(a_{ij})_{n\times n}$ 的秩 $r(\boldsymbol{A})=n$, $\boldsymbol{B}=(a_{ij})_{r\times n}(r<n)$, 求齐次线性方程组 $\boldsymbol{BX}=\mathbf{0}$ 的一组基础解系.

35. 设 n 阶方阵 $\boldsymbol{A}=(\boldsymbol{\alpha}_1,\boldsymbol{\alpha}_2,\cdots,\boldsymbol{\alpha}_n)$ 的前 $n-1$ 个列向量线性相关, 后 $n-1$ 个列向量线性无关, $\boldsymbol{\beta}=\boldsymbol{\alpha}_1+\boldsymbol{\alpha}_2+\cdots+\boldsymbol{\alpha}_n$.

(1) 证明: 线性方程组 $\boldsymbol{AX}=\boldsymbol{\beta}$ 有无穷多解;

(2) 求线性方程组 $\boldsymbol{AX}=\boldsymbol{\beta}$ 的通解.

36. 设 $\boldsymbol{A}$ 为 $m\times n$ 阶矩阵, $r(\boldsymbol{A})=m$, $\boldsymbol{B}$ 为 $n\times(n-m)$, $r(\boldsymbol{B})=n-m$, 且 $\boldsymbol{AB}=\boldsymbol{O}$, $\boldsymbol{\alpha}$ 是齐次线性方程组 $\boldsymbol{AX}=\boldsymbol{0}$ 的一个解向量, 证明: 存在唯一的 $(n-m$ 维) 向量 $\boldsymbol{\beta}$, 使得 $\boldsymbol{\alpha}=\boldsymbol{B\beta}$.

37. 设 $\boldsymbol{A}=(a_{ij})_{n\times n}$, 称适合条件 $|a_{ii}|>\sum\limits_{j\neq i}^{n}|a_{ij}|\,(i=1,2,\cdots,n)$ 的矩阵为严格对角占优阵, 证明: 严格对角占优阵是可逆矩阵. 若上述条件改为 $a_{ii}>\sum\limits_{j\neq i}^{n}|a_{ij}|\,(i=1,2,\cdots,n)$, 则有 $|\boldsymbol{A}|>0$.

38. 证明: 方程组

$$\begin{cases} x_1+x_2+\cdots+x_n=0, \\ x_1^2+x_2^2+\cdots+x_n^2=0, \\ \quad\vdots \qquad \vdots \qquad\qquad \vdots \qquad \vdots \\ x_1^n+x_2^n+\cdots+x_n^n=0 \end{cases} \tag{4.4.9}$$

在复数域 $\mathbb{C}$ 内仅有零解.(提示:用数学归纳法)

第 5 章　矩阵的特征值与特征向量

5.1　矩阵的特征值与特征向量的概念

定义 5.1.1 (特征值 · 特征向量) 设矩阵 $\boldsymbol{A}$ 是复数域 $\mathbb{C}$ 上的 n 阶方阵, 若 $\lambda\in\mathbb{C},\boldsymbol{\alpha}\in\mathbb{C}^{n\times1}$ 是 n 维非零列向量, 且

$$\boldsymbol{A\alpha}=\lambda\boldsymbol{\alpha} \tag{5.1.1}$$

则称 λ 为矩阵 $\boldsymbol{A}$ 的**特征值**, 称 $\boldsymbol{\alpha}$ 为矩阵 $\boldsymbol{A}$ 的属于特征值 λ 的**特征向量**.

定义 5.1.2 (特征多项式 · 特征方程 · 特征矩阵) 设 $\boldsymbol{A}=(a_{ij})_{n\times n}$ 是复数域 $\mathbb{C}$ 上的矩阵, 称多项式

$$f(\lambda)=|\lambda\boldsymbol{E}-\boldsymbol{A}|=\lambda^n-\left(\sum_{k=1}^{n}a_{kk}\right)\lambda^{n-1}+\cdots+(-1)^{n-1}\left(\sum_{k=1}^{n}A_{kk}\right)\lambda+(-1)^n|\boldsymbol{A}|$$

为矩阵 $\boldsymbol{A}$ 的**特征多项式**, 称方程 $|\lambda\boldsymbol{E}-\boldsymbol{A}|=0$ 为矩阵 $\boldsymbol{A}$ 的**特征方程**, 方程 $|\lambda\boldsymbol{E}-\boldsymbol{A}|=0$ 在复数域 $\mathbb{C}$ 中的根就是 $\boldsymbol{A}$ 的全部特征值, 称 $\lambda\boldsymbol{E}-\boldsymbol{A}$ 为 $\boldsymbol{A}$ 的**特征矩阵**.

若 λ 是 $\boldsymbol{A}$ 的特征值, 则 $|\lambda\boldsymbol{E}-\boldsymbol{A}|=0$. 于是齐次线性方程组

$$(\lambda\boldsymbol{E}-\boldsymbol{A})\boldsymbol{X}=\boldsymbol{0} \tag{5.1.2}$$

有非零解, 它的所有非零解都是 $\boldsymbol{A}$ 的属于特征值 λ 的特征向量. 反之, $\boldsymbol{A}$ 的属于特征值 λ 的任一特征向量 $\boldsymbol{\alpha}$, 使得式 (5.1.1) 成立. 故 $\boldsymbol{\alpha}$ 是方程组 (5.1.2) 的非零解.

定理 5.1.1 *设 $\boldsymbol{\alpha}_1,\boldsymbol{\alpha}_2,\cdots,\boldsymbol{\alpha}_m$ 都是矩阵 $\boldsymbol{A}$ 的属于特征值 λ 的特征向量, 令 $\boldsymbol{\alpha}=k_1\boldsymbol{\alpha}_1+k_2\boldsymbol{\alpha}_2+\cdots+k_m\boldsymbol{\alpha}_m$, 其中 $k_1,k_2,\cdots,k_m\in\mathbb{C}$, 使得 $\boldsymbol{\alpha}\neq\boldsymbol{0}$, 则 $\boldsymbol{\alpha}$ 也是 $\boldsymbol{A}$ 的属于特征值 λ 的特征向量.*

证　因为 $\boldsymbol{A\alpha}=\boldsymbol{A}(k_1\boldsymbol{\alpha}_1+k_2\boldsymbol{\alpha}_2+\cdots+k_m\boldsymbol{\alpha}_m)=\lambda k_1\boldsymbol{\alpha}_1+\lambda k_2\boldsymbol{\alpha}_2+\cdots+\lambda k_m\boldsymbol{\alpha}_m=\lambda\boldsymbol{\alpha}$, 且 $\boldsymbol{\alpha}\neq\boldsymbol{0}$, 所以, 按矩阵特征向量的定义, $\boldsymbol{\alpha}$ 也是 $\boldsymbol{A}$ 的属于特征值 λ 的特征向量.

例 5.1.1 求矩阵 $\boldsymbol{A}=\begin{pmatrix}1&-3&3\\3&-5&3\\6&-6&4\end{pmatrix}$ 的特征值和特征向量.

解　$\boldsymbol{A}$ 的特征方程为 $|\lambda\boldsymbol{E}-\boldsymbol{A}|=0$. 因为

$$\begin{vmatrix}\lambda-1&3&-3\\-3&\lambda+5&-3\\-6&6&\lambda-4\end{vmatrix}=(\lambda+2)\begin{vmatrix}1&3&-3\\1&\lambda+5&-3\\0&6&\lambda-4\end{vmatrix}=(\lambda+2)^2(\lambda-4),$$

故 $\boldsymbol{A}$ 的特征值 $\lambda_1=-2, \lambda_2=-2, \lambda_3=4$. 对应于 $\lambda_1=\lambda_2=-2$, 解齐次线性方程组 $(-2\boldsymbol{E}-\boldsymbol{A})\boldsymbol{X}=\boldsymbol{0}$, 得到一组基础解系

$$\boldsymbol{\alpha}_1=\begin{pmatrix}1\\1\\0\end{pmatrix}, \boldsymbol{\alpha}_2=\begin{pmatrix}-1\\0\\1\end{pmatrix}.$$

对应于 $\lambda_3=4$, 解齐次线性方程组 $(4\boldsymbol{E}-\boldsymbol{A})\boldsymbol{X}=\boldsymbol{0}$, 得到一组基础解系

$$\boldsymbol{\alpha}_3=\begin{pmatrix}1\\1\\2\end{pmatrix}.$$

故 $\boldsymbol{A}$ 的属于特征值 -2 的全部特征向量是 $k_1\boldsymbol{\alpha}_1+k_2\boldsymbol{\alpha}_2$, 其中 k_1, k_2 是不同时为 0 的任意常数; $\boldsymbol{A}$ 的属于特征值 4 的全部特征向量是 $k_3\boldsymbol{\alpha}_3$, 其中 k_3 是不等于 0 的任意常数.

定理 5.1.2 若 $f(x)=a_mx^m+a_{m-1}x^{m-1}+\cdots+a_1x+a_0$, λ 是矩阵 $\boldsymbol{A}$ 的特征值, 则 $f(\lambda)$ 是 $f(\boldsymbol{A})=a_m\boldsymbol{A}^m+a_{m-1}\boldsymbol{A}^{m-1}+\cdots+a_1\boldsymbol{A}+a_0\boldsymbol{E}$ 的特征值.

证 设 $\boldsymbol{\alpha}$ 是 $\boldsymbol{A}$ 的属于特征值 λ 的特征向量, 即 $\boldsymbol{A}\boldsymbol{\alpha}=\lambda\boldsymbol{\alpha}$, 则 $\boldsymbol{A}^2\boldsymbol{\alpha}=\boldsymbol{A}(\boldsymbol{A}\boldsymbol{\alpha})=\lambda\boldsymbol{A}\boldsymbol{\alpha}=\lambda^2\boldsymbol{\alpha}$, 一般地有 $\boldsymbol{A}^m\boldsymbol{\alpha}=\lambda^m\boldsymbol{\alpha}$. 故 $f(\boldsymbol{A})\boldsymbol{\alpha}=f(\lambda)\boldsymbol{\alpha}$.

定义 5.1.3 设 $\boldsymbol{A}=(a_{ij})_{n\times n}$ 是 n 阶方阵, 称 $\sum\limits_{k=1}^{n}a_{kk}$ 为 $\boldsymbol{A}$ 的**迹**, 记为 $\mathrm{tr}\boldsymbol{A}$, 即

$$\mathrm{tr}\boldsymbol{A}=\sum_{k=1}^{n}a_{kk}.$$

定理 5.1.3 若 n 阶矩阵 $\boldsymbol{A}$ 的特征值是 $\lambda_1, \lambda_2, \cdots, \lambda_n$ (重根按重数计算), $\boldsymbol{A}^*$ 是 $\boldsymbol{A}$ 的伴随矩阵, 则

$$\mathrm{tr}\boldsymbol{A}=\sum_{k=1}^{n}\lambda_k,\quad |\boldsymbol{A}|=\prod_{k=1}^{n}\lambda_k,\quad \mathrm{tr}\boldsymbol{A}^*=\sum_{k=1}^{n}\prod_{j\neq k}\lambda_j.$$

证
$$\begin{aligned}|\lambda\boldsymbol{E}-\boldsymbol{A}|&=\lambda^n-\left(\sum_{k=1}^{n}a_{kk}\right)\lambda^{n-1}+\cdots+(-1)^{n-1}\left(\sum_{k=1}^{n}A_{kk}\right)\lambda+(-1)^n|\boldsymbol{A}|\\&=\prod_{k=1}^{n}(\lambda-\lambda_k)\\&=\lambda^n-\left(\sum_{k=1}^{n}\lambda_k\right)\lambda^{n-1}+\cdots+(-1)^{n-1}\left(\sum_{k=1}^{n}\prod_{j\neq k}\lambda_j\right)\lambda+(-1)^n\prod_{k=1}^{n}\lambda_k,\end{aligned}$$

比较 λ^{n-1}、λ 和常数项的系数即得结论.

定理 5.1.4 设 $\boldsymbol{A}$ 是一个分块对角矩阵

$$\begin{pmatrix}\boldsymbol{A}_1&&&\\&\boldsymbol{A}_2&&\\&&\ddots&\\&&&\boldsymbol{A}_m\end{pmatrix},$$

则 $\boldsymbol{A}$ 的特征多项式是 $\boldsymbol{A}_1, \boldsymbol{A}_2, \cdots, \boldsymbol{A}_m$ 的特征多项式的乘积. 故 $\boldsymbol{A}_1, \boldsymbol{A}_2, \cdots, \boldsymbol{A}_m$ 的所有特征值就是 $\boldsymbol{A}$ 的特征值.

证　因为 $\lambda\boldsymbol{E}-\boldsymbol{A}=\begin{pmatrix}\lambda\boldsymbol{E}-\boldsymbol{A}_1 & & & \\ & \lambda\boldsymbol{E}-\boldsymbol{A}_2 & & \\ & & \ddots & \\ & & & \lambda\boldsymbol{E}-\boldsymbol{A}_m\end{pmatrix}$,

故 $|\lambda\boldsymbol{E}-\boldsymbol{A}|=\prod\limits_{k=1}^{m}|\lambda\boldsymbol{E}-\boldsymbol{A}_k|$.

例 5.1.2 设 $\boldsymbol{A}$ 和 $\boldsymbol{B}$ 分别为 m 阶和 n 阶方阵, $\boldsymbol{B}$ 的特征多项式为 $f(\lambda)$. 证明: $f(\boldsymbol{A})$ 可逆当且仅当 $\boldsymbol{A}$ 与 $\boldsymbol{B}$ 无相同特征值.

证　设 $\lambda_1, \lambda_2, \cdots, \lambda_m$ 是 $\boldsymbol{A}$ 的特征值, 则 $f(\lambda_1), f(\lambda_2), \cdots, f(\lambda_m)$ 是 $f(\boldsymbol{A})$ 的特征值. 又因为

$$|f(\boldsymbol{A})|=\prod_{k=1}^{m}f(\lambda_k), \tag{5.1.3}$$

必要性. 若 $f(\boldsymbol{A})$ 可逆, 则 $f(\lambda_k)\neq 0\,(k=1,2,\cdots,m)$. 因为 $f(\lambda)$ 是 $\boldsymbol{B}$ 的特征多项式, 所以 $\boldsymbol{A}$ 的特征值都不是 $\boldsymbol{B}$ 的特征值, 即 $\boldsymbol{A}, \boldsymbol{B}$ 没有相同特征值.

充分性. 因为 $\boldsymbol{A}, \boldsymbol{B}$ 没有相同的特征值, 所以 $f(\lambda_k)\neq 0\,(k=1,2,\cdots,m)$. 由式 (5.1.3), 可得 $|f(\boldsymbol{A})|\neq 0$, 即 $f(\boldsymbol{A})$ 可逆.

例 5.1.3 设 $\boldsymbol{A}\in\mathbb{R}^{m\times n}, \boldsymbol{B}\in\mathbb{R}^{n\times m}$. 证明:

$$\lambda^n|\lambda\boldsymbol{E}_m-\boldsymbol{A}\boldsymbol{B}|=\lambda^m|\lambda\boldsymbol{E}_n-\boldsymbol{B}\boldsymbol{A}|.$$

证　当 $\lambda=0$ 时, 结论成立. 当 $\lambda\neq 0$ 时, 因为

$$\begin{pmatrix}\boldsymbol{E}_m & \boldsymbol{A}\\ \boldsymbol{B} & \boldsymbol{E}_n\end{pmatrix}\xrightarrow[c]{r}\begin{cases}\begin{pmatrix}\boldsymbol{E}_m-\boldsymbol{A}\boldsymbol{B} & \boldsymbol{O}\\ \boldsymbol{B} & \boldsymbol{E}_n\end{pmatrix},\\ \begin{pmatrix}\boldsymbol{E}_m & \boldsymbol{O}\\ \boldsymbol{B} & \boldsymbol{E}_n-\boldsymbol{B}\boldsymbol{A}\end{pmatrix},\end{cases}$$

即

$$\begin{pmatrix}\boldsymbol{E}_m & -\boldsymbol{A}\\ \boldsymbol{O} & \boldsymbol{E}_n\end{pmatrix}\begin{pmatrix}\boldsymbol{E}_m & \boldsymbol{A}\\ \boldsymbol{B} & \boldsymbol{E}_n\end{pmatrix}=\begin{pmatrix}\boldsymbol{E}_m-\boldsymbol{A}\boldsymbol{B} & \boldsymbol{O}\\ \boldsymbol{B} & \boldsymbol{E}_n\end{pmatrix}, \tag{5.1.4}$$

$$\begin{pmatrix}\boldsymbol{E}_m & \boldsymbol{A}\\ \boldsymbol{B} & \boldsymbol{E}_n\end{pmatrix}\begin{pmatrix}\boldsymbol{E}_m & -\boldsymbol{A}\\ \boldsymbol{O} & \boldsymbol{E}_n\end{pmatrix}=\begin{pmatrix}\boldsymbol{E}_m & \boldsymbol{O}\\ \boldsymbol{B} & \boldsymbol{E}_n-\boldsymbol{B}\boldsymbol{A}\end{pmatrix}, \tag{5.1.5}$$

在式 (5.1.4), 式 (5.1.5) 两端取行列式, 得到

$$|\boldsymbol{E}_m-\boldsymbol{A}\boldsymbol{B}|=|\boldsymbol{E}_n-\boldsymbol{B}\boldsymbol{A}|. \tag{5.1.6}$$

现用 $\dfrac{1}{\lambda}\boldsymbol{A}$ 代替式 (5.1.6) 中的 $\boldsymbol{A}$, 得到

$$\left|\boldsymbol{E}_m-\frac{1}{\lambda}\boldsymbol{AB}\right|=\left|\boldsymbol{E}_n-\frac{1}{\lambda}\boldsymbol{BA}\right|,$$

亦即

$$\left(\frac{1}{\lambda}\right)^m|\lambda\boldsymbol{E}_m-\boldsymbol{AB}|=\left(\frac{1}{\lambda}\right)^n|\lambda\boldsymbol{E}_n-\boldsymbol{BA}|,$$

上式两边乘以 λ^{m+n}, 得到

$$\lambda^n|\lambda\boldsymbol{E}_m-\boldsymbol{AB}|=\lambda^m|\lambda\boldsymbol{E}_n-\boldsymbol{BA}|.$$

例 5.1.4 求矩阵 $\boldsymbol{A}=\begin{pmatrix}a_1^2+1 & a_1a_2+1 & \cdots & a_1a_n+1\\ a_2a_1+1 & a_2^2+1 & \cdots & a_2a_n+1\\ \vdots & \vdots & & \vdots\\ a_na_1+1 & a_na_2+1 & \cdots & a_n^2+1\end{pmatrix}$ 的特征值.

解 令 $\boldsymbol{B}=\begin{pmatrix}a_1 & a_2 & \cdots & a_n\\ 1 & 1 & \cdots & 1\end{pmatrix}$, $\sum\limits_{k=1}^n a_k^2=c$, $\sum\limits_{k=1}^n a_k=d$, 则 $\boldsymbol{A}=\boldsymbol{B}^{\mathrm{T}}\boldsymbol{B}$. 于是

$$\begin{aligned}|\lambda\boldsymbol{E}_n-\boldsymbol{A}|&=|\lambda\boldsymbol{E}_n-\boldsymbol{B}^{\mathrm{T}}\boldsymbol{B}|=\lambda^{n-2}|\lambda\boldsymbol{E}_2-\boldsymbol{BB}^{\mathrm{T}}|\\&=\lambda^{n-2}\begin{vmatrix}\lambda-c & -d\\ -d & \lambda-n\end{vmatrix}=\lambda^{n-2}[\lambda^2-(c+n)\lambda+(cn-d^2)].\end{aligned}$$

故 $\boldsymbol{A}$ 的特征值为 $\lambda_1=\lambda_2=\cdots=\lambda_{n-2}=0, \lambda_{n-1}=\dfrac{c+n+\sqrt{(c-n)^2+4d^2}}{2}, \lambda_n=\dfrac{c+n-\sqrt{(c-n)^2+4d^2}}{2}$.

***例 5.1.1** 设 $\boldsymbol{A}\in\mathbb{R}^{m\times n}$, λ_0 是矩阵 $\begin{pmatrix}\boldsymbol{O} & \boldsymbol{A}^{\mathrm{T}}\\ \boldsymbol{A} & \boldsymbol{O}\end{pmatrix}$ 的非零特征值, 证明: λ_0^2 是矩阵 $\boldsymbol{AA}^{\mathrm{T}}$ 的特征值.

证法一 设 $\boldsymbol{\alpha}=(a_1,a_2,\cdots,a_n;a_{n+1},a_{n+2},\cdots,a_{n+m})^{\mathrm{T}}$ 是矩阵 $\begin{pmatrix}\boldsymbol{O} & \boldsymbol{A}^{\mathrm{T}}\\ \boldsymbol{A} & \boldsymbol{O}\end{pmatrix}$ 的属于特征值 λ_0 的特征向量, 记 $\boldsymbol{\beta}=(a_1,a_2,\cdots,a_n)^{\mathrm{T}}, \boldsymbol{\gamma}=(a_{n+1},a_{n+2},\cdots,a_{n+m})^{\mathrm{T}}$, 则

$$\boldsymbol{A}^{\mathrm{T}}\boldsymbol{\gamma}=\lambda_0\boldsymbol{\beta},\quad \boldsymbol{A\beta}=\lambda_0\boldsymbol{\gamma}. \tag{5.1.7}$$

因为 $\boldsymbol{\alpha}\neq\boldsymbol{0}, \lambda_0\neq 0$, 所以 $\boldsymbol{\beta}\neq\boldsymbol{0}, \boldsymbol{\gamma}\neq\boldsymbol{0}$. 否则, 若 $\boldsymbol{\beta}=\boldsymbol{0}$, 由 $\lambda_0\neq 0$ 和式 (5.1.7) 的第二式, 得到 $\boldsymbol{\gamma}=\boldsymbol{0}$. 因而 $\boldsymbol{\alpha}=\boldsymbol{0}$, 矛盾. 故 $\boldsymbol{\beta}\neq\boldsymbol{0}$; 若 $\boldsymbol{\gamma}=\boldsymbol{0}$, 由 $\lambda_0\neq 0$ 和式 (5.1.7) 的第一式, 得到 $\boldsymbol{\beta}=\boldsymbol{0}$, 因而 $\boldsymbol{\alpha}=\boldsymbol{0}$, 亦矛盾. 故 $\boldsymbol{\gamma}\neq\boldsymbol{0}$. 因此

$$(\boldsymbol{AA}^{\mathrm{T}})\boldsymbol{\gamma}=\boldsymbol{A}(\boldsymbol{A}^{\mathrm{T}}\boldsymbol{\gamma})=\boldsymbol{A}(\lambda_0\boldsymbol{\beta})=\lambda_0\boldsymbol{A\beta}=\lambda_0^2\boldsymbol{\gamma}.$$

按矩阵特征值的定义, λ_0^2 是矩阵 $\boldsymbol{AA}^{\mathrm{T}}$ 的特征值.

证法二 因为

$$\begin{pmatrix} \lambda_0\boldsymbol{E}_n & -\boldsymbol{A}^{\mathrm{T}} \\ -\boldsymbol{A} & \lambda_0\boldsymbol{E}_m \end{pmatrix}\begin{pmatrix} \boldsymbol{E}_n & \boldsymbol{O} \\ \boldsymbol{O} & \lambda_0\boldsymbol{E}_m \end{pmatrix}\begin{pmatrix} \boldsymbol{E}_n & \boldsymbol{A}^{\mathrm{T}} \\ \boldsymbol{O} & \boldsymbol{E}_m \end{pmatrix}=\begin{pmatrix} \lambda_0\boldsymbol{E}_n & \boldsymbol{O} \\ -\boldsymbol{A} & \lambda_0^2\boldsymbol{E}_m-\boldsymbol{A}\boldsymbol{A}^{\mathrm{T}} \end{pmatrix},$$

上式两边取行列式, 得到

$$\lambda_0^m\begin{vmatrix} \lambda_0\boldsymbol{E}_n & -\boldsymbol{A}^{\mathrm{T}} \\ -\boldsymbol{A} & \lambda_0\boldsymbol{E}_m \end{vmatrix}=\lambda_0^n\left|\lambda_0^2\boldsymbol{E}_m-\boldsymbol{A}\boldsymbol{A}^{\mathrm{T}}\right|.$$

又因为 λ_0 是矩阵 $\begin{pmatrix} \boldsymbol{O} & \boldsymbol{A}^{\mathrm{T}} \\ \boldsymbol{A} & \boldsymbol{O} \end{pmatrix}$ 的非零特征值, 所以 $\left|\lambda_0^2\boldsymbol{E}_m-\boldsymbol{A}\boldsymbol{A}^{\mathrm{T}}\right|=0$. 这说明 λ_0^2 是矩阵 $\boldsymbol{A}\boldsymbol{A}^{\mathrm{T}}$ 的特征值.

例 5.1.5 设 $\boldsymbol{\alpha},\boldsymbol{\beta},\boldsymbol{\alpha}+\boldsymbol{\beta}$ 都是矩阵 $\boldsymbol{A}$ 的特征向量, 证明: $\boldsymbol{\alpha},\boldsymbol{\beta}$ 是属于矩阵 $\boldsymbol{A}$ 的同一特征值的特征向量.

证 设 $\boldsymbol{A}\boldsymbol{\alpha}=\lambda\boldsymbol{\alpha}, \boldsymbol{A}\boldsymbol{\beta}=\mu\boldsymbol{\beta}, \boldsymbol{A}(\boldsymbol{\alpha}+\boldsymbol{\beta})=\nu(\boldsymbol{\alpha}+\boldsymbol{\beta})$, 则

$$(\lambda-\nu)\boldsymbol{\alpha}+(\mu-\nu)\boldsymbol{\beta}=\mathbf{0}, \tag{1}$$

用 $\boldsymbol{A}$ 左乘以上式, 得到

$$\lambda(\lambda-\nu)\boldsymbol{\alpha}+\mu(\mu-\nu)\boldsymbol{\beta}=\mathbf{0}, \tag{2}$$

(1) 式乘以 μ 后减去 (2) 式, 得到 $(\lambda-\mu)(\lambda-\nu)\boldsymbol{\alpha}=\mathbf{0}$. 于是 $\lambda=\mu$ 或者 $\lambda=\nu$. 如果 $\lambda=\nu$, 则代入式 $(\lambda-\nu)\boldsymbol{\alpha}+(\mu-\nu)\boldsymbol{\beta}=\mathbf{0}$ 中, 得到 $\mu=\nu$. 故 $\lambda=\mu$.

定义 5.1.4 (相似矩阵) 若 $\boldsymbol{A},\boldsymbol{B}$ 为 n 阶方阵, 且存在 n 阶可逆矩阵 $\boldsymbol{P}$, 使得 $\boldsymbol{B}=\boldsymbol{P}^{-1}\boldsymbol{A}\boldsymbol{P}$, 则称 $\boldsymbol{A}$ 与 $\boldsymbol{B}$ **相似**, 记为 $\boldsymbol{A}\sim\boldsymbol{B}$. 并称 $\boldsymbol{P}$ 为 $\boldsymbol{A}$ 到 $\boldsymbol{B}$ 的**相似变换矩阵**.

矩阵的相似关系是一种等价关系, 即

(1) (反身性) $\boldsymbol{A}\sim\boldsymbol{A}$ (因为 $\boldsymbol{A}=\boldsymbol{E}^{-1}\boldsymbol{A}\boldsymbol{E}$, 故 $\boldsymbol{A}\sim\boldsymbol{A}$);

(2) (对称性) 若 $\boldsymbol{A}\sim\boldsymbol{B}$, 则 $\boldsymbol{B}\sim\boldsymbol{A}$ (若 $\boldsymbol{B}=\boldsymbol{P}^{-1}\boldsymbol{A}\boldsymbol{P}$, 则 $\boldsymbol{A}=(\boldsymbol{P}^{-1})^{-1}\boldsymbol{B}\boldsymbol{P}^{-1}$);

(3) (传递性) 若 $\boldsymbol{A}\sim\boldsymbol{B}$, $\boldsymbol{B}\sim\boldsymbol{C}$, 则 $\boldsymbol{A}\sim\boldsymbol{C}$ (若 $\boldsymbol{B}=\boldsymbol{P}^{-1}\boldsymbol{A}\boldsymbol{P}$, $\boldsymbol{C}=\boldsymbol{Q}^{-1}\boldsymbol{B}\boldsymbol{Q}$, 则 $\boldsymbol{C}=\boldsymbol{Q}^{-1}(\boldsymbol{P}^{-1}\boldsymbol{A}\boldsymbol{P})\boldsymbol{Q}=(\boldsymbol{P}\boldsymbol{Q})^{-1}\boldsymbol{A}(\boldsymbol{P}\boldsymbol{Q})$, 即 $\boldsymbol{A}\sim\boldsymbol{C}$).

若 $\boldsymbol{A}\sim\boldsymbol{B}$, 则 $|\boldsymbol{A}|=|\boldsymbol{B}|$, 从而 $\boldsymbol{A},\boldsymbol{B}$ 有相同的可逆性, 当方阵 $\boldsymbol{A},\boldsymbol{B}$ 可逆时有 $\boldsymbol{A}^{-1}\sim\boldsymbol{B}^{-1}$.

此外, 设 $f(x)=a_nx^n+a_{n-1}x^{n-1}+\cdots+a_1x+a_0$ 为任意多项式. 若 $\boldsymbol{A}\sim\boldsymbol{B}$, 则 $f(\boldsymbol{A})\sim f(\boldsymbol{B})$.

其实, 若 $\boldsymbol{B}=\boldsymbol{P}^{-1}\boldsymbol{A}\boldsymbol{P}$, 则

$$\begin{aligned} a_k\boldsymbol{B}^k &= a_k(\boldsymbol{P}^{-1}\boldsymbol{A}\boldsymbol{P})^k \\ &= a_k(\boldsymbol{P}^{-1}\boldsymbol{A}\boldsymbol{P})(\boldsymbol{P}^{-1}\boldsymbol{A}\boldsymbol{P})\cdots\cdot(\boldsymbol{P}^{-1}\boldsymbol{A}\boldsymbol{P}) \\ &= a_k\boldsymbol{P}^{-1}\boldsymbol{A}(\boldsymbol{P}\boldsymbol{P}^{-1})\boldsymbol{A}\cdots(\boldsymbol{P}\boldsymbol{P}^{-1})\boldsymbol{A}\boldsymbol{P} \\ &= a_k\boldsymbol{P}^{-1}\boldsymbol{A}^k\boldsymbol{P}\ (k=0,1,2,\cdots,n), \end{aligned}$$

于是

$$\begin{aligned} f(\boldsymbol{B}) &= a_n\boldsymbol{B}^n + a_{n-1}\boldsymbol{B}^{n-1} + \cdots + a_1\boldsymbol{B} + a_0\boldsymbol{E} \\ &= \boldsymbol{P}^{-1}(a_n\boldsymbol{A}^n + a_{n-1}\boldsymbol{A}^{n-1} + \cdots + a_1\boldsymbol{A} + a_0\boldsymbol{E})\boldsymbol{P} = \boldsymbol{P}^{-1}f(\boldsymbol{A})\boldsymbol{P}, \end{aligned}$$

即 $f(\boldsymbol{A}) \sim f(\boldsymbol{B})$.

定理 5.1.5 相似矩阵具有相同的特征多项式, 从而有相同的特征值.

证 设 $\boldsymbol{B} = \boldsymbol{P}^{-1}\boldsymbol{A}\boldsymbol{P}$, 则

$$|\lambda\boldsymbol{E} - \boldsymbol{B}| = |\lambda\boldsymbol{E} - \boldsymbol{P}^{-1}\boldsymbol{A}\boldsymbol{P}| = |\boldsymbol{P}^{-1}(\lambda\boldsymbol{E} - \boldsymbol{A})\boldsymbol{P}| = |\boldsymbol{P}^{-1}||\lambda\boldsymbol{E} - A||\boldsymbol{P}| = |\lambda\boldsymbol{E} - \boldsymbol{A}|.$$

定理 5.1.6 (哈密顿一凯莱定理) 设 $\boldsymbol{A} = (a_{ij})_{n\times n}$ 是数域 $\mathbb{K}$ 上的矩阵, $f(\lambda) = |\lambda\boldsymbol{E} - \boldsymbol{A}|$ 是 $\boldsymbol{A}$ 的特征多项式, 则

$$f(\boldsymbol{A}) = \boldsymbol{A}^n - (a_{11} + a_{22} + \cdots + a_{nn})\boldsymbol{A}^{n-1} + \cdots + (-1)^n|\boldsymbol{A}|\boldsymbol{E} = \boldsymbol{O}.$$

证 设 $\boldsymbol{B}(\lambda)$ 是 $\lambda\boldsymbol{E} - \boldsymbol{A}$ 的伴随矩阵, 则

$$\boldsymbol{B}(\lambda)(\lambda\boldsymbol{E} - \boldsymbol{A}) = (\lambda\boldsymbol{E} - \boldsymbol{A})\boldsymbol{B}(\lambda) = f(\lambda)\boldsymbol{E}.$$

因为 $\boldsymbol{B}(\lambda)$ 的元素是 $|\lambda\boldsymbol{E} - \boldsymbol{A}|$ 中元素的代数余子式, 所以 $\boldsymbol{B}(\lambda)$ 的元素是 λ 的至多 $n-1$ 次多项式, 因而写

$$\boldsymbol{B}(\lambda) = \lambda^{n-1}\boldsymbol{B}_0 + \lambda^{n-2}\boldsymbol{B}_1 + \cdots + \boldsymbol{B}_{n-1},$$

从而

$$\boldsymbol{B}(\lambda)(\lambda\boldsymbol{E} - \boldsymbol{A}) = \lambda^n\boldsymbol{B}_0 + \lambda^{n-1}(\boldsymbol{B}_1 - \boldsymbol{B}_0\boldsymbol{A}) + \cdots + \lambda(\boldsymbol{B}_{n-1} - \boldsymbol{B}_{n-2}\boldsymbol{A}) - \boldsymbol{B}_{n-1}\boldsymbol{A} = f(\lambda)\boldsymbol{E}.$$

于是

$$f(\boldsymbol{A}) = \boldsymbol{B}_0\boldsymbol{A}^n + (\boldsymbol{B}_1 - \boldsymbol{B}_0\boldsymbol{A})\boldsymbol{A}^{n-1} + \cdots + (\boldsymbol{B}_{n-1} - \boldsymbol{B}_{n-2}\boldsymbol{A})\boldsymbol{A} - \boldsymbol{B}_{n-1}\boldsymbol{A} = \boldsymbol{O}.$$

练习 5.1.1 求下列各矩阵的特征值和特征向量:

(1) $\begin{pmatrix} 3 & -1 & 0 \\ 2 & 3 & 6 \\ 0 & 1 & 3 \end{pmatrix}$; (2) $\begin{pmatrix} 0 & 1 & \cdots & 1 \\ 1 & 0 & \cdots & 1 \\ \vdots & \vdots & & \vdots \\ 1 & 1 & \cdots & 0 \end{pmatrix}$.

练习 5.1.2 设 $\boldsymbol{\alpha}$ 既是矩阵 $\boldsymbol{A}$ 的特征向量, 又是矩阵 $\boldsymbol{B}$ 的特征向量, 试问 $\boldsymbol{\alpha}$ 是否是矩阵 $\boldsymbol{A} + \boldsymbol{B}$ 和 $\boldsymbol{AB}$ 的特征向量?

5.2　矩阵的相似对角化

定义 5.2.1 如果矩阵 $\boldsymbol{A}$ 相似于一个对角矩阵 $\boldsymbol{D}$, 则称矩阵 $\boldsymbol{A}$ **可相似对角化**, 简称为**可对角化**.

注 不是所有的矩阵都可对角化, 如 $\boldsymbol{A}=\begin{pmatrix}1&1\\0&1\end{pmatrix}$, 易知 $\boldsymbol{A}$ 的特征值 $\lambda_1=\lambda_2=1$, 若 $\boldsymbol{A}$ 与 $\boldsymbol{D}=\begin{pmatrix}1&0\\0&1\end{pmatrix}$ 相似($\boldsymbol{A}$ 只可能与 $\boldsymbol{D}$ 相似, 因为相似矩阵具有相同的特征值), 则存在可逆矩阵 $\boldsymbol{P}$ 使得 $\boldsymbol{P}^{-1}\boldsymbol{A}\boldsymbol{P}=\boldsymbol{D}$, 于是 $\boldsymbol{A}=\boldsymbol{P}\boldsymbol{D}\boldsymbol{P}^{-1}=\boldsymbol{D}$, 这是相矛盾的.

定义 5.2.2 设 λ 是矩阵 $\boldsymbol{A}$ 的特征值, λ 作为 $\boldsymbol{A}$ 的特征多项式的根的重数称为矩阵 $\boldsymbol{A}$ 的特征值 λ 的**代数重数**; 对应齐次线性方程组 $(\lambda\boldsymbol{E}-\boldsymbol{A})\boldsymbol{X}=\boldsymbol{0}$ 的一组基础解系中所含解向量的个数称为矩阵 $\boldsymbol{A}$ 的特征值 λ 的**几何重数**.

定理 5.2.1 *n 阶方阵 $\boldsymbol{A}$ 可对角化当且仅当 $\boldsymbol{A}$ 有 n 个线性无关的特征向量.*

证 必要性. 若存在数域 $\mathbb{K}$ 上 n 阶可逆方阵

$$\boldsymbol{P}=\begin{pmatrix}p_{11}&p_{12}&\cdots&p_{1n}\\p_{21}&p_{22}&\cdots&p_{2n}\\\vdots&\vdots&&\vdots\\p_{n1}&p_{n2}&\cdots&p_{nn}\end{pmatrix},$$

使得 $\boldsymbol{P}^{-1}\boldsymbol{A}\boldsymbol{P}=\mathrm{diag}(\lambda_1,\lambda_2,\cdots,\lambda_n)$, 则

$$\boldsymbol{A}\boldsymbol{P}=\boldsymbol{P}\mathrm{diag}(\lambda_1,\lambda_2,\cdots,\lambda_n). \tag{5.2.1}$$

令 $\boldsymbol{P}$ 的 n 个列向量分别为 $\boldsymbol{p}_1,\boldsymbol{p}_2,\cdots,\boldsymbol{p}_n$, 即

$$\boldsymbol{p}_j=\begin{pmatrix}p_{1j}\\p_{2j}\\\vdots\\p_{nj}\end{pmatrix}, j=1,2,\cdots,n.$$

将式 (5.2.1) 改写成分块矩阵:

$$\boldsymbol{A}(\boldsymbol{p}_1,\boldsymbol{p}_2,\cdots,\boldsymbol{p}_n)=(\boldsymbol{p}_1,\boldsymbol{p}_2,\cdots,\boldsymbol{p}_n)\mathrm{diag}(\lambda_1,\lambda_2,\cdots,\lambda_n)=(\lambda_1\boldsymbol{p}_1,\lambda_2\boldsymbol{p}_2,\cdots,\lambda_n\boldsymbol{p}_n),$$

故 $\boldsymbol{A}\boldsymbol{p}_j=\lambda_j\boldsymbol{p}_j\ (j=1,2,\cdots,n)$, 即 $\boldsymbol{p}_1,\boldsymbol{p}_2,\cdots,\boldsymbol{p}_n$ 是 $\boldsymbol{A}$ 的 n 个特征向量. 又因为 $\boldsymbol{P}$ 可逆, 所以 $\boldsymbol{p}_1,\boldsymbol{p}_2,\cdots,\boldsymbol{p}_n$ 是 $\mathbb{K}^{n\times 1}$ 中 n 个线性无关的向量. 总之, $\boldsymbol{p}_1,\boldsymbol{p}_2,\cdots,\boldsymbol{p}_n$ 是 $\boldsymbol{A}$ 的 n 个线性无关的特征向量.

充分性. 设 $\boldsymbol{A}$ 的 n 个线性无关的特征向量为 $\boldsymbol{p}_1,\boldsymbol{p}_2,\cdots,\boldsymbol{p}_n$, 可设

$$\boldsymbol{p}_j=\begin{pmatrix}p_{1j}\\p_{2j}\\\vdots\\p_{nj}\end{pmatrix}, j=1,2,\cdots,n.$$

由特征向量的定义, 存在 $\lambda_1,\lambda_2,\cdots,\lambda_n\in\mathbb{K}$ (可能有相同的), 使得

$$\boldsymbol{A}\boldsymbol{p}_j=\lambda_j\boldsymbol{p}_j,\ j=1,2,\cdots,n. \tag{5.2.2}$$

以 $\boldsymbol{p}_1,\boldsymbol{p}_2,\cdots,\boldsymbol{p}_n$ 为列作 n 阶方阵

$$\boldsymbol{P}=(\boldsymbol{p}_1,\boldsymbol{p}_2,\cdots,\boldsymbol{p}_n)=\begin{pmatrix}p_{11}&p_{12}&\cdots&p_{1n}\\p_{21}&p_{22}&\cdots&p_{2n}\\\vdots&\vdots&&\vdots\\p_{n1}&p_{n2}&\cdots&p_{nn}\end{pmatrix},$$

则式 (5.2.2) 可写为

$$\boldsymbol{A}\boldsymbol{P}=\boldsymbol{P}\mathrm{diag}(\lambda_1,\lambda_2,\cdots,\lambda_n). \tag{5.2.3}$$

因为 $\boldsymbol{p}_1,\boldsymbol{p}_2,\cdots,\boldsymbol{p}_n$ 线性无关, 故 $\boldsymbol{P}$ 可逆. 由式 (5.2.3), 得到

$$\boldsymbol{P}^{-1}\boldsymbol{A}\boldsymbol{P}=\mathrm{diag}(\lambda_1,\lambda_2,\cdots,\lambda_n).$$

由方阵可对角化的定义, 方阵 $\boldsymbol{A}$ 可对角化.

定理 5.2.2 n 阶方阵 $\boldsymbol{A}$ 的属于不同特征值的特征向量线性无关.

证 设 $\boldsymbol{\alpha}_1,\boldsymbol{\alpha}_2,\cdots,\boldsymbol{\alpha}_m$ 是 n 阶方阵 $\boldsymbol{A}$ 的分别属于 m 个不同特征值 $\lambda_1,\lambda_2,\cdots,\lambda_m$ 的特征向量.

当 $m=1$ 时, 定理的结论显然成立.

假设定理的结论对 $m-1$ 已经成立, 并设

$$c_1\boldsymbol{\alpha}_1+c_2\boldsymbol{\alpha}_2+\cdots+c_m\boldsymbol{\alpha}_m=\boldsymbol{0}, \tag{5.2.4}$$

则

$$\boldsymbol{A}(c_1\boldsymbol{\alpha}_1+c_2\boldsymbol{\alpha}_2+\cdots+c_m\boldsymbol{\alpha}_m)=\boldsymbol{A}\boldsymbol{0}=\boldsymbol{0},$$

即

$$c_1\boldsymbol{A}\boldsymbol{\alpha}_1+c_2\boldsymbol{A}\boldsymbol{\alpha}_2+\cdots+c_m\boldsymbol{A}\boldsymbol{\alpha}_m=\boldsymbol{0}. \tag{5.2.5}$$

因为

$$\boldsymbol{A}\boldsymbol{\alpha}_i=\lambda_i\boldsymbol{\alpha}_i,\ i=1,2,\cdots,m,$$

故

$$c_1\lambda_1\boldsymbol{\alpha}_1 + c_2\lambda_2\boldsymbol{\alpha}_2 + \cdots + c_m\lambda_m\boldsymbol{\alpha}_m = \mathbf{0}. \tag{5.2.6}$$

另一方面, 用 λ_m 乘以式 (5.2.4) 的两边, 得到

$$c_1\lambda_m\boldsymbol{\alpha}_1 + c_2\lambda_m\boldsymbol{\alpha}_2 + \cdots + c_m\lambda_m\boldsymbol{\alpha}_m = \mathbf{0}. \tag{5.2.7}$$

式 (5.2.6) 减去式 (5.2.7), 得到

$$c_1(\lambda_1 - \lambda_m)\boldsymbol{\alpha}_1 + c_2(\lambda_2 - \lambda_m)\boldsymbol{\alpha}_2 + \cdots + c_{m-1}(\lambda_{m-1} - \lambda_m)\boldsymbol{\alpha}_{m-1} = \mathbf{0},$$

由归纳假设, 得到

$$c_1(\lambda_1 - \lambda_m) = c_2(\lambda_2 - \lambda_m) = \cdots = c_{m-1}(\lambda_{m-1} - \lambda_m) = 0.$$

因为 $\lambda_1, \lambda_2, \cdots, \lambda_m$ 互不相等, 所以 $c_1 = c_2 = \cdots = c_{m-1} = 0$. 将这一结果代入式 (5.2.4), 得到 $c_m = 0$. 所以定理的结论对 m 亦成立.

推论 5.2.3 若 $\boldsymbol{A}$ 有 n 个不同的特征值, 则 $\boldsymbol{A}$ 可对角化.

定理 5.2.4 设 $\lambda_1, \lambda_2, \cdots, \lambda_k$ 是矩阵 $\boldsymbol{A}$ 的 k 个互不相同的特征值, $\boldsymbol{\alpha}_{i1}, \boldsymbol{\alpha}_{i2}, \cdots, \boldsymbol{\alpha}_{is_i}$ 是 $\boldsymbol{A}$ 的属于特征值 λ_i 的线性无关的特征向量 $(i = 1, 2, \cdots, k)$, 那么 $\boldsymbol{A}$ 的特征向量组

$$\boldsymbol{\alpha}_{11}, \boldsymbol{\alpha}_{12}, \cdots, \boldsymbol{\alpha}_{1s_1}, \boldsymbol{\alpha}_{21}, \boldsymbol{\alpha}_{22}, \cdots, \boldsymbol{\alpha}_{2s_2}, \cdots, \boldsymbol{\alpha}_{k1}, \boldsymbol{\alpha}_{k2}, \cdots, \boldsymbol{\alpha}_{ks_k}$$

线性无关.

证　设 $\displaystyle\sum_{i=1}^{k}\sum_{j=1}^{s_i} c_{ij}\boldsymbol{\alpha}_{ij} = \mathbf{0}$, 令

$$c_{i1}\boldsymbol{\alpha}_{i1} + c_{i2}\boldsymbol{\alpha}_{i2} + \cdots + c_{is_i}\boldsymbol{\alpha}_{is_i} = \boldsymbol{\alpha}_i (i = 1, 2, \cdots, k),$$

则有

$$\boldsymbol{\alpha}_1 + \boldsymbol{\alpha}_2 + \cdots + \boldsymbol{\alpha}_k = \mathbf{0}.$$

因为 $\boldsymbol{\alpha}_i$ 或者等于 $\mathbf{0}$, 或者是 $\boldsymbol{A}$ 的属于特征值 λ_i 的特征向量. 若 $\boldsymbol{\alpha}_i$ 不全为零, 则可设 $\boldsymbol{\alpha}_1 = \boldsymbol{\alpha}_2 = \cdots = \boldsymbol{\alpha}_l = \mathbf{0}$, 而 $\boldsymbol{\alpha}_{l+1} \neq \mathbf{0}, \boldsymbol{\alpha}_{l+2} \neq \mathbf{0}, \cdots, \boldsymbol{\alpha}_k \neq \mathbf{0}$, 于是

$$\boldsymbol{\alpha}_{l+1} + \boldsymbol{\alpha}_{l+2} + \cdots + \boldsymbol{\alpha}_k = \mathbf{0},$$

即 $\boldsymbol{\alpha}_{l+1}, \boldsymbol{\alpha}_{l+2}, \cdots, \boldsymbol{\alpha}_k$ 线性相关. 这与 $\boldsymbol{\alpha}_{l+1}, \boldsymbol{\alpha}_{l+2}, \cdots, \boldsymbol{\alpha}_k$ 是分别属于 $\boldsymbol{A}$ 的不同特征值的特征向量必然线性无关相矛盾. 故 $\boldsymbol{\alpha}_i = \mathbf{0}\,(i = 1, 2, \cdots, k)$. 因为 $\boldsymbol{\alpha}_{i1}, \boldsymbol{\alpha}_{i2}, \cdots, \boldsymbol{\alpha}_{is_i}$ 线性无关, 所以 $c_{i1} = c_{i2} = \cdots = c_{is_i} = 0\,(i = 1, 2, \cdots, k)$.

定理 5.2.5 n 阶方阵 $\boldsymbol{A}$ 的每一个特征值 λ 的几何重数不超过其代数重数.

证　设 λ 的几何重数为 r, $\boldsymbol{\alpha}_1,\boldsymbol{\alpha}_2,\cdots,\boldsymbol{\alpha}_r$ 是 $(\lambda\boldsymbol{E}-\boldsymbol{A})\boldsymbol{X}=\boldsymbol{0}$ 的一个基础解系, 则存在 $\mathbb{K}^{n\times1}$ 中 $n-r$ 个向量 $\boldsymbol{\alpha}_{r+1},\boldsymbol{\alpha}_{r+2},\cdots,\boldsymbol{\alpha}_n$, 使得 $\boldsymbol{\alpha}_1,\boldsymbol{\alpha}_2,\cdots,\boldsymbol{\alpha}_r,\boldsymbol{\alpha}_{r+1},\boldsymbol{\alpha}_{r+2},\cdots,\boldsymbol{\alpha}_n$ 是 $\mathbb{K}^{n\times1}$ 的一个极大无关组. 因为

$$\boldsymbol{A}\boldsymbol{\alpha}_i=\lambda\boldsymbol{\alpha}_i,\ (i=1,2,\cdots,r),\ \ \boldsymbol{A}\boldsymbol{\alpha}_j=\sum_{k=1}^{n}b_{kj}\boldsymbol{\alpha}_k(j=r+1,r+2,\cdots,n).$$

所以

$$\begin{aligned}\boldsymbol{A}(\boldsymbol{\alpha}_1,\boldsymbol{\alpha}_2,\cdots,\boldsymbol{\alpha}_r,\boldsymbol{\alpha}_{r+1},\cdots,\boldsymbol{\alpha}_n)&=(\boldsymbol{A}\boldsymbol{\alpha}_1,\boldsymbol{A}\boldsymbol{\alpha}_2,\cdots,\boldsymbol{A}\boldsymbol{\alpha}_r,\boldsymbol{A}\boldsymbol{\alpha}_{r+1},\cdots,\boldsymbol{A}\boldsymbol{\alpha}_n)\\&=(\boldsymbol{\alpha}_1,\boldsymbol{\alpha}_2,\cdots,\boldsymbol{\alpha}_r,\boldsymbol{\alpha}_{r+1},\cdots,\boldsymbol{\alpha}_n)\begin{pmatrix}\lambda & 0 & \cdots & 0 & b_{1,r+1} & \cdots & b_{1n}\\ 0 & \lambda & \cdots & 0 & b_{2,r+1} & \cdots & b_{2n}\\ \vdots & \vdots & & \vdots & \vdots & & \vdots\\ 0 & 0 & \cdots & \lambda & b_{r,r+1} & \cdots & b_{rn}\\ 0 & 0 & \cdots & 0 & b_{r+1,r+1} & \cdots & b_{r+1,n}\\ \vdots & \vdots & & \vdots & \vdots & & \vdots\\ 0 & 0 & \cdots & 0 & b_{n,r+1} & \cdots & b_{nn}\end{pmatrix}\\&=(\boldsymbol{\alpha}_1,\boldsymbol{\alpha}_2,\cdots,\boldsymbol{\alpha}_r,\boldsymbol{\alpha}_{r+1},\cdots,\boldsymbol{\alpha}_n)\boldsymbol{B}.\end{aligned}$$

令 $\boldsymbol{P}=(\boldsymbol{\alpha}_1,\boldsymbol{\alpha}_2,\cdots,\boldsymbol{\alpha}_r,\boldsymbol{\alpha}_{r+1},\cdots,\boldsymbol{\alpha}_n)$, 则 $\boldsymbol{P}$ 可逆, 且 $\boldsymbol{AP}=\boldsymbol{PB}$, 即 $\boldsymbol{B}=\boldsymbol{P}^{-1}\boldsymbol{AP}$, 亦即 $\boldsymbol{A}\sim\boldsymbol{B}$. 因为相似矩阵具有相同的特征多项式, 所以

$$|\mu\boldsymbol{E}-\boldsymbol{A}|=|\mu\boldsymbol{E}-\boldsymbol{B}|=(\mu-\lambda)^r g(\mu),$$

其中 $g(\mu)$ 是 μ 的 $n-r$ 次多项式. 由此可见, λ 的几何重数不超过其代数重数.

定理 5.2.6 方阵 $\boldsymbol{A}$ 可对角化当且仅当 $\boldsymbol{A}$ 的每个特征值 λ 的几何重数与其代数重数相等.

证　必要性. 假设存在 λ_0, 其几何重数 r 不等于其代数重数 s, 则由定理 5.2.5, 得 $r<s$. 对于其余的特征值 λ, 其几何重数又不超过其代数重数, 于是 $\boldsymbol{A}$ 的线性无关的特征向量的个数将严格小于 n, 再由定理 5.2.1, 得到矩阵 $\boldsymbol{A}$ 不可对角化.

充分性. 由定理 5.2.4 和定理 5.2.1 即得.

综上所述, 求解矩阵 $\boldsymbol{A}$ 的对角化问题以及求相似变换矩阵 $\boldsymbol{P}$ 可按下列步骤进行:

(1) 求出 $\boldsymbol{A}$ 的全部特征值;

(2) 将 $\boldsymbol{A}$ 的每一个特征值 λ 代入齐次线性方程组 $(\lambda\boldsymbol{E}-\boldsymbol{A})\boldsymbol{X}=\boldsymbol{0}$, 再求出它的一组基础解系, 比较每一个代数重数大于 1 的特征值 λ 的几何重数和代数重数, 若都相等, 则 $\boldsymbol{A}$ 可对角化. 此时, 分别取齐次线性方程组 $(\lambda\boldsymbol{E}-\boldsymbol{A})\boldsymbol{X}=\boldsymbol{0}$ 的一组基础解系为列向量作矩阵 $\boldsymbol{P}$, 则 $\boldsymbol{P}^{-1}\boldsymbol{AP}$ 为对角矩阵 $\mathrm{diag}(\lambda_1,\lambda_2,\cdots,\lambda_n)$. 注意 λ 所在对角矩阵的列与其特征向量在 $\boldsymbol{P}$ 中的列顺序对应. 若存在 $\boldsymbol{A}$ 的特征值 λ, 其几何重数不等于其代数重数, 则 $\boldsymbol{A}$ 不可对角化.

例 5.2.1 下列矩阵能否对角化? 若能, 则求出与其相似的对角矩阵 $\boldsymbol{D}$ 及相应的相似变换矩阵 $\boldsymbol{P}$.

(1) $\boldsymbol{A}=\begin{pmatrix}1&-3&3\\3&-5&3\\6&-6&4\end{pmatrix}$　　(2) $\boldsymbol{B}=\begin{pmatrix}-3&1&-1\\-7&5&-1\\-6&6&-2\end{pmatrix}$

解　(1) 令 $|\lambda\boldsymbol{E}-\boldsymbol{A}|=0$, 即

$$\begin{vmatrix}\lambda-1&3&-3\\-3&\lambda+5&-3\\-6&6&\lambda-4\end{vmatrix}=(\lambda+2)^2(\lambda-4)=0,$$

故 $\boldsymbol{A}$ 的特征值 $\lambda_1=\lambda_2=-2,\lambda_3=4$.

对应于 $\lambda_1=\lambda_2=-2$, 求解齐次线性方程组 $(-2\boldsymbol{E}-\boldsymbol{A})\boldsymbol{X}=\boldsymbol{0}$, 得到其一组基础解系

$$\boldsymbol{p}_1=\begin{pmatrix}1\\1\\0\end{pmatrix},\boldsymbol{p}_2=\begin{pmatrix}0\\1\\1\end{pmatrix}.$$

对应于 $\lambda_3=4$, 求解齐次线性方程组 $(4\boldsymbol{E}-\boldsymbol{A})\boldsymbol{X}=\boldsymbol{0}$, 得到其一组基础解系

$$\boldsymbol{p}_3=\begin{pmatrix}1\\1\\2\end{pmatrix}.$$

因为 $\lambda_1=\lambda_2=-2$ 的几何重数 2 和代数重数 2 相等, 所以 $\boldsymbol{A}$ 可对角化. 令

$$\boldsymbol{P}=(\boldsymbol{p}_1,\boldsymbol{p}_2,\boldsymbol{p}_3)=\begin{pmatrix}1&0&1\\1&1&1\\0&1&2\end{pmatrix},$$

则 $\boldsymbol{P}^{-1}\boldsymbol{AP}=\boldsymbol{D}=\mathrm{diag}(-2,-2,4)$.

(2) 解 $\boldsymbol{B}$ 的特征方程 $|\lambda\boldsymbol{E}-\boldsymbol{B}|=0$, 得到 $\boldsymbol{B}$ 的特征值 $\lambda_1=\lambda_2=-2,\lambda_3=4$, 求解齐次线性方程组 $(-2\boldsymbol{E}-\boldsymbol{B})\boldsymbol{X}=\boldsymbol{0}$, 得到其一组基础解系

$$\boldsymbol{p}=\begin{pmatrix}1\\1\\0\end{pmatrix},$$

这说明 $\lambda_1=\lambda_2=-2$ 的几何重数 1 小于其代数重数 2. 故 $\boldsymbol{B}$ 不可对角化.

例 5.2.2 设 $\boldsymbol{A}$ 是 3 阶方阵, 其特征值是 $1,1,3$, 对应的特征向量依次为

$$(2,1,0)^{\mathrm{T}},(-1,0,1)^{\mathrm{T}},(0,1,1)^{\mathrm{T}},$$

求 $\boldsymbol{A}$.

解 因为 $\boldsymbol{A}$ 的 3 个特征向量线性无关, 所以 $\boldsymbol{A}$ 相似于对角矩阵. 令

$$\boldsymbol{P}=\begin{pmatrix}2&-1&0\\1&0&1\\0&1&1\end{pmatrix},\boldsymbol{D}=\begin{pmatrix}1&0&0\\0&1&0\\0&0&3\end{pmatrix}, \text{则 } \boldsymbol{P}^{-1}\boldsymbol{A}\boldsymbol{P}=\boldsymbol{D}, \text{因而 } \boldsymbol{A}=\boldsymbol{P}\boldsymbol{D}\boldsymbol{P}^{-1}.$$

由 $\begin{pmatrix}\boldsymbol{P}\\\boldsymbol{D}\end{pmatrix}\to\begin{pmatrix}\boldsymbol{E}\\\boldsymbol{D}\boldsymbol{P}^{-1}\end{pmatrix}$, 得到 $\boldsymbol{D}\boldsymbol{P}^{-1}=\begin{pmatrix}1&-1&1\\1&-2&2\\-3&6&-3\end{pmatrix}$. 于是

$$\boldsymbol{A}=\begin{pmatrix}2&-1&0\\1&0&1\\0&1&1\end{pmatrix}\begin{pmatrix}1&-1&1\\1&-2&2\\-3&6&-3\end{pmatrix}=\begin{pmatrix}1&0&0\\-2&5&-2\\-2&4&-1\end{pmatrix}.$$

例 5.2.3 已知矩阵 $\boldsymbol{A}=\begin{pmatrix}1&-1&1\\2&4&-2\\-3&-3&5\end{pmatrix}$ 与 $\boldsymbol{B}=\begin{pmatrix}2&0&0\\0&2&0\\0&0&y\end{pmatrix}$ 相似.

(1) 求 y;

(2) 求适合 $\boldsymbol{P}^{-1}\boldsymbol{A}\boldsymbol{P}=\boldsymbol{B}$ 的矩阵 $\boldsymbol{P}$.

解 (1) 因为相似矩阵具有相同的特征值, 所以有相同的迹, 于是 $4+y=1+4+5$, 故 $y=6$.

(2) 求解齐次线性方程组 $(2\boldsymbol{E}-\boldsymbol{A})\boldsymbol{X}=\boldsymbol{0}$, 得到其一组基础解系

$$\boldsymbol{p}_1=\begin{pmatrix}1\\-1\\0\end{pmatrix},\boldsymbol{p}_2=\begin{pmatrix}1\\1\\2\end{pmatrix},$$

求解齐次线性方程组 $(6\boldsymbol{E}-\boldsymbol{A})\boldsymbol{X}=\boldsymbol{0}$, 得到其一组基础解系

$$\boldsymbol{p}_3=\begin{pmatrix}1\\-2\\3\end{pmatrix}.$$

故 $\boldsymbol{P}=\begin{pmatrix}1&1&1\\-1&1&-2\\0&2&3\end{pmatrix}$.

例 5.2.4 已知 3 阶方阵 $\boldsymbol{A}$ 的特征值是 $1,-1,2$, 设 $\boldsymbol{B}=\boldsymbol{A}^3-5\boldsymbol{A}^2$. 试求

(1) $\boldsymbol{B}$ 的特征值及与其相似的对角矩阵;

(2) $|\boldsymbol{B}|$ 及 $|\boldsymbol{A}-5\boldsymbol{E}|$.

解 (1) 因为 $\boldsymbol{A}$ 有 3 个相异的特征值, 所以 $\boldsymbol{A}$ 可对角化, 即存在可逆矩阵 $\boldsymbol{P}$, 使得

$$\boldsymbol{P}^{-1}\boldsymbol{A}\boldsymbol{P}=\begin{pmatrix}1&0&0\\0&-1&0\\0&0&2\end{pmatrix}.$$

于是 $A^3 = P\begin{pmatrix}1&0&0\\0&-1&0\\0&0&2\end{pmatrix}^3 P^{-1}$, 从而

$$B = P\left[\begin{pmatrix}1&0&0\\0&-1&0\\0&0&8\end{pmatrix} - 5\begin{pmatrix}1&0&0\\0&1&0\\0&0&4\end{pmatrix}\right]P^{-1} = P\begin{pmatrix}-4&0&0\\0&-6&0\\0&0&-12\end{pmatrix}P^{-1}.$$

故 B 的特征值为 $-4, -6, -12$, 相似对角矩阵为 $D = \mathrm{diag}(-4, -6, -12)$.

(2) $|B| = -288$. 又因为 $B = A^2(A - 5E)$, 故 $|A - 5E| = \dfrac{|B|}{|A|^2} = \dfrac{-288}{(-2)^2} = -72$.

例 5.2.5 设 $A = \begin{pmatrix}3&2&2\\2&3&2\\2&2&3\end{pmatrix}$, $Q = \begin{pmatrix}0&1&0\\1&0&1\\0&0&1\end{pmatrix}$, $B = Q^{-1}A^*Q$, 其中 A^* 是 A 的伴随矩阵. 求

(1) A 的相似对角矩阵和相似变换矩阵;

(2) A^* 的相似对角矩阵和相似变换矩阵;

(3) B 的相似对角矩阵和相似变换矩阵.

解　(1) 解 A 的特征方程 $|\lambda E - A| = 0$, 得到 A 的特征值 $\lambda_1 = \lambda_2 = 1, \lambda_3 = 7$.

A 的对应于特征值 1 (二重根), 7 的线性无关的特征向量分别为

$$\alpha_1 = \begin{pmatrix}-1\\1\\0\end{pmatrix}, \alpha_2 = \begin{pmatrix}-1\\0\\1\end{pmatrix}, \alpha_3 = \begin{pmatrix}1\\1\\1\end{pmatrix}.$$

故 A 的相似对角矩阵 $D_1 = \mathrm{diag}(1, 1, 7)$. 和相似变换矩阵 $P_1 = \begin{pmatrix}-1&-1&1\\1&0&1\\0&1&1\end{pmatrix}$.

(2) 设 α 是 A 的属于特征值 λ 的特征向量, 则 $A\alpha = \lambda\alpha$. 因为 $|A| = 7$, 所以 $A^*\alpha = |A|A^{-1}\alpha = \dfrac{|A|}{\lambda}\alpha$. 由此可得 A^* 的特征值 $\mu_1 = \mu_2 = 7, \mu_3 = 1$, 对应的线性无关的特征向量分别为 $\alpha_1, \alpha_2, \alpha_3$. 故 A^* 的相似对角矩阵 $D_2 = \mathrm{diag}(7, 7, 1)$ 和相似变换矩阵 $P_2 = P_1$.

(3) 由题设, 得到 B 与 A^* 有相同的特征值. 又因为 $BQ^{-1}\alpha = Q^{-1}A^*\alpha = \mu Q^{-1}\alpha$, 所以

$$Q^{-1}\alpha_1, Q^{-1}\alpha_2, Q^{-1}\alpha_3$$

是 B 的属于特征值 μ_1, μ_2, μ_3 的特征向量. 因为

$$(Q, P_1) \to \begin{pmatrix}1&0&0&1&-1&0\\0&1&0&-1&-1&1\\0&0&1&0&1&1\end{pmatrix} = (E, Q^{-1}\alpha_1, Q^{-1}\alpha_2, Q^{-1}\alpha_3),$$

所以 $\boldsymbol{B}$ 的相似对角矩阵 $\boldsymbol{D}_3 = D_2 = \mathrm{diag}(7,7,1)$ 和相似变换矩阵 $\boldsymbol{P}_3 = \begin{pmatrix} -1 & -1 & 0 \\ -1 & -1 & 1 \\ 0 & 1 & 1 \end{pmatrix}$.

例 5.2.6 设 n 阶方阵 $\boldsymbol{A}$ 满足条件 $\boldsymbol{A}^2 - 3\boldsymbol{A} + 2\boldsymbol{E} = \boldsymbol{O}$. 证明: $\boldsymbol{A}$ 可对角化.

证　由 $\boldsymbol{A}^2 - 3\boldsymbol{A} + 2\boldsymbol{E} = \boldsymbol{O}$, 得到 $(\boldsymbol{A} - 2\boldsymbol{E})(\boldsymbol{A} - \boldsymbol{E}) = \boldsymbol{O}$. 于是

$$0 = r[(\boldsymbol{A} - \boldsymbol{2E})(\boldsymbol{A} - \boldsymbol{E})] \geqslant r(\boldsymbol{A} - 2\boldsymbol{E}) + r(\boldsymbol{A} - \boldsymbol{E}) - n,$$

即 $r(\boldsymbol{A} - 2\boldsymbol{E}) + r(\boldsymbol{A} - \boldsymbol{E}) \leqslant n$; 又因为

$$n = r(\boldsymbol{E}) = r\left[(\boldsymbol{A} - \boldsymbol{E}) - (\boldsymbol{A} - 2\boldsymbol{E})\right] \leqslant r(\boldsymbol{A} - 2\boldsymbol{E}) + r(\boldsymbol{A} - \boldsymbol{E}),$$

所以 $r(\boldsymbol{A} - 2\boldsymbol{E}) + r(\boldsymbol{A} - \boldsymbol{E}) = n$, 这说明 $\boldsymbol{A}$ 有 n 个线性无关的特征向量. 故 $\boldsymbol{A}$ 可对角化.

练习 5.2.1 设 $\boldsymbol{A}$ 是 n 阶方阵, $r(\boldsymbol{A}) = r_1, r(\boldsymbol{A} + \boldsymbol{E}) = r_2, r(\boldsymbol{A} - \boldsymbol{E}) = r_3$, 且 $r_1 + r_2 + r_3 = 2n$. 证明: $\boldsymbol{A}$ 可对角化.

练习 5.2.2 设 n 阶方矩阵 $\boldsymbol{A}$ 的特征值为 $\lambda_1, \lambda_2, \cdots, \lambda_n$, 求 $2n$ 阶方阵 $\begin{pmatrix} \boldsymbol{A} & \boldsymbol{A}^2 \\ \boldsymbol{A}^2 & \boldsymbol{A} \end{pmatrix}$ 的特征值.

5.3　正交矩阵与格拉姆—施密特正交规范化方法

定义 5.3.1 设 $\boldsymbol{\alpha}, \boldsymbol{\beta}$ 是 $\mathbb{C}^{n\times 1}$ 中的 n 维列向量, 用分量表示有

$$\boldsymbol{\alpha} = (a_1, a_2, \cdots, a_n)^{\mathrm{T}}, \boldsymbol{\beta} = (b_1, b_2, \cdots, b_n)^{\mathrm{T}},$$

称 $\sum\limits_{k=1}^{n} a_k\bar{b}_k$ 为 $\boldsymbol{\alpha}$ 与 $\boldsymbol{\beta}$ 的**内积**, 记为 $(\boldsymbol{\alpha}, \boldsymbol{\beta})$, 即

$$(\boldsymbol{\alpha}, \boldsymbol{\beta}) = \sum_{k=1}^{n} a_k\bar{b}_k = \boldsymbol{\alpha}^{\mathrm{T}}\overline{\boldsymbol{\beta}},$$

称 $\|\boldsymbol{\alpha}\| = \sqrt{(\boldsymbol{\alpha}, \boldsymbol{\alpha})}$ 为向量 $\boldsymbol{\alpha}$ 的**模**, 并称模为 1 的向量为**单位向量**.

由向量内积的定义可知向量的内积具有以下性质:

(1) $(\boldsymbol{\alpha}, \boldsymbol{\beta}) = \overline{(\boldsymbol{\beta}, \boldsymbol{\alpha})}$;

(2) $(\boldsymbol{\alpha} + \boldsymbol{\beta}, \boldsymbol{\gamma}) = (\boldsymbol{\alpha}, \boldsymbol{\gamma}) + (\boldsymbol{\beta}, \boldsymbol{\gamma})$;

(3) $(k\boldsymbol{\alpha}, \boldsymbol{\beta}) = k(\boldsymbol{\alpha}, \boldsymbol{\beta})$;

(4) $(\boldsymbol{\alpha}, \boldsymbol{\alpha}) \geqslant 0$, 且等号成立当且仅当 $\boldsymbol{\alpha} = \boldsymbol{0}$.

定义 5.3.2 若 $(\boldsymbol{\alpha}, \boldsymbol{\beta}) = 0$, 则称 $\boldsymbol{\alpha}$ 与 $\boldsymbol{\beta}$ **正交**. 若 $\boldsymbol{\alpha}, \boldsymbol{\beta}$ 均为非零向量, 定义 $\boldsymbol{\alpha}$ 与 $\boldsymbol{\beta}$ 之夹角 $\theta = \arccos\left(\dfrac{(\boldsymbol{\alpha}, \boldsymbol{\beta})}{\|\boldsymbol{\alpha}\|\|\boldsymbol{\beta}\|}\right)$.

定理 5.3.1 对于任意向量 $\boldsymbol{\alpha},\boldsymbol{\beta}$ 及复数 $k\in\mathbb{C}$, 有

(1) $\|k\boldsymbol{\alpha}\|=|k|\|\boldsymbol{\alpha}\|$;

(2) $|(\boldsymbol{\alpha},\boldsymbol{\beta})|\leqslant\|\boldsymbol{\alpha}\|\|\boldsymbol{\beta}\|$, 且等号成立当且仅当 $\boldsymbol{\alpha},\boldsymbol{\beta}$ 线性相关 (柯西不等式);

(3) $\|\boldsymbol{\alpha}+\boldsymbol{\beta}\|\leqslant\|\boldsymbol{\alpha}\|+\|\boldsymbol{\beta}\|$ (三角不等式).

证　(1) $\|k\boldsymbol{\alpha}\|=\sqrt{(k\boldsymbol{\alpha},k\boldsymbol{\alpha})}=|k|\sqrt{(\boldsymbol{\alpha},\boldsymbol{\alpha})}=|k|\|\boldsymbol{\alpha}\|$.

(2) 当 $\boldsymbol{\alpha},\boldsymbol{\beta}$ 线性相关时, 不妨设 $\boldsymbol{\beta}=k\boldsymbol{\alpha}$, 则 $|(\boldsymbol{\alpha},\boldsymbol{\beta})|=|\overline{k}(\boldsymbol{\alpha},\boldsymbol{\alpha})|=|k|\|\boldsymbol{\alpha}\|^2=\|\boldsymbol{\alpha}\|\|k\boldsymbol{\alpha}\|=\|\boldsymbol{\alpha}\|\|\boldsymbol{\beta}\|$; 当 $\boldsymbol{\alpha},\boldsymbol{\beta}$ 线性无关时, 可设 $\boldsymbol{\beta}\neq\mathbf{0}$, 且 $\forall k\in\mathbb{C},\boldsymbol{\alpha}-k\boldsymbol{\beta}\neq\mathbf{0}$, 从而 $0<\|\boldsymbol{\alpha}-k\boldsymbol{\beta}\|^2=(\boldsymbol{\alpha}-k\boldsymbol{\beta},\boldsymbol{\alpha}-k\boldsymbol{\beta})=(\boldsymbol{\alpha},\boldsymbol{\alpha})-\overline{k}(\boldsymbol{\alpha},\boldsymbol{\beta})-k(\boldsymbol{\beta},\boldsymbol{\alpha})+|k|^2(\boldsymbol{\beta},\boldsymbol{\beta})\leqslant\|\boldsymbol{\alpha}\|^2+2|k|\,|(\boldsymbol{\alpha},\boldsymbol{\beta})|+|k|^2\|\boldsymbol{\beta}\|^2$. 故 $\Delta=4|(\boldsymbol{\alpha},\boldsymbol{\beta})|^2-4\|\boldsymbol{\alpha}\|^2\|\boldsymbol{\beta}\|^2<0$, 即 $|(\boldsymbol{\alpha},\boldsymbol{\beta})|<\|\boldsymbol{\alpha}\|\|\boldsymbol{\beta}\|$.

(3) $\|\boldsymbol{\alpha}+\boldsymbol{\beta}\|^2=(\boldsymbol{\alpha}+\boldsymbol{\beta},\boldsymbol{\alpha}+\boldsymbol{\beta})=(\boldsymbol{\alpha},\boldsymbol{\alpha})+(\boldsymbol{\alpha},\boldsymbol{\beta})+(\boldsymbol{\beta},\boldsymbol{\alpha})+(\boldsymbol{\beta},\boldsymbol{\beta})\leqslant\|\boldsymbol{\alpha}\|^2+2\|\boldsymbol{\alpha}\|\|\boldsymbol{\beta}\|+\|\boldsymbol{\beta}\|^2=(\|\boldsymbol{\alpha}\|+\|\boldsymbol{\beta}\|)^2$. 因此 $\|\boldsymbol{\alpha}+\boldsymbol{\beta}\|\leqslant\|\boldsymbol{\alpha}\|+\|\boldsymbol{\beta}\|$.

由定理 5.3.1 和 $\cos\theta=\dfrac{(\boldsymbol{\alpha},\boldsymbol{\beta})}{\|\boldsymbol{\alpha}\|\|\boldsymbol{\beta}\|}$, 得到 $0\leqslant\theta\leqslant\pi$.

定义 5.3.3 若一组非零向量两两正交, 则称这组向量为一个**正交向量组**, 若正交向量组中每一个向量的模都等于 1, 则称该向量组为一个**标准正交向量组**, 或**规范正交向量组**, 简称为**法正交组**.

定理 5.3.2 非零的正交向量组必然线性无关.

证　设 $\boldsymbol{\alpha}_1,\boldsymbol{\alpha}_2,\cdots,\boldsymbol{\alpha}_m$ 是一组非零正交向量. 令

$$c_1\boldsymbol{\alpha}_1+c_2\boldsymbol{\alpha}_2+\cdots+c_m\boldsymbol{\alpha}_m=\mathbf{0},$$

则 $(c_1\boldsymbol{\alpha}_1+c_2\boldsymbol{\alpha}_2+\cdots+c_m\boldsymbol{\alpha}_m,\boldsymbol{\alpha}_j)=\sum\limits_{k=1}^{m}c_k(\boldsymbol{\alpha}_k,\boldsymbol{\alpha}_j)=0$, 因为 $(\boldsymbol{\alpha}_k,\boldsymbol{\alpha}_j)=0\,(k\neq j)$, 而 $(\boldsymbol{\alpha}_j,\boldsymbol{\alpha}_j)>0$, 所以 $c_j=0\,(j=1,2,\cdots,m)$.

定理 5.3.3 (格拉姆–施密特(Gram–Schmidt) 正交规范化方法) 由任意 n 个线性无关的向量组可构造出与之等价的规范正交向量组.

证　正交化. 设 $\boldsymbol{\alpha}_1,\boldsymbol{\alpha}_2,\cdots,\boldsymbol{\alpha}_n$ 是 n 个线性无关的向量. 令 $\boldsymbol{\beta}_1=\boldsymbol{\alpha}_1$, 为了得到与 $\boldsymbol{\beta}_1$ 正交的非零向量 $\boldsymbol{\beta}_2$, 设 $\boldsymbol{\beta}_2=\boldsymbol{\alpha}_2+c_1\boldsymbol{\beta}_1$, 则 $\boldsymbol{\beta}_2\neq\mathbf{0}$. 再由 $0=(\boldsymbol{\beta}_2,\boldsymbol{\beta}_1)=(\boldsymbol{\alpha}_2,\boldsymbol{\beta}_1)+c_1\|\boldsymbol{\beta}_1\|^2$, 得到 $c_1=-\dfrac{(\boldsymbol{\alpha}_2,\boldsymbol{\beta}_1)}{\|\boldsymbol{\beta}_1\|^2}$, 于是

$$\boldsymbol{\beta}_2=\boldsymbol{\alpha}_2-\frac{(\boldsymbol{\alpha}_2,\boldsymbol{\beta}_1)}{\|\boldsymbol{\beta}_1\|^2}\boldsymbol{\beta}_1.$$

当 $1<k<n$ 时, 假设按上述作法已经构造出了 k 个两两正交的非零向量 $\boldsymbol{\beta}_1,\boldsymbol{\beta}_2,\cdots,\boldsymbol{\beta}_k$, 为了得到与向量组 $\boldsymbol{\beta}_1,\boldsymbol{\beta}_2,\cdots,\boldsymbol{\beta}_k$ 都正交的第 $k+1$ 个非零向量 $\boldsymbol{\beta}_{k+1}$, 令

$$\boldsymbol{\beta}_{k+1}=\boldsymbol{\alpha}_{k+1}+\sum_{j=1}^{k}c_j\boldsymbol{\beta}_j,$$

则 $\boldsymbol{\beta}_{k+1} \neq \mathbf{0}$. 否则 $\boldsymbol{\alpha}_{k+1}$ 将是 $\boldsymbol{\beta}_1, \boldsymbol{\beta}_2, \cdots, \boldsymbol{\beta}_k$ 的线性组合, 继而是 $\boldsymbol{\alpha}_1, \boldsymbol{\alpha}_2, \cdots, \boldsymbol{\alpha}_k$ 的线性组合, 这与 $\boldsymbol{\alpha}_1, \boldsymbol{\alpha}_2, \cdots, \boldsymbol{\alpha}_n$ 线性无关相矛盾. 再由

$$0 = (\boldsymbol{\beta}_{k+1}, \boldsymbol{\beta}_j) = (\boldsymbol{\alpha}_{k+1}, \boldsymbol{\beta}_j) + c_j \|\boldsymbol{\beta}_j\|^2,$$

得到

$$c_j = -\frac{(\boldsymbol{\alpha}_{k+1}, \boldsymbol{\beta}_j)}{\|\boldsymbol{\beta}_j\|^2}, \ j = 1, 2, \cdots, k,$$

于是

$$\boldsymbol{\beta}_{k+1} = \boldsymbol{\alpha}_{k+1} - \sum_{j=1}^{k} \frac{(\boldsymbol{\alpha}_{k+1}, \boldsymbol{\beta}_j)}{\|\boldsymbol{\beta}_j\|^2} \boldsymbol{\beta}_j.$$

由上述作法, 得到

$$(\boldsymbol{\beta}_1, \boldsymbol{\beta}_2, \cdots, \boldsymbol{\beta}_n) = (\boldsymbol{\alpha}_1, \boldsymbol{\alpha}_2, \cdots, \boldsymbol{\alpha}_n)\boldsymbol{C},$$

其中 $\boldsymbol{C} = \begin{pmatrix} 1 & * & * & \cdots & * & * \\ 0 & 1 & * & \cdots & * & * \\ \vdots & \vdots & \vdots & & \vdots & \vdots \\ 0 & 0 & 0 & \cdots & 1 & * \\ 0 & 0 & 0 & \cdots & 0 & 1 \end{pmatrix}$. 因为 $|\boldsymbol{C}| = 1$, 所以 $\boldsymbol{\beta}_1, \boldsymbol{\beta}_2, \cdots, \boldsymbol{\beta}_n$ 是与 $\boldsymbol{\alpha}_1, \boldsymbol{\alpha}_2, \cdots, \boldsymbol{\alpha}_n$ 等价的正交向量组.

规范化. 令

$$\boldsymbol{\gamma}_j = \frac{1}{\|\boldsymbol{\beta}_j\|} \boldsymbol{\beta}_j, \ (j = 1, 2, \cdots, n),$$

则 $\boldsymbol{\gamma}_1, \boldsymbol{\gamma}_2, \cdots, \boldsymbol{\gamma}_n$ 是一个规范正交向量组.

注 上述方法称为格拉姆–施密特正交规范化方法.

例 5.3.1 设 $\boldsymbol{\alpha}_1 = \begin{pmatrix} 1 \\ 1 \\ 1 \end{pmatrix}, \boldsymbol{\alpha}_2 = \begin{pmatrix} 2 \\ 0 \\ 1 \end{pmatrix}, \boldsymbol{\alpha}_3 = \begin{pmatrix} 2 \\ 2 \\ 1 \end{pmatrix}$. 用格拉姆–施密特正交规范化方法求与其等价的一个规范正交向量组.

解 正交化. 令

$$\begin{aligned} \boldsymbol{\beta}_1 &= \boldsymbol{\alpha}_1 = (1, 1, 1)^{\mathrm{T}}, \\ \boldsymbol{\beta}_2 &= \boldsymbol{\alpha}_2 - \frac{(\boldsymbol{\alpha}_2, \boldsymbol{\beta}_1)}{\|\boldsymbol{\beta}_1\|^2} \boldsymbol{\beta}_1 = (1, -1, 0)^{\mathrm{T}}, \\ \boldsymbol{\beta}_3 &= \boldsymbol{\alpha}_3 - \frac{(\boldsymbol{\alpha}_3, \boldsymbol{\beta}_1)}{\|\boldsymbol{\beta}_1\|^2} \boldsymbol{\beta}_1 - \frac{(\boldsymbol{\alpha}_3, \boldsymbol{\beta}_2)}{\|\boldsymbol{\beta}_2\|^2} \boldsymbol{\beta}_2 = \frac{1}{3}(1, 1, -2)^{\mathrm{T}}. \end{aligned}$$

规范化. 令

$$\boldsymbol{\gamma}_1 = \frac{\boldsymbol{\beta}_1}{\|\boldsymbol{\beta}_1\|} = \begin{pmatrix} \frac{1}{\sqrt{3}} \\ \frac{1}{\sqrt{3}} \\ \frac{1}{\sqrt{3}} \end{pmatrix}, \boldsymbol{\gamma}_2 = \frac{\boldsymbol{\beta}_2}{\|\boldsymbol{\beta}_2\|} = \begin{pmatrix} \frac{1}{\sqrt{2}} \\ -\frac{1}{\sqrt{2}} \\ 0 \end{pmatrix}, \boldsymbol{\gamma}_3 = \frac{\boldsymbol{\beta}_3}{\|\boldsymbol{\beta}_3\|} = \begin{pmatrix} \frac{1}{\sqrt{6}} \\ \frac{1}{\sqrt{6}} \\ -\frac{2}{\sqrt{6}} \end{pmatrix},$$

则 $\boldsymbol{\gamma}_1,\boldsymbol{\gamma}_2,\boldsymbol{\gamma}_3$ 即为所求的规范正交向量组.

例 5.3.2 设 $\boldsymbol{\alpha}_1,\boldsymbol{\alpha}_2,\cdots,\boldsymbol{\alpha}_k$ 是 k 个 n 维实列向量, $\boldsymbol{A}=((\boldsymbol{\alpha}_i,\boldsymbol{\alpha}_j))_{k\times k}$, $\boldsymbol{A}$ 的行列式 $|\boldsymbol{A}|$ 称为向量组 $\boldsymbol{\alpha}_1,\boldsymbol{\alpha}_2,\cdots,\boldsymbol{\alpha}_k$ 的格拉姆行列式, 记为 $G(\boldsymbol{\alpha}_1,\boldsymbol{\alpha}_2,\cdots,\boldsymbol{\alpha}_k)$. 用格拉姆一施密特正交化方法将向量组 $\boldsymbol{\alpha}_1,\boldsymbol{\alpha}_2,\cdots,\boldsymbol{\alpha}_k$ 正交化为向量组 $\boldsymbol{\beta}_1,\boldsymbol{\beta}_2,\cdots,\boldsymbol{\beta}_k$, 证明:

(1) $G(\boldsymbol{\alpha}_1,\boldsymbol{\alpha}_2,\cdots,\boldsymbol{\alpha}_k)=G(\boldsymbol{\beta}_1,\boldsymbol{\beta}_2,\cdots,\boldsymbol{\beta}_k)=\prod\limits_{j=1}^{k}\|\boldsymbol{\beta}_j\|^2$;

(2) $\prod\limits_{j=1}^{k}\|\boldsymbol{\beta}_j\|^2\leqslant\prod\limits_{j=1}^{k}\|\boldsymbol{\alpha}_j\|^2$.

证 (1) 由格拉姆一施密特正交化方法, 得到 $\boldsymbol{\beta}_1,\boldsymbol{\beta}_2,\cdots,\boldsymbol{\beta}_k$ 用 $\boldsymbol{\alpha}_1,\boldsymbol{\alpha}_2,\cdots,\boldsymbol{\alpha}_k$ 线性表示如下:

$$\begin{aligned}\boldsymbol{\beta}_1&=\boldsymbol{\alpha}_1,\\ \boldsymbol{\beta}_2&=c_{12}\boldsymbol{\alpha}_1+\boldsymbol{\alpha}_2,\\ \vdots\quad&\qquad\vdots\\ \boldsymbol{\beta}_k&=c_{1k}\boldsymbol{\alpha}_1+c_{2k}\boldsymbol{\alpha}_2+\cdots+\boldsymbol{\alpha}_k,\end{aligned}$$

写成矩阵形式, 得到

$$(\boldsymbol{\beta}_1,\boldsymbol{\beta}_2,\cdots,\boldsymbol{\beta}_k)=(\boldsymbol{\alpha}_1,\boldsymbol{\alpha}_2,\cdots,\boldsymbol{\alpha}_k)\boldsymbol{C},$$

这里

$$\boldsymbol{C}=\begin{pmatrix}1&c_{12}&\cdots&c_{1k}\\0&1&\cdots&c_{2k}\\\vdots&\vdots&&\vdots\\0&0&\cdots&1\end{pmatrix}.$$

于是

$$\begin{aligned}G(\boldsymbol{\alpha}_1,\boldsymbol{\alpha}_2,\cdots,\boldsymbol{\alpha}_k)&=\left|\begin{pmatrix}\boldsymbol{\alpha}_1^{\mathrm{T}}\\\boldsymbol{\alpha}_2^{\mathrm{T}}\\\vdots\\\boldsymbol{\alpha}_k^{\mathrm{T}}\end{pmatrix}(\boldsymbol{\alpha}_1,\boldsymbol{\alpha}_2,\cdots,\boldsymbol{\alpha}_k)\right|\\&=|(\boldsymbol{C}^{-1})^{\mathrm{T}}|\left|\begin{pmatrix}\boldsymbol{\beta}_1^{\mathrm{T}}\\\boldsymbol{\beta}_2^{\mathrm{T}}\\\vdots\\\boldsymbol{\beta}_k^{\mathrm{T}}\end{pmatrix}(\boldsymbol{\beta}_1,\boldsymbol{\beta}_2,\cdots,\boldsymbol{\beta}_k)\right||\boldsymbol{C}^{-1}|\\&=G(\boldsymbol{\beta}_1,\boldsymbol{\beta}_2,\cdots,\boldsymbol{\beta}_k)=\prod_{j=1}^{k}\|\boldsymbol{\beta}_j\|^2.\end{aligned}$$

(2) 由 (1), 得到 $(\boldsymbol{\alpha}_1,\boldsymbol{\alpha}_2,\cdots,\boldsymbol{\alpha}_k)=(\boldsymbol{\beta}_1,\boldsymbol{\beta}_2,\cdots,\boldsymbol{\beta}_k)\boldsymbol{C}^{-1}$, 其中 $\boldsymbol{C}^{-1}=(d_{ij})_{n\times n}$ (主对角元为 1 的上三角矩阵). 于是

$$\|\boldsymbol{\alpha}_j\|^2=\left\|\boldsymbol{\beta}_j+\sum_{i=1}^{j-1}d_{ij}\boldsymbol{\beta}_i\right\|^2=\|\boldsymbol{\beta}_j\|^2+\left\|\sum_{i=1}^{j-1}d_{ij}\boldsymbol{\beta}_i\right\|^2\geqslant\|\boldsymbol{\beta}_j\|^2,\ j=1,2,\cdots,k.$$

故

$$\prod_{j=1}^{k}\|\boldsymbol{\beta}_j\|^2 \leqslant \prod_{j=1}^{k}\|\boldsymbol{\alpha}_j\|^2.$$

定义 5.3.4 (正交矩阵) 若 n 阶实方阵 $\boldsymbol{A}$ 满足条件 $\boldsymbol{A}^{\mathrm{T}}\boldsymbol{A}=\boldsymbol{E}$, 则称 $\boldsymbol{A}$ 为**正交矩阵**.

例 5.3.3 设 $\boldsymbol{A}$ 是 n 阶实对称矩阵, $\boldsymbol{E}$ 是 n 阶单位矩阵, 且 $\boldsymbol{A}^2+6\boldsymbol{A}+8\boldsymbol{E}=\boldsymbol{O}$. 证明: $\boldsymbol{A}+3\boldsymbol{E}$ 是正交矩阵.

证 因为 $\boldsymbol{A}^{\mathrm{T}}=\boldsymbol{A}$, 故 $(\boldsymbol{A}+3\boldsymbol{E})^{\mathrm{T}}(\boldsymbol{A}+3\boldsymbol{E})=(\boldsymbol{A}+3\boldsymbol{E})(\boldsymbol{A}+3\boldsymbol{E})=\boldsymbol{A}^2+6\boldsymbol{A}+9\boldsymbol{E}=\boldsymbol{A}^2+6\boldsymbol{A}+8\boldsymbol{E}+\boldsymbol{E}=\boldsymbol{E}$, 所以, 由正交矩阵的定义, 得到 $\boldsymbol{A}+3\boldsymbol{E}$ 是正交矩阵.

例 5.3.4 设 $\boldsymbol{v}$ 是 n 维实单位列向量, $\boldsymbol{A}=\boldsymbol{E}-2\boldsymbol{v}\boldsymbol{v}^{\mathrm{T}}$.

(1) 证明: $\boldsymbol{A}$ 是正交矩阵;

(2) 当 $\boldsymbol{p}\neq\boldsymbol{q}$, 且 $\|\boldsymbol{p}\|=\|\boldsymbol{q}\|$, 取 $\boldsymbol{v}=\dfrac{\boldsymbol{p}-\boldsymbol{q}}{\|\boldsymbol{p}-\boldsymbol{q}\|}$, 证明: $\boldsymbol{A}\boldsymbol{p}=\boldsymbol{q}$, $\boldsymbol{A}\boldsymbol{q}=\boldsymbol{p}$.

证 (1) 因为 $\boldsymbol{A}^{\mathrm{T}}=\boldsymbol{A}$, 故 $\boldsymbol{A}^{\mathrm{T}}\boldsymbol{A}=\boldsymbol{A}\boldsymbol{A}^{\mathrm{T}}=(\boldsymbol{E}-2\boldsymbol{v}\boldsymbol{v}^{\mathrm{T}})(\boldsymbol{E}-2\boldsymbol{v}\boldsymbol{v}^{\mathrm{T}})=\boldsymbol{E}-4\boldsymbol{v}\boldsymbol{v}^{\mathrm{T}}+4\boldsymbol{v}\boldsymbol{v}^{\mathrm{T}}\boldsymbol{v}\boldsymbol{v}^{\mathrm{T}}=\boldsymbol{E}-4\boldsymbol{v}\boldsymbol{v}^{\mathrm{T}}+4\boldsymbol{v}(\boldsymbol{v}^{\mathrm{T}}\boldsymbol{v})\boldsymbol{v}^{\mathrm{T}}=\boldsymbol{E}-4\boldsymbol{v}\boldsymbol{v}^{\mathrm{T}}+4\boldsymbol{v}\boldsymbol{v}^{\mathrm{T}}=\boldsymbol{E}$, 所以 $\boldsymbol{A}$ 是正交矩阵.

(2)
$$\begin{aligned}\boldsymbol{A}\boldsymbol{p}&=\left(\boldsymbol{E}-2\tfrac{\boldsymbol{p}-\boldsymbol{q}}{\|\boldsymbol{p}-\boldsymbol{q}\|}\left(\tfrac{\boldsymbol{p}-\boldsymbol{q}}{\|\boldsymbol{p}-\boldsymbol{q}\|}\right)^{\mathrm{T}}\right)\boldsymbol{p}\\&=\boldsymbol{p}-2\frac{(\boldsymbol{p}-\boldsymbol{q})(\boldsymbol{p}-\boldsymbol{q})^{\mathrm{T}}\boldsymbol{p}}{(\boldsymbol{p}-\boldsymbol{q})^{\mathrm{T}}(\boldsymbol{p}-\boldsymbol{q})}\\&=\boldsymbol{p}-2\frac{\boldsymbol{p}\boldsymbol{p}^{\mathrm{T}}\boldsymbol{p}-\boldsymbol{q}\boldsymbol{p}^{\mathrm{T}}\boldsymbol{p}-\boldsymbol{p}\boldsymbol{q}^{\mathrm{T}}\boldsymbol{p}+\boldsymbol{q}\boldsymbol{q}^{\mathrm{T}}\boldsymbol{p}}{\boldsymbol{p}^{\mathrm{T}}\boldsymbol{p}-\boldsymbol{q}^{\mathrm{T}}\boldsymbol{p}-\boldsymbol{p}^{\mathrm{T}}\boldsymbol{q}+\boldsymbol{q}^{\mathrm{T}}\boldsymbol{q}}\\&=\boldsymbol{p}-2\frac{\boldsymbol{p}^{\mathrm{T}}\boldsymbol{p}(\boldsymbol{p}-\boldsymbol{q})-\boldsymbol{q}^{\mathrm{T}}\boldsymbol{p}(\boldsymbol{p}-\boldsymbol{q})}{2(\boldsymbol{p}^{\mathrm{T}}\boldsymbol{p}-\boldsymbol{q}^{\mathrm{T}}\boldsymbol{p})}\\&=\boldsymbol{p}-2\frac{(\boldsymbol{p}^{\mathrm{T}}\boldsymbol{p}-\boldsymbol{q}^{\mathrm{T}}\boldsymbol{p})(\boldsymbol{p}-\boldsymbol{q})}{2(\boldsymbol{p}^{\mathrm{T}}\boldsymbol{p}-\boldsymbol{q}^{\mathrm{T}}\boldsymbol{p})}=\boldsymbol{q}.\end{aligned}$$

同理可得 $\boldsymbol{A}\boldsymbol{q}=\boldsymbol{p}$.

定理 5.3.4 设 $\boldsymbol{A}=(a_{ij})_{n\times n}$ 是 n 阶实矩阵, 则下列性质彼此等价:

(1) $\boldsymbol{A}$ 是正交矩阵;

(2) $\boldsymbol{A}$ 可逆, 且 $\boldsymbol{A}^{-1}=\boldsymbol{A}^{\mathrm{T}}$ 也是正交矩阵;

(3) $\boldsymbol{A}$ 的 n 个行 (列) 向量是一组规范正交向量.

证 (1) $\Leftrightarrow$ (2). 设 $\boldsymbol{A}$ 是正交矩阵, 则 $\boldsymbol{A}$ 可逆, 且 $\boldsymbol{A}^{-1}=\boldsymbol{A}^{\mathrm{T}}$. 又因为 $\boldsymbol{E}=\boldsymbol{A}\boldsymbol{A}^{-1}=\boldsymbol{A}\boldsymbol{A}^{\mathrm{T}}=(\boldsymbol{A}^{\mathrm{T}})^{\mathrm{T}}\boldsymbol{A}^{\mathrm{T}}$, 故 $\boldsymbol{A}^{\mathrm{T}}=\boldsymbol{A}^{-1}$ 也是正交矩阵. 反之, 若 $\boldsymbol{A}^{-1}=\boldsymbol{A}^{\mathrm{T}}$, 则

$$\boldsymbol{A}^{\mathrm{T}}\boldsymbol{A}=\boldsymbol{A}^{-1}\boldsymbol{A}=\boldsymbol{E},$$

按正交矩阵的定义, $\boldsymbol{A}$ 是正交矩阵.

(1) $\Leftrightarrow$ (3). $\boldsymbol{A}\boldsymbol{A}^{\mathrm{T}}=\boldsymbol{E}\Leftrightarrow\displaystyle\sum_{k=1}^{n}a_{ik}a_{jk}=\delta_{ij},\ i,j=1,2,\cdots,n.$

$$\left(\boldsymbol{A}^{\mathrm{T}}\boldsymbol{A}=\boldsymbol{E}\Leftrightarrow\sum_{k=1}^{n}a_{ki}a_{kj}=\delta_{ij},\ i,j=1,2,\cdots,n.\right)$$

定理 5.3.5 若 $\boldsymbol{A},\boldsymbol{B}$ 是 n 阶正交矩阵, $\boldsymbol{\alpha}$ 是 n 维列向量, 则

(1) $|\boldsymbol{A}|=1$ 或 $|\boldsymbol{A}|=-1$;

(2) $(\boldsymbol{A\alpha},\boldsymbol{A\alpha})=(\boldsymbol{\alpha},\boldsymbol{\alpha})$;

(3) $\boldsymbol{AB}$ 也是正交矩阵.

证　(1) 显然.

(2) $(\boldsymbol{A\alpha},\boldsymbol{A\alpha})=(\boldsymbol{A\alpha})^{\mathrm{T}}\overline{\boldsymbol{A\alpha}}=\boldsymbol{\alpha}^{\mathrm{T}}\boldsymbol{A}^{\mathrm{T}}\boldsymbol{A}\overline{\boldsymbol{\alpha}}=\boldsymbol{\alpha}^{\mathrm{T}}\overline{\boldsymbol{\alpha}}=(\boldsymbol{\alpha},\boldsymbol{\alpha})$. 由此推出正交矩阵 $\boldsymbol{A}$ 的特征值 λ 的绝对值等于 1.

(3) $(\boldsymbol{AB})^{\mathrm{T}}\boldsymbol{AB}=\boldsymbol{B}^{\mathrm{T}}\boldsymbol{A}^{\mathrm{T}}\boldsymbol{AB}=\boldsymbol{B}^{\mathrm{T}}(\boldsymbol{A}^{\mathrm{T}}\boldsymbol{A})\boldsymbol{B}=\boldsymbol{B}^{\mathrm{T}}\boldsymbol{B}=\boldsymbol{E}$.

例 5.3.5 若正交矩阵 $\boldsymbol{A}$ 的行列式 $|\boldsymbol{A}|=-1$, 则 $\boldsymbol{A}$ 必有一个特征值等于 -1.

证　令 $f(\lambda)=|\lambda\boldsymbol{E}-\boldsymbol{A}|$, 则

$$f(-1)=(-1)^n|\boldsymbol{E}+\boldsymbol{A}|=(-1)^n|\boldsymbol{A}^{\mathrm{T}}+\boldsymbol{E}||\boldsymbol{A}|=(-1)^{n+1}|\boldsymbol{E}+\boldsymbol{A}|=-f(-1),$$

故 $f(-1)=0$.

练习 5.3.1 用格拉姆-施密特正交规范化方法将向量组 $\boldsymbol{\alpha}_1=(1,1,0)^{\mathrm{T}},\boldsymbol{\alpha}_2=(1,0,-1)^{\mathrm{T}},\boldsymbol{\alpha}_3=(1,1,1)^{\mathrm{T}}$ 化为规范正交向量组.

5.4　实对称矩阵的对角化

定理 5.4.1 实对称矩阵 $\boldsymbol{A}$ 的特征值都是实数, 且 $\boldsymbol{A}$ 的属于不同特征值的特征向量彼此正交.

证　设 λ 是 $\boldsymbol{A}$ 的任意特征值, $\boldsymbol{\alpha}$ 是 $\boldsymbol{A}$ 的属于特征值 λ 的特征向量, 则 $\boldsymbol{A\alpha}=\lambda\boldsymbol{\alpha}$, 从而 $\lambda\|\boldsymbol{\alpha}\|^2=(\boldsymbol{A\alpha})^{\mathrm{T}}\overline{\boldsymbol{\alpha}}=\boldsymbol{\alpha}^{\mathrm{T}}\boldsymbol{A}^{\mathrm{T}}\overline{\boldsymbol{\alpha}}=\boldsymbol{\alpha}^{\mathrm{T}}\overline{(\boldsymbol{A\alpha})}=\overline{\lambda}\|\boldsymbol{\alpha}\|^2$. 因为 $\|\boldsymbol{\alpha}\|^2>0$, 故 $\lambda=\overline{\lambda}$. 设 $\boldsymbol{\alpha},\boldsymbol{\beta}$ 是 $\boldsymbol{A}$ 的分别属于不同特征值 λ,μ 的特征向量, 则 $\boldsymbol{A\alpha}=\lambda\boldsymbol{\alpha}$, $\boldsymbol{A\beta}=\mu\boldsymbol{\beta}$, 从而 $\mu\boldsymbol{\alpha}^{\mathrm{T}}\overline{\boldsymbol{\beta}}=\boldsymbol{\alpha}^{\mathrm{T}}\overline{\mu\boldsymbol{\beta}}=\boldsymbol{\alpha}^{\mathrm{T}}\overline{\boldsymbol{A\beta}}=(\boldsymbol{\alpha}^{\mathrm{T}}\boldsymbol{A}^{\mathrm{T}})\overline{\boldsymbol{\beta}}=(\boldsymbol{A\alpha})^{\mathrm{T}}\overline{\boldsymbol{\beta}}=\lambda\boldsymbol{\alpha}^{\mathrm{T}}\overline{\boldsymbol{\beta}}$, 即 $(\lambda-\mu)(\boldsymbol{\alpha},\boldsymbol{\beta})=0$, 注意到 $\lambda\neq\mu$, 故 $(\boldsymbol{\alpha},\boldsymbol{\beta})=0$.

定理 5.4.2 若 $\boldsymbol{A}$ 是实对称矩阵, 则必然存在正交矩阵 $\boldsymbol{C}$, 使得

$$\boldsymbol{C}^{-1}\boldsymbol{AC}=\boldsymbol{C}^{\mathrm{T}}\boldsymbol{AC}=\mathrm{diag}(\lambda_1,\lambda_2,\cdots,\lambda_n),$$

其中 $\lambda_i\,(i=1,2,\cdots,n)$ 是 $\boldsymbol{A}$ 的特征值.

证　当 $n=1$ 时, 结论成立.

假设当 $n=k$ 时结论成立, 当 $n=k+1$ 时, 设 λ_1 是 $k+1$ 阶实对称矩阵 $\boldsymbol{A}$ 的一个特征值, 选一个 $\boldsymbol{A}$ 的属于 λ_1 的单位特征向量 $\boldsymbol{\alpha}_1\in\mathbb{R}^{(k+1)\times1}$, 现从 $\boldsymbol{\alpha}_1$ 出发可以找到 k 个 $k+1$ 维实向量 $\boldsymbol{\alpha}_2,\boldsymbol{\alpha}_3,\cdots,\boldsymbol{\alpha}_{k+1}$, 使得 $\boldsymbol{\alpha}_1,\boldsymbol{\alpha}_2,\cdots,\boldsymbol{\alpha}_{k+1}$ 是一组规范正交向量 (先找出 $k+1$ 个线性无关的向量, 再用格拉姆-施密特正交规范化方法). 令

$$\boldsymbol{C}_1=(\boldsymbol{\alpha}_1,\boldsymbol{\alpha}_2,\cdots,\boldsymbol{\alpha}_{k+1}),$$

因为 $\boldsymbol{A}\boldsymbol{\alpha}_1=\lambda_1\boldsymbol{\alpha}_1$, 所以

$$\boldsymbol{A}_1=\boldsymbol{C}_1^{\mathrm{T}}\boldsymbol{A}\boldsymbol{C}_1=\begin{pmatrix}\boldsymbol{\alpha}_1^{\mathrm{T}}\\ \boldsymbol{\alpha}_2^{\mathrm{T}}\\ \vdots\\ \boldsymbol{\alpha}_{k+1}^{\mathrm{T}}\end{pmatrix}\boldsymbol{A}(\boldsymbol{\alpha}_1,\boldsymbol{\alpha}_2,\cdots,\boldsymbol{\alpha}_{k+1})=\begin{pmatrix}\lambda_1 & *\\ \mathbf{0} & \boldsymbol{B}\end{pmatrix}.$$

又因为 $\boldsymbol{A}=\boldsymbol{A}^{\mathrm{T}}$, 所以 $\boldsymbol{A}_1=\boldsymbol{A}_1^{\mathrm{T}}=\begin{pmatrix}\lambda_1 & \mathbf{0}^{\mathrm{T}}\\ * & \boldsymbol{B}^{\mathrm{T}}\end{pmatrix}$. 故 $\boldsymbol{B}^{\mathrm{T}}=\boldsymbol{B}$. 由归纳假设存在 k 阶正交矩阵 $\boldsymbol{C}_2$, 使得 $\boldsymbol{C}_2^{\mathrm{T}}\boldsymbol{B}\boldsymbol{C}_2=\mathrm{diag}(\lambda_2,\lambda_3,\cdots,\lambda_{k+1})$. 令

$$\boldsymbol{C}=\boldsymbol{C}_1\begin{pmatrix}1 & \mathbf{0}^{\mathrm{T}}\\ \mathbf{0} & \boldsymbol{C}_2\end{pmatrix},$$

则 $\boldsymbol{C}^{\mathrm{T}}\boldsymbol{C}=\boldsymbol{E}_{k+1}$, 且

$$\begin{aligned}\boldsymbol{C}^{\mathrm{T}}\boldsymbol{A}\boldsymbol{C}&=\begin{pmatrix}1 & \mathbf{0}^{\mathrm{T}}\\ \mathbf{0} & \boldsymbol{C}_2\end{pmatrix}^{\mathrm{T}}\boldsymbol{C}_1^{\mathrm{T}}\boldsymbol{A}\boldsymbol{C}_1\begin{pmatrix}1 & \mathbf{0}^{\mathrm{T}}\\ \mathbf{0} & \boldsymbol{C}_2\end{pmatrix}=\begin{pmatrix}1 & \mathbf{0}^{\mathrm{T}}\\ \mathbf{0} & \boldsymbol{C}_2^{\mathrm{T}}\end{pmatrix}\begin{pmatrix}\lambda_1 & \mathbf{0}^{\mathrm{T}}\\ \mathbf{0} & \boldsymbol{B}\end{pmatrix}\begin{pmatrix}1 & \mathbf{0}^{\mathrm{T}}\\ \mathbf{0} & \boldsymbol{C}_2\end{pmatrix}\\ &=\begin{pmatrix}\lambda_1 & \mathbf{0}^{\mathrm{T}}\\ \mathbf{0} & \boldsymbol{C}_2^{\mathrm{T}}\boldsymbol{B}\boldsymbol{C}_2\end{pmatrix}=\begin{pmatrix}\lambda_1 & & \mathbf{0}^{\mathrm{T}}\\ & \ddots & \\ \mathbf{0} & & \lambda_n\end{pmatrix}.\end{aligned}$$

由 $\boldsymbol{A}_1=\begin{pmatrix}\lambda_1 & \mathbf{0}^{\mathrm{T}}\\ \mathbf{0} & \boldsymbol{B}\end{pmatrix}$ 知 $\boldsymbol{B}$ 的 k 个特征值就是 $\boldsymbol{A}_1$ 的除 λ_1 外的 k 个特征值, 但 $\boldsymbol{A}\sim\boldsymbol{A}_1$, 故 $\boldsymbol{A}$ 与 $\boldsymbol{A}_1$ 有相同的特征值. 从而 $\boldsymbol{B}$ 的 k 个特征值就是 $\boldsymbol{A}$ 的除 λ_1 外的 k 个特征值. 这就证明了 $n=k+1$ 时定理的结论亦成立.

例 5.4.1 设 $\boldsymbol{A}=\begin{pmatrix}1 & 2 & 0\\ 2 & 2 & -2\\ 0 & -2 & 3\end{pmatrix}$, 求正交矩阵 $\boldsymbol{C}$ 和对角矩阵 $\boldsymbol{D}$, 使得

$$\boldsymbol{C}^{\mathrm{T}}\boldsymbol{A}\boldsymbol{C}=\boldsymbol{C}^{-1}\boldsymbol{A}\boldsymbol{C}=\boldsymbol{D}.$$

解 令 $|\lambda\boldsymbol{E}-\boldsymbol{A}|=0$, 解得 $\boldsymbol{A}$ 的特征值 $\lambda_1=-1,\lambda_2=2,\lambda_3=5$. 将 λ_i 分别代入线性方程组 $(\lambda_i\boldsymbol{E}-\boldsymbol{A})\boldsymbol{X}=\mathbf{0}\,(i=1,2,3)$, 分别解得其一组基础解系为

$$\boldsymbol{\alpha}_1=\begin{pmatrix}-2\\ 2\\ 1\end{pmatrix},\boldsymbol{\alpha}_2=\begin{pmatrix}2\\ 1\\ 2\end{pmatrix},\boldsymbol{\alpha}_3=\begin{pmatrix}1\\ 2\\ -2\end{pmatrix}.$$

因为 $\boldsymbol{A}$ 的特征值互不相等, 故 $\boldsymbol{\alpha}_1,\boldsymbol{\alpha}_2,\boldsymbol{\alpha}_3$ 是相互正交的. 令

$$\boldsymbol{C}=\frac{1}{3}\begin{pmatrix}-2 & 2 & 1\\ 2 & 1 & 2\\ 1 & 2 & -2\end{pmatrix},$$

则 $\boldsymbol{C}$ 是正交矩阵, 且

$$\boldsymbol{C}^{\mathrm{T}}\boldsymbol{A}\boldsymbol{C}=\boldsymbol{C}^{-1}\boldsymbol{A}\boldsymbol{C}=\boldsymbol{D}=\operatorname{diag}(-1,2,5).$$

例 5.4.2 设 $\boldsymbol{A}=\begin{pmatrix}0&1&\cdots&1\\1&0&\cdots&1\\\vdots&\vdots&&\vdots\\1&1&\cdots&0\end{pmatrix}$, 求正交矩阵 $\boldsymbol{C}$ 和对角矩阵 $\boldsymbol{D}$, 使得

$$\boldsymbol{C}^{\mathrm{T}}\boldsymbol{A}\boldsymbol{C}=\boldsymbol{C}^{-1}\boldsymbol{A}\boldsymbol{C}=\boldsymbol{D}.$$

解　由 $|\lambda\boldsymbol{E}-\boldsymbol{A}|=[\lambda-(n-1)](\lambda+1)^{n-1}=0$, 解得 $\boldsymbol{A}$ 的特征值 $\lambda_1=n-1,\lambda_2=\lambda_3=\cdots=\lambda_n=-1$. 将 λ_i 分别代入线性方程组 $(\lambda_i\boldsymbol{E}-\boldsymbol{A})\boldsymbol{X}=\boldsymbol{0}\,(i=1,2,3,\cdots,n)$, 分别解得其一组基础解系为

$$\boldsymbol{\alpha}_1=\begin{pmatrix}1\\1\\1\\\vdots\\1\end{pmatrix},\boldsymbol{\alpha}_2=\begin{pmatrix}1\\-1\\0\\\vdots\\0\end{pmatrix},\boldsymbol{\alpha}_3=\begin{pmatrix}1\\1\\-2\\\vdots\\0\end{pmatrix},\cdots,\boldsymbol{\alpha}_n=\begin{pmatrix}1\\1\\1\\\vdots\\-(n-1)\end{pmatrix}.$$

显然 $\boldsymbol{\alpha}_1,\boldsymbol{\alpha}_2,\cdots,\boldsymbol{\alpha}_n$ 是相互正交的, 所以, 令

$$\boldsymbol{C}=\begin{pmatrix}\dfrac{1}{\sqrt{n}}&\dfrac{1}{\sqrt{2}}&\dfrac{1}{\sqrt{6}}&\cdots&\dfrac{1}{\sqrt{n(n-1)}}\\\dfrac{1}{\sqrt{n}}&-\dfrac{1}{\sqrt{2}}&\dfrac{1}{\sqrt{6}}&\cdots&\dfrac{1}{\sqrt{n(n-1)}}\\\dfrac{1}{\sqrt{n}}&0&-\dfrac{2}{\sqrt{6}}&\cdots&\dfrac{1}{\sqrt{n(n-1)}}\\\vdots&\vdots&\vdots&&\vdots\\\dfrac{1}{\sqrt{n}}&0&0&\cdots&-\dfrac{n-1}{\sqrt{n(n-1)}}\end{pmatrix},$$

则 $\boldsymbol{C}$ 是正交矩阵, 且

$$\boldsymbol{D}=\boldsymbol{C}^{\mathrm{T}}\boldsymbol{A}\boldsymbol{C}=\boldsymbol{C}^{-1}\boldsymbol{A}\boldsymbol{C}=\operatorname{diag}(n-1,-1,-1,\cdots,-1).$$

例 5.4.3 设 $\boldsymbol{A}$ 是 3 阶实方阵, $\boldsymbol{A}\boldsymbol{A}^{\mathrm{T}}=\boldsymbol{A}^{\mathrm{T}}\boldsymbol{A}$, 且 $\boldsymbol{A}^{\mathrm{T}}\neq\boldsymbol{A}$.

(1) 证明: 存在正交矩阵 $\boldsymbol{P}$, 使得 $\boldsymbol{P}^{\mathrm{T}}\boldsymbol{A}\boldsymbol{P}=\begin{pmatrix}a&0&0\\0&b&c\\0&-c&b\end{pmatrix}$, 其中 $a,b,c\in\mathbb{R}$;

(2) 若 $\boldsymbol{A}=(a_{ij})_{3\times3}$, $\boldsymbol{A}\boldsymbol{A}^{\mathrm{T}}=\boldsymbol{A}^{\mathrm{T}}\boldsymbol{A}=\boldsymbol{E}_3$, 且 $|\boldsymbol{A}|=1$, 证明: 1 是 $\boldsymbol{A}$ 的一个特征值, 并求特征值 1 所对应的特征向量.

证 (1) 因为 $\boldsymbol{A}$ 是 3 阶实矩阵, 所以 $\boldsymbol{A}$ 必然有一个实特征值, 设为 a, 并设 $\boldsymbol{A}$ 的属于特征值 a 的一个单位特征向量为 $\boldsymbol{\varepsilon}_1$. 将 $\boldsymbol{\varepsilon}_1$ 扩充为 $\mathbb{R}^{3\times 1}$ 的一组规范正交向量 $\boldsymbol{\varepsilon}_1, \boldsymbol{\varepsilon}_2, \boldsymbol{\varepsilon}_3$, 则 $\boldsymbol{A}\boldsymbol{\varepsilon}_1 = a\boldsymbol{\varepsilon}_1$. 令 $\boldsymbol{P} = (\boldsymbol{\varepsilon}_1, \boldsymbol{\varepsilon}_2, \boldsymbol{\varepsilon}_3)$, 则 $\boldsymbol{P}^{\mathrm{T}}\boldsymbol{A}\boldsymbol{P} = \boldsymbol{P}^{\mathrm{T}}(a\boldsymbol{\varepsilon}_1, \boldsymbol{A}\boldsymbol{\varepsilon}_2, \boldsymbol{A}\boldsymbol{\varepsilon}_3) = \begin{pmatrix} a & \boldsymbol{\alpha}^{\mathrm{T}} \\ \boldsymbol{0} & \boldsymbol{B} \end{pmatrix}$. 因为 $\boldsymbol{A}\boldsymbol{A}^{\mathrm{T}} = \boldsymbol{A}^{\mathrm{T}}\boldsymbol{A}$, 所以 $(\boldsymbol{P}^{\mathrm{T}}\boldsymbol{A}\boldsymbol{P})(\boldsymbol{P}^{\mathrm{T}}\boldsymbol{A}\boldsymbol{P})^{\mathrm{T}} = (\boldsymbol{P}^{\mathrm{T}}\boldsymbol{A}\boldsymbol{P})^{\mathrm{T}}(\boldsymbol{P}^{\mathrm{T}}\boldsymbol{A}\boldsymbol{P})$, 即

$$\begin{pmatrix} a & \boldsymbol{\alpha}^{\mathrm{T}} \\ \boldsymbol{0} & \boldsymbol{B} \end{pmatrix}\begin{pmatrix} a & \boldsymbol{0}^{\mathrm{T}} \\ \boldsymbol{\alpha} & \boldsymbol{B}^{\mathrm{T}} \end{pmatrix} = \begin{pmatrix} a & \boldsymbol{0}^{\mathrm{T}} \\ \boldsymbol{\alpha} & \boldsymbol{B}^{\mathrm{T}} \end{pmatrix}\begin{pmatrix} a & \boldsymbol{\alpha}^{\mathrm{T}} \\ \boldsymbol{0} & \boldsymbol{B} \end{pmatrix},$$

亦即

$$\begin{pmatrix} a^2 + \boldsymbol{\alpha}^{\mathrm{T}}\boldsymbol{\alpha} & \boldsymbol{\alpha}^{\mathrm{T}}\boldsymbol{B}^{\mathrm{T}} \\ \boldsymbol{B}\boldsymbol{\alpha} & \boldsymbol{B}\boldsymbol{B}^{\mathrm{T}} \end{pmatrix} = \begin{pmatrix} a^2 & a\boldsymbol{\alpha}^{\mathrm{T}} \\ a\boldsymbol{\alpha} & \boldsymbol{B}^{\mathrm{T}}\boldsymbol{B} + \boldsymbol{\alpha}\boldsymbol{\alpha}^{\mathrm{T}} \end{pmatrix},$$

因而 $\begin{cases} \boldsymbol{\alpha} = \boldsymbol{0}, \\ \boldsymbol{B}\boldsymbol{B}^{\mathrm{T}} = \boldsymbol{B}^{\mathrm{T}}\boldsymbol{B}, \end{cases}$ 从而 $\boldsymbol{P}^{\mathrm{T}}\boldsymbol{A}\boldsymbol{P} = \begin{pmatrix} a & \boldsymbol{0}^{\mathrm{T}} \\ \boldsymbol{0} & \boldsymbol{B} \end{pmatrix}$. 设 $\boldsymbol{B} = \begin{pmatrix} b & c \\ d & e \end{pmatrix}$, 由 $\boldsymbol{B}\boldsymbol{B}^{\mathrm{T}} = \boldsymbol{B}^{\mathrm{T}}\boldsymbol{B}$, 得到

$$\begin{pmatrix} b^2 + c^2 & bd + ce \\ bd + ce & d^2 + e^2 \end{pmatrix} = \begin{pmatrix} b^2 + d^2 & bc + ed \\ bc + ed & c^2 + e^2 \end{pmatrix}.$$

于是 $d^2 = c^2$. 因为 $\boldsymbol{A}^{\mathrm{T}} \neq \boldsymbol{A}$, 所以 $d = -c \neq 0$. 再由 $bd + ce = bc + ed$, 得到 $e = b$. 总之, $\boldsymbol{P}^{\mathrm{T}}\boldsymbol{A}\boldsymbol{P} = \begin{pmatrix} a & 0 & 0 \\ 0 & b & c \\ 0 & -c & b \end{pmatrix}$.

(2) 由 $\boldsymbol{A}\boldsymbol{A}^{\mathrm{T}} = \boldsymbol{A}^{\mathrm{T}}\boldsymbol{A} = \boldsymbol{E}_3$ 和 $|\boldsymbol{A}| = 1$, 得到

$$|\boldsymbol{E}_3 - \boldsymbol{A}| = |\boldsymbol{A}^{\mathrm{T}} - \boldsymbol{E}_3||\boldsymbol{A}| = |\boldsymbol{A} - \boldsymbol{E}_3| = (-1)^3|\boldsymbol{E}_3 - \boldsymbol{A}| = -|\boldsymbol{E}_3 - \boldsymbol{A}|,$$

所以 $|\boldsymbol{E}_3 - \boldsymbol{A}| = 0$, 即 1 是 $\boldsymbol{A}$ 的一个特征值. 设 $\boldsymbol{X}$ 是 $\boldsymbol{A}$ 的属于特征值 1 的特征向量, 则 $\boldsymbol{A}\boldsymbol{X} = \boldsymbol{X}$. 于是 $\boldsymbol{A}\boldsymbol{X} = \boldsymbol{X} = \boldsymbol{A}^{\mathrm{T}}\boldsymbol{A}\boldsymbol{X} = \boldsymbol{A}^{\mathrm{T}}\boldsymbol{X}$. 因为

$$\boldsymbol{A} - \boldsymbol{A}^{\mathrm{T}} = \begin{pmatrix} 0 & a_{12} - a_{21} & a_{13} - a_{31} \\ a_{21} - a_{12} & 0 & a_{23} - a_{32} \\ a_{31} - a_{13} & a_{32} - a_{23} & 0 \end{pmatrix}$$

是非零的反对称矩阵, 所以 $r(\boldsymbol{A} - \boldsymbol{A}^{\mathrm{T}}) \geqslant 2$, 且 $\boldsymbol{\alpha} = \begin{pmatrix} a_{32} - a_{23} \\ a_{13} - a_{31} \\ a_{21} - a_{12} \end{pmatrix}$ 是齐次线性方程组 $(\boldsymbol{A} - \boldsymbol{A}^{\mathrm{T}})\boldsymbol{X} = \boldsymbol{0}$ 的一个非零解. 又因为 $\boldsymbol{A}(\boldsymbol{A} - \boldsymbol{A}^{\mathrm{T}})\boldsymbol{\alpha} = \boldsymbol{0}$, 即 $(\boldsymbol{A}^2 - \boldsymbol{E}_3)\boldsymbol{\alpha} = \boldsymbol{0}$, 亦即 $(\boldsymbol{E}_3 + \boldsymbol{A})(\boldsymbol{E}_3 - \boldsymbol{A})\boldsymbol{\alpha} = \boldsymbol{0}$. 如果 $|\boldsymbol{E}_3 + \boldsymbol{A}| = 0$, 则 -1 是 $\boldsymbol{A}$ 的二重特征值. 再由 (1) 和 $\boldsymbol{A}$ 是正交矩阵, 得到 $a = 1, b = -1, c = 0\,(b^2 + c^2 = 1)$. 从而 $\boldsymbol{A}^{\mathrm{T}} = \boldsymbol{A}$. 这与 $\boldsymbol{A}^{\mathrm{T}} \neq \boldsymbol{A}$ 矛盾. 故 $(\boldsymbol{E}_3 - \boldsymbol{A})\boldsymbol{\alpha} = \boldsymbol{0}$. 总之, $\boldsymbol{A}$ 的属于特征值 1 的特征向量为 $k\boldsymbol{\alpha}\,(k \neq 0)$.

习　题　5

1. 设 $\boldsymbol{A}=\begin{pmatrix}5&6&-3\\-1&0&-1\\1&2&-1\end{pmatrix}$, 求 $\boldsymbol{A}$ 在复数域 $\mathbb{C}$ 上的特征值和特征向量.

2. 设 n 阶方阵 $\boldsymbol{A}$ 的每一行元素的和都等于 a, 证明：$\lambda=a$ 是 $\boldsymbol{A}$ 的一个特征值, 且 $\boldsymbol{\alpha}=(1,1,\cdots,1)^{\mathrm{T}}$ 是 $\boldsymbol{A}$ 的属于特征值 a 的一个特征向量.

3. 设 $\boldsymbol{A}$ 是 n 阶方阵, 交换 $\boldsymbol{A}$ 的 i,j 行后再交换 $\boldsymbol{A}$ 的 i,j 列所得的矩阵记为 $\boldsymbol{B}$, 则 $\boldsymbol{A}$ 与 $\boldsymbol{B}$ 的特征值　　[　]

   A. $\boldsymbol{B}$ 的特征值与 $\boldsymbol{A}$ 的特征值完全相同

   B. $\boldsymbol{B}$ 的特征值是 $\boldsymbol{A}$ 的特征值的相反数

   C. $\boldsymbol{B}$ 的特征值是 $\boldsymbol{A}$ 的特征值的平方

   D. $\boldsymbol{B}$ 的特征值与 $\boldsymbol{A}$ 的特征值无确定关系

4. 若 n 阶矩阵 $\boldsymbol{A}$ 只与自己相似, 则　　[　]

   A. $\boldsymbol{A}$ 必是单位矩阵　　B. $\boldsymbol{A}$ 必是零矩阵

   C. $\boldsymbol{A}$ 必是数量矩阵　　D. $\boldsymbol{A}$ 是任意对角矩阵

5. n 阶矩阵 $\boldsymbol{A}$ 以任意 n 维非零列向量为特征向量的充分必要条件是　　[　]

   A. $\boldsymbol{A}$ 为单位矩阵　　B. $\boldsymbol{A}$ 为零矩阵

   C. $\boldsymbol{A}$ 为数量矩阵　　D. $\boldsymbol{A}$ 为对角矩阵

6. 设 $\boldsymbol{A}$ 是 3 阶方阵, 且 $|\boldsymbol{A}+k\boldsymbol{E}|=0\,(k=1,2,3)$, 则 $|\boldsymbol{A}+4\boldsymbol{E}|=$ ________.

7. 设 3 阶方阵 $\boldsymbol{A}$ 的特征值为 $1,2,3$, 则 $2\boldsymbol{A}^2\boldsymbol{A}^*+\boldsymbol{E}$ 的特征值是________.

8. 设 3 阶方阵 $\boldsymbol{A}$ 的特征值为 $1,-1,3$, 则 $2\boldsymbol{A}^2+3\boldsymbol{A}^{-1}$ 的特征值是________.

9. 设 $\boldsymbol{A}$ 是 4 阶矩阵, $|\boldsymbol{A}+3\boldsymbol{E}|=0, \boldsymbol{A}\boldsymbol{A}^{\mathrm{T}}=3\boldsymbol{E}, |\boldsymbol{A}|<0$, 则 $\boldsymbol{A}$ 的伴随矩阵 $\boldsymbol{A}^*$ 的一个特征值是________.

10. 设 $\boldsymbol{A}=\begin{pmatrix}a&b&c\\b&c&a\\c&a&b\end{pmatrix}, \boldsymbol{B}=\begin{pmatrix}c&a&b\\a&b&c\\b&c&a\end{pmatrix}, \boldsymbol{C}=\begin{pmatrix}b&c&a\\c&a&b\\a&b&c\end{pmatrix}\,(a,b,c\in\mathbb{C})$.

    (1) 证明: $\boldsymbol{A}\sim\boldsymbol{B}, \boldsymbol{B}\sim\boldsymbol{C}$;

    (2) 当 $\boldsymbol{A}\boldsymbol{B}=\boldsymbol{B}\boldsymbol{A}$ 时, 求 $\boldsymbol{A}$ 的特征值.

11. 设 $\boldsymbol{A}$ 是一个偶数阶实方阵, 证明: 若 $|\boldsymbol{A}|<0$, 则 $\boldsymbol{A}$ 既有正特征值, 又有负特征值.

12. 设 $\boldsymbol{\alpha}_1$ 是矩阵 A 的属于特征值 λ 的特征向量, 证明: 向量组 $\boldsymbol{\alpha}_1, \boldsymbol{\alpha}_2, \cdots, \boldsymbol{\alpha}_s$ 满足条件 $(\lambda\boldsymbol{E}-\boldsymbol{A})\boldsymbol{\alpha}_{k+1}=\boldsymbol{\alpha}_k\ (k=1,2,\cdots,s-1)$, 则 $\boldsymbol{\alpha}_1, \boldsymbol{\alpha}_2, \cdots, \boldsymbol{\alpha}_s$ 线性无关.

13. 设 $\boldsymbol{A}, \boldsymbol{B}$ 都是 n 阶矩阵, 证明: $\boldsymbol{AB}$ 与 $\boldsymbol{BA}$ 有相同的特征值.

14. 证明: 若 $\boldsymbol{A}^2=\boldsymbol{E}$ 或者 $\boldsymbol{A}^2=\boldsymbol{A}$, 则 $\boldsymbol{A}$ 可对角化.

15. 设 $\boldsymbol{A}=\begin{pmatrix} \boldsymbol{E}_r & \boldsymbol{B} \\ \boldsymbol{O} & -\boldsymbol{E}_{n-r} \end{pmatrix}$, 证明: $\boldsymbol{A}$ 可对角化.

16. 设 $\boldsymbol{A}$ 和 $\boldsymbol{B}$ 都是 n 阶矩阵, 若 $\boldsymbol{A}$ 和 $\boldsymbol{B}$ 有相同的特征值, 且这 n 个特征值互不相同, 证明: 存在 n 阶矩阵 $\boldsymbol{P}$ 和 $\boldsymbol{Q}$, 使得 $\boldsymbol{A}=\boldsymbol{PQ}, \boldsymbol{B}=\boldsymbol{QP}$.

17. 下列矩阵能否对角化? 若能, 则求出与其相似的对角矩阵 $\boldsymbol{D}$ 及相应的相似变换矩阵 $\boldsymbol{P}$; 若不能, 则说明理由:

(1) $\begin{pmatrix} 0 & 0 & -1 \\ -1 & 1 & -1 \\ 0 & -2 & -1 \end{pmatrix}$; (2) $\begin{pmatrix} 1 & -2 & 3 \\ 2 & -3 & 3 \\ 2 & -2 & 2 \end{pmatrix}$;

(3) $\begin{pmatrix} 1 & 2 & -1 \\ 5 & -2 & 1 \\ -3 & 3 & -1 \end{pmatrix}$; (4) $\begin{pmatrix} 0 & 1 & 0 & 0 \\ 1 & 0 & 0 & 0 \\ 0 & 0 & 0 & -1 \\ 0 & 0 & -1 & 0 \end{pmatrix}$.

18. 设 $\boldsymbol{\alpha}=\begin{pmatrix} 1 \\ 1 \\ -1 \end{pmatrix}$ 是矩阵 $\boldsymbol{A}=\begin{pmatrix} 2 & -2 & 2 \\ 5 & a & 3 \\ -1 & b & -2 \end{pmatrix}$ 的一个特征向量.

(1) 试确定 a, b 的值和特征向量 $\boldsymbol{\alpha}$ 所对应的特征值;

(2) 试问 $\boldsymbol{A}$ 是否相似于对角矩阵? 说明理由.

19. 设 3 阶方阵 $\boldsymbol{A}$ 与三维列向量 $\boldsymbol{\alpha}$ 满足条件 $\boldsymbol{A}^3\boldsymbol{\alpha}=3\boldsymbol{A\alpha}-2\boldsymbol{A}^2\boldsymbol{\alpha}$, 且向量组 $\boldsymbol{\alpha}, \boldsymbol{A\alpha}, \boldsymbol{A}^2\boldsymbol{\alpha}$ 线性无关.

(1) 记 $\boldsymbol{P}=(\boldsymbol{\alpha}, \boldsymbol{A\alpha}, \boldsymbol{A}^2\boldsymbol{\alpha})$, 求 3 阶方阵 $\boldsymbol{B}$, 使得 $\boldsymbol{A}=\boldsymbol{PBP}^{-1}$;

(2) 计算行列式 $|\boldsymbol{A}+2\boldsymbol{E}|$.

20. 设 $\boldsymbol{A}=\begin{pmatrix} 1 & -1 & 1 \\ 2 & 4 & -2 \\ -3 & -3 & 5 \end{pmatrix}$, 求 $\boldsymbol{A}^n$.

21. 证明: 任意 n 阶矩阵 $\boldsymbol{A}$ 均复相似于一个上三角矩阵, 即 $\exists \boldsymbol{M} \in \mathbb{C}^{n\times n}$, 使得 $\boldsymbol{M}^{-1}\boldsymbol{A}\boldsymbol{M}$ 是上三角矩阵.

22. 设 n 阶方阵 $\boldsymbol{A}$ 的秩 $r(\boldsymbol{A}) = n - 1$, 其特征值为 $\lambda_1, \lambda_2, \cdots, \lambda_n$, 其中 $\lambda_n = 0$, 求 $\boldsymbol{A}^*$ 的特征值.

23. 设 $\boldsymbol{A} = (a_{ij})_{n\times n}$ 是正交矩阵. 证明:

(1) 当 $|\boldsymbol{A}| = 1$ 时, $a_{ij} = A_{ij}\,(i, j = 1, 2, \cdots, n)$;

(2) 当 $|\boldsymbol{A}| = -1$ 时, $a_{ij} = -A_{ij}\,(i, j = 1, 2, \cdots, n)$.

24. 设 3 阶矩阵 $\boldsymbol{A} = \begin{pmatrix} 1 & 1 & a \\ 1 & a & 1 \\ a & 1 & 1 \end{pmatrix}, \boldsymbol{\beta} = \begin{pmatrix} 1 \\ 1 \\ -2 \end{pmatrix}$, 若线性方程组 $\boldsymbol{A}\boldsymbol{X} = \boldsymbol{\beta}$ 有无穷多解, 试求:

(1) a 的值;

(2) 求正交矩阵 $\boldsymbol{Q}$, 使得 $\boldsymbol{Q}^{\mathrm{T}}\boldsymbol{A}\boldsymbol{Q}$ 为对角矩阵.

25. 已知 3 阶实对称矩阵 $\boldsymbol{A}$ 每一行的和均为 3, $|\boldsymbol{A}| = 3$, 且 $\boldsymbol{A}$ 的特征值均为正整数, 求 $\boldsymbol{A}$.

26. 设非零实向量 $\boldsymbol{\alpha} = (a_1, a_2, \cdots, a_n)$, 求矩阵 $\boldsymbol{A} = \boldsymbol{\alpha}^{\mathrm{T}}\boldsymbol{\alpha}$ 的特征值和特征向量.

27. 设 $\boldsymbol{A}, \boldsymbol{B}$ 都是 n 阶实对称矩阵. 证明: 存在正交矩阵 $\boldsymbol{Q}$, 使得 $\boldsymbol{Q}^{\mathrm{T}}\boldsymbol{A}\boldsymbol{Q} = \boldsymbol{B}$ 的充分必要条件是 $\boldsymbol{A}, \boldsymbol{B}$ 有相同的特征值.

28. 设 $\boldsymbol{A}, \boldsymbol{B}, \boldsymbol{A}\boldsymbol{B}$ 都是 n 阶实对称矩阵, λ 是 $\boldsymbol{A}\boldsymbol{B}$ 的一个特征值, 则存在 $\boldsymbol{A}$ 的一个特征值 s 和 $\boldsymbol{B}$ 的一个特征值 t, 使得 $\lambda = st$.

29. 设 $\boldsymbol{A} = \begin{pmatrix} \boldsymbol{0} & \boldsymbol{E}_{n-1} \\ 1 & \boldsymbol{0}^{\mathrm{T}} \end{pmatrix}$, 其中 $\boldsymbol{E}_{n-1}$ 为 $n-1$ 阶单位矩阵. 求 $\boldsymbol{A}$ 在复数域 $\mathbb{C}$ 内的全部特征值.

30. 设 $\boldsymbol{A}$ 和 $\boldsymbol{B}$ 分别为 m 阶和 n 阶矩阵, 若 $\boldsymbol{A}$ 与 $\boldsymbol{B}$ 无相同特征值, 则矩阵方程 $\boldsymbol{A}\boldsymbol{X} = \boldsymbol{X}\boldsymbol{B}$ 只有零解.

31. 设 $n+1$ 阶矩阵 $\boldsymbol{A}$ 的特征值为 0 和 1 的全部 n 次单位根, 则矩阵 $2\boldsymbol{E} - \boldsymbol{A}$ 可逆, 并求出其逆.

32. 设 $\boldsymbol{A} = \begin{pmatrix} 1 & 0 & 0 \\ a & \omega & 0 \\ b & c & \omega^2 \end{pmatrix}$, 其中 $\omega = \exp\left(\dfrac{2\pi \mathrm{i}}{3}\right)$, 求 $\boldsymbol{A}^{-1}$ 与 $\boldsymbol{A}^n\,(n \in \mathbb{N}^*)$.

33. 设 $\boldsymbol{A} = \begin{pmatrix} 1 & 0 & 2 \\ 0 & -1 & 1 \\ 0 & 1 & 0 \end{pmatrix}$, 求 $2\boldsymbol{A}^8 - 3\boldsymbol{A}^5 + 4\boldsymbol{A}^4 + \boldsymbol{A}^2 - 4\boldsymbol{E}$.

34. 设 $\lambda = a + bi$ 为 n 阶实方阵 $\boldsymbol{A}$ 的任一特征值, 则 $\frac{1}{2}\min\limits_{1\leqslant k\leqslant n}\mu_k \leqslant a \leqslant \frac{1}{2}\max\limits_{1\leqslant k\leqslant n}\mu_k$, 其中 $\mu_1, \mu_2, \cdots, \mu_n$ 为 $\boldsymbol{A} + \boldsymbol{A}^{\mathrm{T}}$ 的全部特征值.

35. 设 $\boldsymbol{A} = (a_{ij})_{n\times n}$ 是 n 阶矩阵, λ 是 $\boldsymbol{A}$ 的任一特征值, 则

(1) 当 $\boldsymbol{A}$ 是实矩阵时,

$$|\mathrm{Im}\lambda| \leqslant \sqrt{\frac{n(n-1)}{2}}\max_{1\leqslant i,j\leqslant n}\frac{1}{2}|a_{ij} - a_{ji}|;$$

(2) 当 $\boldsymbol{A}$ 是复矩阵时,

$$|\lambda| \leqslant n\max_{1\leqslant i,j\leqslant n}|a_{ij}|,\ |\mathrm{Re}\lambda| \leqslant \frac{n}{2}\max_{1\leqslant i,j\leqslant n}|a_{ij} + \overline{a}_{ji}|,\ |\mathrm{Im}\lambda| \leqslant \frac{n}{2}\max_{1\leqslant i,j\leqslant n}|a_{ij} - \overline{a}_{ji}|.$$

因此, 当 $\boldsymbol{A}$ 是实对称矩阵时, 其特征值的虚部为0, 所以实对称矩阵的特征值都是实数; 当 $\boldsymbol{A}$ 是埃尔米特矩阵 ($\overline{\boldsymbol{A}}^{\mathrm{T}} = \boldsymbol{A}$) 时, 其特征值的虚部也为0, 所以埃尔米特矩阵的特征值也都是实数.

第6章　二次型

6.1　二次型的概念及矩阵表示

定义 6.1.1 设$\mathbb{K}$是一个数域, 系数$a_{ij}\,(i=1,2,\cdots,n;j=1,2,\cdots,n)$都在$\mathbb{K}$中的$x_1,x_2,\cdots,x_n$的二次齐次多项式

$$\begin{aligned}f(x_1,x_2,\cdots,x_n)=\sum_{i=1}^{n}\sum_{j=1}^{n}a_{ij}x_ix_j=a_{11}x_1^2&+2a_{12}x_1x_2+\cdots+2a_{1n}x_1x_n\\&+\quad a_{22}x_2^2\quad+\cdots+2a_{2n}x_2x_n\\&+\cdots\\&+a_{nn}x_n^2\end{aligned}\tag{6.1.1}$$

称为数域$\mathbb{K}$上的一个n元**二次型**. 当$\mathbb{K}=\mathbb{R}$时, 称$f(x_1,x_2,\cdots,x_n)$为**实二次型**; 当$\mathbb{K}=\mathbb{C}$时, 称$f(x_1,x_2,\cdots,x_n)$为**复二次型**.

为了用矩阵来处理二次型, 通常将式(6.1.1)写成矩阵形式:

$$f(x_1,x_2,\cdots,x_n)=\boldsymbol{X}^{\mathrm{T}}\boldsymbol{A}\boldsymbol{X},\tag{6.1.2}$$

其中$\boldsymbol{A}=\begin{pmatrix}a_{11}&a_{12}&\cdots&a_{1n}\\a_{21}&a_{22}&\cdots&a_{2n}\\\vdots&\vdots&&\vdots\\a_{n1}&a_{n2}&\cdots&a_{nn}\end{pmatrix},\boldsymbol{X}=\begin{pmatrix}x_1\\x_2\\\vdots\\x_n\end{pmatrix}$.

矩阵$\boldsymbol{A}$是n阶对称矩阵, 称为**二次型**$f(x_1,x_2,\cdots,x_n)$**的系数矩阵**, $\boldsymbol{A}$的秩$r(\boldsymbol{A})$称为**二次型**$f(x_1,x_2,\cdots,x_n)$**的秩**.

一个二次型$f(x_1,x_2,\cdots,x_n)$与其系数矩阵$\boldsymbol{A}$对应, 这个对应是唯一的, 即一个二次型$f(x_1,x_2,\cdots,x_n)$只与一个对称矩阵对应. 于是一个对称矩阵$\boldsymbol{B}$确定唯一一个二次型$g(x_1,x_2,\cdots,x_n)=\boldsymbol{X}^{\mathrm{T}}\boldsymbol{B}\boldsymbol{X}$.

例 6.1.1 设$\boldsymbol{A},\boldsymbol{B}$都是对称矩阵. 如果$\forall\,\boldsymbol{X}=(x_1,x_2,\cdots,x_n)^{\mathrm{T}}\in\mathbb{K}^{n\times1}$, 都有$\boldsymbol{X}^{\mathrm{T}}\boldsymbol{A}\boldsymbol{X}=\boldsymbol{X}^{\mathrm{T}}\boldsymbol{B}\boldsymbol{X}$, 则$\boldsymbol{A}=\boldsymbol{B}$.

证 令$\boldsymbol{e}_i=(0,0,\cdots,1,\cdots,0)^{\mathrm{T}}$(第$i$个分量为1, 其余分量为0)$(i=1,2,\cdots,n)$. 由$\boldsymbol{e}_i^{\mathrm{T}}\boldsymbol{A}\boldsymbol{e}_i=\boldsymbol{e}_i^{\mathrm{T}}\boldsymbol{B}\boldsymbol{e}_i$, 可得$a_{ii}=b_{ii}\,(i=1,2,\cdots,n)$. 再令$\boldsymbol{X}=(0,0,\cdots,1,\cdots,1,\cdots,0)^{\mathrm{T}}$(第$i$个和第$j$个分量为1, 其余分量为0), 代入$\boldsymbol{X}^{\mathrm{T}}\boldsymbol{A}\boldsymbol{X}=\boldsymbol{X}^{\mathrm{T}}\boldsymbol{B}\boldsymbol{X}$, 得到

$$a_{ii}+a_{ji}+a_{ij}+a_{jj}=b_{ii}+b_{ji}+b_{ij}+b_{jj}.$$

因为$a_{ij}=a_{ji},b_{ij}=b_{ji}$, 且$a_{ii}=b_{ii},a_{jj}=b_{jj}$, 所以$a_{ij}=b_{ij}(i\neq j)\,(i=1,2,\cdots,n;j=1,2,\cdots,n)$. 故$\boldsymbol{A}=\boldsymbol{B}$.

例 6.1.2 写出下列二次型的系数矩阵 $\boldsymbol{A}$:

(1) $f(x_1,x_2,x_3)=2x_1^2+3x_1x_2+x_2x_3+3x_3^2$;

(2) $f(x_1,x_2,\cdots,x_n)=(a_1x_1+a_2x_2+\cdots+a_nx_n)(b_1x_1+b_2x_2+\cdots+b_nx_n)$.

解 (1) $\boldsymbol{A}=\begin{pmatrix}2&\frac{3}{2}&0\\\frac{3}{2}&0&\frac{1}{2}\\0&\frac{1}{2}&3\end{pmatrix}$.

(2) 因为 $f=(x_1,x_2,\cdots,x_n)\begin{pmatrix}a_1\\a_2\\\vdots\\a_n\end{pmatrix}(b_1,b_2,\cdots,b_n)\begin{pmatrix}x_1\\x_2\\\vdots\\x_n\end{pmatrix}$

$$=(x_1,x_2,\cdots,x_n)\begin{pmatrix}b_1\\b_2\\\vdots\\b_n\end{pmatrix}(a_1,a_2,\cdots,a_n)\begin{pmatrix}x_1\\x_2\\\vdots\\x_n\end{pmatrix}$$

$$=(x_1,x_2,\cdots,x_n)\frac{1}{2}\left[\begin{pmatrix}a_1\\a_2\\\vdots\\a_n\end{pmatrix}(b_1,b_2,\cdots,b_n)+\begin{pmatrix}b_1\\b_2\\\vdots\\b_n\end{pmatrix}(a_1,a_2,\cdots,a_n)\right]\begin{pmatrix}x_1\\x_2\\\vdots\\x_n\end{pmatrix}.$$

所以, 令 $\boldsymbol{\alpha}=\begin{pmatrix}a_1\\a_2\\\vdots\\a_n\end{pmatrix},\boldsymbol{\beta}=\begin{pmatrix}b_1\\b_2\\\vdots\\b_n\end{pmatrix}$, 则 $\boldsymbol{A}=\frac{1}{2}(\boldsymbol{\alpha}\boldsymbol{\beta}^{\mathrm{T}}+\boldsymbol{\beta}\boldsymbol{\alpha}^{\mathrm{T}})$.

例 6.1.3 证明: 实二次型 $f(x_1,x_2,\cdots,x_n)=\sum_{i=1}^{m}\left(\sum_{j=1}^{n}a_{ij}x_j\right)^2$ 的秩等于矩阵 $\boldsymbol{A}=(a_{ij})_{m\times n}$ 的秩.

证 令 $y_i=\sum_{j=1}^{n}a_{ij}x_j(i=1,2,\cdots,m),\boldsymbol{Y}=(y_1,y_2,\cdots,y_m)^{\mathrm{T}},\boldsymbol{X}=(x_1,x_2,\cdots,x_n)^{\mathrm{T}}$, 则 $\boldsymbol{Y}=\boldsymbol{A}\boldsymbol{X}$, 从而

$$f(x_1,x_2,\cdots,x_n)=\sum_{i=1}^{m}y_i^2=\boldsymbol{Y}^{\mathrm{T}}\boldsymbol{Y}=\boldsymbol{X}^{\mathrm{T}}\boldsymbol{A}^{\mathrm{T}}\boldsymbol{A}\boldsymbol{X}.$$

于是二次型 $f(x_1,x_2,\cdots,x_n)$ 的秩等于 $r(\boldsymbol{A}^{\mathrm{T}}\boldsymbol{A})$. 又因为 $r(\boldsymbol{A}^{\mathrm{T}}\boldsymbol{A})=r(\boldsymbol{A})$, 所以二次型 $f(x_1,x_2,\cdots,x_n)$ 的秩等于 $r(\boldsymbol{A})$.

练习 6.1.1 矩阵 $\boldsymbol{A}=\begin{pmatrix}0&1&-1\\1&2&3\\3&-1&5\end{pmatrix}$ 对应的二次型为____________________.

6.2　二次型的标准型

定义 6.2.1 (线性变换 · 非退化线性变换) 称如下变换

$$\begin{cases} x_1 = c_{11}y_1 + c_{12}y_2 + \cdots + c_{1n}y_n, \\ x_2 = c_{21}y_1 + c_{22}y_2 + \cdots + c_{2n}y_n, \\ \vdots \quad \vdots \quad \vdots \quad \vdots \\ x_n = c_{n1}y_1 + c_{n2}y_2 + \cdots + c_{nn}y_n \end{cases}$$

为由 $x_1, x_2, \cdots, x_n$ 到 $y_1, y_2, \cdots, y_n$ 的一个**线性变换**. 令

$$\boldsymbol{X} = \begin{pmatrix} x_1 \\ x_2 \\ \vdots \\ x_n \end{pmatrix}, \boldsymbol{Y} = \begin{pmatrix} y_1 \\ y_2 \\ \vdots \\ y_n \end{pmatrix}, \boldsymbol{C} = (c_{ij})_{n\times n},$$

则上述变换可写为 $\boldsymbol{X} = \boldsymbol{CY}$.

若 $|\boldsymbol{C}| \neq 0$, 则称上述变换为**非退化线性变换**或**非奇异线性变换**或**可逆线性变换**. 需要特别注意的是: 当 $\boldsymbol{C}$ 为正交矩阵时, 则称该变换为**正交变换**. 若 $\boldsymbol{C}$ 不可逆, 则称该变换为**退化线性变换**或**奇异线性变换**.

定义 6.2.2 (合同矩阵) 设 $\boldsymbol{A}, \boldsymbol{B}$ 都是 n 阶方阵, 若存在数域 $\mathbb{K}$ 上 n 阶可逆矩阵 $\boldsymbol{C}$, 使得 $\boldsymbol{B} = \boldsymbol{C}^{\mathrm{T}}\boldsymbol{AC}$, 则称矩阵 $\boldsymbol{B}$ 与 $\boldsymbol{A}$ 在 $\mathbb{K}$ 上**合同** (请与矩阵相似的概念比较).

矩阵的合同关系是一个等价关系.

定理 6.2.1 设 $\boldsymbol{X} = (x_1, x_2, \cdots, x_n)^{\mathrm{T}}, \boldsymbol{Y} = (y_1, y_2, \cdots, y_n)^{\mathrm{T}}, \boldsymbol{C} = (c_{ij})_{n\times n}$, 二次型 $f(x_1, x_2, \cdots, x_n) = \boldsymbol{X}^{\mathrm{T}}\boldsymbol{AX}$ 在非退化线性变换 $\boldsymbol{X} = \boldsymbol{CY}$ 下变为一个新二次型 $g(y_1, y_2, \cdots, y_n)$, 则二次型 $g(y_1, y_2, \cdots, y_n)$ 的系数矩阵 $\boldsymbol{B}$ 与二次型 $f(x_1, x_2, \cdots, x_n)$ 的系数矩阵 $\boldsymbol{A}$ 是合同的, 即 $\boldsymbol{B} = \boldsymbol{C}^{\mathrm{T}}\boldsymbol{AC}$. 反之, 若有两个二次型 $\boldsymbol{X}^{\mathrm{T}}\boldsymbol{AX}$ 与 $\boldsymbol{Y}^{\mathrm{T}}\boldsymbol{BY}$ 的系数矩阵 $\boldsymbol{A}$ 与 $\boldsymbol{B}$ 合同, 即存在可逆矩阵 $\boldsymbol{C}$, 使得 $\boldsymbol{B} = \boldsymbol{C}^{\mathrm{T}}\boldsymbol{AC}$, 则只需令 $\boldsymbol{X} = \boldsymbol{CY}$ 就可以将前一个二次型化为后一个二次型.

证　因为 $f(x_1, x_2, \cdots, x_n) = \boldsymbol{X}^{\mathrm{T}}\boldsymbol{AX} = \boldsymbol{Y}^{\mathrm{T}}\boldsymbol{C}^{\mathrm{T}}\boldsymbol{ACY} = \boldsymbol{Y}^{\mathrm{T}}\boldsymbol{BY} = g(y_1, y_2, \cdots, y_n)$, 所以二次型 $g(y_1, y_2, \cdots, y_n)$ 的矩阵为 $\boldsymbol{B} = \boldsymbol{C}^{\mathrm{T}}\boldsymbol{AC}$.

定义 6.2.3 如果二次型 $f(x_1, x_2, \cdots, x_n)$ 只含平方项, 即

$$f(x_1, x_2, \cdots, x_n) = a_1x_1^2 + a_2x_2^2 + \cdots + a_nx_n^2,\ a_i \in \mathbb{K}\,(i = 1, 2, \cdots, n)$$

则称该二次型为**标准二次型**, 简称为**标准型**.

定理 6.2.2 任一 n 元非零二次型 $\boldsymbol{X}^{\mathrm{T}}\boldsymbol{AX}$ 都可以经过一个非退化线性变换化为标准型. 换言之, 任一 n 阶对称矩阵 $\boldsymbol{A}$ 都与一个对角矩阵 $\boldsymbol{D}$ 合同.

证　若 $a_{11}=0$, 而 $a_{ii}\neq 0$, 则第 1 行与第 i 行交换, 第 1 列与第 i 列交换, 得到的矩阵 $\boldsymbol{E}_{1i}\boldsymbol{A}\boldsymbol{E}_{1i}=\boldsymbol{E}_{1i}^{\mathrm{T}}\boldsymbol{A}\boldsymbol{E}_{1i}$ 的 $(1,1)$ 元不为0, 且与 $\boldsymbol{A}$ 合同. 若 $a_{ii}=0\,(i=1,2,\cdots,n)$, 设 $a_{ij}\neq 0\,(i\neq j)$, 将 $\boldsymbol{A}$ 的第 j 列加到第 i 列, 再将 $\boldsymbol{A}$ 的第 j 行加到第 i 行 (第 j 列加到第 i 列, 相当于右乘以 $\boldsymbol{E}(i,j(1))$, 第 j 行加到第 i 行相当于左乘以 $\boldsymbol{E}(i,j(1))^{\mathrm{T}}$, 这是合同变换), 得到的矩阵的 (i,i) 元是 $2a_{ij}$ 不为0, 再用前面的办法使 $(1,1)$ 元不为0. 因此, 不妨设 $\boldsymbol{A}=(a_{ij})_{n\times n}$ 中 $a_{11}\neq 0$. 若 $a_{i1}\neq 0$, 则可将第 1 行乘以 $-a_{11}^{-1}a_{i1}$ 加到第 i 行上去, 再将第 1 列乘以 $-a_{11}^{-1}a_{1i}$ 加到第 i 列上去, 因为 $a_{i1}=a_{1i}$, 所以得到的矩阵的 $(i,1)$ 元和 $(1,i)$ 元为0, 且与 $\boldsymbol{A}$ 是合同的. 这样, 可依次把 $\boldsymbol{A}$ 的第 1 行与第 1 列除 a_{11} 外的元素都变为0, 于是 $\boldsymbol{A}$ 合同于下列矩阵

$$\begin{pmatrix} a_{11} & 0 & \cdots & 0 \\ 0 & b_{22} & \cdots & b_{2n} \\ \vdots & \vdots & & \vdots \\ 0 & b_{n2} & \cdots & b_{nn} \end{pmatrix}$$

上述矩阵右下角是 $n-1$ 阶对称矩阵, 记之为 $\boldsymbol{A}_1$. 从而可归纳地假设存在 $n-1$ 阶可逆矩阵 $\boldsymbol{P}$, 使得 $\boldsymbol{P}^{\mathrm{T}}\boldsymbol{A}_1\boldsymbol{P}$ 是对角矩阵. 于是

$$\begin{pmatrix} 1 & \boldsymbol{0}^{\mathrm{T}} \\ \boldsymbol{0} & \boldsymbol{P}^{\mathrm{T}} \end{pmatrix}\begin{pmatrix} a_{11} & \boldsymbol{0}^{\mathrm{T}} \\ \boldsymbol{0} & \boldsymbol{A}_1 \end{pmatrix}\begin{pmatrix} 1 & \boldsymbol{0}^{\mathrm{T}} \\ \boldsymbol{0} & \boldsymbol{P} \end{pmatrix}=\begin{pmatrix} a_{11} & \boldsymbol{0}^{\mathrm{T}} \\ \boldsymbol{0} & \boldsymbol{P}^{\mathrm{T}}\boldsymbol{A}_1\boldsymbol{P} \end{pmatrix}$$

是对角矩阵, 显然 $\begin{pmatrix} 1 & \boldsymbol{0}^{\mathrm{T}} \\ \boldsymbol{0} & \boldsymbol{P}^{\mathrm{T}} \end{pmatrix}=\begin{pmatrix} 1 & \boldsymbol{0}^{\mathrm{T}} \\ \boldsymbol{0} & \boldsymbol{P} \end{pmatrix}^{\mathrm{T}}$. 因此 $\boldsymbol{A}$ 合同于一个对角矩阵.

由实对称矩阵正交相似于对角矩阵 (定理 5.4.2), 可得下面的定理:

定理 6.2.3 设 $f(x_1,x_2,\cdots,x_n)=\boldsymbol{X}^{\mathrm{T}}\boldsymbol{A}\boldsymbol{X}$ 是一个 n 元实二次型, 则 $f(x_1,x_2,\cdots,x_n)$ 经正交变换 $\boldsymbol{X}=\boldsymbol{C}\boldsymbol{Y}$ 可化为下列标准型:

$$\lambda_1y_1^2+\lambda_2y_2^2+\cdots+\lambda_ny_n^2,$$

其中 $\lambda_1,\lambda_2,\cdots,\lambda_n$ 是 $\boldsymbol{A}$ 的特征值, $\boldsymbol{C}$ 是正交矩阵.

证　因为 $\boldsymbol{A}$ 是实对称矩阵, 所以存在正交矩阵 $\boldsymbol{C}$, 使得

$$\boldsymbol{C}^{-1}\boldsymbol{A}\boldsymbol{C}=\boldsymbol{C}^{\mathrm{T}}\boldsymbol{A}\boldsymbol{C}=\mathrm{diag}(\lambda_1,\lambda_2,\cdots,\lambda_n),$$

其中 $\lambda_1,\lambda_2,\cdots,\lambda_n$ 是 $\boldsymbol{A}$ 的特征值. 由定理 6.2.1 可知, $f(x_1,x_2,\cdots,x_n)$ 在正交变换 $\boldsymbol{X}=\boldsymbol{C}\boldsymbol{Y}$ 下变为标准型:

$$\lambda_1y_1^2+\lambda_2y_2^2+\cdots+\lambda_ny_n^2,$$

其中 $\lambda_1,\lambda_2,\cdots,\lambda_n$ 是 $\boldsymbol{A}$ 的特征值.

例 6.2.1 将二次型 $f(x_1,x_2,x_3)=x_1x_2+4x_1x_3+x_2x_3$ 化为标准型.

解法一　配方法. 令

$$\begin{cases} x_1 = y_1 + y_2, \\ x_2 = y_1 - y_2, \\ x_3 = y_3, \end{cases}$$

则 $f(x_1,x_2,x_3) = y_1^2 + 5y_1y_3 - y_2^2 + 3y_2y_3 = \left(y_1 + \dfrac{5}{2}y_3\right)^2 - y_2^2 + 3y_2y_3 - \dfrac{25}{4}y_3^2$

$$= \left(y_1 + \frac{5}{2}y_3\right)^2 - \left(y_2 - \frac{3}{2}y_3\right)^2 - 4y_3^2.$$

于是, 令

$$\begin{cases} z_1 = y_1 + \dfrac{5}{2}y_3, \\ z_2 = y_2 - \dfrac{3}{2}y_3, \\ z_3 = y_3, \end{cases} \text{即} \begin{cases} x_1 = z_1 + z_2 - z_3, \\ x_2 = z_1 - z_2 - 4z_3, \\ x_3 = z_3, \end{cases}$$

则有 $f(x_1,x_2,x_3) = z_1^2 - z_2^2 - 4z_3^2$.

解法二　初等变换变换法.

$$\begin{pmatrix} \boldsymbol{A} \\ \boldsymbol{E}_3 \end{pmatrix} = \begin{pmatrix} 0 & \frac{1}{2} & 2 \\ \frac{1}{2} & 0 & \frac{1}{2} \\ 2 & \frac{1}{2} & 0 \\ 1 & 0 & 0 \\ 0 & 1 & 0 \\ 0 & 0 & 1 \end{pmatrix} \to \begin{pmatrix} \frac{1}{2} & \frac{1}{2} & 2 \\ \frac{1}{2} & 0 & \frac{1}{2} \\ \frac{5}{2} & \frac{1}{2} & 0 \\ 1 & 0 & 0 \\ 1 & 1 & 0 \\ 0 & 0 & 1 \end{pmatrix} \to \begin{pmatrix} 1 & \frac{1}{2} & \frac{5}{2} \\ \frac{1}{2} & 0 & \frac{1}{2} \\ \frac{5}{2} & \frac{1}{2} & 0 \\ 1 & 0 & 0 \\ 1 & 1 & 0 \\ 0 & 0 & 1 \end{pmatrix}$$

$$\to \begin{pmatrix} 1 & 0 & 0 \\ \frac{1}{2} & -\frac{1}{4} & -\frac{3}{4} \\ \frac{5}{2} & -\frac{3}{4} & -\frac{25}{4} \\ 1 & -\frac{1}{2} & -\frac{5}{2} \\ 1 & \frac{1}{2} & -\frac{5}{2} \\ 0 & 0 & 1 \end{pmatrix} \to \begin{pmatrix} 1 & 0 & 0 \\ 0 & -\frac{1}{4} & -\frac{3}{4} \\ 0 & -\frac{3}{4} & -\frac{25}{4} \\ 1 & -\frac{1}{2} & -\frac{5}{2} \\ 1 & \frac{1}{2} & -\frac{5}{2} \\ 0 & 0 & 1 \end{pmatrix} \to \begin{pmatrix} 1 & 0 & 0 \\ 0 & -\frac{1}{4} & 0 \\ 0 & 0 & -4 \\ 1 & -\frac{1}{2} & -1 \\ 1 & \frac{1}{2} & -4 \\ 0 & 0 & 1 \end{pmatrix} = \begin{pmatrix} \boldsymbol{D} \\ \boldsymbol{C} \end{pmatrix}.$$

因此, 令

$$\begin{cases} x_1 = y_1 - \dfrac{1}{2}y_2 - y_3, \\ x_2 = y_1 + \dfrac{1}{2}y_2 - 4y_3, \\ x_3 = y_3, \end{cases}$$

则 $f(x_1,x_2,x_3) = y_1^2 - \dfrac{1}{4}y_2^2 - 4y_3^2$.

解法二　正交变换法.

$f(x_1,x_2,x_3)=x_1x_2+4x_1x_3+x_2x_3$ 的系数矩阵 $\boldsymbol{A}=\begin{pmatrix}0&\frac{1}{2}&2\\ \frac{1}{2}&0&\frac{1}{2}\\ 2&\frac{1}{2}&0\end{pmatrix}$.

由

$$|\lambda\boldsymbol{E}-\boldsymbol{A}|=\lambda^3-\frac{9}{2}\lambda-1=(\lambda+2)\left(\lambda^2-2\lambda-\frac{1}{2}\right)=0,$$

得到 $\boldsymbol{A}$ 的特征值为 $\lambda_1=-2,\lambda_2=\dfrac{2+\sqrt{6}}{2},\lambda_3=\dfrac{2-\sqrt{6}}{2}$. 再由 $(\lambda_i\boldsymbol{E}-\boldsymbol{A})\boldsymbol{X}=\boldsymbol{0}\,(i=1,2,3)$ 可解得 $\boldsymbol{A}$ 的分别属于 $\lambda_1,\lambda_2,\lambda_3$ 的特征向量

$$\boldsymbol{\alpha}_1=(-1,0,1)^{\mathrm{T}},\boldsymbol{\alpha}_2=\left(1,-2+\sqrt{6},1\right)^{\mathrm{T}},\boldsymbol{\alpha}_3=\left(1,-2-\sqrt{6},1\right)^{\mathrm{T}}.$$

令

$$\boldsymbol{C}=\begin{pmatrix}-\frac{1}{\sqrt{2}}&\frac{1}{\sqrt{12+4\sqrt{6}}}&\frac{1}{\sqrt{12+4\sqrt{6}}}\\ 0&\frac{-2+\sqrt{6}}{\sqrt{12+4\sqrt{6}}}&\frac{-2-\sqrt{6}}{\sqrt{12+4\sqrt{6}}}\\ \frac{1}{\sqrt{2}}&\frac{1}{\sqrt{12+4\sqrt{6}}}&\frac{1}{\sqrt{12+4\sqrt{6}}}\end{pmatrix},\quad\begin{pmatrix}x_1\\x_2\\x_3\end{pmatrix}=\boldsymbol{C}\begin{pmatrix}y_1\\y_2\\y_3\end{pmatrix},$$

则 $\boldsymbol{C}$ 是正交矩阵, 且 $f(x_1,x_2,x_3)=-2y_1^2+\dfrac{2+\sqrt{6}}{2}y_2^2+\dfrac{2-\sqrt{6}}{2}y_3^2$.

注 1 $(\boldsymbol{A},\boldsymbol{E})\to(\boldsymbol{D},\boldsymbol{C}^{\mathrm{T}})$.

注 2 二次型的标准型一般不是唯一的.

练习 6.2.1 证明: n 阶实方阵 $\boldsymbol{A}$ 是对称矩阵的充分必要条件是 $\boldsymbol{A}\boldsymbol{A}^{\mathrm{T}}=\boldsymbol{A}^2$.

6.3　复二次型和实二次型的规范型

对于一个复二次型 $f(x_1,x_2,\cdots,x_n)=\boldsymbol{X}^{\mathrm{T}}\boldsymbol{A}\boldsymbol{X}$, 通过一个适当的非退化线性变换, 就可以化为标准型:

$$f(x_1,x_2,\cdots,x_n)=c_1y_1^2+c_2y_2^2+\cdots+c_ry_r^2.$$

其中 $r=r(\boldsymbol{A})$ 为该二次型的秩, $c_i\neq 0\,(i=1,2,\cdots,r)$.

若再令

$$y_1=\frac{z_1}{\sqrt{c_1}},y_2=\frac{z_2}{\sqrt{c_2}},\cdots,y_r=\frac{z_r}{\sqrt{c_r}},y_{r+1}=z_{r+1},\cdots,y_n=z_n,$$

则

$$f(x_1,x_2,\cdots,x_n)=z_1^2+z_2^2+\cdots+z_r^2.$$

这种系数皆为1的平方和形式称为复二次型的**规范型**.

定理 6.3.1 任一复对称矩阵 $\boldsymbol{A}$ 总可以合同于 $\mathrm{diag}(1,1,\cdots,1,0,\cdots,0)$, 其中 1 的个数 $r=r(\boldsymbol{A})$.

设 $f(x_1,x_2,\cdots,x_n)=\boldsymbol{X}^{\mathrm{T}}\boldsymbol{A}\boldsymbol{X}$ 是一个实二次型. 它经非退化线性变换化为标准型:

$$f(x_1,x_2,\cdots,x_n)=c_1y_1^2+c_2y_2^2+\cdots+c_ry_r^2,$$

其中 $r=r(\boldsymbol{A})\,(c_i\neq 0, i=1,2,\cdots,r)$. 我们可以对变量的次序作适当调换, 使得 $c_1,c_2,\cdots,c_p>0, c_{p+1},\cdots,c_r<0$. 于是

$$f(x_1,x_2,\cdots,x_n)=d_1z_1^2+d_2z_2^2+\cdots+d_pz_p^2-d_{p+1}z_{p+1}^2-\cdots-d_rz_r^2,$$

其中 $d_i>0\,(i=1,2,\cdots,r)$. 若令

$$z_1=\frac{t_1}{\sqrt{d_1}},z_2=\frac{t_2}{\sqrt{d_2}},\cdots,z_r=\frac{t_r}{\sqrt{d_r}},z_{r+1}=t_{r+1},\cdots,z_n=t_n,$$

则

$$f(x_1,x_2,\cdots,x_n)=t_1^2+t_2^2+\cdots+t_p^2-t_{p+1}^2-\cdots-t_r^2.$$

这种系数为 1 和 -1 的平方和形式称为**实二次型的规范型**.

定理 6.3.2 (惯性定律) 对任一含 n 个变元秩为 r 的实二次型 $\boldsymbol{X}^{\mathrm{T}}\boldsymbol{A}\boldsymbol{X}$ 总可以通过非退化线性变换将它化为规范型, 其正项个数 p, 负项个数 $r-p$ 都是唯一确定的.

证 反证法. 设有两个非退化线性变换: $\boldsymbol{X}=\boldsymbol{C}_1\boldsymbol{Y},\boldsymbol{X}=\boldsymbol{C}_2\boldsymbol{Z}$ 分别把原二次型化为规范型

$$f(x_1,x_2,\cdots,x_n)=y_1^2+y_2^2+\cdots+y_p^2-y_{p+1}^2-\cdots-y_r^2,\tag{6.3.1}$$

$$f(x_1,x_2,\cdots,x_n)=z_1^2+z_2^2+\cdots+z_q^2-z_{q+1}^2-\cdots-z_r^2.\tag{6.3.2}$$

假设 $p>q$, 由 $\boldsymbol{X}=\boldsymbol{C}_1\boldsymbol{Y},\boldsymbol{X}=\boldsymbol{C}_2\boldsymbol{Z}$, 可得 $\boldsymbol{Z}=\boldsymbol{C}_2^{-1}\boldsymbol{C}_1\boldsymbol{Y}$. 设 $\boldsymbol{C}_2^{-1}\boldsymbol{C}_1=(c_{ij})_{n\times n}$, 考虑下列关于 $y_1,y_2,\cdots,y_n$ 的齐次线性方程组

$$\begin{cases} z_1 &= 0,\\ z_2 &= 0,\\ \ \vdots & \ \ \vdots\\ z_q &= 0,\\ y_{p+1} &= 0,\\ \ \vdots & \ \ \vdots\\ y_n &= 0,\end{cases}\quad \text{即}\quad \begin{cases} c_{11}y_1+c_{12}y_2+\cdots+c_{1n}y_n=0,\\ c_{21}y_1+c_{22}y_2+\cdots+c_{2n}y_n=0,\\ \qquad\vdots\\ c_{q1}y_1+c_{q2}y_2+\cdots+c_{qn}y_n=0,\\ \qquad\qquad\qquad\qquad y_{p+1}=0,\\ \qquad\qquad\qquad\qquad\ \ \vdots\\ \qquad\qquad\qquad\qquad y_n=0,\end{cases}$$

此方程组中共有 $q+(n-p)=n-(p-q)$ 个方程. 因为 $p>q$, 故方程组的系数矩阵的秩小于 n, 所以该方程组必有非零解. 设 $(y_1^0,y_2^0,\cdots,y_p^0,\underbrace{0,0,\cdots,0}_{n-p})^{\mathrm{T}}$ 是该方程组的一个非零解, 将这个非零解代入原二次型, 由式 (6.3.1), 得到

$$f(x_1,x_2,\cdots,x_n)=(y_1^0)^2+(y_2^0)^2+\cdots+(y_p^0)^2>0,$$

由式 (6.3.2), 得到

$$f(x_1,x_2,\cdots,x_n) = -z_{q+1}^2 - z_{q+2}^2 - \cdots - z_r^2 \leqslant 0.$$

这是矛盾. 所以 $p > q$ 是不可能的. 同理可证 $p < q$ 也是不可能的. 故 $p = q$.

定义 6.3.1 我们称一个实二次型 f 的规范型 (或标准型) 中的正项系数的个数 p 为实二次型 f 的**正惯性指数**, 负项系数的个数 $q = r - p$ 为实二次型 f 的**负惯性指数**, 称 $s = p - q$ 为实二次型 f 的**符号差**.

由定义 6.3.1 和惯性定律立即可得: n 元实二次型 $f(x_1,x_2,\cdots,x_n) = \boldsymbol{X}^{\mathrm{T}}\boldsymbol{A}\boldsymbol{X}$ 的正惯性指数等于其系数矩阵 $\boldsymbol{A}$ 的正特征值的个数, 负惯性指数等于 $\boldsymbol{A}$ 的负特征值的个数, 秩等于 $\boldsymbol{A}$ 的非零特征值的个数.

推论 6.3.3 n 阶实对称矩阵 $\boldsymbol{A}$ 总合同于一个如下形式的对角矩阵

$$\boldsymbol{D} = \mathrm{diag}\big(\underbrace{1,1,\cdots,1}_{p},\underbrace{-1,-1,\cdots,-1}_{r-p},\underbrace{0,0,\cdots,0}_{n-r}\big),$$

且这个称为规范型矩阵的对角矩阵是唯一的.

推论 6.3.4 两个实对称矩阵合同当且仅当它们所对应的二次型有相同的秩和相同的正惯性指数.

推论 6.3.5 一切 n 阶实对称矩阵可分成 $\binom{n+2}{2}$ 个类, 属于同一类的两个 n 阶实对称矩阵彼此合同.

证 给定 $r,p,0\leqslant r\leqslant n,0\leqslant p\leqslant r$. 令

$$\boldsymbol{D}_{r,p} = \begin{pmatrix} \boldsymbol{E}_p & & \\ & -\boldsymbol{E}_{r-p} & \\ & & O \end{pmatrix},$$

因为 r 可取 $0,1,\cdots,n$, 而 p 可取 $0,1,\cdots,r$, 所以共有 $1+2+\cdots+(n+1) = \binom{n+2}{2}$ 种不同的取法, 即有 $\binom{n+2}{2}$ 个规范型矩阵, 亦即 n 阶实对称矩阵可分成 $\binom{n+2}{2}$ 个类.

例 6.3.1 求 $f(x_1,x_2,x_3,x_4) = 2x_1^2 - 4x_1x_2 - 12x_1x_3 + 8x_1x_4 + 9x_2^2 + 18x_2x_3 - 10x_2x_4 + 23x_3^2 - 20x_3x_4 + 4x_4^2$ 的正负惯性指数.

解 因为 $f(x_1,x_2,x_3,x_4)$ 的系数矩阵

$$\boldsymbol{A} = \begin{pmatrix} 2 & -2 & -6 & 4 \\ -2 & 9 & 9 & -5 \\ -6 & 9 & 23 & -10 \\ 4 & -5 & -10 & 4 \end{pmatrix} \to \begin{pmatrix} 2 & 0 & 0 & 0 \\ 0 & 7 & 3 & -1 \\ 0 & 3 & 5 & 2 \\ 0 & -1 & 2 & -4 \end{pmatrix} \to \begin{pmatrix} 1 & 0 & 0 & 0 \\ 0 & 7 & 0 & 0 \\ 0 & 0 & \dfrac{26}{7} & \dfrac{17}{7} \\ 0 & 0 & \dfrac{17}{7} & -\dfrac{29}{7} \end{pmatrix} \to$$

$\begin{pmatrix} 1 & 0 & 0 & 0 \\ 0 & 1 & 0 & 0 \\ 0 & 0 & 1 & 0 \\ 0 & 0 & 0 & -1 \end{pmatrix}$, 或 $\boldsymbol{A} \to \begin{pmatrix} 2 & 0 & 0 & 0 \\ 0 & 7 & 0 & 0 \\ 0 & 0 & \frac{26}{7} & 0 \\ 0 & 0 & 0 & -\frac{149}{26} \end{pmatrix}$, 所以二次型 f 的正惯性指数为3, 负惯性指数为1.

例 6.3.2 证明: 对角矩阵 $\operatorname{diag}(\lambda_1, \lambda_2, \cdots, \lambda_n)$ 与对角矩阵 $\operatorname{diag}(\lambda_{i_1}, \lambda_{i_2}, \cdots, \lambda_{i_n})$ 合同, 其中 $i_1, i_2, \cdots, i_n$ 是 $1, 2, \cdots, n$ 的一个排列.

证 交换矩阵的 i 行和 j 行, 再交换矩阵的 i 列和 j 列, 这是一个合同变换, 变换的结果是 (i,i) 元与 (j,j) 元交换了位置. 又因为任一排列都可以通过若干次行列交换来实现, 所以 $\operatorname{diag}(\lambda_1, \lambda_2, \cdots, \lambda_n)$ 与 $\operatorname{diag}(\lambda_{i_1}, \lambda_{i_2}, \cdots, \lambda_{i_n})$ 合同.

例 6.3.3 证明: 复数域 $\mathbb{C}$ 上的反对称矩阵 $\boldsymbol{A}$ 必与如下形式的矩阵 $\boldsymbol{D}$ 合同, 其中

$$\boldsymbol{D} = \operatorname{diag}(\underbrace{\boldsymbol{S}, \boldsymbol{S}, \cdots, \boldsymbol{S}}_{k}, \underbrace{0, 0, \cdots, 0}_{n-2k}), \boldsymbol{S} = \begin{pmatrix} 0 & 1 \\ -1 & 0 \end{pmatrix}.$$

证 当 $n = 1, 2$ 时, 易得结论成立. 假设对阶数小于 n 的矩阵结论成立. 现有 n 阶反对称矩阵 $\boldsymbol{A}$, 若 $\boldsymbol{A} = \boldsymbol{O}$, 则结论成立. 故设 $\boldsymbol{A} \neq \boldsymbol{O}$, 因为反对称矩阵主对角线上元素全为0, 设 $\boldsymbol{A}$ 的 (i,j) 元 $a_{ij} \neq 0$, 则 $\boldsymbol{A}$ 的 (j,i) 元为 $-a_{ij}$. 将 $\boldsymbol{A}$ 的第1行与第 i 行交换, 第1列与第 i 列交换, 再将第2行与第 j 行交换, 第2列与第 j 列交换, 得到的矩阵与 $\boldsymbol{A}$ 合同且具有下列形状: $\boldsymbol{M} = \begin{pmatrix} \boldsymbol{A}_1 & \boldsymbol{B} \\ -\boldsymbol{B}^{\mathrm{T}} & \boldsymbol{A}_2 \end{pmatrix}$, 其中 $\boldsymbol{A}_1 = \begin{pmatrix} 0 & a_{ij} \\ -a_{ij} & 0 \end{pmatrix}$, $\boldsymbol{A}_2$ 是 $n-2$ 阶反对称矩阵. 显然 $\boldsymbol{A}_1$ 可逆, 对 $\boldsymbol{M}$ 作下列分块初等变换: 将第1块行左乘以 $\boldsymbol{B}^{\mathrm{T}}\boldsymbol{A}_1^{-1}$ 加到第2块行上去, 再将第1块列右乘以 $-\boldsymbol{A}_1^{-1}\boldsymbol{B}$ 加到第2块列上去, 注意到 $\boldsymbol{A}_1^{-1}$ 也是反对称矩阵, 故 $(\boldsymbol{A}_1^{-1})^{\mathrm{T}} = -\boldsymbol{A}_1^{-1}$, 且 $\boldsymbol{A}$ 合同于 $\boldsymbol{N} = \begin{pmatrix} \boldsymbol{A}_1 & \boldsymbol{O} \\ \boldsymbol{O} & \boldsymbol{A}_2 + \boldsymbol{B}^{\mathrm{T}}\boldsymbol{A}_1^{-1}\boldsymbol{B} \end{pmatrix}$. 显然 $\boldsymbol{A}_2 + \boldsymbol{B}^{\mathrm{T}}\boldsymbol{A}_1^{-1}\boldsymbol{B}$ 是反对称矩阵. 由归纳假设, 它合同于下列形状的矩阵

$$\operatorname{diag}(\boldsymbol{S}, \boldsymbol{S}, \cdots, \boldsymbol{S}, 0, \cdots, 0), \boldsymbol{S} = \begin{pmatrix} 0 & 1 \\ -1 & 0 \end{pmatrix}.$$

故分块对角矩阵 $\boldsymbol{N}$ 合同于 $\operatorname{diag}(\boldsymbol{S}, \boldsymbol{S}, \cdots, \boldsymbol{S}, 0, \cdots, 0)$ 形状的矩阵.

例 6.3.4 证明: $\boldsymbol{A}$ 是 n 阶实反对称矩阵当且仅当 $\forall\, \boldsymbol{X} \in \mathbb{R}^{n\times 1}$ 都有 $\boldsymbol{X}^{\mathrm{T}}\boldsymbol{A}\boldsymbol{X} = 0$.

证 必要性. 因为 $\forall\, \boldsymbol{X} \in \mathbb{R}^{n\times 1}$ 都有 $\boldsymbol{X}^{\mathrm{T}}\boldsymbol{A}\boldsymbol{X} = (\boldsymbol{X}^{\mathrm{T}}\boldsymbol{A}\boldsymbol{X})^{\mathrm{T}} = \boldsymbol{X}^{\mathrm{T}}\boldsymbol{A}^{\mathrm{T}}\boldsymbol{X} = -\boldsymbol{X}^{\mathrm{T}}\boldsymbol{A}\boldsymbol{X}$, 所以 $\boldsymbol{X}^{\mathrm{T}}\boldsymbol{A}\boldsymbol{X} = 0$.

充分性. 设 $\boldsymbol{A} = (a_{ij})_{n\times n}$. 令 $\boldsymbol{X} = (0, 0, \cdots, 1, 0, \cdots, 0)^{\mathrm{T}}$ (第 i 分量为1, 其余分量为0), 代入二次型 $\boldsymbol{X}^{\mathrm{T}}\boldsymbol{A}\boldsymbol{X} = 0$, 得到 $a_{ii} = 0\,(i = 1, 2, \cdots, n)$. 令 $\boldsymbol{X} = (0, 0, \cdots, 0, 1, 0, \cdots, 0, 1, 0, \cdots, 0)^{\mathrm{T}}$ (第 i, j 分量为1, 其余分量为0), 代入 $\boldsymbol{X}^{\mathrm{T}}\boldsymbol{A}\boldsymbol{X} = 0$, 得到 $a_{ii} + a_{ji} + a_{ij} + a_{jj} = 0$, 注意到已有 $a_{ii} = a_{jj} = 0$, 故 $a_{ij} = -a_{ji}\,(i, j = 1, 2, \cdots, n)$.

例 0.3.5 求实二次型 $f(x_1,x_2,\cdots,x_n)=x_1x_2+x_2x_3+\cdots+x_{n-1}x_n$ 的规范型.

解法一　因为实二次型 $f(x_1,x_2,\cdots,x_n)$ 的系数矩阵 $\boldsymbol{A}=\begin{pmatrix} 0 & \frac{1}{2} & 0 & \cdots & 0 & 0 \\ \frac{1}{2} & 0 & \frac{1}{2} & \cdots & 0 & 0 \\ 0 & \frac{1}{2} & 0 & \cdots & 0 & 0 \\ \vdots & \vdots & \vdots & & \vdots & \vdots \\ 0 & 0 & 0 & \cdots & 0 & \frac{1}{2} \\ 0 & 0 & 0 & \cdots & \frac{1}{2} & 0 \end{pmatrix}$, 故

$$D_n=|\lambda\boldsymbol{E}-\boldsymbol{A}|=\lambda D_{n-1}-a^2D_{n-2},$$

其中 $a=-\dfrac{1}{2}$. 通过计算 $D_2,D_3,\cdots,D_6$, 猜想

$$D_{2n}=\sum_{k=0}^{n}(-1)^k\binom{2n-k}{k}a^{2k}\lambda^{2n-2k},\ D_{2n+1}=\lambda\sum_{k=0}^{n}(-1)^k\binom{2n+1-k}{k}a^{2k}\lambda^{2n-2k}.$$

其实, $D_{2n+2}=\lambda D_{2n+1}-a^2D_{2n}$

$$\begin{aligned}
&=\sum_{k=0}^{n}(-1)^k\binom{2n+1-k}{k}a^{2k}\lambda^{2n+2-2k}-\sum_{k=0}^{n}(-1)^k\binom{2n-k}{k}a^{2k+2}\lambda^{2n-2k}\\
&=\lambda^{2n+2}+\sum_{k=0}^{n-1}(-1)^{k+1}\binom{2n-k}{k+1}a^{2(k+1)}\lambda^{2n-2k}+\\
&\quad\sum_{k=0}^{n-1}(-1)^{k+1}\binom{2n-k}{k}a^{2k+2}\lambda^{2n-2k}+(-1)^{n+1}a^{2n+2}\\
&=\lambda^{2n+2}+\sum_{k=0}^{n-1}(-1)^{k+1}\binom{2n-k+1}{k+1}a^{2k+2}\lambda^{2n-2k}+(-1)^{n+1}a^{2n+2}\\
&=\lambda^{2n+2}+\sum_{k=0}^{n-1}(-1)^{k+1}\binom{2n+2-(k+1)}{k+1}a^{2k+2}\lambda^{2n+2-(2k+2)}+(-1)^{n+1}a^{2n+2}\\
&=\sum_{k=0}^{n+1}(-1)^k\binom{2n+2-k}{k}a^{2k}\lambda^{2n+2-2k}.
\end{aligned}$$

类似可得

$$D_{2n+1}=\lambda\sum_{k=0}^{n}(-1)^k\binom{2n+1-k}{k}a^{2k}\lambda^{2n-2k}.$$

因此, 当 n 是偶数时, 0 不是 $\boldsymbol{A}$ 的特征值, 注意到 $\boldsymbol{A}$ 的特征值都是实数, 所以 $\boldsymbol{A}$ 的特征值正负成对出现. 故存在可逆线性变换 $\boldsymbol{X}=\boldsymbol{CY}$, 使得

$$f(x_1,x_2,\cdots,x_n)=y_1^2-y_2^2+\cdots+y_{n-1}^2-y_n^2.$$

当 n 为奇数时, 0 是 $\boldsymbol{A}$ 的一重特征值, 所以 $\boldsymbol{A}$ 的 $n-1$ 个特征值正负成对出现. 故存在可逆线性变换 $\boldsymbol{X}=\boldsymbol{CY}$, 使得

$$f(x_1,x_2,\cdots,x_n)=y_1^2-y_2^2+\cdots+y_{n-2}^2-y_{n-1}^2.$$

解法二　令 $y_j=\frac{1}{2}(x_j+x_{j+1}+x_{j+2}),y_{j+1}=\frac{1}{2}(x_j-x_{j+1}+x_{j+2})$, 则

$$y_j^2-y_{j+1}^2=x_jx_{j+1}+x_{j+1}x_{j+2}.$$

当 $n=2m$ 时, $j=1,3,\cdots,n-3$, 变换如上,

$$y_{n-1}=\frac{1}{2}(x_{n-1}+x_n),y_n=\frac{1}{2}(x_{n-1}-x_n),$$

则

$$f(x_1,x_2,\cdots,x_n)=y_1^2-y_2^2+\cdots+y_{n-1}^2-y_n^2.$$

当 $n=2m+1$ 时, $j=1,3,\cdots,n-2$, 变换如上, $y_n=x_n$, 则

$$f(x_1,x_2,\cdots,x_n)=y_1^2-y_2^2+\cdots+y_{n-2}^2-y_{n-1}^2.$$

练习 6.3.1 在所有二阶实方阵 $\boldsymbol{X}=\begin{pmatrix}a&b\\c&d\end{pmatrix}$ 上定义二次型 $f(\boldsymbol{X})=\mathrm{tr}(\boldsymbol{X}^2)$, 求实二次型 $f(\boldsymbol{X})$ 的秩和符号差.

6.4　正定二次型

定义 6.4.1 设 $f(x_1,x_2,\cdots,x_n)$ 是一个实二次型, 若对任意一组不全为0的数 $c_1,c_2,\cdots,c_n$ 都有 $f(c_1,c_2,\cdots,c_n)>0$, 则称 $f(x_1,x_2,\cdots,x_n)$ 是一个**正定二次型**. 设 $\boldsymbol{A}$ 是一个 n 阶实对称矩阵, 若二次型 $f(x_1,x_2,\cdots,x_n)=\boldsymbol{X}^{\mathrm{T}}\boldsymbol{A}\boldsymbol{X}$ 是正定的, 则称 $\boldsymbol{A}$ 是**正定矩阵**, 简称为**正定阵**.

定义 6.4.2 设 $f(x_1,x_2,\cdots,x_n)$ 是一个实二次型, 若对任意一组不全为0的数 $c_1,c_2,\cdots,c_n$ 都有 $f(c_1,c_2,\cdots,c_n)<0$, 则称 $f(x_1,x_2,\cdots,x_n)$ 是一个**负定二次型**, 其系数矩阵称为**负定阵**; 若总有 $f(c_1,c_2,\cdots,c_n)\geqslant 0$, 则称 $f(x_1,x_2,\cdots,x_n)$ 为**半正定二次型**, 其系数矩阵称为**半正定阵**; 类似可以定义**半负定二次型**和**半负定阵**; 若既存在一组数 $a_1,a_2,\cdots,a_n$, 使得 $f(a_1,a_2,\cdots,a_n)<0$, 又存在一组数 $b_1,b_2,\cdots,b_n$, 使得 $f(b_1,b_2,\cdots,b_n)>0$, 则称 $f(x_1,x_2,\cdots,x_n)$ 为**不定二次型**, 其系数矩阵称为**不定阵**.

例 6.4.1 证明 $\boldsymbol{A}=\begin{pmatrix}2&1\\1&1\end{pmatrix}$ 是正定阵, $\boldsymbol{B}=\begin{pmatrix}1&2\\2&3\end{pmatrix}$ 是不定阵.

证　因为 $\forall\,\boldsymbol{X}=(x_1,x_2)^{\mathrm{T}}\neq\boldsymbol{0}$, 有

$$\boldsymbol{X}^{\mathrm{T}}\boldsymbol{A}\boldsymbol{X}=2x_1^2+2x_1x_2+x_2^2=2\left[\left(x_1+\frac{1}{2}x_2\right)^2+\frac{1}{4}x_2^2\right]>0,$$

所以 $\boldsymbol{A}$ 是正定阵.

因为 $(2,-1)\boldsymbol{B}\begin{pmatrix}2\\-1\end{pmatrix}=-1<0,\ \ (1,0)\boldsymbol{B}\begin{pmatrix}1\\0\end{pmatrix}=1>0$, 所以 $\boldsymbol{B}$ 是不定阵.

例 6.4.2 若 $\boldsymbol{A} \in \mathbb{R}^{m\times n}$ 为非零矩阵, $\boldsymbol{B} = \begin{pmatrix} \boldsymbol{O} & \boldsymbol{A} \\ \boldsymbol{A}^{\mathrm{T}} & \boldsymbol{O} \end{pmatrix}$, 则 $\boldsymbol{B}$ 是不定阵.

证 设 $\boldsymbol{X} = \begin{pmatrix} \boldsymbol{\xi} \\ \boldsymbol{\eta} \end{pmatrix}$, 其中 $\boldsymbol{\xi} = (a_1, a_2, \cdots, a_m)^{\mathrm{T}}, \boldsymbol{\eta} = (b_1, \cdots, b_n)^{\mathrm{T}}$, 则

$$\boldsymbol{X}^{\mathrm{T}}\boldsymbol{B}\boldsymbol{X} = (\boldsymbol{\xi}^{\mathrm{T}}, \boldsymbol{\eta}^{\mathrm{T}}) \begin{pmatrix} \boldsymbol{O} & \boldsymbol{A} \\ \boldsymbol{A}^{\mathrm{T}} & \boldsymbol{O} \end{pmatrix} \begin{pmatrix} \boldsymbol{\xi} \\ \boldsymbol{\eta} \end{pmatrix} = \boldsymbol{\eta}^{\mathrm{T}}\boldsymbol{A}^{\mathrm{T}}\boldsymbol{\xi} + \boldsymbol{\xi}^{\mathrm{T}}\boldsymbol{A}\boldsymbol{\eta} = 2\boldsymbol{\xi}^{\mathrm{T}}\boldsymbol{A}\boldsymbol{\eta}.$$

因为 $\boldsymbol{A} \neq \boldsymbol{O}$, 故存在 $\boldsymbol{\eta} \neq \boldsymbol{0}$, 使得 $\boldsymbol{A}\boldsymbol{\eta} \neq \boldsymbol{0}$. 现取 $\boldsymbol{\xi} = -\boldsymbol{A}\boldsymbol{\eta}$, 即 $\boldsymbol{\alpha} = \begin{pmatrix} -\boldsymbol{A}\boldsymbol{\eta} \\ \boldsymbol{\eta} \end{pmatrix}$ 时, 就有 $\boldsymbol{\alpha}^{\mathrm{T}}\boldsymbol{B}\boldsymbol{\alpha} = -2(\boldsymbol{A}\boldsymbol{\eta})^{\mathrm{T}}(\boldsymbol{A}\boldsymbol{\eta}) < 0$; 取 $\boldsymbol{\xi} = \boldsymbol{A}\boldsymbol{\eta}$, 即 $\boldsymbol{\beta} = \begin{pmatrix} \boldsymbol{A}\boldsymbol{\eta} \\ \boldsymbol{\eta} \end{pmatrix}$ 时, 又有 $\boldsymbol{\beta}^{\mathrm{T}}\boldsymbol{B}\boldsymbol{\beta} = 2(\boldsymbol{A}\boldsymbol{\eta})^{\mathrm{T}}(\boldsymbol{A}\boldsymbol{\eta}) > 0$. 故 $\boldsymbol{B}$ 是不定阵.

定理 6.4.1 实二次型 $f(x_1, x_2, \cdots, x_n)$ 正定当且仅当 $f(x_1, x_2, \cdots, x_n)$ 的正惯性指数 p 等于 n.

证 必要性. 设 $f(x_1, x_2, \cdots, x_n)$ 的秩为 r, 则 $p \leqslant r \leqslant n$. 若 $p < n$, 则有非退化线性变换 $\boldsymbol{X} = \boldsymbol{C}\boldsymbol{Y}$, 使得

$$f(x_1, x_2, \cdots, x_n) = y_1^2 + y_2^2 + \cdots + y_p^2 - y_{p+1}^2 - \cdots - y_r^2.$$

取 $\boldsymbol{Y} = (0, 0, \cdots, 0, 1, \cdots, 1)^{\mathrm{T}}$ (第 1 个分量至第 p 个分量为 0, 其余 $n-p$ 个分量为 1), 因为 $|\boldsymbol{C}| \neq 0$, 故 $\boldsymbol{X} = \boldsymbol{C}\boldsymbol{Y} \neq \boldsymbol{0}$, 代入上式, 得到 $f(x_1, x_2, \cdots, x_n) \leqslant 0$. 这与 $f(x_1, x_2, \cdots, x_n)$ 的正定性矛盾. 故 $p = n$.

充分性. 若 $p = n$, 则有非退化线性变换 $\boldsymbol{X} = \boldsymbol{C}\boldsymbol{Y}$, 使得

$$f(x_1, x_2, \cdots, x_n) = y_1^2 + y_2^2 + \cdots + y_n^2.$$

设 $\boldsymbol{X} = (c_1, c_2, \cdots, c_n)^{\mathrm{T}} \neq \boldsymbol{0}$, 因为 $\boldsymbol{C}$ 可逆, 所以 $\boldsymbol{Y} = \boldsymbol{C}^{-1}\boldsymbol{X} = (y_1, y_2, \cdots, y_n)^{\mathrm{T}} \neq \boldsymbol{0}$. 代入上式, 得到 $f(c_1, c_2, \cdots, c_n) > 0$. 故实二次型 $f(x_1, x_2, \cdots, x_n)$ 正定.

推论 6.4.2 实二次型 $f(x_1, x_2, \cdots, x_n)$ 半正定当且仅当 $f(x_1, x_2, \cdots, x_n)$ 的正惯性指数 p 等于 $f(x_1, x_2, \cdots, x_n)$ 的秩 r.

推论 6.4.3 n 阶实对称矩阵 $\boldsymbol{A}$ 正定当且仅当 $\boldsymbol{A}$ 与单位矩阵 $\boldsymbol{E}$ 合同, 即存在可逆矩阵 $\boldsymbol{C}$, 使得 $\boldsymbol{A} = \boldsymbol{C}^{\mathrm{T}}\boldsymbol{E}\boldsymbol{C} = \boldsymbol{C}^{\mathrm{T}}\boldsymbol{C}$.

由此易得正定矩阵 $\boldsymbol{A}$ 的行列式 $|\boldsymbol{A}| = |\boldsymbol{C}^{\mathrm{T}}\boldsymbol{C}| = |\boldsymbol{C}|^2 > 0$.

推论 6.4.4 n 阶实对称矩阵 $\boldsymbol{A}$ 正定 (半正定) 当且仅当存在正定阵 (半正定阵) $\boldsymbol{C}$, 使得 $\boldsymbol{A} = \boldsymbol{C}^{\mathrm{T}}\boldsymbol{C} = \boldsymbol{C}^2$.

证　必要性. 记 $\boldsymbol{D}=\operatorname{diag}(\lambda_1,\lambda_2,\cdots,\lambda_n)$, 其中 $\lambda_1,\lambda_2,\cdots,\lambda_n$ 为 $\boldsymbol{A}$ 的特征值. 因为 $\boldsymbol{A}$ 正定 (半正定), 所以 $\lambda_i>0(\geqslant 0)\,(i=1,2,\cdots,n)$, 且存在正交矩阵 $\boldsymbol{Q}$, 使得 $\boldsymbol{Q}^{\mathrm{T}}\boldsymbol{A}\boldsymbol{Q}=\boldsymbol{D}$. 令 $\boldsymbol{D}_1=\operatorname{diag}\left(\sqrt{\lambda_1},\sqrt{\lambda_2},\cdots,\sqrt{\lambda_n}\right)$, 则

$$\boldsymbol{A}=\boldsymbol{Q}\boldsymbol{D}\boldsymbol{Q}^{\mathrm{T}}=\boldsymbol{Q}\boldsymbol{D}_1^2\boldsymbol{Q}^{\mathrm{T}}=\left(\boldsymbol{Q}\boldsymbol{D}_1\boldsymbol{Q}^{\mathrm{T}}\right)\left(\boldsymbol{Q}\boldsymbol{D}_1\boldsymbol{Q}^{\mathrm{T}}\right).$$

令 $\boldsymbol{C}=\boldsymbol{Q}\boldsymbol{D}_1\boldsymbol{Q}^{\mathrm{T}}$, 则 $\boldsymbol{C}$ 正定 (半正定), 且 $\boldsymbol{A}=\boldsymbol{C}^{\mathrm{T}}\boldsymbol{C}=\boldsymbol{C}^2$.

充分性. 对任意非零向量 $\boldsymbol{X}=(c_1,c_2,\cdots,c_n)^{\mathrm{T}}\in\mathbb{R}^{n\times 1}$, 有

$$\boldsymbol{X}^{\mathrm{T}}\boldsymbol{A}\boldsymbol{X}=(\boldsymbol{C}\boldsymbol{X})^{\mathrm{T}}(\boldsymbol{C}\boldsymbol{X})>0(\geqslant 0).$$

故 $\boldsymbol{A}$ 是正定阵 (半正定阵).

定义 6.4.3 (顺序主子式) 设 $\boldsymbol{A}=\begin{pmatrix}a_{11}&a_{12}&\cdots&a_{1n}\\a_{21}&a_{22}&\cdots&a_{2n}\\\vdots&\vdots&&\vdots\\a_{n1}&a_{n2}&\cdots&a_{nn}\end{pmatrix}$, $\boldsymbol{A}$ 的 $i_1,i_2,\cdots,i_k$ 行和 $i_1,i_2,\cdots,i_k$ 列 $(1\leqslant i_1<i_2<\cdots<i_k\leqslant n)$ 的交点处的元素构成的 k 阶矩阵称为矩阵 $\boldsymbol{A}$ 的 k **阶主子阵**; $\boldsymbol{A}$ 的主子阵的行列式称为 $\boldsymbol{A}$ 的**主子式**; 称方阵 $\boldsymbol{A}$ 的下列 n 个主子阵为 $\boldsymbol{A}$ 的**顺序主子阵**:

$$\boldsymbol{A}_1=a_{11},\boldsymbol{A}_2=\begin{pmatrix}a_{11}&a_{12}\\a_{21}&a_{22}\end{pmatrix},\cdots,\boldsymbol{A}_n=\boldsymbol{A}.$$

顺序主子阵的行列式称为 $\boldsymbol{A}$ 的**顺序主子式**.

定理 6.4.5 实二次型 $f(x_1,x_2,\cdots,x_n)=\boldsymbol{X}^{\mathrm{T}}\boldsymbol{A}\boldsymbol{X}$ 正定当且仅当 $\boldsymbol{A}$ 的一切顺序主子式都大于零.

证　必要性. 设 $\boldsymbol{A}=(a_{ij})_{n\times n}$, 因为二次型 $f(x_1,x_2,\cdots,x_n)=\sum\limits_{i=1}^{n}\sum\limits_{j=1}^{n}a_{ij}x_ix_j$ 正定, 所以, 对于任意一组不全为0的 k 个数 $c_1,c_2,\cdots,c_k$, 都有 k 元二次型 $f_k(c_1,c_2,\cdots,c_k)=\sum\limits_{i=1}^{k}\sum\limits_{j=1}^{k}a_{ij}c_ic_j=f(c_1,c_2,\cdots,c_k,0,\cdots,0)>0$, 所以 $f_k(x_1,x_2,\cdots,x_k)$ 是一个 k 元正定二次型, 其系数矩阵 $\boldsymbol{A}_k$ 是正定阵. 故 $|\boldsymbol{A}_k|>0\,(k=1,2,\cdots,n)$.

充分性. 数学归纳法. 当 $n=1$ 时, $\boldsymbol{A}=a, a>0$, 故 $f(x_1)=ax_1^2$ 是正定二次型. 假设结论对 $n-1$ 成立. 设 n 阶方阵 $\boldsymbol{A}$ 的顺序主子式大于0, 将 $\boldsymbol{A}$ 写为 $\begin{pmatrix}\boldsymbol{A}_{n-1}&\boldsymbol{\alpha}\\\boldsymbol{\alpha}^{\mathrm{T}}&a_{nn}\end{pmatrix}$, 因为 $\boldsymbol{A}$ 的顺序主子式大于0, $\boldsymbol{A}_{n-1}$ 的顺序主子式也大于0. 由归纳假设, 得到 $\boldsymbol{A}_{n-1}$ 是正定阵. 于是 $\boldsymbol{A}_{n-1}$ 合同于 $n-1$ 阶单位阵, 即存在 $n-1$ 阶可逆矩阵 $\boldsymbol{B}$, 使得 $\boldsymbol{B}^{\mathrm{T}}\boldsymbol{A}_{n-1}\boldsymbol{B}=\boldsymbol{E}_{n-1}$. 令 $\boldsymbol{C}=\begin{pmatrix}\boldsymbol{B}&\boldsymbol{0}\\\boldsymbol{0}^{\mathrm{T}}&1\end{pmatrix}$, 则

$$\boldsymbol{C}^{\mathrm{T}}\boldsymbol{A}\boldsymbol{C}=\begin{pmatrix}\boldsymbol{B}^{\mathrm{T}}&\boldsymbol{0}\\\boldsymbol{0}^{\mathrm{T}}&1\end{pmatrix}\begin{pmatrix}\boldsymbol{A}_{n-1}&\boldsymbol{\alpha}\\\boldsymbol{\alpha}^{\mathrm{T}}&a_{nn}\end{pmatrix}\begin{pmatrix}\boldsymbol{B}&\boldsymbol{0}\\\boldsymbol{0}^{\mathrm{T}}&1\end{pmatrix}=\begin{pmatrix}\boldsymbol{E}_{n-1}&\boldsymbol{B}^{\mathrm{T}}\boldsymbol{\alpha}\\\boldsymbol{\alpha}^{\mathrm{T}}\boldsymbol{B}&a_{nn}\end{pmatrix},$$

这是一个对称矩阵, 其形式为

$$C^{\mathrm{T}}AC=\begin{pmatrix}1&0&\cdots&0&c_1\\0&1&\cdots&0&c_2\\\vdots&\vdots&&\vdots&\vdots\\0&0&\cdots&1&c_{n-1}\\c_1&c_2&\cdots&c_{n-1}&a_{nn}\end{pmatrix},$$

用第三类初等变换可将上述矩阵化为对角矩阵, 这相当于在 $\boldsymbol{C}^{\mathrm{T}}\boldsymbol{AC}$ 的左右两边分别乘以可逆矩阵 $\boldsymbol{Q}^{\mathrm{T}}$ 和 $\boldsymbol{Q}$, 即

$$\boldsymbol{Q}^{\mathrm{T}}\boldsymbol{C}^{\mathrm{T}}\boldsymbol{ACQ}=\mathrm{diag}(1,1,\cdots,1,c).$$

因为 $|\boldsymbol{A}|>0$, 所以 $c>0$. 这就证明了 $\boldsymbol{A}$ 是一个正定阵.

注 上述从 $n-1$ 到 n 的推理用如下分块初等变换写出更简洁些:

$$\begin{pmatrix}\boldsymbol{A}_{n-1}&\boldsymbol{\alpha}\\\boldsymbol{\alpha}^{\mathrm{T}}&a_{nn}\end{pmatrix}\to\begin{pmatrix}\boldsymbol{A}_{n-1}&\boldsymbol{\alpha}\\\boldsymbol{0}^{\mathrm{T}}&a_{nn}-\boldsymbol{\alpha}^{\mathrm{T}}\boldsymbol{A}_{n-1}^{-1}\boldsymbol{\alpha}\end{pmatrix}\to\begin{pmatrix}\boldsymbol{A}_{n-1}&\boldsymbol{0}\\\boldsymbol{0}^{\mathrm{T}}&a_{nn}-\boldsymbol{\alpha}^{\mathrm{T}}\boldsymbol{A}_{n-1}^{-1}\boldsymbol{\alpha}\end{pmatrix},$$

因为 $|\boldsymbol{A}|>0$, 所以 $a_{nn}-\boldsymbol{\alpha}^{\mathrm{T}}\boldsymbol{A}_{n-1}^{-1}\boldsymbol{\alpha}>0$. 故 $\boldsymbol{A}$ 是正定阵.

例 6.4.3 正定阵的任一主子阵也是正定阵, 半正定阵的任一主子阵也是半正定阵.

证 假设 $\boldsymbol{A}$ 是正定阵, 对 $\boldsymbol{A}$ 的某个 r 阶主子阵经过适当的合同变换 (交换行与列) 可将其换到左上方. 故只对 k 阶顺序主子阵证明即可. 这在上述定理的必要性中已经证明. 同理可证另一结论.

例 6.4.4 设 n 阶矩阵 A 的特征多项式为

$$f(\lambda)=\lambda^n-a_1\lambda^{n-1}+a_2\lambda^{n-2}+\cdots+(-1)^na_n.$$

证明: a_k 等于 $\boldsymbol{A}$ 的所有 k 阶主子式之和, 即

$$a_k=\sum_{1\leqslant j_1<j_2<\cdots<j_k\leqslant n}\det\boldsymbol{A}\begin{pmatrix}j_1&j_2&\cdots&j_k\\j_1&j_2&\cdots&j_k\end{pmatrix},k=1,2,\cdots,n.$$

证 记 $\boldsymbol{e}_k\ (k=1,2,\cdots,n)$ 为第 k 个分量为1, 其余分量为0的 n 维列向量. 将 $\boldsymbol{A}$ 按列 (向量) 分块: $\boldsymbol{A}=(\boldsymbol{\alpha}_1,\boldsymbol{\alpha}_2,\cdots,\boldsymbol{\alpha}_n)$, 则

$$\begin{aligned}\det(\lambda\boldsymbol{E}-\boldsymbol{A})&=\det(\lambda\boldsymbol{e}_1-\boldsymbol{\alpha}_1,\lambda\boldsymbol{e}_2-\boldsymbol{\alpha}_2,\cdots,\lambda\boldsymbol{e}_n-\boldsymbol{\alpha}_n)\\&=\det(\lambda\boldsymbol{e}_1,\lambda\boldsymbol{e}_2,\cdots,\lambda\boldsymbol{e}_n)-\sum_{j=1}^{n}\det(\lambda\boldsymbol{e}_1,\cdots,\lambda\boldsymbol{e}_{j-1},\boldsymbol{\alpha}_j,\lambda\boldsymbol{e}_{j+1},\cdots,\lambda\boldsymbol{e}_n)+\\&\sum_{1\leqslant j_1<j_2\leqslant n}\det(\lambda\boldsymbol{e}_1,\cdots,\lambda\boldsymbol{e}_{j_1-1},\boldsymbol{\alpha}_{j_1},\lambda\boldsymbol{e}_{j_1+1},\cdots,\lambda\boldsymbol{e}_{j_2-1},\boldsymbol{\alpha}_{j_2},\lambda\boldsymbol{e}_{j_2+1},\cdots,\lambda\boldsymbol{e}_n)+\\&\cdots+(-1)^n\det(\boldsymbol{\alpha}_1,\boldsymbol{\alpha}_2,\cdots,\boldsymbol{\alpha}_n).\end{aligned}$$

由行列式性质, 欲证结论成立.

例 6.4.5 n 阶实对称矩阵 $\boldsymbol{A}$ 半正定当且仅当 $\boldsymbol{A}$ 的一切主子式大于或等于 0.

证 必要性. 由例 6.4.3 知半正定阵 $\boldsymbol{A}$ 的任一主子阵都是半正定阵, 显然其行列式非负.

充分性. 设 $\boldsymbol{A}$ 的所有主子式都非负. 令 $\boldsymbol{A}$ 的特征多项式为 $f(\lambda) = \lambda^n - a_1\lambda^{n-1} + a_2\lambda^{n-2} + \cdots + (-1)^n a_n$. 由例 6.4.4, 得到 a_k 等于 $\boldsymbol{A}$ 的所有 k 阶主子式之和, 从而有 $a_k \geqslant 0$, 所以 $f(\lambda) = 0$ 无负根, 即 $\boldsymbol{A}$ 的特征值均非负. 故 $\boldsymbol{A}$ 半正定.

注 我们不能套用正定阵的判定定理, 以为一个实对称矩阵的顺序主子式非负, 则该矩阵就是半正定阵. 如 $\boldsymbol{A} = \begin{pmatrix} 0 & 0 \\ 0 & -1 \end{pmatrix}$ 是一个实对称矩阵, 且两个顺序主子式非负, 但它不是半正定阵, 而是一个半负定阵.

例 6.4.6 若 $\boldsymbol{A} = (a_{ij})_{n\times n}, \boldsymbol{B} = (b_{ij})_{n\times n}$ 都是 n 阶正定阵, 证明: $\boldsymbol{C} = (a_{ij}b_{ij})_{n\times n}$ 也是正定阵.

证 因为 $\boldsymbol{A}$ 是正定阵, 所以存在可逆矩阵 $\boldsymbol{P}$, 使得 $\boldsymbol{A} = \boldsymbol{P}^{\mathrm{T}}\boldsymbol{P}$. 设 $\boldsymbol{P} = (p_{ij})_{n\times n}$, 则 $a_{ij} = \sum\limits_{k=1}^{n} p_{ki}p_{kj}\ (i, j = 1, 2, \cdots, n)$. 作二次型

$$\begin{aligned} f(x_1, x_2, \cdots, x_n) = \boldsymbol{X}^{\mathrm{T}}\boldsymbol{C}\boldsymbol{X} &= \sum_{i=1}^{n}\sum_{j=1}^{n} a_{ij}b_{ij}x_ix_j = \sum_{i=1}^{n}\sum_{j=1}^{n}\sum_{k=1}^{n} b_{ij}p_{ki}p_{kj}x_ix_j \\ &= \sum_{k=1}^{n}\sum_{i=1}^{n}\sum_{j=1}^{n} b_{ij}p_{ki}x_ip_{kj}x_j = \sum_{k=1}^{n} \boldsymbol{Y}_k^{\mathrm{T}}\boldsymbol{B}\boldsymbol{Y}_k, \end{aligned}$$

其中 $\boldsymbol{Y}_k = (p_{k1}x_1, p_{k2}x_2, \cdots, p_{kn}x_n)^{\mathrm{T}}$. 因为 $\boldsymbol{P}$ 可逆, 所以, 当 $\boldsymbol{X} \neq \boldsymbol{0}$ 时, $\boldsymbol{Y}_k \neq \boldsymbol{0}\ (k = 1, 2, \cdots, n)$, 再由 $\boldsymbol{B}$ 是正定阵, 得到 $f(x_1, x_2, \cdots, x_n) > 0$, 即 $\boldsymbol{C}$ 是正定阵.

练习 6.4.1 判别下列二次型是否正定:

(1) $f(x_1, x_2, \cdots, x_n) = \sum\limits_{k=1}^{n} x_k^2 + \sum\limits_{1\leqslant i<j\leqslant n} x_ix_j$;

(2) $f(x_1, x_2, \cdots, x_n) = \sum\limits_{k=1}^{n} x_k^2 + \sum\limits_{k=1}^{n-1} x_kx_{k+1}$.

练习 6.4.2 证明: 二次型 $f(x_1, x_2, \cdots, x_n) = n\sum\limits_{k=1}^{n} x_k^2 - \left(\sum\limits_{k=1}^{n} x_k\right)^2$ 半正定.

练习 6.4.3 设 $\boldsymbol{A} \in \mathbb{R}^{m\times m}, \boldsymbol{B} \in \mathbb{R}^{n\times n}$ 都是正定阵, 证明: 存在 $\boldsymbol{\xi} \in \mathbb{R}^{(m+n)\times 1}, \boldsymbol{\xi} \neq \boldsymbol{0}$, 使得 $\boldsymbol{\xi}^{\mathrm{T}}\begin{pmatrix} \boldsymbol{A} & \boldsymbol{O} \\ \boldsymbol{O} & -\boldsymbol{B} \end{pmatrix}\boldsymbol{\xi} = 0$.

练习 6.4.4 设 $\boldsymbol{A} = (a_{ij})_{n\times n}$ 为 n 阶正定阵, $b_1, b_2, \cdots, b_n$ 为 n 个都非零的常数, 证明: $\boldsymbol{B} = (b_ib_ja_{ij})_{n\times n}$ 为正定阵.

6.5 埃尔米特型

定义 6.5.1 系数 $a_{ij}\ (i = 1, 2, \cdots, n;\ j = 1, 2, \cdots, n)$ 都在 $\mathbb{C}$ 中的 $x_1, x_2, \cdots, x_n$ 的二次

齐次多项式

$$f(x_1,x_2,\cdots,x_n)=\sum_{j=1}^{n}\sum_{i=1}^{n}a_{ij}\overline{x}_i x_j, \tag{6.5.1}$$

其中 $\overline{a}_{ij}=a_{ji}$, 称为一个 n 元**埃尔米特型**.

将式 (6.5.1) 改写成矩阵形式:

$$f(x_1,x_2,\cdots,x_n)=\overline{\boldsymbol{X}}^{\mathrm{T}}\boldsymbol{AX}, \tag{6.5.2}$$

其中 $\boldsymbol{X}=(x_1,x_2,\cdots,x_n)^{\mathrm{T}}$, $\overline{\boldsymbol{A}}^{\mathrm{T}}=\boldsymbol{A}=(a_{ij})\in\mathbb{C}^{n\times n}$.

我们把满足条件 $\overline{\boldsymbol{A}}^{\mathrm{T}}=\boldsymbol{A}$ 的矩阵 $\boldsymbol{A}$ 称为**埃尔米特矩阵**.

与实二次型类似, 埃尔米特型与埃尔米特矩阵之间存在一一对应的关系.

设 $\boldsymbol{X}=\boldsymbol{CY}$, 其中 $\boldsymbol{C}$ 是一个 n 阶可逆复矩阵, 而 $\boldsymbol{Y}=(y_1,y_2,\cdots,y_n)^{\mathrm{T}}$, 则

$$f(x_1,x_2,\cdots,x_n)=\overline{(\boldsymbol{CY})}^{\mathrm{T}}\boldsymbol{A}(\boldsymbol{CY})=\overline{\boldsymbol{Y}}^{\mathrm{T}}\overline{\boldsymbol{C}}^{\mathrm{T}}\boldsymbol{ACY},$$

且 $\overline{(\overline{\boldsymbol{C}}^{\mathrm{T}}\boldsymbol{AC})}^{\mathrm{T}}=\overline{\boldsymbol{C}}^{\mathrm{T}}\overline{\boldsymbol{A}}^{\mathrm{T}}\boldsymbol{C}=\overline{\boldsymbol{C}}^{\mathrm{T}}\boldsymbol{AC}$.

定义 6.5.2 设 $\boldsymbol{A},\boldsymbol{B}$ 是两个埃尔米特矩阵, 若存在可逆矩阵 $\boldsymbol{C}$, 使得 $\boldsymbol{B}=\overline{\boldsymbol{C}}^{\mathrm{T}}\boldsymbol{AC}$, 则称 $\boldsymbol{A}$ 与 $\boldsymbol{B}$ 是复合同的.

复合同是一个等价关系. 与实二次型类似, 埃尔米特型

$$a_1\overline{x}_1x_1+a_2\overline{x}_2x_2+\cdots+a_n\overline{x}_nx_n$$

称为标准型.

仿定理 5.4.2 的证明方法, 可得如下定理.

定理 6.5.1 *若 $\boldsymbol{A}$ 是埃尔米特矩阵, 则必然存在酉矩阵 $\boldsymbol{U}$ $\left(\overline{\boldsymbol{U}}^{\mathrm{T}}=\boldsymbol{U}^{-1}\right)$, 使得*

$$\boldsymbol{U}^{-1}\boldsymbol{AU}=\overline{\boldsymbol{U}}^{\mathrm{T}}\boldsymbol{AU}=\mathrm{diag}(\lambda_1,\lambda_2,\cdots,\lambda_n),$$

其中 $\lambda_i\,(i=1,2,\cdots,n)$ 是 $\boldsymbol{A}$ 的特征值.

由习题 5 第 35 题, 埃尔米特矩阵的特征值都是实数. 设 $\boldsymbol{A},\boldsymbol{U},\lambda_k\,(k=1,2,\cdots,n)$ 如定理 6.5.1, 且 $\boldsymbol{A}$ 的特征值 $\lambda_1>0,\lambda_2>0,\cdots,\lambda_p>0,\lambda_{p+1}<0,\cdots,\lambda_r<0,\lambda_{r+1}=\cdots=\lambda_n=0$. 令

$$\boldsymbol{D}=\mathrm{diag}\left(\frac{1}{\sqrt{\lambda_1}},\frac{1}{\sqrt{\lambda_2}},\cdots,\frac{1}{\sqrt{\lambda_p}},\frac{1}{\sqrt{-\lambda_{p+1}}},\cdots,\frac{1}{\sqrt{-\lambda_r}},1,\cdots,1\right),$$

$\boldsymbol{X}=(x_1,x_2,\cdots,x_n)^{\mathrm{T}},\boldsymbol{Y}=(y_1,y_2,\cdots,y_n)^{\mathrm{T}},\boldsymbol{Z}=(z_1,z_2,\cdots,z_n)^{\mathrm{T}},\boldsymbol{X}=\boldsymbol{UY},\boldsymbol{Y}=\boldsymbol{DZ}$, 则

$$f(x_1,x_2,\cdots,x_n)=\overline{\boldsymbol{X}}^{\mathrm{T}}\boldsymbol{AX}=\sum_{k=1}^{n}\lambda_k\overline{y}_ky_k=\overline{z}_1z_1+\cdots+\overline{z}_pz_p-\overline{z}_{p+1}z_{p+1}-\cdots-\overline{z}_rz_r.$$

我们称上式中的 p 为埃尔米特型 $f(x_1,x_2,\cdots,x_n)$ 的正惯性指数, r 为埃尔米特型 $f(x_1,x_2,\cdots,x_n)$ 的秩, $q=r-p$ 为埃尔米特型 $f(x_1,x_2,\cdots,x_n)$ 的负惯性指数, $p-q$ 为埃尔米特型 $f(x_1,x_2,\cdots,x_n)$ 的符号差.

定义 6.5.3 设 $f(x_1, x_2, \cdots, x_n)$ 是一个埃尔米特型, 如果对任意一组不全为 0 的复数 $c_1, c_2, \cdots, c_n$ 都有 $f(c_1, c_2, \cdots, c_n) > 0$, 则称埃尔米特型 $f(x_1, x_2, \cdots, x_n)$ 是正定型. 埃尔米特正定型 $f(x_1, x_2, \cdots, x_n)$ 对应的埃尔米特矩阵 $\boldsymbol{A}$ 称为正定阵.

定理 6.5.2 埃尔米特型 $f(x_1, x_2, \cdots, x_n)$ 正定当且仅当埃尔米特型 $f(x_1, x_2, \cdots, x_n)$ 的正惯性指数 p 等于 n.

定理 6.5.3 n 阶埃尔米特矩阵 $\boldsymbol{A}$ 正定当且仅当 $\boldsymbol{A}$ 与单位矩阵 $\boldsymbol{E}$ 复合同, 即存在可逆矩阵 $\boldsymbol{C}$, 使得 $\boldsymbol{A} = \overline{\boldsymbol{C}}^{\mathrm{T}} \boldsymbol{E} \boldsymbol{C} = \overline{\boldsymbol{C}}^{\mathrm{T}} \boldsymbol{C}$.

证　必要性. 记 $\boldsymbol{D} = \operatorname{diag}(\lambda_1, \lambda_2, \cdots, \lambda_n)$, 其中 $\lambda_1, \lambda_2, \cdots, \lambda_n$ 为 $\boldsymbol{A}$ 的特征值. 因为 $\boldsymbol{A}$ 正定, 所以 $\lambda_i > 0 \, (i = 1, 2, \cdots, n)$, 且存在酉矩阵 $\boldsymbol{U}$, 使得 $\overline{\boldsymbol{U}}^{\mathrm{T}} \boldsymbol{A} \boldsymbol{U} = \boldsymbol{D}$. 令 $\boldsymbol{D}_1 = \operatorname{diag}\left(\sqrt{\lambda_1}, \sqrt{\lambda_2}, \cdots, \sqrt{\lambda_n}\right)$, 则 $\boldsymbol{A} = \boldsymbol{U}\boldsymbol{D}\overline{\boldsymbol{U}}^{\mathrm{T}} = \boldsymbol{U}\boldsymbol{D}_1^2\overline{\boldsymbol{U}}^{\mathrm{T}} = \left(\boldsymbol{U}\boldsymbol{D}_1\overline{\boldsymbol{U}}^{\mathrm{T}}\right)\left(\boldsymbol{U}\boldsymbol{D}_1\overline{\boldsymbol{U}}^{\mathrm{T}}\right)$. 再令 $\boldsymbol{C} = \boldsymbol{U}\boldsymbol{D}_1\overline{\boldsymbol{U}}^{\mathrm{T}}$, 则 $\boldsymbol{A} = \overline{\boldsymbol{C}}^{\mathrm{T}} \boldsymbol{C}$.

充分性. 对任意非零向量 $\boldsymbol{X} = (c_1, c_2, \cdots, c_n)^{\mathrm{T}} \in \mathbb{C}^{n \times 1}$, 有

$$\overline{\boldsymbol{X}}^{\mathrm{T}} \boldsymbol{A} \boldsymbol{X} = \overline{(\boldsymbol{C}\boldsymbol{X})}^{\mathrm{T}} (\boldsymbol{C}\boldsymbol{X}) > 0.$$

于是 $\boldsymbol{A}$ 是正定阵.

仿定理 6.4.5 的证明方法, 可得如下定理.

定理 6.5.4 n 阶埃尔米特矩阵 $\boldsymbol{A}$ 正定的充分必要条件是 $\boldsymbol{A}$ 的 n 个顺序主子式都大于零.

习　题　6

1. 设 $f(x_1, x_2, x_3) = (a_1x_1 + a_2x_2 + a_3x_3)(b_1x_1 + b_2x_2 + b_3x_3)$ 为非零二次型, 且 $a_1b_1 + a_2b_2 + a_3b_3 = 0$. 求 $f(x_1, x_2, x_3)$ 的正、负惯性指数.

2. 设 $\boldsymbol{A} = (a_{ij})_{n \times n}$ 是 n 阶实对称矩阵, $r(\boldsymbol{A}) = n$, A_{ij} 是 $|\boldsymbol{A}|$ 中元素 a_{ij} 的代数余子式. 试问二次型 $f(x_1, x_2, \cdots, x_n) = \sum\limits_{i,j=1}^{n} \dfrac{A_{ij}}{|\boldsymbol{A}|} x_i x_j = \boldsymbol{X}^{\mathrm{T}} \boldsymbol{A}^{-1} \boldsymbol{X}$ 与 $g(x_1, x_2, \cdots, x_n) = \boldsymbol{X}^{\mathrm{T}} \boldsymbol{A} \boldsymbol{X}$ 是否有相同的规范型?

3. 二次型 $f(x_1, x_2, x_3) = x_1^2 + x_2^2 + x_3^2 + 2\alpha x_1x_2 + 2x_1x_3 + 2\beta x_2x_3$ 经正交变换 $\boldsymbol{X} = \boldsymbol{P}\boldsymbol{Y}$ 化为 $f(x_1, x_2, x_3) = y_2^2 + 2y_3^2$, 其中 $\boldsymbol{X} = (x_1, x_2, x_3)^{\mathrm{T}}, \boldsymbol{y} = (y_1, y_2, y_3)^{\mathrm{T}}$ 是 3 维列向量, $\boldsymbol{P}$ 是 3 阶正交矩阵. 求 α, β.

4. 求下列二次型的正负惯性指数:

(1) $f(x_1, x_2, \cdots, x_n) = \sum\limits_{k=1}^{n} x_k^2 + \sum\limits_{1 \leqslant i < j \leqslant n} x_i x_j$;

(2) $f(x_1, x_2, \cdots, x_n) = \sum\limits_{k=1}^{n} (x_k - \bar{x})^2$, 其中 $\bar{x} = \dfrac{1}{n} \sum\limits_{k=1}^{n} x_k$.

5. 设 $\boldsymbol{A}=\begin{pmatrix}1&0&1\\0&2&0\\1&0&1\end{pmatrix}$, $\boldsymbol{B}=(k\boldsymbol{E}+\boldsymbol{A})^2$, 其中 $k\in\mathbb{R}$, 求对角矩阵 $\boldsymbol{D}$, 使得 $\boldsymbol{A}$ 与 $\boldsymbol{D}$ 相似. 并求 k 为何值时, $\boldsymbol{B}$ 为正定阵.

6. 设有 n 元实二次型

$$f(x_1,x_2,\cdots,x_n)=(x_1+a_1x_2)^2+(x_2+a_2x_3)^2+\cdots+(x_{n-1}+a_{n-1}x_n)^2+(x_n+a_nx_1)^2,$$

其中 $a_k\in\mathbb{R}\,(k=1,2,\cdots,n)$. 试问当 $a_1,a_2,\cdots,a_n$ 满足何种条件时, 实二次型 $f(x_1,x_2,\cdots,x_n)$ 正定?

7. 设 $\boldsymbol{A}$ 是正定阵, 证明: $\boldsymbol{A}^m\,(m\in\mathbb{N},m>1)$ 也是正定阵.

8. 设 $\boldsymbol{A}$ 为 $m\times n$ 实矩阵, 且 $m\leqslant n$. 证明: $\boldsymbol{A}\boldsymbol{A}^{\mathrm{T}}$ 正定当且仅当 $r(\boldsymbol{A})=m$.

9. 设 $\boldsymbol{B}$ 为 n 阶正定矩阵, $\boldsymbol{C}$ 为 $n\times m$ 实矩阵且 $r(\boldsymbol{C})=m$. 证明: $\boldsymbol{C}^{\mathrm{T}}\boldsymbol{B}\boldsymbol{C}$ 是正定阵.

10. 设 $\boldsymbol{A}$ 是 n 阶实对称幂等阵: $\boldsymbol{A}^2=\boldsymbol{A},\boldsymbol{A}^{\mathrm{T}}=\boldsymbol{A}$, 且 $r(\boldsymbol{A})=r\,(0<r<n)$.

(1) 证明: $\boldsymbol{A}+\boldsymbol{E}$ 是正定阵;

(2) 计算 n 阶行列式 $|\boldsymbol{E}+\boldsymbol{A}+\boldsymbol{A}^2+\cdots+\boldsymbol{A}^k|$.

11. 设 $\boldsymbol{A}$ 是 n 阶正定阵, $\boldsymbol{\alpha}_1,\boldsymbol{\alpha}_2,\cdots,\boldsymbol{\alpha}_m$ 为 n 维非零列向量, 且 $\forall i,j=1,2,\cdots,m\,(i\neq j)$ 都有 $\boldsymbol{\alpha}_i^{\mathrm{T}}\boldsymbol{A}\boldsymbol{\alpha}_j=0$. 证明: 向量组 $\boldsymbol{\alpha}_1,\boldsymbol{\alpha}_2,\cdots,\boldsymbol{\alpha}_m$ 线性无关.

12. 实对称矩阵 $\boldsymbol{A}$ 的秩 $r(\boldsymbol{A})=r$, 其正惯性指数为 p, 则符号差为　[　]

A. r　　B. $p-r$　　C. $2p-r$　　D. $r-p$

13. 设 $\boldsymbol{A},\boldsymbol{B}$ 是正定阵, 则　[　]

A. $\boldsymbol{A}\boldsymbol{B},\boldsymbol{A}+\boldsymbol{B}$ 都是正定阵

B. $\boldsymbol{A}\boldsymbol{B}$ 是正定阵, $\boldsymbol{A}+\boldsymbol{B}$ 不是正定阵

C. $\boldsymbol{A}\boldsymbol{B}$ 不是正定阵, $\boldsymbol{A}+\boldsymbol{B}$ 是正定阵

D. $\boldsymbol{A}\boldsymbol{B}$ 不一定是正定阵, $\boldsymbol{A}+\boldsymbol{B}$ 是正定阵

14. 设 $\boldsymbol{A}$ 是 n 阶实反对称矩阵, 则 $\boldsymbol{A}^{\mathrm{T}}\boldsymbol{A}$ 是　[　]

A. 正定阵　　B. 负定阵　　C. 半正定阵　　D. 半负定阵

15. 设 $\boldsymbol{A},\boldsymbol{B}$ 同为 n 阶正定阵. 证明: $\boldsymbol{A}\boldsymbol{B}$ 的所有特征值大于 0.

16. 设 $\boldsymbol{A}$ 是 n 阶实对称矩阵. 证明: $r(\boldsymbol{A})=n$ 当且仅当存在 n 阶实矩阵 $\boldsymbol{B}$, 使得 $\boldsymbol{A}\boldsymbol{B}+\boldsymbol{B}^{\mathrm{T}}\boldsymbol{A}$ 是正定矩阵.

17. 证明: n 阶实对称矩阵 $\boldsymbol{A}$ 是正定阵当且仅当对任意列满秩的 $n\times m$ 实矩阵 $\boldsymbol{C}$ 都有 $\boldsymbol{C}^{\mathrm{T}}\boldsymbol{A}\boldsymbol{C}$ 为正定阵.

18. 设 $\boldsymbol{A}=(a_{ij})_{n\times n}$, 其中 $a_{ij}=\dfrac{1}{i+j}\,(i,j=1,2,\cdots,n)$. 证明: $\boldsymbol{A}$ 是正定阵.

19. 设 A,B,C 为三角形的三内角, 证明: 则对任意实数 x,y,z, 都有

$$x^2+y^2+z^2\geqslant 2xy\cos A+2xz\cos B+2yz\cos C.$$

20. 设 $f(x_1,x_2,\cdots,x_n)=\boldsymbol{X}^{\mathrm{T}}\boldsymbol{A}\boldsymbol{X},g(x_1,x_2,\cdots,x_n)=\boldsymbol{X}^{\mathrm{T}}\boldsymbol{B}\boldsymbol{X}$ 是两个实二次型, 且 $f(x_1,x_2,\cdots,x_n)$ 正定. 证明: 存在一个非退化线性变换 $\boldsymbol{X}=\boldsymbol{C}\boldsymbol{Y}$ 分别把 $f(x_1,x_2,\cdots,x_n)$ 与 $g(x_1,x_2,\cdots,x_n)$ 化成 $y_1^2+y_2^2+\cdots+y_n^2$ 及 $\lambda_1y_1^2+\lambda_2y^2+\cdots+\lambda_ny_n^2$, 其中 $\lambda_1,\lambda_2,\cdots,\lambda_n$ 是 $\boldsymbol{A}^{-1}\boldsymbol{B}$ 的特征值.

21. 设 $\boldsymbol{A},\boldsymbol{B}$ 分别为同阶正定和半正定矩阵, 且 $\boldsymbol{B}\neq\boldsymbol{O}$. 证明: $|\boldsymbol{A}+\boldsymbol{B}|>|\boldsymbol{A}|+|\boldsymbol{B}|$.

22. 设 $\boldsymbol{A}$ 是 m 阶实对称阵, $\boldsymbol{C}$ 是 n 阶实对称阵, 且 $\begin{pmatrix}\boldsymbol{A}&\boldsymbol{B}\\ \boldsymbol{B}^{\mathrm{T}}&\boldsymbol{C}\end{pmatrix}$ 是正定阵. 证明: $\begin{vmatrix}\boldsymbol{A}&\boldsymbol{B}\\ \boldsymbol{B}^{\mathrm{T}}&\boldsymbol{C}\end{vmatrix}\leqslant|\boldsymbol{A}||\boldsymbol{C}|$, 等号成立当且仅当 $\boldsymbol{B}=\boldsymbol{O}$.

23. 设 $\boldsymbol{A},\boldsymbol{B}$ 都为 n 阶正定阵. 证明: $|\boldsymbol{A}+\boldsymbol{B}|\geqslant 2^n\sqrt{|\boldsymbol{A}||\boldsymbol{B}|}$.

24. 证明: 实二次型 $f(x_1,x_2,\cdots,x_n)=\boldsymbol{X}^{\mathrm{T}}\boldsymbol{A}\boldsymbol{X}$ 在 $\sum\limits_{k=1}^{n}x_k^2=1$ 条件下的最大 (小) 值等于 $\boldsymbol{A}$ 的最大 (小) 特征值.

25. 设 $\boldsymbol{A}=(a_{ij})_{n\times n}$ 是 n 阶正定阵. 证明: $f(x_1,x_2,\cdots,x_n)=\begin{vmatrix}-\boldsymbol{A}&\boldsymbol{X}\\ \boldsymbol{X}^{\mathrm{T}}&0\end{vmatrix}$ 当 n 为偶数时, $f(x_1,x_2,\cdots,x_n)$ 是一个正定二次型; 当 n 为奇数时, $f(x_1,x_2,\cdots,x_n)$ 是一个负定二次型.

26. 设 n 阶矩阵 $\boldsymbol{A}=(a_{ij})_{n\times n}$ 正定. 证明: $|\boldsymbol{A}|\leqslant\prod\limits_{k=1}^{n}a_{kk}$.

(提示: 先证明 $|\boldsymbol{A}|\leqslant a_{nn}|A_{n-1}|$, 其中 $\boldsymbol{A}_{n-1}$ 是 $n-1$ 阶顺序主子阵.)

27. 设 $\boldsymbol{A}$ 是任意 n 阶实矩阵. 证明: $|\boldsymbol{A}|^2\leqslant\prod\limits_{j=1}^{n}\left(\sum\limits_{i=1}^{n}a_{ij}^2\right)$. (阿达马不等式)

28. 设 $\boldsymbol{A}$ 是正定阵. 证明: $\boldsymbol{A}$ 中绝对值最大的元在主对角线上.

29. 设 $\boldsymbol{A}$ 是 n 阶正定阵, $\boldsymbol{X}=(x_1,x_2,\cdots,x_n)^{\mathrm{T}}\in\mathbb{R}^{n\times 1}$ 是 n 维实列向量. 证明:

$$f(x_1,x_2,\cdots,x_n)=\boldsymbol{X}^{\mathrm{T}}\boldsymbol{A}\boldsymbol{X}+2\boldsymbol{\alpha}^{\mathrm{T}}\boldsymbol{X}\geqslant-\boldsymbol{\alpha}^{\mathrm{T}}\boldsymbol{A}^{-1}\boldsymbol{\alpha},$$

其中 $\boldsymbol{\alpha}=(a_1,a_2,\cdots,a_n)^{\mathrm{T}}\in\mathbb{R}^{n\times 1}$.

30. 设 $\boldsymbol{A}$ 是 n 阶可逆实对称矩阵. 证明: $\boldsymbol{A}$ 为正定阵当且仅当对所有的 n 阶正定阵 $\boldsymbol{B}$, 都有 $\mathrm{tr}\boldsymbol{AB} > 0$.

31. 设 $\boldsymbol{\alpha} \in \mathbb{R}^{n\times 1}$, 且 $\boldsymbol{\alpha}^{\mathrm{T}}\boldsymbol{\alpha} = 1$, 令 $\boldsymbol{A} = \boldsymbol{E} - 2\boldsymbol{\alpha}\boldsymbol{\alpha}^{\mathrm{T}}$, 求 n 阶方阵 $\boldsymbol{A}$ 的正负惯性指数.

32. 设 $\boldsymbol{A}$ 是 n 阶实可逆矩阵, $\boldsymbol{B} = \begin{pmatrix} \boldsymbol{O} & \boldsymbol{A} \\ \boldsymbol{A}^{\mathrm{T}} & \boldsymbol{O} \end{pmatrix}$, 求 $2n$ 阶方阵 $\boldsymbol{B}$ 的正负惯性指数.

第 7 章　线性空间与线性变换

7.1　线性空间

7.1.1　线性空间的概念

定义 7.1.1 设 V 是一个非空集合, $\mathbb{K}$ 是一个数域. 若在 V 中定义了元素的加法 “+” 和 $\mathbb{K}$ 中数对 V 中元素的数乘, 且这两种运算满足下列 8 条运算法则:

(1) (加法交换律) $\boldsymbol{\alpha}+\boldsymbol{\beta}=\boldsymbol{\beta}+\boldsymbol{\alpha}$;

(2) (加法结合律) $(\boldsymbol{\alpha}+\boldsymbol{\beta})+\boldsymbol{\gamma}=\boldsymbol{\alpha}+(\boldsymbol{\beta}+\boldsymbol{\gamma})$;

(3) (加法单位元) $\boldsymbol{\alpha}+\boldsymbol{\theta}=\boldsymbol{\alpha}$;

(4) (加法可逆元) $\boldsymbol{\alpha}+(-\boldsymbol{\alpha})=\boldsymbol{\theta}$;

(5) (数乘单位元) $1\boldsymbol{\alpha}=\boldsymbol{\alpha}$;

(6) (数乘分配律 Ⅰ) $k(\boldsymbol{\alpha}+\boldsymbol{\beta})=k\boldsymbol{\alpha}+k\boldsymbol{\beta}$:

(7) (数乘分配律 Ⅱ) $(k+l)\boldsymbol{\alpha}=k\boldsymbol{\alpha}+l\boldsymbol{\alpha}$;

(8) (数乘结合律) $k(l\boldsymbol{\alpha})=(kl)\boldsymbol{\alpha}$.

则称 V 是数域 $\mathbb{K}$ 上的**线性空间**或**向量空间**. 此时 V 中的元素称为**向量**. $\mathbb{K}$ 中的数称为**数量**或**纯量**. 需要特别注意的是：当 $\mathbb{K}=\mathbb{R}$ 时, V 称为**实线性空间**; 当 $\mathbb{K}=\mathbb{C}$ 时, V 称为**复线性空间**.

注 向量运算法则中的 (2) $\sim$ (8) 可推出运算规则 (1):

因为 $\forall\,\boldsymbol{\alpha},\boldsymbol{\beta}\in V$, 一方面

$$\begin{aligned}2(\boldsymbol{\alpha}+\boldsymbol{\beta})&=2\boldsymbol{\alpha}+2\boldsymbol{\beta}=(1+1)\boldsymbol{\alpha}+(1+1)\boldsymbol{\beta}=(1\boldsymbol{\alpha}+1\boldsymbol{\alpha})+(1\boldsymbol{\beta}+1\boldsymbol{\beta})\\&=(\boldsymbol{\alpha}+\boldsymbol{\alpha})+(\boldsymbol{\beta}+\boldsymbol{\beta})=\boldsymbol{\alpha}+(\boldsymbol{\alpha}+\boldsymbol{\beta})+\boldsymbol{\beta}.\end{aligned}\tag{7.1.1}$$

另一方面

$$\begin{aligned}2(\boldsymbol{\alpha}+\boldsymbol{\beta})&=(1+1)(\boldsymbol{\alpha}+\boldsymbol{\beta})=1(\boldsymbol{\alpha}+\boldsymbol{\beta})+1(\boldsymbol{\alpha}+\boldsymbol{\beta})\\&=(\boldsymbol{\alpha}+\boldsymbol{\beta})+(\boldsymbol{\alpha}+\boldsymbol{\beta})=\boldsymbol{\alpha}+(\boldsymbol{\beta}+\boldsymbol{\alpha})+\boldsymbol{\beta}.\end{aligned}\tag{7.1.2}$$

比较式 (7.1.1), 式(7.1.2), 得到

$$\boldsymbol{\alpha}+(\boldsymbol{\alpha}+\boldsymbol{\beta})+\boldsymbol{\beta}=\boldsymbol{\alpha}+(\boldsymbol{\beta}+\boldsymbol{\alpha})+\boldsymbol{\beta}.$$

在上式左边加上 $-\boldsymbol{\alpha}$, 右边加上 $-\boldsymbol{\beta}$, 则有 $\boldsymbol{\alpha}+\boldsymbol{\beta}=\boldsymbol{\beta}+\boldsymbol{\alpha}$.

但运算法则 (1) 很重要, 且经常用到, 故仍保留在定义中.

例 7.1.1 非空集合 V 在定义了加法和数乘运算后成为数域 $\mathbb{K}$ 上的线性空间, 试问 V 上能否再定义另外的加法和数乘运算使之成为数域 $\mathbb{K}$ 上的另一个线性空间?

答 有可能. 如 $V=\{(a,b)|a,b\in\mathbb{R}\}$.

1. 定义 $(a,b)\oplus(c,d)=(a+c,b+d), k\circ(a,b)=(ka,kb)$, 则 V 在此定义下成为数域 $\mathbb{R}$ 上的一个线性空间.

2. 定义 $(a,b)\oplus(c,d)=(a+c,b+d+ac), k\circ(a,b)=\left(ka,kb+\dfrac{k(k-1)}{2}a^2\right)$, 则 V 在此定义下成为数域 $\mathbb{R}$ 上的一个线性空间.

其实, V 中按 1 中定义的加法和数乘运算满足线性空间定义的 8 条运算法则是容易验证的. 下面逐一验证 V 中按 2 中定义的加法和数乘运算也满足线性空间定义的 8 条运算法则:

(1) $(a,b)\oplus(c,d)=(a+c,b+d+ac)=(c+a,d+b+ca)=(c,d)\oplus(a,b)$;

(2)
$$\begin{aligned}[(a,b)\oplus(c,d)]\oplus(e,f)&=(a+c,b+d+ac)\oplus(e,f)\\&=(a+c+e,b+d+f+ac+ae+ce),\\(a,b)\oplus[(c,d)\oplus(e,f)]&=(a,b)\oplus(c+e,d+f+ce)\\&=(a+c+e,b+d+f+ce+ac+ae);\end{aligned}$$

(3) $(a,b)\oplus(0,0)=(a,b)$;

(4) $(a,b)\oplus(-a,a^2-b)=(a-a,b+a^2-b-a^2)=(0,0)$;

(5) $1\circ(a,b)=(a,b)$;

(6)
$$\begin{aligned}k\circ[(a,b)\oplus(c,d)]&=k\circ(a+c,b+d+ac)\\&=\left(ka+kc,kb+kd+kac+\frac{k(k-1)}{2}(a+c)^2\right),\\k\circ(a,b)\oplus k\circ(c,d)&=\left(ka,kb+\frac{k(k-1)}{2}a^2\right)\oplus\left(kc,kd+\frac{k(k-1)}{2}c^2\right)\\&=\left(ka+kc,kb+kd+\frac{k(k-1)}{2}(a^2+c^2)+k^2ac\right)\\&=\left(ka+kc,kb+kd+\frac{k(k-1)}{2}(a+c)^2+kac\right);\end{aligned}$$

(7)
$$\begin{aligned}(k+l)\circ(a,b)&=\left((k+l)a,(k+l)b+\frac{(k+l)(k+l-1)}{2}a^2\right),\\k\circ(a,b)\oplus l\circ(a,b)&=\left(ka,kb+\frac{k(k-1)}{2}a^2\right)\oplus\left(la,lb+\frac{l(l-1)}{2}a^2\right)\\&=\left((k+l)a,(k+l)b+(\frac{k(k-1)}{2}+\frac{l(l-1)}{2}+kl)a^2\right)\\&=\left((k+l)a,(k+l)b+\frac{(k+l)(k+l-1)}{2}a^2\right);\end{aligned}$$

(8)
$$\begin{aligned}k\circ(l\circ(a,b))&=k\circ\left(la,lb+\frac{l(l-1)}{2}a^2\right)\\&=\left(kla,klb+\frac{kl(l-1)}{2}a^2+\frac{k(k-1)}{2}(la)^2\right)\end{aligned}$$

$$= \left(kla, klb + \frac{kl(kl-1)}{2}a^2 \right),$$

$$(kl) \circ (a,b) = \left(kla, klb + \frac{kl(kl-1)}{2}a^2 \right).$$

例 7.1.2 下列集合关于指定的加法“$\oplus$”和数乘“$\circ$”是否构成线性空间?

(1) 非齐次线性方程组 $\boldsymbol{AX} = \boldsymbol{\beta}\,(\boldsymbol{\beta} \neq \mathbf{0})$ 的解向量的全体, 按向量的加法与数乘运算;

(2) 起点在坐标原点, 终点在不经过坐标原点的直线上的空间向量的全体, 按向量的加法与数乘运算;

(3) 在整数集 $\mathbb{Z}$ 上定义加法“$\oplus$”和数乘“$\circ$”如下:

$$a \oplus b = a + b - 1, k \circ a = a,\ k \in \mathbb{Z}.$$

答 (1) 如果方程组的解集合 U 是空集, 则 U 在题设运算下不是线性空间. 如果 U 非空, 因为 $\mathbf{0} \notin U$, 所以 U 在题设运算下也不是线性空间.

(2) 因为题中集合 U 不含零向量 $\mathbf{0}$, 所以 U 在题设运算下不是线性空间.

(3) 因为 $(1+1) \circ 3 = 3$, $1 \circ 3 \oplus 1 \circ 3 = 5$, 所以 $(1+1) \circ 3 \neq 1 \circ 3 \oplus 1 \circ 3$, 故整数集 $\mathbb{Z}$ 在题设运算下不是线性空间.

例 7.1.3 数域 $\mathbb{K}$ 上一切 $m \times n$ 矩阵按矩阵的加法和数与矩阵的乘法构成 $\mathbb{K}$ 上一个线性空间. 需要特别注意的是: 数域 $\mathbb{K}$ 上一切 $n \times 1$ 矩阵构成的线性空间称为 $\mathbb{K}$ 上 n **维列向量空间**, 记为 $\mathbb{K}^{n\times 1}$; 而数域 $\mathbb{K}$ 上一切 $1 \times n$ 矩阵构成的线性空间称为 $\mathbb{K}$ 上 n **维行向量空间**, 记为 $\mathbb{K}^{1\times n}$.

例 7.1.4 闭区间 $[a,b]$ 上的连续函数全体记为 $C[a,b]$. 定义

$$(f+g)(x) = f(x) + g(x), (kf)(x) = kf(x),$$

则 $C[a,b]$ 是 $\mathbb{K}$ 上的线性空间. 记为 $C[a,b]$.

7.1.2 线性空间的性质

性质 7.1.1 设 V 是数域 $\mathbb{K}$ 上的线性空间, 则

(1) V 中加法单位元 $\boldsymbol{\theta}$ 是唯一的;

(2) V 中加法逆元 (又称负元) 也是唯一的;

(3) 对 V 中的任意向量 $\boldsymbol{\alpha}, \boldsymbol{\beta}, \boldsymbol{\gamma}$, 由 $\boldsymbol{\alpha} + \boldsymbol{\beta} = \boldsymbol{\alpha} + \boldsymbol{\gamma}$, 可得 $\boldsymbol{\beta} = \boldsymbol{\gamma}$;

(4) 对 V 中的任意向量 $\boldsymbol{\alpha}$, 有 $0\boldsymbol{\alpha} = \boldsymbol{\theta}$; 对 $\mathbb{K}$ 中的任意数 k, 有 $k\boldsymbol{\theta} = \boldsymbol{\theta}$;

(5) $\forall k \in \mathbb{K}, \forall \boldsymbol{\alpha} \in V$, 有 $k(-\boldsymbol{\alpha}) = (-k)\boldsymbol{\alpha} = -k\boldsymbol{\alpha}$;

(6) 由 $k\boldsymbol{\alpha} = \boldsymbol{\theta}$, 可推出 $k = 0$ 或 $\boldsymbol{\alpha} = \boldsymbol{\theta}$.

证 (1) 假设 $\boldsymbol{\theta}_1$ 和 $\boldsymbol{\theta}_2$ 是 V 中的两个加法单位元, 则

$$\boldsymbol{\theta}_1 = \boldsymbol{\theta}_1 + \boldsymbol{\theta}_2 = \boldsymbol{\theta}_2.$$

(2) 假设 $\boldsymbol{\beta}_1$ 和 $\boldsymbol{\beta}_2$ 是 V 中向量 $\boldsymbol{\alpha}$ 的两个加法逆元, 则

$$\boldsymbol{\alpha}+\boldsymbol{\beta}_1=\boldsymbol{\theta}=\boldsymbol{\alpha}+\boldsymbol{\beta}_2,$$

等式两边分别加“$-\boldsymbol{\alpha}$”, 得到$\boldsymbol{\beta}_1=\boldsymbol{\beta}_2$.

(3) 在$\boldsymbol{\alpha}+\boldsymbol{\beta}=\boldsymbol{\alpha}+\boldsymbol{\gamma}$两边分别加上“$-\boldsymbol{\alpha}$”, 得到$\boldsymbol{\beta}=\boldsymbol{\gamma}$.

(4) 因为$0\boldsymbol{\alpha}+\boldsymbol{\theta}=0\boldsymbol{\alpha}=(0+0)\boldsymbol{\alpha}=0\boldsymbol{\alpha}+0\boldsymbol{\alpha}$, 所以, 由(3), 等式两边分别消去$0\boldsymbol{\alpha}$, 得到$0\boldsymbol{\alpha}=\boldsymbol{\theta}$. 由$k\boldsymbol{\alpha}+k\boldsymbol{\theta}=k(\boldsymbol{\alpha}+\boldsymbol{\theta})=k\boldsymbol{\alpha}=k\boldsymbol{\alpha}+\boldsymbol{\theta}$, 等式两边分别消去$k\boldsymbol{\alpha}$, 得到$k\boldsymbol{\theta}=\boldsymbol{\theta}$.

(5) 因为$k\boldsymbol{\alpha}+k(-\boldsymbol{\alpha})=k(\boldsymbol{\alpha}+(-\boldsymbol{\alpha}))=k\boldsymbol{\theta}=\boldsymbol{\theta}$, 所以$k(-\boldsymbol{\alpha})=-k\boldsymbol{\alpha}$; 又因为$(-k)\boldsymbol{\alpha}+k\boldsymbol{\alpha}=(-k+k)\boldsymbol{\alpha}=\boldsymbol{\theta}$, 所以$(-k)\boldsymbol{\alpha}=-k\boldsymbol{\alpha}$.

(6) 设$\mathbb{K}$中的数$k\neq 0$, 则$\dfrac{1}{k}$存在, $\boldsymbol{\alpha}=1\boldsymbol{\alpha}=\left(\dfrac{1}{k}k\right)\boldsymbol{\alpha}=\dfrac{1}{k}(k\boldsymbol{\alpha})=\dfrac{1}{k}\boldsymbol{\theta}=\boldsymbol{\theta}$.

注 由线性空间V的定义, 我们可以定义减法为$\boldsymbol{\alpha}-\boldsymbol{\beta}=\boldsymbol{\alpha}+(-1)\boldsymbol{\beta}$. 由于$(\boldsymbol{\alpha}+\boldsymbol{\beta})+\boldsymbol{\gamma}=\boldsymbol{\alpha}+(\boldsymbol{\beta}+\boldsymbol{\gamma})$, 所以加法可以不用加括号, 直接将上述元素写成$\boldsymbol{\alpha}+\boldsymbol{\beta}+\boldsymbol{\gamma}$即可. 在$V$中元素的等式中也可以“移项”, 如$\boldsymbol{\alpha}+\boldsymbol{\beta}=\boldsymbol{\gamma}$, 则有$\boldsymbol{\alpha}=\boldsymbol{\gamma}-\boldsymbol{\beta}$或$\boldsymbol{\alpha}+\boldsymbol{\beta}-\boldsymbol{\gamma}=\boldsymbol{\theta}$.

例 7.1.5 复数域$\mathbb{C}$可以看成是实数域$\mathbb{R}$上的线性空间. 此时$\mathbb{C}$上向量的加法就是复数的加法, $\mathbb{R}$中的数对$\mathbb{C}$中向量的数乘就是通常的数的乘法. 一般来说, 若数域$\mathbb{K}_1\subseteq\mathbb{K}_2$, 则$\mathbb{K}_2$可以看成是$\mathbb{K}_1$上的线性空间, 向量就是$\mathbb{K}_2$中的数, 向量的加法就是$\mathbb{K}_2$中数的加法, 数乘就是$\mathbb{K}_1$中的数乘以$\mathbb{K}_2$中的数. 需要特别注意的是: 数域$\mathbb{K}$也可以看成是$\mathbb{K}$自身上的线性空间.

我们称实数域$\mathbb{R}$上的线性空间为**实线性空间**, 称复数域$\mathbb{C}$上的线性空间为**复线性空间**.

抽象线性空间的引入使我们扩大了视野, 它把众多不同研究对象的特点用线性空间这一概念加以概括, 从而极大地扩大了代数学理论的应用范围. 线性空间理论是线性代数的核心理论.

练习 7.1.1 证明: n元齐次线性方程组$\boldsymbol{AX}=\boldsymbol{0}$的解向量全体, 对于$n$维向量的加法与数乘构成数域$\mathbb{K}$上的线性空间.

7.2 线性空间的基 · 维数 · 坐标

7.2.1 基 · 维数 · 坐标的概念

在线性空间理论中, 向量之间最基本的关系是: 线性相关、线性无关及线性组合.

定义 7.2.1 设$\boldsymbol{\alpha}_1,\boldsymbol{\alpha}_2,\cdots,\boldsymbol{\alpha}_m$是线性空间$V$中的$m$个向量, $k_1,k_2,\cdots,k_m$是数域$\mathbb{K}$中任意m个数, 称和$k_1\boldsymbol{\alpha}_1+k_2\boldsymbol{\alpha}_2+\cdots+k_m\boldsymbol{\alpha}_m$为向量组$\boldsymbol{\alpha}_1,\boldsymbol{\alpha}_2,\cdots,\boldsymbol{\alpha}_m$的一个**线性组合**. 若存在数域$\mathbb{K}$中不全为零的数$k_1,k_2,\cdots,k_m$, 使得$k_1\boldsymbol{\alpha}_1+k_2\boldsymbol{\alpha}_2+\cdots+k_m\boldsymbol{\alpha}_m=\boldsymbol{\theta}$, 则称向量组$\boldsymbol{\alpha}_1,\boldsymbol{\alpha}_2,\cdots,\boldsymbol{\alpha}_m$**线性相关**; 否则, 若$k_1\boldsymbol{\alpha}_1+k_2\boldsymbol{\alpha}_2+\cdots+k_m\boldsymbol{\alpha}_m=\boldsymbol{\theta}$, 则$k_1=k_2=\cdots=k_m=0$, 则称向量组$\boldsymbol{\alpha}_1,\boldsymbol{\alpha}_2,\cdots,\boldsymbol{\alpha}_m$**线性无关**.

例 7.2.1 $\mathbb{K}^{n\times 1}\,(\mathbb{K}^{1\times n})$中的$n$个向量$\boldsymbol{e}_k$(第$k$个分量为1, 其余分量为0)$(k=1,2,\cdots,n)$线性无关.

例 7.2.2 设 $\boldsymbol{\alpha}_k\,(k=1,2,\cdots,n)$ 是线性空间 V 的 n 个线性无关的向量.

$$\begin{cases}\boldsymbol{\beta}_1=c_{11}\boldsymbol{\alpha}_1+c_{12}\boldsymbol{\alpha}_2+\cdots+c_{1n}\boldsymbol{\alpha}_n\\ \boldsymbol{\beta}_2=c_{21}\boldsymbol{\alpha}_1+c_{22}\boldsymbol{\alpha}_2+\cdots+c_{2n}\boldsymbol{\alpha}_n\\ \quad\vdots\qquad\quad\vdots\qquad\quad\vdots\qquad\qquad\quad\vdots\\ \boldsymbol{\beta}_n=c_{n1}\boldsymbol{\alpha}_1+c_{n2}\boldsymbol{\alpha}_2+\cdots+c_{nn}\boldsymbol{\alpha}_n\end{cases}$$

记 $\boldsymbol{C}=(c_{ij})_{n\times n}$, 则 $\boldsymbol{\beta}_1,\boldsymbol{\beta}_2,\cdots,\boldsymbol{\beta}_n$ 线性无关当且仅当 $\boldsymbol{C}$ 可逆.

证　必要性. 将 $\boldsymbol{C}$ 按行分块为 $\boldsymbol{C}=\begin{pmatrix}\boldsymbol{\gamma}_1\\ \boldsymbol{\gamma}_2\\ \vdots\\ \boldsymbol{\gamma}_n\end{pmatrix}$. 若 $|\boldsymbol{C}|=0$, 则 $\boldsymbol{\gamma}_1,\boldsymbol{\gamma}_2,\cdots,\boldsymbol{\gamma}_n$ 线性相关, 即存在不全为零的数 $c_1,c_2,\cdots,c_n$, 使得 $(c_1,c_2,\cdots,c_n)\begin{pmatrix}\boldsymbol{\gamma}_1\\ \boldsymbol{\gamma}_2\\ \vdots\\ \boldsymbol{\gamma}_n\end{pmatrix}=\boldsymbol{0}$. 故

$$(c_1,c_2,\cdots,c_n)\begin{pmatrix}\boldsymbol{\beta}_1\\ \boldsymbol{\beta}_2\\ \vdots\\ \boldsymbol{\beta}_n\end{pmatrix}=(c_1,c_2,\cdots,c_n)\boldsymbol{C}\begin{pmatrix}\boldsymbol{\alpha}_1\\ \boldsymbol{\alpha}_2\\ \vdots\\ \boldsymbol{\alpha}_n\end{pmatrix}=\boldsymbol{\theta},$$

即 $\boldsymbol{\beta}_1,\boldsymbol{\beta}_2,\cdots,\boldsymbol{\beta}_n$ 线性相关.

充分性. 若 $\boldsymbol{\beta}_1,\boldsymbol{\beta}_2,\cdots,\boldsymbol{\beta}_n$ 线性相关, 则存在不全为零的数 $c_1,c_2,\cdots,c_n$, 使得

$$(c_1,c_2,\cdots,c_n)\begin{pmatrix}\boldsymbol{\beta}_1\\ \boldsymbol{\beta}_2\\ \vdots\\ \boldsymbol{\beta}_n\end{pmatrix}=\boldsymbol{\theta}.$$

于是

$$(c_1,c_2,\cdots,c_n)\boldsymbol{C}\begin{pmatrix}\boldsymbol{\alpha}_1\\ \boldsymbol{\alpha}_2\\ \vdots\\ \boldsymbol{\alpha}_n\end{pmatrix}=\boldsymbol{\theta}.$$

因为 $\boldsymbol{\alpha}_1,\boldsymbol{\alpha}_2,\cdots,\boldsymbol{\alpha}_n$ 线性无关, 所以

$$c_1\boldsymbol{\gamma}_1+c_2\boldsymbol{\gamma}_2+\cdots+c_n\boldsymbol{\gamma}_n=(c_1,c_2,\cdots,c_n)\boldsymbol{C}=\boldsymbol{0},$$

即 $\boldsymbol{C}$ 的 n 个行向量线性相关, 亦即 $\boldsymbol{C}$ 不可逆.

定义 7.2.2 设 V 是数域 $\mathbb{K}$ 上的线性空间.

(1) 若在 V 中存在无限多个线性无关的向量, 则称 V 是**无限维线性空间.**

(2) 若在 V 中存在有限多个向量 $\boldsymbol{\alpha}_1,\boldsymbol{\alpha}_2,\cdots,\boldsymbol{\alpha}_n\ (n\geqslant 1)$ 满足:

① $\boldsymbol{\alpha}_1,\boldsymbol{\alpha}_2,\cdots,\boldsymbol{\alpha}_n$ 线性无关;

② V 中任意向量 $\boldsymbol{\alpha}$ 都可以由 $\boldsymbol{\alpha}_1,\boldsymbol{\alpha}_2,\cdots,\boldsymbol{\alpha}_n$ 线性表示, 则称 V 是**有限维线性空间**, 并称 $\boldsymbol{\alpha}_1,\boldsymbol{\alpha}_2,\cdots,\boldsymbol{\alpha}_n$ 是 V 的一组**基**或**基底**. 基向量的个数 n 称为线性空间 V 的**维数**, 记作 $\dim V=n$, 并称 V 为 n 维线性空间.

例 7.2.1 中的 $\boldsymbol{e}_1,\boldsymbol{e}_2,\cdots,\boldsymbol{e}_n$ 是 $\mathbb{K}^{n\times 1}\ (\mathbb{K}^{1\times n})$ 的一组基, 常称为 $\mathbb{K}^{n\times 1}\ (\mathbb{K}^{1\times n})$ 的**自然基**.

例 7.2.3 (1) 数域 $\mathbb{K}$ 作为它自身上的线性空间是 1 维线性空间, 1 是其一组基.

(2) 复数域 $\mathbb{C}$ 作为实数域 $\mathbb{R}$ 上的线性空间是 2 维线性空间, $1,\mathrm{i}$ 是其一组基.

(3) 实数域 $\mathbb{R}$ 作为有理数域 $\mathbb{Q}$ 上的线性空间是无限维线性空间.

证 (1),(2) 明显.

(3) 首先, 素数有无限多个. 否则, 设有限个素数为 $p_1,p_2,\cdots,p_n$, 考虑 $a=p_1p_2\cdots p_n+1$, 则 $a\geqslant 2$, 且 a 不是素数. 从而存在素数 p, 使得 $p|a$. 由假设, 必然存在某个 p_j, 使得 $p=p_j$. 于是 p 一定整除 $a-p_1p_2\cdots p_n=1$. 这与 $p_j\geqslant 2$ 矛盾. 故素数有无限多个.

设 $p_1,p_2,\cdots,p_n$ 是 $\mathbb{R}$ 中的任意 n 个素数, 令

$$q_1\ln p_1+q_2\ln p_2+\cdots+q_n\ln p_n=0,$$

其中 $q_k\in\mathbb{Q}\ (k=1,2,\cdots,n)$. 设 $q_1,q_2,\cdots,q_n$ 分母的最小公倍数为 q, 记 $q_kq=r_k$, 则 $r_k\in\mathbb{Z}\ (k=1,2,\cdots,n)$, 且

$$r_1\ln p_1+r_2\ln p_2+\cdots+r_n\ln p_n=0,$$

从而

$$p_1^{r_1}p_2^{r_2}\cdots p_n^{r_n}=1.$$

不妨设 $r_1,r_2,\cdots,r_k\leqslant 0,r_{k+1},r_{k+2},\cdots,r_n\geqslant 0$, 则

$$p_1^{-r_1}p_2^{-r_2}\cdots p_k^{-r_k}=p_{k+1}^{r_{k+1}}p_{k+2}^{r_{k+2}}\cdots p_n^{r_n},$$

因为 $p_1,p_2,\cdots,p_n$ 是素数, $-r_1,-r_2,\cdots,-r_k,r_{k+1},r_{k+2},\cdots,r_n\in\mathbb{N}$, 所以 $r_1=r_2=\cdots=r_n=0$. 从而 $q_1,q_2,\cdots,q_n=0$. 故向量 $\ln p_1,\ln p_2,\cdots,\ln p_n$ 线性无关. 又因为 n 是任意正整数, 所以 $\mathbb{R}$ 看作 $\mathbb{Q}$ 上的线性空间是无限维的.

例 7.2.4 $C[a,b]$ 是无限维线性空间.

证 因为 $n\in\mathbb{N}$, $1,x,\cdots,x^n$ 在 $C[a,b]$ 上是线性无关的, 所以 $\dim C[a,b]=+\infty$.

例 7.2.5 数域 $\mathbb{K}$ 上的 $m\times n$ 矩阵全体按矩阵的加法和数乘构成的线性空间记为 $\mathbb{K}^{m\times n}$. 一组基可取为 $\boldsymbol{E}_{ij}\ \big((i,j)$ 元为 1, 其余元素为 $0,i=1,2,\cdots,m;j=1,2,\cdots,n\big)$.

证 显然 $\boldsymbol{E}_{11},\boldsymbol{E}_{12},\cdots,\boldsymbol{E}_{mn}$ 是线性无关的. 又因为 $\forall\,\boldsymbol{A}=(a_{ij})_{m\times n}\in\mathbb{K}^{m\times n}$, 有 $\boldsymbol{A}=\sum\limits_{i=1}^{m}\sum\limits_{j=1}^{n}a_{ij}\boldsymbol{E}_{ij}$, 所以, 按线性空间基的定义, $\boldsymbol{E}_{11},\boldsymbol{E}_{12},\cdots,\boldsymbol{E}_{mn}$ 是线性空间 $\mathbb{K}^{m\times n}$ 的一组基, 且 $\dim(\mathbb{K}^{m\times n})=mn$.

例 7.2.6 实数域 $\mathbb{R}$ 上次数不超过 n 的全体一元多项式和零多项式的集合:

$$\mathbb{R}_n[x]=\{a_0+a_1x+\cdots+a_nx^n|a_0,a_1,\cdots,a_n\in\mathbb{R}\}$$

按多项式的加法和数乘构成 $\mathbb{R}$ 上的 $n+1$ 维线性空间, $1,x,\cdots,x^n$ 可作为一组基.

例 7.2.7 齐次线性方程组 $\boldsymbol{AX}=\mathbf{0}\left(\boldsymbol{A}\in\mathbb{K}^{m\times n},r(\boldsymbol{A})=r\right)$ 的解向量集按向量的加法和数乘构成一个线性空间, 称为方程组的解空间, 它是 $n-r$ 维的, 其任意一组基础解系都是该解空间的一组基.

例 7.2.8 全体正实数集 $\mathbb{R}^+$ 上定义 $a\oplus b=ab,k\circ a=a^k$, 则 $\mathbb{R}^+$ 构成实数域 $\mathbb{R}$ 上的 1 维线性空间.

证 按线性空间的定义, $\mathbb{R}^+$ 构成实数域 $\mathbb{R}$ 上的线性空间. 因为 1 是 $\mathbb{R}^+$ 的零向量, 取定非零向量 $\beta\,(\beta\neq 1)$, 则 $\forall\,\alpha\in\mathbb{R}^+$, 有 $\alpha=\beta^{\log_\beta\alpha}=(\log_\beta\alpha)\circ\beta$, 即 α 可以由 β 线性表示, 所以 $\mathbb{R}^+$ 是 1 维的.

由例 7.2.2 和定义 7.2.2 可知, 有限维线性空间 V 的基不是唯一的, 但同一线性空间 V 中任意两组不同基所含向量的个数相同. 关于抽象的向量组, 也有两组向量等价、向量组的极大无关组、向量组的秩等概念与第 3 章 3.1 节的定义相同.

定理 7.2.1 设 V 是数域 $\mathbb{K}$ 上的有限维线性空间, 则 V 中任一向量都可以由预先选定的一组基唯一地线性表示.

证 设 $\boldsymbol{\alpha}_1,\boldsymbol{\alpha}_2,\cdots,\boldsymbol{\alpha}_n$ 是 V 的一组基, $\boldsymbol{\beta}$ 是 V 中任一向量, 则存在 $k_1,k_2,\cdots,k_n\in\mathbb{K}$, 使得

$$\boldsymbol{\beta}=k_1\boldsymbol{\alpha}_1+k_2\boldsymbol{\alpha}_2+\cdots+k_n\boldsymbol{\alpha}_n.$$

假设又有

$$\boldsymbol{\beta}=c_1\boldsymbol{\alpha}_1+c_2\boldsymbol{\alpha}_2+\cdots+c_n\boldsymbol{\alpha}_n,$$

则

$$(c_1-k_1)\,\boldsymbol{\alpha}_1+(c_2-k_2)\,\boldsymbol{\alpha}_2+\cdots+(c_n-k_n)\,\boldsymbol{\alpha}_n=\boldsymbol{\theta}.$$

因为 $\boldsymbol{\alpha}_1,\boldsymbol{\alpha}_2,\cdots,\boldsymbol{\alpha}_n$ 线性无关, 所以

$$c_1=k_1,c_2=k_2,\cdots,c_n=k_n.$$

故 $\boldsymbol{\beta}$ 可以由基 $\boldsymbol{\alpha}_1,\boldsymbol{\alpha}_2,\cdots,\boldsymbol{\alpha}_n$ 唯一地线性表示.

定理 7.2.2 数域 $\mathbb{K}$ 上的有限维线性空间 V 的各组基所含向量的个数相同.

证 设 $\boldsymbol{\alpha}_1,\boldsymbol{\alpha}_2,\cdots,\boldsymbol{\alpha}_r$ 和 $\boldsymbol{\beta}_1,\boldsymbol{\beta}_2,\cdots,\boldsymbol{\beta}_s$ 是 V 的两组基, 则 $\forall\,\boldsymbol{\alpha}_j$ 都存在唯一一组数 $c_{1j},c_{2j},\cdots,c_{sj}$, 使得

$$\boldsymbol{\alpha}_j=c_{1j}\boldsymbol{\beta}_1+c_{2j}\boldsymbol{\beta}_2+\cdots+c_{sj}\boldsymbol{\beta}_s,j=1,2,\cdots,r.$$

记$\boldsymbol{C}=(c_{ij})_{s\times r}=(\boldsymbol{c}_1,\boldsymbol{c}_2,\cdots,\boldsymbol{c}_r)$, 其中$\boldsymbol{c}_j=(c_{1j},c_{2j},\cdots,c_{sj})^{\mathrm{T}}\,(j=1,2,\cdots,r)$, 则

$$(\boldsymbol{\alpha}_1,\boldsymbol{\alpha}_2,\cdots,\boldsymbol{\alpha}_r)=(\boldsymbol{\beta}_1,\boldsymbol{\beta}_2,\cdots,\boldsymbol{\beta}_s)\boldsymbol{C}.$$

假设$r>s$, 则$r(\boldsymbol{C})<r$, 即$\boldsymbol{C}$的列向量组$\boldsymbol{c}_1,\boldsymbol{c}_2,\cdots,\boldsymbol{c}_r$线性相关, 亦即存在不全为0的数$k_1,k_2,\cdots,k_r\in\mathbb{K}$, 使得$k_1\boldsymbol{c}_1+k_2\boldsymbol{c}_2+\cdots+k_r\boldsymbol{c}_r=\mathbf{0}$, 从而

$$k_1\boldsymbol{\alpha}_1+k_2\boldsymbol{\alpha}_2+\cdots+k_r\boldsymbol{\alpha}_r=\boldsymbol{\theta},$$

即向量组$\boldsymbol{\alpha}_1,\boldsymbol{\alpha}_2,\cdots,\boldsymbol{\alpha}_r$线性相关. 这与基$\boldsymbol{\alpha}_1,\boldsymbol{\alpha}_2,\cdots,\boldsymbol{\alpha}_r$的线性无关性相矛盾. 故$r\leqslant s$. 反过来, $\forall\boldsymbol{\beta}_j\,(j=1,2,\cdots,s)$也可以由基$\boldsymbol{\alpha}_1,\boldsymbol{\alpha}_2,\cdots,\boldsymbol{\alpha}_r$唯一地线性表示, 同理可得$s\leqslant r$. 故$s=r$.

由定理7.2.1可知, 在限维线性空间V中固定基的条件下, V中向量$\boldsymbol{\beta}$与有序数组$(k_1,k_2,\cdots,k_n)$一一对应. 于是我们可以用有序数组来表示V中的向量, 从而把抽象的向量化为具体的向量，这是基本的数学思想方法. 下面我们引入向量坐标的定义:

定义 7.2.3 (坐标) 设$\boldsymbol{\alpha}_1,\boldsymbol{\alpha}_2,\cdots,\boldsymbol{\alpha}_n$是$n$维线性空间$V$的一组基. $\forall\boldsymbol{\alpha}\in V$, 都有$\boldsymbol{\alpha}=x_1\boldsymbol{\alpha}_1+x_2\boldsymbol{\alpha}_2+\cdots+x_n\boldsymbol{\alpha}_n=(\boldsymbol{\alpha}_1,\boldsymbol{\alpha}_2,\cdots,\boldsymbol{\alpha}_n)\begin{pmatrix}x_1\\x_2\\\vdots\\x_n\end{pmatrix}$, 记$\boldsymbol{X}=\begin{pmatrix}x_1\\x_2\\\vdots\\x_n\end{pmatrix}$. 称$\boldsymbol{X}$是$\boldsymbol{\alpha}$关于基$\boldsymbol{\alpha}_1,\boldsymbol{\alpha}_2,\cdots,\boldsymbol{\alpha}_n$的**坐标**.

一个向量的坐标与所选取的基是有关的. 对于线性空间的两个不同的基来说, 同一向量在不同基下的坐标一般是不同的. 例如: $p(x)=a_0+a_1x+\cdots+a_nx^n$在基$1,x,\cdots,x^n$下的坐标是$(a_0,a_1,\cdots,a_n)^{\mathrm{T}}$, 在基$1,x-a,\cdots,(x-a)^n$下的坐标是$\left(p(a),p'(a),\cdots,\dfrac{p^{(n)}(a)}{n!}\right)^{\mathrm{T}}$.

7.2.2 基变换与过渡矩阵

设V是数域$\mathbb{K}$上的n维线性空间, $\boldsymbol{\alpha}_1,\boldsymbol{\alpha}_2,\cdots,\boldsymbol{\alpha}_n$与$\boldsymbol{\beta}_1,\boldsymbol{\beta}_2,\cdots,\boldsymbol{\beta}_n$是$V$的两组基. 若

$$\begin{cases}\boldsymbol{\beta}_1=c_{11}\boldsymbol{\alpha}_1+c_{21}\boldsymbol{\alpha}_2+\cdots+c_{n1}\boldsymbol{\alpha}_n,\\\boldsymbol{\beta}_2=c_{12}\boldsymbol{\alpha}_1+c_{22}\boldsymbol{\alpha}_2+\cdots+c_{n2}\boldsymbol{\alpha}_n,\\\quad\vdots\qquad\quad\vdots\qquad\quad\vdots\qquad\qquad\vdots\\\boldsymbol{\beta}_n=c_{1n}\boldsymbol{\alpha}_1+c_{2n}\boldsymbol{\alpha}_2+\cdots+c_{nn}\boldsymbol{\alpha}_n,\end{cases}\tag{7.2.1}$$

其中$(c_{1j},c_{2j},\cdots,c_{nj})^{\mathrm{T}}$是$\boldsymbol{\beta}_j$在基$\boldsymbol{\alpha}_1,\boldsymbol{\alpha}_2,\cdots,\boldsymbol{\alpha}_n$下的坐标. 称矩阵

$$\boldsymbol{C}=\begin{pmatrix}c_{11}&c_{12}&\cdots&c_{1n}\\c_{21}&c_{22}&\cdots&c_{2n}\\\vdots&\vdots&&\vdots\\c_{n1}&c_{n2}&\cdots&c_{nn}\end{pmatrix}\tag{7.2.2}$$

为从基 $\boldsymbol{\alpha}_1,\boldsymbol{\alpha}_2,\cdots,\boldsymbol{\alpha}_n$ 到基 $\boldsymbol{\beta}_1,\boldsymbol{\beta}_2,\cdots,\boldsymbol{\beta}_n$ 的**过渡矩阵**.

为书写简洁, 将式 (7.2.1) 写为矩阵形式:

$$(\boldsymbol{\alpha}_1,\boldsymbol{\alpha}_2,\cdots,\boldsymbol{\alpha}_n)\boldsymbol{C}=(\boldsymbol{\beta}_1,\boldsymbol{\beta}_2,\cdots,\boldsymbol{\beta}_n). \tag{7.2.3}$$

定理 7.2.3 设 V 是数域 $\mathbb{K}$ 上的 n 维线性空间, $\boldsymbol{\alpha}_1,\boldsymbol{\alpha}_2,\cdots,\boldsymbol{\alpha}_n$ 与 $\boldsymbol{\beta}_1,\boldsymbol{\beta}_2,\cdots,\boldsymbol{\beta}_n$ 是 V 的两组基. 如果 $\boldsymbol{C}=(c_{ij})_{n\times n}$ 是从基 $\boldsymbol{\alpha}_1,\boldsymbol{\alpha}_2,\cdots,\boldsymbol{\alpha}_n$ 到基 $\boldsymbol{\beta}_1,\boldsymbol{\beta}_2,\cdots,\boldsymbol{\beta}_n$ 的过渡矩阵, 那么 $\boldsymbol{C}$ 可逆, 且 $\boldsymbol{C}^{-1}$ 是基 $\boldsymbol{\beta}_1,\boldsymbol{\beta}_2,\cdots,\boldsymbol{\beta}_n$ 到基 $\boldsymbol{\alpha}_1,\boldsymbol{\alpha}_2,\cdots,\boldsymbol{\alpha}_n$ 的过渡矩阵.

证　设从基 $\boldsymbol{\beta}_1,\boldsymbol{\beta}_2,\cdots,\boldsymbol{\beta}_n$ 到基 $\boldsymbol{\alpha}_1,\boldsymbol{\alpha}_2,\cdots,\boldsymbol{\alpha}_n$ 的过渡矩阵为 $\boldsymbol{D}=(d_{ij})_{n\times n}$, 则

$$(\boldsymbol{\beta}_1,\boldsymbol{\beta}_2,\cdots,\boldsymbol{\beta}_n)\boldsymbol{D}=(\boldsymbol{\alpha}_1,\boldsymbol{\alpha}_2,\cdots,\boldsymbol{\alpha}_n).$$

因为 $(\boldsymbol{\alpha}_1,\boldsymbol{\alpha}_2,\cdots,\boldsymbol{\alpha}_n)\boldsymbol{C}=(\boldsymbol{\beta}_1,\boldsymbol{\beta}_2,\cdots,\boldsymbol{\beta}_n)$, 所以

$$(\boldsymbol{\alpha}_1,\boldsymbol{\alpha}_2,\cdots,\boldsymbol{\alpha}_n)\boldsymbol{CD}=(\boldsymbol{\alpha}_1,\boldsymbol{\alpha}_2,\cdots,\boldsymbol{\alpha}_n).$$

又因为向量关于给定基的坐标是唯一的, 所以 $\boldsymbol{CD}=\boldsymbol{E}$. 因此 $\boldsymbol{C}$ 可逆, 且 $\boldsymbol{D}=\boldsymbol{C}^{-1}$, 即

$$(\boldsymbol{\beta}_1,\boldsymbol{\beta}_2,\cdots,\boldsymbol{\beta}_n)\boldsymbol{C}^{-1}=(\boldsymbol{\alpha}_1,\boldsymbol{\alpha}_2,\cdots,\boldsymbol{\alpha}_n). \tag{7.2.4}$$

亦即 $\boldsymbol{C}^{-1}$ 是基 $\boldsymbol{\beta}_1,\boldsymbol{\beta}_2,\cdots,\boldsymbol{\beta}_n$ 到基 $\boldsymbol{\alpha}_1,\boldsymbol{\alpha}_2,\cdots,\boldsymbol{\alpha}_n$ 的过渡矩阵.

式 (7.2.3) 或式 (7.2.4) 称为**基变换公式**.

在 n 维线性空间中, 设 $\boldsymbol{\alpha}$ 关于基 $\boldsymbol{\alpha}_1,\boldsymbol{\alpha}_2,\cdots,\boldsymbol{\alpha}_n$ 和基 $\boldsymbol{\beta}_1,\boldsymbol{\beta}_2,\cdots,\boldsymbol{\beta}_n$ 的坐标分别为

$$\boldsymbol{X}=\begin{pmatrix}x_1\\x_2\\\vdots\\x_n\end{pmatrix},\boldsymbol{Y}=\begin{pmatrix}y_1\\y_2\\\vdots\\y_n\end{pmatrix},$$

且 $(\boldsymbol{\alpha}_1,\boldsymbol{\alpha}_2,\cdots,\boldsymbol{\alpha}_n)\boldsymbol{C}=(\boldsymbol{\beta}_1,\boldsymbol{\beta}_2,\cdots,\boldsymbol{\beta}_n)$, 可得

$$\boldsymbol{X}=\boldsymbol{CY}\,(\boldsymbol{Y}=\boldsymbol{C}^{-1}\boldsymbol{X}). \tag{7.2.5}$$

式 (7.2.5) 称为**坐标变换公式**.

例 7.2.9 设 $\boldsymbol{\alpha}_1,\boldsymbol{\alpha}_2,\cdots,\boldsymbol{\alpha}_n$; $\boldsymbol{\gamma}_1,\boldsymbol{\gamma}_2,\cdots,\boldsymbol{\gamma}_n$; $\boldsymbol{\beta}_1,\boldsymbol{\beta}_2,\cdots,\boldsymbol{\beta}_n$ 是 n 维线性空间 V 的三组基. 从基 $\boldsymbol{\gamma}_1,\boldsymbol{\gamma}_2,\cdots,\boldsymbol{\gamma}_n$ 到基 $\boldsymbol{\alpha}_1,\boldsymbol{\alpha}_2,\cdots,\boldsymbol{\alpha}_n$ 的过渡矩阵为 $\boldsymbol{A}$, 从基 $\boldsymbol{\gamma}_1,\boldsymbol{\gamma}_2,\cdots,\boldsymbol{\gamma}_n$ 到基 $\boldsymbol{\beta}_1,\boldsymbol{\beta}_2,\cdots,\boldsymbol{\beta}_n$ 的过渡矩阵为 $\boldsymbol{B}$, 求从基 $\boldsymbol{\alpha}_1,\boldsymbol{\alpha}_2,\cdots,\boldsymbol{\alpha}_n$ 到基 $\boldsymbol{\beta}_1,\boldsymbol{\beta}_2,\cdots,\boldsymbol{\beta}_n$ 的过渡矩阵.

解　因为

$$(\boldsymbol{\alpha}_1,\boldsymbol{\alpha}_2,\cdots,\boldsymbol{\alpha}_n)\boldsymbol{A}^{-1}=(\boldsymbol{\gamma}_1,\boldsymbol{\gamma}_2,\cdots,\boldsymbol{\gamma}_n),$$

$$(\boldsymbol{\gamma}_1,\boldsymbol{\gamma}_2,\cdots,\boldsymbol{\gamma}_n)\boldsymbol{B}=(\boldsymbol{\beta}_1,\boldsymbol{\beta}_2,\cdots,\boldsymbol{\beta}_n),$$

所以

$$(\boldsymbol{\alpha}_1,\boldsymbol{\alpha}_2,\cdots,\boldsymbol{\alpha}_n)\boldsymbol{A}^{-1}\boldsymbol{B}=(\boldsymbol{\beta}_1,\boldsymbol{\beta}_2,\cdots,\boldsymbol{\beta}_n).$$

故从基 $\boldsymbol{\alpha}_1,\boldsymbol{\alpha}_2,\cdots,\boldsymbol{\alpha}_n$ 到基 $\boldsymbol{\beta}_1,\boldsymbol{\beta}_2,\cdots,\boldsymbol{\beta}_n$ 的过渡矩阵为 $\boldsymbol{A}^{-1}\boldsymbol{B}$.

例 7.2.10 在 4 维线性空间 $\mathbb{R}^{4\times 1}$ 中, 求从基 $\boldsymbol{\alpha}_1,\boldsymbol{\alpha}_2,\boldsymbol{\alpha}_3,\boldsymbol{\alpha}_4$ 到基 $\boldsymbol{\beta}_1,\boldsymbol{\beta}_2,\boldsymbol{\beta}_3,\boldsymbol{\beta}_4$ 的过渡矩阵, 其中 $\boldsymbol{\alpha}_1=(1,1,0,1)^{\mathrm{T}},\boldsymbol{\alpha}_2=(2,1,3,0)^{\mathrm{T}},\boldsymbol{\alpha}_3=(1,1,0,0)^{\mathrm{T}},\boldsymbol{\alpha}_4=(0,1,1,-1)^{\mathrm{T}}$;
$\boldsymbol{\beta}_1=(1,0,0,1)^{\mathrm{T}},\boldsymbol{\beta}_2=(0,0,1,-1)^{\mathrm{T}},\boldsymbol{\beta}_3=(2,1,0,3)^{\mathrm{T}},\boldsymbol{\beta}_4=(-1,0,1,2)^{\mathrm{T}}$.

解 这类问题若用解线性方程组的方法比较烦琐，宜采用下列矩阵的初等变换方法求解.

因为从 $\mathbb{R}^{4\times 1}$ 的自然基 $\boldsymbol{e}_1=(1,0,0,0)^{\mathrm{T}},\boldsymbol{e}_2=(0,1,0,0)^{\mathrm{T}},\boldsymbol{e}_3=(0,0,1,0)^{\mathrm{T}},\boldsymbol{e}_4=(0,0,0,1)^{\mathrm{T}}$ 到基 $\boldsymbol{\alpha}_1,\boldsymbol{\alpha}_2,\boldsymbol{\alpha}_3,\boldsymbol{\alpha}_4$ 的过渡矩阵 $\boldsymbol{A}=(\boldsymbol{\alpha}_1,\boldsymbol{\alpha}_2,\boldsymbol{\alpha}_3,\boldsymbol{\alpha}_4)$; 从基 $\boldsymbol{e}_1,\boldsymbol{e}_2,\boldsymbol{e}_3,\boldsymbol{e}_4$ 到基 $\boldsymbol{\beta}_1,\boldsymbol{\beta}_2,\boldsymbol{\beta}_3,\boldsymbol{\beta}_4$ 的过渡矩阵 $\boldsymbol{B}=(\boldsymbol{\beta}_1,\boldsymbol{\beta}_2,\boldsymbol{\beta}_3,\boldsymbol{\beta}_4)$. 由例 7.2.9, 从基 $\boldsymbol{\alpha}_1,\boldsymbol{\alpha}_2,\boldsymbol{\alpha}_3,\boldsymbol{\alpha}_4$ 到基 $\boldsymbol{\beta}_1,\boldsymbol{\beta}_2,\boldsymbol{\beta}_3,\boldsymbol{\beta}_4$ 的过渡矩阵为 $\boldsymbol{A}^{-1}\boldsymbol{B}$. 下面对 $(\boldsymbol{A},\boldsymbol{B})$ 施行初等行变换:

$$(\boldsymbol{A},\boldsymbol{B})=\begin{pmatrix}1&2&1&0&1&0&2&-1\\1&1&1&1&0&0&1&0\\0&3&0&1&0&1&0&1\\1&0&0&-1&1&-1&3&2\end{pmatrix}\to\begin{pmatrix}1&0&0&0&\frac{1}{4}&-\frac{3}{4}&\frac{9}{4}&3\\0&1&0&0&\frac{1}{4}&\frac{1}{4}&\frac{1}{4}&0\\0&0&1&0&\frac{1}{4}&\frac{1}{4}&-\frac{3}{4}&-4\\0&0&0&1&-\frac{3}{4}&\frac{1}{4}&-\frac{3}{4}&1\end{pmatrix}=(\boldsymbol{E},\boldsymbol{A}^{-1}\boldsymbol{B}).$$

故所求过渡矩阵

$$\boldsymbol{A}^{-1}\boldsymbol{B}=\frac{1}{4}\begin{pmatrix}1&-3&9&12\\1&1&1&0\\1&1&-3&-16\\-3&1&-3&4\end{pmatrix}.$$

注 上述方法亦适用于求 n 维线性空间 $\mathbb{C}^{n\times 1}$ 中(若干个) 向量在给定基下的坐标(向量). 如例 7.2.10 中 $\boldsymbol{\beta}_2$ 和 $\boldsymbol{\beta}_4$ 在基 $\boldsymbol{\alpha}_1,\boldsymbol{\alpha}_2,\boldsymbol{\alpha}_3,\boldsymbol{\alpha}_4$ 下的坐标分别为 $\left(-\frac{3}{4},\frac{1}{4},\frac{1}{4},\frac{1}{4}\right)^{\mathrm{T}}$ 和 $(3,0,-4,1)^{\mathrm{T}}$.

练习 7.2.1 在 $\mathbb{R}^{4\times 1}$ 中求一非零向量 $\boldsymbol{\alpha}$, 使得 $\boldsymbol{\alpha}$ 在自然基和基

$$\boldsymbol{\alpha}_1=(2,1,-1,1)^{\mathrm{T}},\boldsymbol{\alpha}_2=(0,3,1,0)^{\mathrm{T}},\boldsymbol{\alpha}_3=(5,3,2,1)^{\mathrm{T}},\boldsymbol{\alpha}_4=(6,6,1,3)^{\mathrm{T}}$$

下有相同的坐标.

7.3 子空间

7.3.1 子空间的概念

定义 7.3.1 (子空间) 设 V 是数域 $\mathbb{K}$ 上的一个线性空间, W 是 V 的一个非空子集合. 若 W 对于 V 中的加法和数乘也构成线性空间, 则称 W 是 V 的**子空间**.

例 7.3.1 设 V 是数域 $\mathbb{K}$ 上的一个线性空间, 则 V 与 $\{\boldsymbol{\theta}\}$ 均是 V 的子空间, 称为 V 的**平凡子空间**. V 的非平凡子空间称为 V 的**真子空间**.

在 $\mathbb{R}^3(=\mathbb{R}^{3\times 1}$ 或 $\mathbb{R}^{1\times 3})$ 中, 通过坐标原点的直线和平面分别是 $\mathbb{R}^3$ 的 1 维子空间和 2 维子空间.

定理 7.3.1 设V数域$\mathbb{K}$上的线性空间, W是V的一个非空子集合, 则W是V的子空间当且仅当W对V的两种运算满足下列条件:

(1) $\forall\,\boldsymbol{\alpha},\boldsymbol{\beta}\in W$, 有$\boldsymbol{\alpha}+\boldsymbol{\beta}\in W$;

(2) $\forall\,\boldsymbol{\alpha}\in W, k\in\mathbb{K}$, 有$k\boldsymbol{\alpha}\in W$.

证　必要性明显.

充分性. 由条件(2), 得到$0\boldsymbol{\alpha}=\boldsymbol{\theta}\in W$, $(-1)\boldsymbol{\alpha}=-\boldsymbol{\alpha}\in W$, 即$W$有加法单位元(零元)和加法逆元, 亦即线性空间定义7.1.1中的运算法则(3),(4)成立; 又因为W是V的子集, W中的向量自然是V中的向量, 所以线性空间定义7.1.1中的运算法则(1),(2),(5),(6),(7),(8)自然成立. 按线性空间的定义,W构成$\mathbb{K}$上的线性空间. 按子空间的定义, W是V的子空间.

注 定理7.3.1中的条件(1),(2)等价于条件$\forall\,\boldsymbol{\alpha},\boldsymbol{\beta}\in W,\forall\,k,l\in\mathbb{K}$, 都有$k\boldsymbol{\alpha}+l\boldsymbol{\beta}\in W$.

例 7.3.2 证明: $W=\{(x_1,x_2,\cdots,x_n)^{\mathrm{T}}|\,x_{i+2}=x_{i+1}+x_i, i=1,2,\cdots,n-2\}$是$\mathbb{K}^{n\times 1}$的2维子空间.

证　$\forall\,\boldsymbol{\alpha}=(x_1,x_2,\cdots,x_n)^{\mathrm{T}}\in W,\boldsymbol{\beta}=(y_1,y_2,\cdots,y_n)^{\mathrm{T}}\in W,k\in\mathbb{K}$, 因为$x_{i+2}=x_{i+1}+x_i, y_{i+2}=y_{i+1}+y_i\,(i=1,2,\cdots,n-2)$, 所以$kx_{i+2}=k(x_{i+1}+x_i)=kx_{i+1}+kx_i$,

$$x_{i+2}+y_{i+2}=(x_{i+1}+x_i)+(y_{i+1}+y_i)=(x_{i+1}+y_{i+1})+(x_i+y_i)\,(i=1,2,\cdots,n-2),$$

所以$k\alpha\in W,\alpha+\boldsymbol{\beta}\in W$. 故$W$是$\mathbb{K}^{n\times 1}$的子空间.

取$\boldsymbol{\alpha}_1=(x_1,x_2,\cdots,x_n)^{\mathrm{T}}\in W,\boldsymbol{\alpha}_2=(y_1,y_2,\cdots,y_n)^{\mathrm{T}}\in W$, 其中$x_1=1,x_2=0,y_1=0,y_2=1$, 则$\boldsymbol{\alpha}_1,\boldsymbol{\alpha}_2$线性无关, 且$\forall\,\boldsymbol{\beta}=(z_1,z_2,\cdots,z_n)^{\mathrm{T}}\in W$, 有$\boldsymbol{\beta}=z_1\boldsymbol{\alpha}_1+z_2\boldsymbol{\alpha}_2$. 其实, $z_1=z_1x_1+z_2y_1, z_2=z_1x_2+z_2y_2$, $z_j=z_{j-1}+z_{j-2}=z_1x_{j-1}+z_2y_{j-1}+z_1x_{j-2}+z_2y_{j-2}=z_1(x_{j-1}+x_{j-2})+z_2(y_{j-1}+y_{j-2})=z_1x_j+z_2y_j\,(j=3,4,\cdots,n)$. 于是$\boldsymbol{\alpha}_1,\boldsymbol{\alpha}_2$是$W$的一组基, 即$W$是$\mathbb{K}^{n\times 1}$的2维子空间.

定义 7.3.2 设S是线性空间V的子集. 记$L(S)$为S中向量所有可能的(有限)线性组合构成的子集, 则由定义7.3.1可知, $L(S)$是V的一个子空间, 称为由S生成的子空间, 或称为由S张成的子空间.

定理 7.3.2 设S是线性空间V的子集, $L(S)$是由S张成的子空间, 则

(1) $S\subseteq L(S)$且若W是包含S的子空间, 则$L(S)\subseteq W$, 即$L(S)$是包含S的最小子空间;

(2) $L(S)$的维数等于S中极大无关组所含向量的个数, 且若$\boldsymbol{\alpha}_1,\boldsymbol{\alpha}_2,\cdots,\boldsymbol{\alpha}_m$是$S$的极大无关组, 则$L(S)=L(\boldsymbol{\alpha}_1,\boldsymbol{\alpha}_2,\cdots,\boldsymbol{\alpha}_m)$.

证　(1) 显然$S\subseteq L(S)$. 设$\boldsymbol{\beta}\in L(S)$, 则$\boldsymbol{\beta}$是$S$中若干个向量$\boldsymbol{\alpha}_1,\boldsymbol{\alpha}_2,\cdots,\boldsymbol{\alpha}_r$的线性组合:

$$\boldsymbol{\beta}=c_1\boldsymbol{\alpha}_1+c_2\boldsymbol{\alpha}_2+\cdots+c_r\boldsymbol{\alpha}_r.$$

因为$S\subseteq W$, 由子空间的定义可知, $\boldsymbol{\beta}\in W$. 故$L(S)\subseteq W$.

(2) 设 $\boldsymbol{\alpha}_1,\boldsymbol{\alpha}_2,\cdots,\boldsymbol{\alpha}_m$ 是 S 的极大无关组, 则 S 中任一向量都可由 $\boldsymbol{\alpha}_1,\boldsymbol{\alpha}_2,\cdots,\boldsymbol{\alpha}_m$ 线性表示, 即 $S \subseteq L(\boldsymbol{\alpha}_1,\boldsymbol{\alpha}_2,\cdots,\boldsymbol{\alpha}_m)$, 所以 $L(S) \subseteq L(\boldsymbol{\alpha}_1,\boldsymbol{\alpha}_2,\cdots,\boldsymbol{\alpha}_m)$; 显然 $L(\boldsymbol{\alpha}_1,\boldsymbol{\alpha}_2,\cdots,\boldsymbol{\alpha}_m)\subseteq L(S)$. 故 $L(S)=L(\boldsymbol{\alpha}_1,\boldsymbol{\alpha}_2,\cdots,\boldsymbol{\alpha}_m)$, 且 $\dim L(S)=m$.

例 7.3.3 设 n 元半正定实二次型 f 的 (系数) 矩阵为 $\boldsymbol{A}$, 令

$$V=\{\boldsymbol{X}\in\mathbb{R}^{n\times 1}|\boldsymbol{X}^{\mathrm{T}}\boldsymbol{A}\boldsymbol{X}=0\},W=\{\boldsymbol{X}\in\mathbb{R}^{n\times 1}|\boldsymbol{A}\boldsymbol{X}=\boldsymbol{0}\},$$

则 $V=W$.

证 显然 $W\subseteq V$. 反之, $\forall \boldsymbol{X}\in V$, 因为 $\boldsymbol{A}$ 半正定, 所以存在半正定矩阵 $\boldsymbol{B}$, 使得 $\boldsymbol{A}=\boldsymbol{B}^{\mathrm{T}}\boldsymbol{B}=\boldsymbol{B}^2$, 从而 $\boldsymbol{X}^{\mathrm{T}}\boldsymbol{A}\boldsymbol{X}=(\boldsymbol{B}\boldsymbol{X})^{\mathrm{T}}(\boldsymbol{B}\boldsymbol{X})$. 于是 $\boldsymbol{B}\boldsymbol{X}=\boldsymbol{0}$, $\boldsymbol{A}\boldsymbol{X}=\boldsymbol{B}^2\boldsymbol{X}=\boldsymbol{0}$, 即 $V\subseteq W$. 故 $V=W$.

7.3.2 子空间的交与和

定义 7.3.3 设 V_1,V_2 是线性空间 V 的两个子空间. 定义它们的交为既在 V_1 中又在 V_2 中的全体向量所构成的集合 $V_1\cap V_2$; 定义它们的和为所有形如 $\boldsymbol{\alpha}+\boldsymbol{\beta}\,(\boldsymbol{\alpha}\in V_1,\boldsymbol{\beta}\in V_2)$ 的向量的集合

$$V_1+V_2=\{\boldsymbol{\alpha}+\boldsymbol{\beta}|\boldsymbol{\alpha}\in V_1,\boldsymbol{\beta}\in V_2\}.$$

定理 7.3.3 数域 $\mathbb{K}$ 上的线性空间 V 的两个子空间 V_1,V_2 的交 $V_1\cap V_2$ 与和 V_1+V_2 都是 V 的子空间.

证 $\forall \boldsymbol{\alpha},\boldsymbol{\beta}\in V_1\cap V_2,k,l\in\mathbb{K}$, 因为 V_1,V_2 是 V 的子空间, 所以 $k\boldsymbol{\alpha}+l\boldsymbol{\beta}\in V_1\cap V_2$. 故 $V_1\cap V_2$ 是 V 的子空间.

$\forall \boldsymbol{\alpha},\boldsymbol{\beta}\in V_1+V_2,k,l\in\mathbb{K}$, 则 $\boldsymbol{\alpha}=\boldsymbol{\alpha}_1+\boldsymbol{\alpha}_2,\boldsymbol{\beta}=\boldsymbol{\beta}_1+\boldsymbol{\beta}_2$, 其中 $\boldsymbol{\alpha}_1,\boldsymbol{\beta}_1\in V_1,\boldsymbol{\alpha}_2,\boldsymbol{\beta}_2\in V_2$, 因为 V_1,V_2 是 V 的子空间, 所以 $k\boldsymbol{\alpha}+l\boldsymbol{\beta}=(k\boldsymbol{\alpha}_1+l\boldsymbol{\beta}_1)+(k\boldsymbol{\alpha}_2+l\boldsymbol{\beta}_2)\in V_1+V_2$. 故 V_1+V_2 是 V 的子空间.

可类似地定义多个子空间的交与和

$$V_1\cap V_2\cap\cdots\cap V_m=(V_1\cap V_2\cap\cdots\cap V_{m-1})\cap V_m,$$

$$V_1+V_2+\cdots+V_m=(V_1+V_2+\cdots+V_{m-1})+V_m.$$

例 7.3.4 设 V_1,V_2 是线性空间 V 的子空间.

(1) 证明: $L(V_1\cup V_2)=V_1+V_2$;

(2) 求 $V_1\cup V_2$ 也是 V 的子空间的条件.

证 (1) 因为 $V_k\subseteq V_1+V_2\,(k=1,2)$, 所以 $V_1\cup V_2\subseteq V_1+V_2$. 又因为 V_1+V_2 是 V 的子空间, 所以 $L(V_1\cup V_2)\subseteq V_1+V_2$. 反之, $\forall \boldsymbol{v}\in V_1+V_2$, 由 V_1+V_2 的定义, 存在 $\boldsymbol{v}_k\in V_k\,(k=1,2)$, 使得 $\boldsymbol{v}=\boldsymbol{v}_1+\boldsymbol{v}_2$, 所以 $\boldsymbol{v}\in L(V_1\cup V_2)$, 即 $V_1+V_2\subseteq L(V_1\cup V_2)$. 故 $L(V_1\cup V_2)=V_1+V_2$.

解 (2) 假设 $\boldsymbol{\alpha}\in V_1\backslash V_2$, $\boldsymbol{\beta}\in V_2\backslash V_1$, 则 $\boldsymbol{\alpha},\boldsymbol{\beta}\in V_1\cup V_2$, 如果 $V_1\cup V_2$ 是 V 的子空间, 则 $\boldsymbol{\alpha}+\boldsymbol{\beta}\in V_1\cup V_2$. 如果 $\boldsymbol{\alpha}+\boldsymbol{\beta}\in V_1$, 则 $\boldsymbol{\beta}=(\boldsymbol{\alpha}+\boldsymbol{\beta})-\boldsymbol{\alpha}\in V_1$, 矛盾; 如果 $\boldsymbol{\alpha}+\boldsymbol{\beta}\in V_2$,

则 $\boldsymbol{\alpha} = (\boldsymbol{\alpha} + \boldsymbol{\beta}) - \boldsymbol{\beta} \in V_2$, 亦矛盾. 因此，$V_1 \cup V_2$ 是 V 的子空间的必要条件是 $V_1 \subseteq V_2$ 或 $V_2 \subseteq V_1$. 如果 $V_1 \subseteq V_2$ 或 $V_2 \subseteq V_1$, 则 $V_1 \cup V_2 = V_2$ 或者 $V_1 \cup V_2 = V_1$ 是 V 的子空间. 故 $V_1 \cup V_2$ 是 V 的子空间的充分必要条件是: $V_1 \subseteq V_2$ 或 $V_2 \subseteq V_2$.

定理 7.3.4 设 V_1, V_2 是线性空间 V 的两个子空间, 则

$$\dim(V_1 + V_2) + \dim(V_1 \cap V_2) = \dim V_1 + \dim V_2.$$

证 设 $\dim V_1 = n_1, \dim V_2 = n_2, \dim(V_1 \cap V_2) = m$. 取子空间 $V_1 \cap V_2$ 的一组基为 $\boldsymbol{\alpha}_1, \boldsymbol{\alpha}_2, \cdots, \boldsymbol{\alpha}_m$, 因为 $V_1 \cap V_2$ 是 $V_k\,(k = 1,2)$ 的子空间, 所以可添上 $V_1\,(V_2)$ 中向量 $\boldsymbol{\alpha}_{m+1}, \cdots, \boldsymbol{\alpha}_{n_1}(\boldsymbol{\beta}_{m+1}, \cdots, \boldsymbol{\beta}_{n_2})$, 使得 $\boldsymbol{\alpha}_1, \boldsymbol{\alpha}_2, \cdots, \boldsymbol{\alpha}_m, \boldsymbol{\alpha}_{m+1}, \cdots, \boldsymbol{\alpha}_{n_1}$ 是 V_1 的一组基, $\boldsymbol{\alpha}_1, \boldsymbol{\alpha}_2, \cdots, \boldsymbol{\alpha}_m, \boldsymbol{\beta}_{m+1}, \cdots, \boldsymbol{\beta}_{n_2}$ 是 V_2 的一组基, 所以 $V_1 + V_2$ 中向量都可由向量组 $\boldsymbol{\alpha}_1, \boldsymbol{\alpha}_2, \cdots, \boldsymbol{\alpha}_m, \boldsymbol{\alpha}_{m+1}, \cdots, \boldsymbol{\alpha}_{n_1}, \boldsymbol{\beta}_{m+1}, \cdots, \boldsymbol{\beta}_{n_2}$ 线性表示. 下面证明向量组 $\boldsymbol{\alpha}_1, \boldsymbol{\alpha}_2, \cdots, \boldsymbol{\alpha}_m, \boldsymbol{\alpha}_{m+1}, \cdots, \boldsymbol{\alpha}_{n_1}, \boldsymbol{\beta}_{m+1}, \cdots, \boldsymbol{\beta}_{n_2}$ 线性无关. 事实上, 设

$$c_1\boldsymbol{\alpha}_1 + c_2\boldsymbol{\alpha}_2 + \cdots + c_m\boldsymbol{\alpha}_m + k_{m+1}\boldsymbol{\alpha}_{m+1} + \cdots + k_{n_1}\boldsymbol{\alpha}_{n_1} + l_{m+1}\boldsymbol{\beta}_{m+1} + \cdots + l_{n_2}\boldsymbol{\beta}_{n_2} = \boldsymbol{\theta},$$

则 $c_1\boldsymbol{\alpha}_1 + c_2\boldsymbol{\alpha}_2 + \cdots + c_m\boldsymbol{\alpha}_m + k_{m+1}\boldsymbol{\alpha}_{m+1} + \cdots + k_{n_1}\boldsymbol{\alpha}_{n_1} = -(l_{m+1}\boldsymbol{\beta}_{m+1} + \cdots + l_{n_2}\boldsymbol{\beta}_{n_2}) \in V_1 \cap V_2$, 因而存在数 $t_1, t_2, \cdots, t_m$, 使得 $l_{m+1}\boldsymbol{\beta}_{m+1} + \cdots + l_{n_2}\boldsymbol{\beta}_{n_2} = t_1\boldsymbol{\alpha}_1 + t_2\boldsymbol{\alpha}_2 + \cdots + t_m\boldsymbol{\alpha}_m$. 因为 $\boldsymbol{\alpha}_1, \boldsymbol{\alpha}_2, \cdots, \boldsymbol{\alpha}_m, \boldsymbol{\beta}_{m+1}, \cdots, \boldsymbol{\beta}_{n_2}$ 是 V_2 的一组基, 所以 $l_{m+1} = \cdots = l_{n_2} = t_1 = t_2 = \cdots = t_m = 0$. 再由 $\boldsymbol{\alpha}_1, \boldsymbol{\alpha}_2, \cdots, \boldsymbol{\alpha}_m, \boldsymbol{\alpha}_{m+1}, \cdots, \boldsymbol{\alpha}_{n_1}$ 是 V_1 的一组基, 得到 $c_1 = c_2 = \cdots = k_{n_1} = 0$. 故 $\boldsymbol{\alpha}_1, \boldsymbol{\alpha}_2, \cdots, \boldsymbol{\alpha}_m, \boldsymbol{\alpha}_{m+1}, \cdots, \boldsymbol{\alpha}_{n_1}, \boldsymbol{\beta}_{m+1}, \cdots, \boldsymbol{\beta}_{n_2}$ 构成 $V_1 + V_2$ 的一组基. 因此 $\dim(V_1 + V_2) + \dim(V_1 \cap V_2) = \dim V_1 + \dim V_2$.

例 7.3.5 设 $V_1 = L(\boldsymbol{\alpha}_1, \boldsymbol{\alpha}_2, \boldsymbol{\alpha}_3), V_2 = L(\boldsymbol{\beta}_1, \boldsymbol{\beta}_2)$, 其中

$$\boldsymbol{\alpha}_1 = \begin{pmatrix} 1 \\ 1 \\ 0 \\ 0 \end{pmatrix}, \boldsymbol{\alpha}_2 = \begin{pmatrix} 1 \\ 0 \\ 1 \\ 1 \end{pmatrix}, \boldsymbol{\alpha}_3 = \begin{pmatrix} 1 \\ 1 \\ 1 \\ 1 \end{pmatrix}, \boldsymbol{\beta}_1 = \begin{pmatrix} 0 \\ 0 \\ 1 \\ 1 \end{pmatrix}, \boldsymbol{\beta}_2 = \begin{pmatrix} 0 \\ 1 \\ 1 \\ 0 \end{pmatrix}.$$

(1) 求 $V_1 + V_2$ 的一组基与维数;

(2) 求 $V_1 \cap V_2$ 的一组基与维数.

解 (1) 因为 $\begin{pmatrix} 1 & 1 & 1 & 0 & 0 \\ 1 & 0 & 1 & 0 & 1 \\ 0 & 1 & 1 & 1 & 1 \\ 0 & 1 & 1 & 1 & 0 \end{pmatrix} \to \begin{pmatrix} 1 & 0 & 0 & -1 & 0 \\ 0 & 1 & 0 & 0 & 0 \\ 0 & 0 & 1 & 1 & 0 \\ 0 & 0 & 0 & 0 & 1 \end{pmatrix}$, 所以 $\boldsymbol{\alpha}_1, \boldsymbol{\alpha}_2, \boldsymbol{\alpha}_3, \boldsymbol{\beta}_2$ 线性无关, 且 $\boldsymbol{\beta}_1 = -\boldsymbol{\alpha}_1 + \boldsymbol{\alpha}_3$. 于是 $\boldsymbol{\alpha}_1, \boldsymbol{\alpha}_2, \boldsymbol{\alpha}_3, \boldsymbol{\beta}_2$ 可作为 $V_1 + V_2$ 的一组基, $\dim(V_1 + V_2) = 4$.

(2) 显然 $\dim V_1 = 3, \dim V_2 = 2$, 由 (1), 可得 $\dim(V_1 \cap V_2) = \dim V_1 + \dim V_2 - \dim(V_1 + V_2) = 1$, 且 $\boldsymbol{\beta}_1$ 可作为 $V_1 \cap V_2$ 的一组基.

定义 7.3.4 设 $V_1, V_2, \cdots, V_m$ 是线性空间 V 的 m 个子空间, 对每一个 $k\,(k = 1, 2, \cdots, m)$, $V_k \cap \left(\sum\limits_{j \neq k} V_j\right) = \{\boldsymbol{\theta}\}$, 则称 $V_1 + V_2 + \cdots + V_m$ 为**直接和**, 简称为**直和**, 记为 $V_1 \oplus V_2 \oplus \cdots \oplus V_m$.

定理 7.3.5 设 $V_1, V_2, \cdots, V_m$ 是线性空间 V 的子空间, $V = V_1 + V_2 + \cdots + V_m$, 则下列命题相互等价:

(1) V 中向量表示为 $V_1, V_2, \cdots, V_m$ 中向量的和时, 其表示法唯一, 即当 $\boldsymbol{\alpha} \in V$, 且 $\boldsymbol{\alpha} = \boldsymbol{v}_1 + \boldsymbol{v}_2 + \cdots + \boldsymbol{v}_m = \boldsymbol{u}_1 + \boldsymbol{u}_2 + \cdots + \boldsymbol{u}_m$, 则 $\boldsymbol{v}_k = \boldsymbol{u}_k\ (k = 1, 2, \cdots, m)$;

(2) 零向量 $\boldsymbol{\theta}$ 表示法唯一;

(3) $V_k \cap \left(\sum\limits_{j \neq k} V_j\right) = \{\boldsymbol{\theta}\}\ (k = 1, 2, \cdots, m)$;

(4) $\dim V = \dim V_1 + \dim V_2 + \cdots + \dim V_m$;

(5) 设 $\boldsymbol{e}_{k1}, \boldsymbol{e}_{k2}, \cdots, \boldsymbol{e}_{kn_k}$ 为 $V_k\ (k = 1, 2, \cdots, m)$ 的一组基, 则 $\bigcup\limits_{k=1}^{m} \{\boldsymbol{e}_{k1}, \boldsymbol{e}_{k2}, \cdots, \boldsymbol{e}_{kn_k}\}$ 是 V 的一组基.

证 (1) $\Rightarrow$ (2): 显然.

(2) $\Rightarrow$ (3): 若 $\exists k$, 使得 $V_k \cap \left(\sum\limits_{j \neq k} V_j\right) \supsetneqq \{\boldsymbol{\theta}\}$, 则 $\exists \boldsymbol{\alpha} \in V_k \cap \left(\sum\limits_{j \neq k} V_j\right), \boldsymbol{\alpha} \neq \boldsymbol{\theta}$. 从而 $\boldsymbol{\alpha} \in V_k, \boldsymbol{\alpha} = \sum\limits_{j \neq k} \boldsymbol{\beta}_j$. 于是 $\sum\limits_{j \neq k} \boldsymbol{\beta}_j - \boldsymbol{\alpha} = \boldsymbol{\theta}$. 这与零向量 $\boldsymbol{\theta}$ 的表示法唯一相矛盾.

(3) $\Rightarrow$ (4): 当 $m = 2$ 时, 由定理 7.3.4, 得到

$$\dim (V_1 + V_2) = \dim V_1 + \dim V_2 - \dim (V_1 \cap V_2).$$

假设

$$\dim \left(\sum_{i=1}^{m} V_i\right) = \sum_{i=1}^{m} \dim V_i - \dim (V_2 \cap V_1) - \cdots - \dim \left(V_m \cap \left(\sum_{i=1}^{m-1} V_i\right)\right),$$

则

$$\begin{aligned}
\dim \left(\sum_{i=1}^{m+1} V_i\right) &= \dim \left(\sum_{i=1}^{m} V_i\right) + \dim V_{m+1} - \dim \left(V_{m+1} \cap \left(\sum_{i=1}^{m} V_i\right)\right) \\
&= \sum_{i=1}^{m+1} \dim V_i - \dim (V_2 \cap V_1) - \cdots - \dim \left(V_m \cap \left(\sum_{i=1}^{m-1} V_i\right)\right) \\
&\quad -\dim \left(V_{m+1} \cap \left(\sum_{i=1}^{m} V_i\right)\right).
\end{aligned}$$

由数学归纳法, 得到维数公式:

$$\dim \left(\sum_{i=1}^{m} V_i\right) = \sum_{i=1}^{m} \dim V_i - \dim (V_2 \cap V_1) - \cdots - \dim \left(V_m \cap \left(\sum_{i=1}^{m-1} V_i\right)\right).$$

因为 $V_i \cap \left(\sum\limits_{j=1}^{i-1} V_j\right) \subseteq V_i \cap \left(\sum\limits_{j \neq i} V_j\right) = \{\boldsymbol{\theta}\}$, 所以 (4) 成立.

(4) $\Rightarrow$ (5): 因为 $V_k = L(\boldsymbol{e}_{k1}, \boldsymbol{e}_{k2}, \cdots, \boldsymbol{e}_{kn_k}), \dim V_k = n_k\ (k = 1, 2, \cdots, m), V = V_1 + V_2 + \cdots + V_m = L(\boldsymbol{e}_{11}, \boldsymbol{e}_{12}, \cdots, \boldsymbol{e}_{1n_1}, \cdots, \boldsymbol{e}_{m1}, \boldsymbol{e}_{m2}, \cdots, \boldsymbol{e}_{mn_m})$, 所以 V 的生成向量的总数 $n_1 + n_2 + \cdots + n_m = \dim V$. 故 $\bigcup\limits_{k=1}^{m} \{\boldsymbol{e}_{k1}, \boldsymbol{e}_{k2}, \cdots, \boldsymbol{e}_{kn_k}\}$ 是 V 的一组基.

(5) ⇒ (1): 取 V_k 的一组基 $\bigcup\limits_{j=1}^{n_k} \boldsymbol{e}_{kj}\,(k=1,2,\cdots,m)$, 则 $\bigcup\limits_{k=1}^{m}\{\boldsymbol{e}_{k1},\boldsymbol{e}_{k2},\cdots,\boldsymbol{e}_{kn_k}\}$ 是 V 的一组基. 假设 $\boldsymbol{\alpha}\in V$ 表示为

$$\boldsymbol{\alpha}=\sum_{k=1}^{m}\boldsymbol{\beta}_k=\sum_{k=1}^{m}\boldsymbol{\gamma}_k, \text{其中}\,\boldsymbol{\beta}_k,\boldsymbol{\gamma}_k\in V_k\,(k=1,2,\cdots,m),$$

则

$$\boldsymbol{\beta}_k-\boldsymbol{\gamma}_k=\sum_{j=1}^{k-1}(\boldsymbol{\gamma}_j-\boldsymbol{\beta}_j)\in V_k\cap\left(\sum_{j=1}^{k-1}V_j\right).$$

若 $\exists\, k$, 使得 $\boldsymbol{\beta}_k\neq\boldsymbol{\gamma}_k$, 则 $\dim\left(V_k\cap\left(\sum\limits_{j=1}^{k-1}V_j\right)\right)>0$, 由维数公式, 得到

$$\sum_{i=1}^{m}\dim V_i=\dim\left(\sum_{i=1}^{k}V_i\right)+\dim(V_2\cap V_1)+\cdots+\dim\left(V_m\cap\left(\sum_{i=1}^{m-1}V_i\right)\right)>\dim V.$$

矛盾. 故 $\boldsymbol{\beta}_k=\boldsymbol{\gamma}_k\,(k=1,2,\cdots,m)$.

例 7.3.6 设 $\boldsymbol{A}$ 是数域 $\mathbb{K}$ 上的 n 阶幂等方阵(即 $\boldsymbol{A}^2=\boldsymbol{A}$), 证明: $\mathbb{K}^{n\times 1}=V_1\oplus V_2$, 其中

$$V_1=\{\boldsymbol{X}\in\mathbb{K}^{n\times 1}|\boldsymbol{AX}=\boldsymbol{0}\},V_2=\{\boldsymbol{X}\in\mathbb{K}^{n\times 1}|\boldsymbol{AX}=\boldsymbol{X}\}.$$

证　$\forall\,\boldsymbol{\alpha}\in\mathbb{K}^{n\times 1}$, $\boldsymbol{\alpha}=(\boldsymbol{\alpha}-\boldsymbol{A\alpha})+\boldsymbol{A\alpha}$. 因为 $\boldsymbol{A}(\boldsymbol{\alpha}-\boldsymbol{A\alpha})=\boldsymbol{A\alpha}-\boldsymbol{A}^2\boldsymbol{\alpha}=\boldsymbol{A\alpha}-\boldsymbol{A\alpha}=\boldsymbol{0}$, $\boldsymbol{A}(\boldsymbol{A\alpha})=\boldsymbol{A\alpha}$, 所以 $\boldsymbol{\alpha}-\boldsymbol{A\alpha}\in V_1, \boldsymbol{A\alpha}\in V_2$, 于是 $\mathbb{K}^{n\times 1}=V_1+V_2$. 设 $\boldsymbol{\alpha}\in V_1\cap V_2$, 则 $\boldsymbol{A\alpha}=\boldsymbol{0},\boldsymbol{A\alpha}=\boldsymbol{\alpha}$, 从而 $\boldsymbol{\alpha}=\boldsymbol{0}$, 所以 $V_1\cap V_2=\{\boldsymbol{0}\}$. 故 $\mathbb{K}^{n\times 1}=V_1\oplus V_2$.

例 7.3.7 若 V_1,V_2,V_3 是线性空间 V 的 3 个子空间, 且 $V_1\cap V_2=\{\boldsymbol{\theta}\},V_2\cap V_3=\{\boldsymbol{\theta}\},V_3\cap V_1=\{\boldsymbol{\theta}\}$. 试问 $V_1+V_2+V_3$ 是否是直和?

答: 不一定是直和. 如 $\mathbb{R}^3$ 中过坐标原点的两两不平行的 3 条共面直线.

练习 7.3.1 设 V_1 与 V_2 分别是齐次线性方程组 $x_1+x_2+\cdots+x_n=0$ 与 $x_1=x_2=\cdots=x_n$ 的解空间, 则 $\mathbb{K}^{n\times 1}=V_1\oplus V_2$.

7.4　线性变换

7.4.1　线性映射与线性变换的概念

设 A,B 是两个非空集合. 若 $\forall\,x\in A$, 按某对应法则 f 有唯一的 $y\in B$ 与之对应, 则称 f 是 A 到 B 的一个**映射**, 记为 $f:A\to B$. y 称为 x 在 f 下的像, x 称为 y 的原像或逆像. A 中元素在 f 下的像的全体构成 B 的一个子集, 记之为 $f(A)$ 或 $\mathrm{Im}(f)$, 称为映射 $f:A\to B$ 的**值域**(或**像域**). 如果 $\mathrm{Im}(f)=B$, 即 $\forall\,y\in B$, $\exists\,x\in A$, 使得 $y=f(x)$, 则称 f 是**满映射**或者**映上的映射**. 如果 $\forall\,x_1,x_2\in A, x_1\neq x_2$, 都有 $f(x_1)\neq f(x_2)$，或者假设 $f(x_1)=f(x_2)$, 则 $x_1=x_2$, 则称 f 是**单映射**. 若 f 既是单映射又是满映射, 则称 f 是**一一对应**. 如果 $f:A\to B$ 是一一对应, 则 $\forall\,y\in B$, 存在唯一 $x\in A$, 使得 $f(x)=y$. 这个

由 B 到 A 的映射称为 f 的**逆映射**, 记为 $f^{-1}: D \to A$. 设有映射 $f: A \to D, g: C \to D$, 对于 $x \in C$, 如果 $g(x) \in A$, 则由 $(f \circ g)(x) = f(g(x))$ 定义的 C 到 B 的映射称为 f 与 g 的**复合映射**或**映射的积**, 记为 $f \circ g: C \to B$.

注 复合映射 $f \circ g$ 的定义域 $D(f \circ g) = \{x | x \in C \text{ 且 } g(x) \in A\} \subseteq C$, 且 $D(f \circ g) \neq \varnothing$, 复合映射 $f \circ g$ 才有意义. 若 $f: A \to B, g: B \to C, h: C \to D$, 则 $\forall x \in A$, 有

$$((h \circ g) \circ f)(x) = (h \circ g)(f(x)) = h(g(f(x))) = h((g \circ f)(x)) = (h \circ (g \circ f))(x),$$

于是 $(h \circ g) \circ f = h \circ (g \circ f)$. 因此, 在写多个映射的积时, 常略去括号, 把 $(h \circ g) \circ f$ 写为 $h \circ g \circ f$, 通常也略去符号"$\circ$", 简写为 hgf.

设 $A \subseteq B$, 映射 $i: x \to x, \forall x \in A$, 称为 A 的**恒等映射**, 记为 I_A. 习惯上, 我们将一个集合 A 到自身的映射称为**变换**. 定义域和值域都是数集或部分数集的映射, 通常称为**函数**.

下面我们来讨论线性映射.

定义 7.4.1 设 φ 是数域 $\mathbb{K}$ 上线性空间 V 到线性空间 U 中的映射. 若 φ 满足以下两个条件:

(1) $\varphi(\boldsymbol{\alpha} + \boldsymbol{\beta}) = \varphi(\boldsymbol{\alpha}) + \varphi(\boldsymbol{\beta}), \forall \boldsymbol{\alpha}, \boldsymbol{\beta} \in V$;

(2) $\varphi(k\boldsymbol{\alpha}) = k\varphi(\boldsymbol{\alpha}), \forall \boldsymbol{\alpha} \in V, k \in \mathbb{K}$,

则称 φ 是 V 到 U 的**线性映射**. 若 φ 是单映射, 则称 φ 是**单线性映射**. 若 φ 是满映射, 则称 φ 是**满线性映射**. 若线性映射 φ 既是单映射又是满映射 (即一一对应), 则称 φ 是**线性同构**. 需要注意的是: 线性空间 V 到 V 自身的线性映射称为 V 上的**线性变换**.

注 1 定义 7.4.1 中的条件 (1),(2) 等价于条件 $\forall \boldsymbol{\alpha}, \boldsymbol{\beta} \in V, \forall k, l \in \mathbb{K}$ 都有

$$\varphi(k\boldsymbol{\alpha} + l\boldsymbol{\beta}) = k\varphi(\boldsymbol{\alpha}) + l\varphi(\boldsymbol{\beta}).$$

注 2 线性映射将 V 中线性相关的向量组映成线性相关的向量组. 但 V 中线性无关的向量组在一个一般的线性映射下的像向量组不一定线性无关.

例 7.4.1 设 $\boldsymbol{A}$ 是数域 $\mathbb{K}$ 上的 $m \times n$ 矩阵, 对于 $\mathbb{K}^{n\times 1}$ 中任一向量 $\boldsymbol{X}$, 定义

$$\varphi(\boldsymbol{X}) = \boldsymbol{AX} \in \mathbb{K}^{m\times 1},$$

则 φ 是 $\mathbb{K}^{n\times 1}$ 到 $\mathbb{K}^{m\times 1}$ 的一个线性映射.

证 $\forall \boldsymbol{\alpha}, \boldsymbol{\beta} \in \mathbb{K}^{n\times 1}, \forall k, l \in \mathbb{K}$, 有

$$\varphi(k\boldsymbol{\alpha} + l\boldsymbol{\beta}) = \boldsymbol{A}(k\boldsymbol{\alpha} + l\boldsymbol{\beta}) = k\boldsymbol{A\alpha} + l\boldsymbol{A\beta} = k\varphi(\boldsymbol{\alpha}) + l\varphi(\boldsymbol{\beta}).$$

按线性映射的定义, φ 是 $\mathbb{K}^{n\times 1}$ 到 $\mathbb{K}^{m\times 1}$ 的一个线性映射.

例 7.4.2 设 V 是数域 $\mathbb{K}$ 上的线性空间.

(1) 规定 $\varphi(\boldsymbol{\alpha}) = \boldsymbol{\theta}, \forall \boldsymbol{\alpha} \in V$, 则 φ 是 V 上的线性变换, 称为**零变换**, 记为 0;

(2) 规定 $\varphi(\boldsymbol{\alpha}) = \boldsymbol{\alpha}, \forall \boldsymbol{\alpha} \in V$, 则 φ 是 V 上的线性变换, 称为**恒等变换**, 记为 I_V.

(3) 规定 $\varphi(\boldsymbol{\alpha}) = k\boldsymbol{\alpha}, \forall \boldsymbol{\alpha} \in V$, 其中 $k \in \mathbb{K}$ 为常数, 则 φ 是 V 上的线性变换, 称为**数乘变换**, 记为 kI_V.

注 当本例 (3) 中 $k = 0$ 时, φ 就是零变换, 当 $k = 1$ 时, φ 就是恒等变换.

例 7.4.3 设 V 是数域 $\mathbb{K}$ 上的1维线性空间, 则 φ 是 V 上的线性变换当且仅当 $\forall\,\boldsymbol{\alpha}\in V$, 都有 $\varphi(\boldsymbol{\alpha})=c\boldsymbol{\alpha}$, 其中 c 是 $\mathbb{K}$ 中的一个常数.

证 必要性. 设 $\boldsymbol{\xi}$ 是 V 的一组基, 则 $V=L(\boldsymbol{\xi})$. 设 φ 是 V 上的线性变换, 则 $\varphi(\boldsymbol{\xi})\in V$, 令 $\varphi(\boldsymbol{\xi})=c\boldsymbol{\xi}$, 则 $\forall\,\boldsymbol{\alpha}=k\boldsymbol{\xi}$, $\varphi(\boldsymbol{\alpha})=\varphi(k\boldsymbol{\xi})=k\varphi(\boldsymbol{\xi})=kc\boldsymbol{\xi}=ck\boldsymbol{\xi}=c\boldsymbol{\alpha}$.

充分性. $\forall\,\boldsymbol{\alpha},\boldsymbol{\beta}\in V,\forall\,k,l\in\mathbb{K}$, 由假设, 有

$$\varphi(k\boldsymbol{\alpha}+l\boldsymbol{\beta})=c(k\boldsymbol{\alpha}+l\boldsymbol{\beta})=kc\boldsymbol{\alpha}+lc\boldsymbol{\beta}=k\varphi(\boldsymbol{\alpha})+l\varphi(\boldsymbol{\beta}),$$

按 V 上线性变换的定义, φ 是 V 上的线性变换.

定理 7.4.1 设 φ 是线性空间 V 到线性空间 U 的线性映射, S 与 H' 分别是 V 和 U 的子空间, 则

(1) $\varphi(S)=\{\varphi(\boldsymbol{\alpha})|\boldsymbol{\alpha}\in S\}$ 是 U 的子空间;

(2) $H=\{\boldsymbol{\alpha}\in V|\varphi(\boldsymbol{\alpha})\in H'\}$ 是 V 的子空间.

证 (1) 因为 $\varphi(\boldsymbol{\theta})\in\varphi(S)$, 所以 $\varphi(S)\neq\varnothing$. 又因为 $\forall\,\varphi(\boldsymbol{\alpha}),\varphi(\boldsymbol{\beta})\in\varphi(S),\boldsymbol{\alpha},\boldsymbol{\beta}\in S,\forall\,k,l\in\mathbb{K}$, 有 $k\boldsymbol{\alpha}+l\boldsymbol{\beta}\in S$. 所以 $k\varphi(\boldsymbol{\alpha})+l\varphi(\boldsymbol{\beta})=\varphi(k\boldsymbol{\alpha}+l\boldsymbol{\beta})\in\varphi(S)$. 故 $\varphi(S)$ 是 U 的子空间.

(2) 显然 $\boldsymbol{\theta}\in H$. $\forall\,\boldsymbol{\alpha},\boldsymbol{\beta}\in H$, 则 $\varphi(\boldsymbol{\alpha})\in H',\varphi(\boldsymbol{\beta})\in H'$. 又因为 $\forall\,k,l\in\mathbb{K}$, 且 H' 是 U 的子空间, 所以 $\varphi(k\boldsymbol{\alpha}+l\boldsymbol{\beta})=k\varphi(\boldsymbol{\alpha})+l\varphi(\boldsymbol{\beta})\in H'$. 由 H 的定义, 有 $k\boldsymbol{\alpha}+l\boldsymbol{\beta}\in H$. 故 H 是 V 的子空间.

定义 7.4.2 (像与核) 设 V,U 都是数域 $\mathbb{K}$ 上的线性空间, φ 是 V 到 U 的线性映射. φ 的像的全体组成 U 的子空间, 称为 φ 的**像空间**, 记为 $\mathrm{Im}(\varphi)$. U 中零向量 $\boldsymbol{\theta}$ 在 φ 下的原像集合是 V 的子空间, 称为 φ 的**核空间**, 记为 $\mathrm{Ker}(\varphi)$.

定理 7.4.2 设 V,U 都是数域 $\mathbb{K}$ 上的线性空间, φ 是 V 到 U 的线性映射, 则

(1) φ 是单线性映射当且仅当 $\mathrm{Ker}(\varphi)=\{\boldsymbol{\theta}\}$;

(2) φ 是满线性映射当且仅当 $\mathrm{Im}(\varphi)=U$.

证 (1) 必要性. 若 φ 是单线性映射, 则 U 中零向量 $\boldsymbol{\theta}$ 的原像只能是 V 中零向量 $\boldsymbol{\theta}$, 即 $\mathrm{Ker}(\varphi)$ 只能有唯一零向量 $\boldsymbol{\theta}$, 亦即 $\mathrm{Ker}(\varphi)=\{\boldsymbol{\theta}\}$.

充分性. 设 $\boldsymbol{\alpha},\boldsymbol{\beta}\in V$ 且 $\varphi(\boldsymbol{\alpha})=\varphi(\boldsymbol{\beta})$, 则 $\varphi(\boldsymbol{\alpha}-\boldsymbol{\beta})=\varphi(\boldsymbol{\alpha})-\varphi(\boldsymbol{\beta})=\boldsymbol{\theta}$. 从而 $\boldsymbol{\alpha}-\boldsymbol{\beta}\in\mathrm{Ker}(\varphi)=\{\boldsymbol{\theta}\}$. 于是 $\boldsymbol{\alpha}=\boldsymbol{\beta}$, 即 φ 是单线性映射.

(2) 显然.

设 φ 是有限维线性空间 V 上的线性变换, 像 $\mathrm{Im}(\varphi)$ 与核 $\mathrm{Ker}(\varphi)$ 的维数自然有限. φ 的像与核的维数分别称为 φ 的**秩**和**零度**, 分别记为 $r(\varphi)$ 与 $N(\varphi)$.

定理 7.4.3 设 φ 是数域 $\mathbb{K}$ 上有限维线性空间 V 上的线性变换, 则

$$r(\varphi)+N(\varphi)=\dim V.$$

证　设 $\dim V = n, N(\varphi) = k$.

(1) 当 $k = n$ 时, 有 $\mathrm{Ker}(\varphi) = V, \mathrm{Im}(\varphi) = \{\boldsymbol{\theta}\}$. 于是 $r(\varphi) + N(\varphi) = \dim V$.

(2) 当 $1 \leqslant k \leqslant n-1$ 时, 设 $\boldsymbol{\alpha}_1, \boldsymbol{\alpha}_2, \cdots, \boldsymbol{\alpha}_k$ 为 $\mathrm{Ker}(\varphi)$ 的一组基, 则在 V 中存在 $\boldsymbol{\beta}_{k+1}, \boldsymbol{\beta}_{k+2}, \cdots, \boldsymbol{\beta}_n$, 使得 $\boldsymbol{\alpha}_1, \boldsymbol{\alpha}_2, \cdots, \boldsymbol{\alpha}_k, \boldsymbol{\beta}_{k+1}, \boldsymbol{\beta}_{k+2}, \cdots, \boldsymbol{\beta}_n$ 构成 V 的一组基. 下面证明 $\varphi(\boldsymbol{\beta}_{k+1}), \varphi(\boldsymbol{\beta}_{k+2}), \cdots, \varphi(\boldsymbol{\beta}_n)$ 构成 $\mathrm{Im}(\varphi)$ 的一组基:

设 $\sum\limits_{j=k+1}^{n} b_j \varphi(\boldsymbol{\beta}_j) = \boldsymbol{\theta}\,(b_j \in \mathbb{K}; j = k+1, k+2, \cdots, n)$, 则 $\varphi\left(\sum\limits_{j=k+1}^{n} b_j \boldsymbol{\beta}_j\right) = \boldsymbol{\theta}$, 所以 $\sum\limits_{j=k+1}^{n} b_j \boldsymbol{\beta}_j \in \mathrm{Ker}(\varphi)$, 因而存在 $a_i \in \mathbb{K}\,(i = 1, 2, \cdots, k)$, 使得 $\sum\limits_{j=k+1}^{n} b_j \boldsymbol{\beta}_j = \sum\limits_{i=1}^{k} a_i \boldsymbol{\alpha}_i$, 即 $\sum\limits_{j=k+1}^{n} b_j \boldsymbol{\beta}_j - \sum\limits_{i=1}^{k} a_i \boldsymbol{\alpha}_i = \boldsymbol{\theta}$. 故 $b_j = 0\,(j = k+1, k+2, \cdots, n)$. 这证明了 $\varphi(\boldsymbol{\beta}_{k+1}), \varphi(\boldsymbol{\beta}_{k+2}), \cdots, \varphi(\boldsymbol{\beta}_n)$ 线性无关.

设 $\boldsymbol{\beta} \in \mathrm{Im}(\varphi)$, 则存在 $\boldsymbol{\alpha} \in V$, 使得 $\boldsymbol{\beta} = \varphi(\boldsymbol{\alpha})$. 因为 $\boldsymbol{\alpha}_1, \cdots, \boldsymbol{\alpha}_k, \boldsymbol{\beta}_{k+1}, \cdots, \boldsymbol{\beta}_n$ 是 V 的一组基, 所以存在 $c_i \in \mathbb{K}\,(i = 1, 2, \cdots, n)$, 使得 $\boldsymbol{\alpha} = \sum\limits_{i=1}^{k} c_i \boldsymbol{\alpha}_i + \sum\limits_{j=k+1}^{n} c_j \boldsymbol{\beta}_j$. 因为 $\boldsymbol{\alpha}_i \in \mathrm{Ker}(\varphi)\,(i = 1, 2, \cdots, k)$, 所以 $\boldsymbol{\beta} = \sum\limits_{j=k+1}^{n} c_j \varphi(\boldsymbol{\beta}_j)$.

按线性空间基的定义, $\varphi(\boldsymbol{\beta}_{k+1}), \varphi(\boldsymbol{\beta}_{k+2}), \cdots, \varphi(\boldsymbol{\beta}_n)$ 构成 $\mathrm{Im}(\varphi)$ 的一组基. 故 $r(\varphi) + N(\varphi) = \dim V$.

(3) 当 $k = 0$ 时, 设 $\boldsymbol{\beta}_1, \boldsymbol{\beta}_2, \cdots, \boldsymbol{\beta}_n$ 是 V 的一组基, 令

$$\sum_{j=1}^{n} b_j \varphi(\boldsymbol{\beta}_j) = \boldsymbol{\theta}\,(b_j \in \mathbb{K}; j = 1, 2, \cdots, n),$$

由 φ 是单线性变换, 得到 $\sum\limits_{j=1}^{n} b_j \boldsymbol{\beta}_j = \boldsymbol{\theta}$. 由 $\boldsymbol{\beta}_1, \boldsymbol{\beta}_2, \cdots, \boldsymbol{\beta}_n$ 是 V 的一组基, 得到 $b_j = 0\,(j = 1, 2, \cdots, n)$. 故 $\varphi(\boldsymbol{\beta}_1), \varphi(\boldsymbol{\beta}_2), \cdots, \varphi(\boldsymbol{\beta}_n)$ 线性无关. 于是

$$V \supseteq \mathrm{Im}(\varphi) \supseteq L\big(\varphi(\boldsymbol{\beta}_1), \varphi(\boldsymbol{\beta}_2), \cdots, \varphi(\boldsymbol{\beta}_n)\big).$$

故

$$n = \dim V \geqslant \dim \mathrm{Im}(\varphi) \geqslant \dim L\big(\varphi(\boldsymbol{\beta}_1), \varphi(\boldsymbol{\beta}_2), \cdots, \varphi(\boldsymbol{\beta}_n)\big) = n,$$

即 $\dim \mathrm{Im}(\varphi) = n$, 即 $r(\varphi) + N(\varphi) = \dim V$.

推论 7.4.4 n 维线性空间 V 上的线性变换 φ 为线性同构当且仅当 φ 为单映射或满映射.

证　必要性显然.

充分性. 若 φ 是单映射, 则 $\mathrm{Ker}(\varphi) = \{\boldsymbol{\theta}\}$, 所以 $N(\varphi) = 0$, 而 $r(\varphi) + N(\varphi) = n$, 于是 $r(\varphi) = n$, 即 φ 是满映射. 故 φ 是 V 到 V 上的线性同构 (映射). 若 φ 是满映射, 则 $r(\varphi) = n$. 于是 $\mathrm{Ker}(\varphi) = \{\boldsymbol{\theta}\}$, 即 φ 是单映射. 故 φ 也是 V 到 V 上的线性同构.

例 7.4.4 设 $\boldsymbol{A}=\begin{pmatrix}1&-2&3&-4\\0&1&-1&1\\1&3&0&-3\\1&-4&3&-2\end{pmatrix}$, $\forall\,\boldsymbol{\alpha}\in\mathbb{R}^{4\times1}$, 令 $\varphi(\boldsymbol{\alpha})=\boldsymbol{A}\boldsymbol{\alpha}$. 分别求线性变换 φ 的像与核的一组基, 从而求出 $r(\varphi)$ 与 $N(\varphi)$.

解 取 $\mathbb{R}^{4\times1}$ 的自然基 $\boldsymbol{e}_1,\boldsymbol{e}_2,\boldsymbol{e}_3,\boldsymbol{e}_4$, 其中

$$\boldsymbol{e}_1=\begin{pmatrix}1\\0\\0\\0\end{pmatrix},\boldsymbol{e}_2=\begin{pmatrix}0\\1\\0\\0\end{pmatrix},\boldsymbol{e}_3=\begin{pmatrix}0\\0\\1\\0\end{pmatrix},\boldsymbol{e}_4=\begin{pmatrix}0\\0\\0\\1\end{pmatrix},$$

则 φ 的像空间的坐标向量全体可由 $\boldsymbol{A}$ 的列向量生成. 可得 $r(\boldsymbol{A})=3$, 且 $\boldsymbol{A}$ 的第一、二、三列线性无关, 所以 φ 的像空间 $\mathrm{Im}(\varphi)$ 的坐标向量为 $\begin{pmatrix}1\\0\\1\\1\end{pmatrix},\begin{pmatrix}-2\\1\\3\\-4\end{pmatrix},\begin{pmatrix}3\\-1\\0\\3\end{pmatrix}$, 即 φ 的像空间 $\mathrm{Im}(\varphi)$ 的一组基为 $\boldsymbol{e}_1+\boldsymbol{e}_3+\boldsymbol{e}_4,-2\boldsymbol{e}_1+\boldsymbol{e}_2+3\boldsymbol{e}_3-4\boldsymbol{e}_4,3\boldsymbol{e}_1-\boldsymbol{e}_2+3\boldsymbol{e}_4$.

而 φ 的核空间 $\mathrm{Ker}(\varphi)$ 的坐标向量是齐次线性方程组 $\boldsymbol{AX}=\boldsymbol{0}$ 的解集, 其一组基为该方程组的一组基础解系. 通过计算可得方程组 $\boldsymbol{AX}=\boldsymbol{0}$ 的一组基础解系为 $\begin{pmatrix}0\\1\\2\\1\end{pmatrix}$, 所以 $\mathrm{Ker}(\varphi)$ 的一组基为 $\boldsymbol{e}_2+2\boldsymbol{e}_3+\boldsymbol{e}_4$.

于是 $r(\varphi)=3,N(\varphi)=1$.

线性空间 V 上的线性变换全体记为 $\mathcal{L}(V)$.

练习 7.4.1 设 V 是 n 维线性空间 U 的子空间, $\varphi\in\mathcal{L}(U)$, 则

$$\dim V-\dim\mathrm{Ker}(\varphi)\leqslant\dim\varphi(V)\leqslant\dim V.$$

7.4.2 线性变换的矩阵表示(抽象的事物具体化)

1. 线性变换的运算

设 $\varphi,\psi\in\mathcal{L}(V),k\in\mathbb{K}$.

(1) 定义 $(\varphi+\psi)(\boldsymbol{\alpha})=\varphi(\boldsymbol{\alpha})+\psi(\boldsymbol{\alpha}),\forall\,\boldsymbol{\alpha}\in V$, 则 $\varphi+\psi\in\mathcal{L}(V)$, 称为 φ 与 ψ 的和;

(2) 定义 $(k\varphi)(\boldsymbol{\alpha})=k\varphi(\boldsymbol{\alpha}),\forall\,\boldsymbol{\alpha}\in V$, 则 $k\varphi\in\mathcal{L}(V)$, 称为数 k 与 φ 的乘法, 简称为数乘;

(3) 定义 $(\psi\varphi)(\boldsymbol{\alpha})=\psi(\varphi(\boldsymbol{\alpha})),\forall\,\boldsymbol{\alpha}\in V$, 则 $\psi\varphi\in\mathcal{L}(V)$, 称为 ψ 与 φ 的积.

定理 7.4.5 $\mathcal{L}(V)$ 对应上述定义的加法和数乘运算构成数域 $\mathbb{K}$ 上的一个线性空间.

2. 线性变换的矩阵表示

设 $\boldsymbol{\alpha}_1,\boldsymbol{\alpha}_2,\cdots,\boldsymbol{\alpha}_n$ 是 n 维线性空间 V 的一组基, $\varphi\in\mathcal{L}(V)$. 假设

$$\begin{aligned}\varphi(\boldsymbol{\alpha}_1)&=a_{11}\boldsymbol{\alpha}_1+a_{21}\boldsymbol{\alpha}_2+\cdots+a_{n1}\boldsymbol{\alpha}_n,\\ \varphi(\boldsymbol{\alpha}_2)&=a_{12}\boldsymbol{\alpha}_1+a_{22}\boldsymbol{\alpha}_2+\cdots+a_{n2}\boldsymbol{\alpha}_n,\\ &\quad\vdots\qquad\quad\vdots\qquad\quad\vdots\qquad\qquad\vdots\\ \varphi(\boldsymbol{\alpha}_n)&=a_{1n}\boldsymbol{\alpha}_1+a_{2n}\boldsymbol{\alpha}_2+\cdots+a_{nn}\boldsymbol{\alpha}_n,\end{aligned}$$

则称矩阵 $\boldsymbol{A}=\begin{pmatrix}a_{11}&a_{12}&\cdots&a_{1n}\\a_{21}&a_{22}&\cdots&a_{2n}\\\vdots&\vdots&&\vdots\\a_{n1}&a_{n2}&\cdots&a_{nn}\end{pmatrix}$ 为线性变换 φ 在给定基 $\boldsymbol{\alpha}_1,\boldsymbol{\alpha}_2,\cdots,\boldsymbol{\alpha}_n$ 下的**表示矩阵**, 简记为

$$\varphi(\boldsymbol{\alpha}_1,\boldsymbol{\alpha}_2,\cdots,\boldsymbol{\alpha}_n)=(\varphi(\boldsymbol{\alpha}_1),\varphi(\boldsymbol{\alpha}_2),\cdots,\varphi(\boldsymbol{\alpha}_n))=(\boldsymbol{\alpha}_1,\boldsymbol{\alpha}_2,\cdots,\boldsymbol{\alpha}_n)\boldsymbol{A}.$$

注 因为线性空间中的向量关于 (预先) 给定的一组基 $\boldsymbol{\alpha}_1,\boldsymbol{\alpha}_2,\cdots,\boldsymbol{\alpha}_n$ 的坐标 (向量) 是唯一的, 所以上述矩阵 $\boldsymbol{A}$ 是由线性变换 φ 唯一确定的.

由线性空间 V 上线性变换的表示矩阵的定义, 立即可得:

(1) 恒等变换关于 V 的任意一组基的表示矩阵都是单位矩阵 $\boldsymbol{E}$;

(2) 零变换关于 V 的任意一组基的表示矩阵都是零矩阵 $\boldsymbol{O}$;

(3) 数乘变换关于 V 的任意一组基的表示矩阵都是数量矩阵 $k\boldsymbol{E}$.

引理 7.4.6 设 V 是数域 $\mathbb{K}$ 上的 n 维线性空间, $\boldsymbol{\alpha}_1,\boldsymbol{\alpha}_2,\cdots,\boldsymbol{\alpha}_n$ 是 V 的一组基, 则对于 V 中任意 n 个向量 $\boldsymbol{\beta}_1,\boldsymbol{\beta}_2,\cdots,\boldsymbol{\beta}_n$, 都存在 V 上唯一的线性变换 φ, 使得 $\varphi(\boldsymbol{\alpha}_k)=\boldsymbol{\beta}_k\,(k=1,2,\cdots,n)$.

证 存在性. 设 $\boldsymbol{\alpha}\in V$, 则存在唯一一组数 $x_1,x_2,\cdots,x_n\in\mathbb{K}$, 使得

$$\boldsymbol{\alpha}=x_1\boldsymbol{\alpha}_1+x_2\boldsymbol{\alpha}_2+\cdots+x_n\boldsymbol{\alpha}_n.$$

令

$$\varphi(\boldsymbol{\alpha})=x_1\boldsymbol{\beta}_1+x_2\boldsymbol{\beta}_2+\cdots+x_n\boldsymbol{\beta}_n,$$

则 φ 是 $V\to V$ 的映射. 设 $\boldsymbol{\beta}=y_1\boldsymbol{\alpha}_1+y_2\boldsymbol{\alpha}_2+\cdots+y_n\boldsymbol{\alpha}_n$, $k,l\in\mathbb{K}$, 则

$$\varphi(k\boldsymbol{\alpha}+l\boldsymbol{\beta})=\sum_{i=1}^n(kx_i+ly_i)\boldsymbol{\beta}_i=k\sum_{i=1}^n x_i\boldsymbol{\beta}_i+l\sum_{i=1}^n y_i\boldsymbol{\beta}_i=k\varphi(\boldsymbol{\alpha})+l\varphi(\boldsymbol{\beta}),$$

于是 $\varphi\in\mathcal{L}(V)$.

唯一性. 若另有 $\psi\in\mathcal{L}(V)$ 满足 $\psi(\boldsymbol{\alpha}_k)=\boldsymbol{\beta}_k\,(k=1,2,\cdots,n)$, 则对于 V 中的任一向量 $\boldsymbol{\alpha}=x_1\boldsymbol{\alpha}_1+x_2\boldsymbol{\alpha}_2+\cdots+x_n\boldsymbol{\alpha}_n$, 有

$$\psi(\boldsymbol{\alpha})=\psi\left(\sum_{i=1}^n x_i\boldsymbol{\alpha}_i\right)=\sum_{i=1}^n x_i\psi(\boldsymbol{\alpha}_i)=\sum_{i=1}^n x_i\boldsymbol{\beta}_i=\varphi(\boldsymbol{\alpha}).$$

于是 $\psi=\varphi$.

定理 7.4.7 设 V 是数域 $\mathbb{K}$ 上的 n 维线性空间. 在取定 V 的一组基后, V 上的线性变换全体 $\mathcal{L}(V)$ 与数域 $\mathbb{K}$ 上的 $n\times n$ 矩阵全体 $\mathbb{K}^{n\times n}$ 之间存在一一对应的关系, 即将线性变换 φ 变为它在取定基下的表示矩阵 $\boldsymbol{A}$. 此外, 这个一一对应还是一个线性同构.

证 设 $\varphi\in\mathcal{L}(V)$ 在 V 的取定基 $\boldsymbol{\alpha}_1,\boldsymbol{\alpha}_2,\cdots,\boldsymbol{\alpha}_n$ 下的表示矩阵为 $\boldsymbol{A}$. 令 φ 与 $\boldsymbol{A}$ 对应, 即定义 T 为 $\mathcal{L}(V)\to\mathbb{K}^{n\times n}$ 的映射: $T(\varphi)=\boldsymbol{A}$, $\varphi\in\mathcal{L}(V)$, 则 T 是 $\mathcal{L}(V)$ 到 $\mathbb{K}^{n\times n}$ 上的线性同构.

其实, 设 $\boldsymbol{A}=(a_{ij})_{n\times n}\in\mathbb{K}^{n\times n}$, 令 $\boldsymbol{\beta}_j=\sum\limits_{i=1}^{n}a_{ij}\boldsymbol{\alpha}_i\,(j=1,2,\cdots,n)$, 则由引理 7.4.6 可知, 存在 V 上唯一的线性变换 φ, 使得 $\varphi(\boldsymbol{\alpha}_j)=\boldsymbol{\beta}_j=\sum\limits_{i=1}^{n}a_{ij}\boldsymbol{\alpha}_i\,(j=1,2,\cdots,n)$. 显然 φ 在基 $\boldsymbol{\alpha}_1,\boldsymbol{\alpha}_2,\cdots,\boldsymbol{\alpha}_n$ 下的表示矩阵为 $\boldsymbol{A}$, 即 $T(\varphi)=\boldsymbol{A}$. 这证明了 T 是 $\mathcal{L}(V)$ 到 $\mathbb{K}^{n\times n}$ 的上一一对应. 又因为 $\forall\,\varphi,\psi\in\mathcal{L}(V),k,l\in\mathbb{K}$, 设 φ,ψ 在基 $\boldsymbol{\alpha}_1,\boldsymbol{\alpha}_2,\cdots,\boldsymbol{\alpha}_n$ 下的表示矩阵分别为 $\boldsymbol{A}$ 和 $\boldsymbol{B}$, 则

$$\varphi\left(\boldsymbol{\alpha}_1,\boldsymbol{\alpha}_2,\cdots,\boldsymbol{\alpha}_n\right)=\left(\boldsymbol{\alpha}_1,\boldsymbol{\alpha}_2,\cdots,\boldsymbol{\alpha}_n\right)\boldsymbol{A},$$

$$\psi\left(\boldsymbol{\alpha}_1,\boldsymbol{\alpha}_2,\cdots,\boldsymbol{\alpha}_n\right)=\left(\boldsymbol{\alpha}_1,\boldsymbol{\alpha}_2,\cdots,\boldsymbol{\alpha}_n\right)\boldsymbol{B},$$

从而

$$\begin{aligned}(k\varphi+l\psi)\left(\boldsymbol{\alpha}_1,\boldsymbol{\alpha}_2,\cdots,\boldsymbol{\alpha}_n\right)&=k\varphi\left(\boldsymbol{\alpha}_1,\boldsymbol{\alpha}_2,\cdots,\boldsymbol{\alpha}_n\right)+l\psi\left(\boldsymbol{\alpha}_1,\boldsymbol{\alpha}_2,\cdots,\boldsymbol{\alpha}_n\right)\\&=k\left(\boldsymbol{\alpha}_1,\boldsymbol{\alpha}_2,\cdots,\boldsymbol{\alpha}_n\right)\boldsymbol{A}+l\left(\boldsymbol{\alpha}_1,\boldsymbol{\alpha}_2,\cdots,\boldsymbol{\alpha}_n\right)\boldsymbol{B}\\&=\left(\boldsymbol{\alpha}_1,\boldsymbol{\alpha}_2,\cdots,\boldsymbol{\alpha}_n\right)(k\boldsymbol{A}+l\boldsymbol{B}),\end{aligned}$$

于是 $T(k\varphi+l\psi)=kT(\varphi)+lT(\psi)$, 即 T 是 $\mathcal{L}(V)$ 到 $\mathbb{K}^{n\times n}$ 的一个线性映射.

综上可知, T 是 $\mathcal{L}(V)$ 到 $\mathbb{K}^{n\times n}$ 上的线性同构.

从代数结构的观点来看线性同构的线性空间是没有区别的. 也就是说线性同构刻画了不同线性空间之间的相同本质.

n 维线性空间 V 上的线性变换的表示矩阵是与 V 的一组基相联系的. 一般来说, 一个线性变换关于不同基的表示矩阵是不同的. 由基变换公式, 可得以下定理.

定理 7.4.8 n 维线性空间 V 上的同一个线性变换在不同基下的表示矩阵是相似的.

证 设 $\varphi\in\mathcal{L}(V)$, φ 在 V 的两组基 $\boldsymbol{\alpha}_1,\boldsymbol{\alpha}_2,\cdots,\boldsymbol{\alpha}_n$ 与基 $\boldsymbol{\beta}_1,\boldsymbol{\beta}_2,\cdots,\boldsymbol{\beta}_n$ 下的表示矩阵分别为 $\boldsymbol{A}=(a_{ij})_{n\times n}$ 和 $\boldsymbol{B}=(b_{ij})_{n\times n}$, $\boldsymbol{C}=(c_{ij})_{n\times n}$ 是从基 $\boldsymbol{\alpha}_1,\boldsymbol{\alpha}_2,\cdots,\boldsymbol{\alpha}_n$ 到基 $\boldsymbol{\beta}_1,\boldsymbol{\beta}_2,\cdots,\boldsymbol{\beta}_n$ 的过渡矩阵, 即

$$\varphi\left(\boldsymbol{\alpha}_1,\boldsymbol{\alpha}_2,\cdots,\boldsymbol{\alpha}_n\right)=\left(\boldsymbol{\alpha}_1,\boldsymbol{\alpha}_2,\cdots,\boldsymbol{\alpha}_n\right)\boldsymbol{A},$$

$$\varphi\left(\boldsymbol{\beta}_1,\boldsymbol{\beta}_2,\cdots,\boldsymbol{\beta}_n\right)=\left(\boldsymbol{\beta}_1,\boldsymbol{\beta}_2,\cdots,\boldsymbol{\beta}_n\right)\boldsymbol{B},$$

$$\left(\boldsymbol{\alpha}_1,\boldsymbol{\alpha}_2,\cdots,\boldsymbol{\alpha}_n\right)\boldsymbol{C}=\left(\boldsymbol{\beta}_1,\boldsymbol{\beta}_2,\cdots,\boldsymbol{\beta}_n\right),$$

于是

$$\left(\boldsymbol{\beta}_1,\boldsymbol{\beta}_2,\cdots,\boldsymbol{\beta}_n\right)\boldsymbol{B}=\varphi\left(\boldsymbol{\beta}_1,\boldsymbol{\beta}_2,\cdots,\boldsymbol{\beta}_n\right)$$

$$
\begin{aligned}
&= \varphi\left(\left(\boldsymbol{\alpha}_1, \boldsymbol{\alpha}_2, \cdots, \boldsymbol{\alpha}_n\right) \boldsymbol{C}\right) \\
&= \varphi\left(\sum_{i=1}^{n} c_{i1}\boldsymbol{\alpha}_i, \sum_{i=1}^{n} c_{i2}\boldsymbol{\alpha}_i, \cdots, \sum_{i=1}^{n} c_{in}\boldsymbol{\alpha}_i\right) \\
&= \left(\sum_{i=1}^{n} c_{i1}\varphi(\boldsymbol{\alpha}_i), \sum_{i=1}^{n} c_{i2}\varphi(\boldsymbol{\alpha}_i), \cdots, \sum_{i=1}^{n} c_{in}\varphi(\boldsymbol{\alpha}_i)\right) \\
&= \left(\sum_{k=1}^{n}\left(\sum_{i=1}^{n} a_{ki}c_{i1}\right)\boldsymbol{\alpha}_k, \sum_{k=1}^{n}\left(\sum_{i=1}^{n} a_{ki}c_{i2}\right)\boldsymbol{\alpha}_k, \cdots, \sum_{k=1}^{n}\left(\sum_{i=1}^{n} a_{ki}c_{in}\right)\boldsymbol{\alpha}_k\right) \\
&= \left(\boldsymbol{\alpha}_1, \boldsymbol{\alpha}_2, \cdots, \boldsymbol{\alpha}_n\right) \boldsymbol{AC} \\
&= \left(\boldsymbol{\beta}_1, \boldsymbol{\beta}_2, \cdots, \boldsymbol{\beta}_n\right) \boldsymbol{C}^{-1}\boldsymbol{AC}.
\end{aligned}
$$

故 $\boldsymbol{B} = \boldsymbol{C}^{-1}\boldsymbol{AC}$.

推论 7.4.9 设 $\boldsymbol{\alpha}_1, \boldsymbol{\alpha}_2, \cdots, \boldsymbol{\alpha}_n$ 是数域 $\mathbb{K}$ 上的 n 维线性空间 V 的一组基, $\varphi \in \mathcal{L}(V)$, 若

$$\varphi(\boldsymbol{\alpha}_1, \boldsymbol{\alpha}_2, \cdots, \boldsymbol{\alpha}_n) = (\boldsymbol{\alpha}_1, \boldsymbol{\alpha}_2, \cdots, \boldsymbol{\alpha}_n)\boldsymbol{A},$$

则当 $\boldsymbol{\alpha} = (\boldsymbol{\alpha}_1, \boldsymbol{\alpha}_2, \cdots, \boldsymbol{\alpha}_n)\boldsymbol{X}$, 其中 $\boldsymbol{X} = (x_1, x_2, \cdots, x_n)^{\mathrm{T}} \in \mathbb{K}^{n\times 1}$ 时,

$$\varphi(\boldsymbol{\alpha}) = \varphi((\boldsymbol{\alpha}_1, \boldsymbol{\alpha}_2, \cdots, \boldsymbol{\alpha}_n)\boldsymbol{X}) = (\boldsymbol{\alpha}_1, \boldsymbol{\alpha}_2, \cdots, \boldsymbol{\alpha}_n)\boldsymbol{AX}.$$

定理 7.4.10 设 $\boldsymbol{A}, \boldsymbol{B}$ 都是 n 阶方阵, 则 $\boldsymbol{A}$ 与 $\boldsymbol{B}$ 相似当且仅当它们分别是 n 维线性空间 V 上某个线性变换 φ 在不同基下的表示矩阵.

证 充分性. 已在定理 7.4.8 中证得.

必要性. 选定 V 的一组基 $\boldsymbol{\alpha}_1, \boldsymbol{\alpha}_2, \cdots, \boldsymbol{\alpha}_n$, 则由定理 7.4.7 可知, 存在 $\varphi \in \mathcal{L}(V)$, 使得 $\boldsymbol{A}$ 是 φ 在基 $\boldsymbol{\alpha}_1, \boldsymbol{\alpha}_2, \cdots, \boldsymbol{\alpha}_n$ 下的表示矩阵. 又因为 $\boldsymbol{A}$ 与 $\boldsymbol{B}$ 相似, 所以存在可逆矩阵 $\boldsymbol{P}$, 使得 $\boldsymbol{B} = \boldsymbol{P}^{-1}\boldsymbol{AP}$, 令

$$\left(\boldsymbol{\beta}_1, \boldsymbol{\beta}_2, \cdots, \boldsymbol{\beta}_n\right) = \left(\boldsymbol{\alpha}_1, \boldsymbol{\alpha}_2, \cdots, \boldsymbol{\alpha}_n\right) \boldsymbol{P},$$

则 $\boldsymbol{\beta}_1, \boldsymbol{\beta}_2, \cdots, \boldsymbol{\beta}_n$ 是 V 的一组基, 且

$$
\begin{aligned}
\varphi\left(\boldsymbol{\beta}_1, \boldsymbol{\beta}_2, \cdots, \boldsymbol{\beta}_n\right) &= \varphi\left(\left(\boldsymbol{\alpha}_1, \boldsymbol{\alpha}_2, \cdots, \boldsymbol{\alpha}_n\right) \boldsymbol{P}\right) \\
&= \left(\boldsymbol{\alpha}_1, \boldsymbol{\alpha}_2, \cdots, \boldsymbol{\alpha}_n\right) \boldsymbol{AP} \\
&= \left(\boldsymbol{\beta}_1, \boldsymbol{\beta}_2, \cdots, \boldsymbol{\beta}_n\right) \boldsymbol{P}^{-1}\boldsymbol{AP} \\
&= \left(\boldsymbol{\beta}_1, \boldsymbol{\beta}_2, \cdots, \boldsymbol{\beta}_n\right) \boldsymbol{B},
\end{aligned}
$$

即 φ 在基 $\boldsymbol{\beta}_1, \boldsymbol{\beta}_2, \cdots, \boldsymbol{\beta}_n$ 下的表示矩阵为 $\boldsymbol{B}$.

例 7.4.5 设线性变换 φ 在基 $\boldsymbol{\varepsilon}_1, \boldsymbol{\varepsilon}_2, \boldsymbol{\varepsilon}_3, \boldsymbol{\varepsilon}_4$ 下的表示矩阵为

$$\boldsymbol{A} = \begin{pmatrix} 1 & 3 & 2 & 8 \\ 5 & 7 & 0 & 1 \\ 3 & 0 & 1 & 3 \\ 1 & 1 & 2 & 2 \end{pmatrix}.$$

求 φ 在基 $\boldsymbol{\omega}_1=\varepsilon_1,\boldsymbol{\omega}_2=\varepsilon_1+\varepsilon_2,\boldsymbol{\omega}_3=\varepsilon_1+\varepsilon_2+\varepsilon_3,\boldsymbol{\omega}_4=\varepsilon_1+\varepsilon_2+\varepsilon_3+\varepsilon_4$ 下的表示矩阵.

解 $\varphi(\varepsilon_1,\varepsilon_2,\varepsilon_3,\varepsilon_4)=(\varepsilon_1,\varepsilon_2,\varepsilon_3,\varepsilon_4)\boldsymbol{A}$, $(\boldsymbol{\omega}_1,\boldsymbol{\omega}_2,\boldsymbol{\omega}_3,\boldsymbol{\omega}_4)=(\varepsilon_1,\varepsilon_2,\varepsilon_3,\varepsilon_4)\boldsymbol{C}$, 其中

$$\boldsymbol{C}=\begin{pmatrix}1&1&1&1\\0&1&1&1\\0&0&1&1\\0&0&0&1\end{pmatrix},$$

则

$$\varphi(\boldsymbol{\omega}_1,\boldsymbol{\omega}_2,\boldsymbol{\omega}_3,\boldsymbol{\omega}_4)=(\boldsymbol{\omega}_1,\boldsymbol{\omega}_2,\boldsymbol{\omega}_3,\boldsymbol{\omega}_4)\boldsymbol{C}^{-1}\boldsymbol{A}\boldsymbol{C}.$$

$(\boldsymbol{C},\boldsymbol{A})\to(\boldsymbol{E},\boldsymbol{C}^{-1}\boldsymbol{A})$, 其中

$$\boldsymbol{C}^{-1}\boldsymbol{A}=\begin{pmatrix}-4&-4&2&7\\2&7&-1&-2\\2&-1&-1&1\\1&1&2&2\end{pmatrix}.$$

故

$$\boldsymbol{C}^{-1}\boldsymbol{A}\boldsymbol{C}=\begin{pmatrix}-4&-8&-6&1\\2&9&8&6\\2&1&0&1\\1&2&4&6\end{pmatrix}.$$

7.5 线性变换的特征值与特征向量

7.5.1 线性变换的特征值与特征向量

我们已经知道, 数域 $\mathbb{K}$ 上的 n 维线性空间 V 上的一个线性变换 φ 在取定 V 的一组基后与一个 $n\times n$ 矩阵一一对应, 而 φ 在不同基下的表示矩阵一般是不同的, 但都相似. 那么, 给定的 $\varphi\in\mathcal{L}(V)$ 是否存在 V 的一组基, 使得 φ 在这组基下的表示矩阵是比较简单的对角矩阵? 这就是线性变换的对角化问题.

定义 7.5.1 设 V 是数域 $\mathbb{K}$ 上的线性空间, $\varphi\in\mathcal{L}(V)$, 若存在 $\lambda\in\mathbb{K},\boldsymbol{\alpha}\in V$ 且 $\boldsymbol{\alpha}\neq\boldsymbol{\theta}$, 使得 $\varphi(\boldsymbol{\alpha})=\lambda\boldsymbol{\alpha}$, 则称 λ 是线性变换 φ 的一个特征值, 非零向量 $\boldsymbol{\alpha}$ 称为 φ 的属于特征值 λ 的特征向量.

定理 7.5.1 设 V 是数域 $\mathbb{K}$ 上的线性空间, λ 是 V 上线性变换 φ 的一个特征值, 则 φ 的属于特征值 λ 的所有特征向量与零向量组成的集合

$$E_\lambda=\{\boldsymbol{\alpha}\in V|\varphi(\boldsymbol{\alpha})=\lambda\boldsymbol{\alpha}\}$$

是 V 的一个子空间.

定理 7.5.1 中的 E_λ 称为 φ 的属于特征值 λ 的特征子空间.

设 $\varphi\in\mathcal{L}(V)$ 在 V 的基 $\boldsymbol{\alpha}_1,\boldsymbol{\alpha}_2,\cdots,\boldsymbol{\alpha}_n$ 下的表示矩阵为 $\boldsymbol{A}$, 且设 λ 是 φ 的特征值, $\boldsymbol{\alpha}$ 是 φ 的属于特征值 λ 的特征向量. 令

$$\boldsymbol{\alpha}=(\boldsymbol{\alpha}_1,\boldsymbol{\alpha}_2,\cdots,\boldsymbol{\alpha}_n)\begin{pmatrix}x_1\\x_2\\\vdots\\x_n\end{pmatrix}=(\boldsymbol{\alpha}_1,\boldsymbol{\alpha}_2,\cdots,\boldsymbol{\alpha}_n)\boldsymbol{X},$$

则

$$\varphi(\boldsymbol{\alpha})=(\boldsymbol{\alpha}_1,\boldsymbol{\alpha}_2,\cdots,\boldsymbol{\alpha}_n)\boldsymbol{A}\boldsymbol{X}=(\boldsymbol{\alpha}_1,\boldsymbol{\alpha}_2,\cdots,\boldsymbol{\alpha}_n)\lambda\boldsymbol{X}.$$

因为 $\boldsymbol{\alpha}_1,\boldsymbol{\alpha}_2,\cdots,\boldsymbol{\alpha}_n$ 线性无关, 所以 $\boldsymbol{A}\boldsymbol{X}=\lambda\boldsymbol{X}$. 这表明 $\boldsymbol{\alpha}$ 的坐标向量 $\boldsymbol{X}$ 是齐次线性方程组

$$(\lambda\boldsymbol{E}-\boldsymbol{A})\boldsymbol{X}=\boldsymbol{0}\tag{7.5.1}$$

的非零解向量. 方程组 (7.5.1) 有非零解当且仅当 $r(\lambda\boldsymbol{E}-\boldsymbol{A})<n$. 又因为 $\lambda\boldsymbol{E}-\boldsymbol{A}$ 是 n 阶方阵, 所以 $r(\lambda\boldsymbol{E}-\boldsymbol{A})<n$ 当且仅当

$$|\lambda\boldsymbol{E}-\boldsymbol{A}|=0.\tag{7.5.2}$$

如果 λ 是 $\varphi\in\mathcal{L}(V)$ 的特征值, $\boldsymbol{\alpha}$ 是 φ 的属于特征值 λ 的特征向量, 则 λ 是矩阵 $\boldsymbol{A}$ 的特征值, $\boldsymbol{\alpha}$ 的坐标向量 $\boldsymbol{X}$ 是 $\boldsymbol{A}$ 的属于特征值 λ 的特征向量. 反之, 若 λ 是矩阵 $\boldsymbol{A}$ 的特征值, 则方程组 (7.5.1) 有非零解 $\boldsymbol{X}$. 于是非零向量 $\boldsymbol{\alpha}=(\boldsymbol{\alpha}_1,\boldsymbol{\alpha}_2,\cdots,\boldsymbol{\alpha}_n)\boldsymbol{X}$ 满足 $\varphi(\boldsymbol{\alpha})=\lambda\boldsymbol{\alpha}$. 故 λ 是 φ 的特征值, $\boldsymbol{\alpha}$ 是 φ 的属于特征值 λ 的特征向量.

结论: $\varphi\in\mathcal{L}(V)$ 与它在 V 的某一组基下的表示矩阵 $\boldsymbol{A}$ 有完全相同的特征值. $\varphi\in\mathcal{L}(V)$ 的属于特征值 λ 的特征向量与 $\boldsymbol{A}$ 的属于特征值 λ 的特征向量一一对应, 即 φ 的特征向量在给定基下的坐标向量恰好是 $\boldsymbol{A}$ 的属于同一特征值的特征向量; 反之, $\boldsymbol{A}$ 的特征向量恰好是 φ 的对应特征向量在该基下的坐标 (向量).

例 7.5.1 定义线性空间 $\mathbb{R}^{3\times1}$ 上的线性变换 φ 为

$$\varphi\begin{pmatrix}x_1\\x_2\\x_3\end{pmatrix}=\begin{pmatrix}-x_1-2x_2+2x_3\\x_2\\x_3\end{pmatrix}.$$

求 φ 的所有特征值和特征向量.

解 取 $\mathbb{R}^{3\times1}$ 的自然基 $\boldsymbol{e}_1=\begin{pmatrix}1\\0\\0\end{pmatrix},\boldsymbol{e}_2=\begin{pmatrix}0\\1\\0\end{pmatrix},\boldsymbol{e}_3=\begin{pmatrix}0\\0\\1\end{pmatrix}$, 则

$\varphi(\boldsymbol{e}_1,\boldsymbol{e}_2,\boldsymbol{e}_3)=(\boldsymbol{e}_1,\boldsymbol{e}_2,\boldsymbol{e}_3)\boldsymbol{A}$, 这里 $\boldsymbol{A}=\begin{pmatrix}-1&-2&2\\0&1&0\\0&0&1\end{pmatrix}$. 令 $|\lambda\boldsymbol{E}-\boldsymbol{A}|=0$, 解得 $\lambda_1=\lambda_2=1,\lambda_3=-1$. 这也是 φ 的全部特征值.

对应于 $\lambda_1=\lambda_2=1$, 齐次线性方程组 $(1\boldsymbol{E}-\boldsymbol{A})\boldsymbol{X}=\boldsymbol{0}$ 的一组基础解系为 $\boldsymbol{X}_1=\begin{pmatrix}-1\\1\\0\end{pmatrix}, \boldsymbol{X}_2=\begin{pmatrix}1\\0\\1\end{pmatrix}$. 故 φ 的属于特征值 1 的全部特征向量为 $(-k+l)\boldsymbol{e}_1+k\boldsymbol{e}_2+l\boldsymbol{e}_3$, 其中 k,l 为不同时为零的任意常数.

对应于 $\lambda_3=-1$, 齐次线性方程组 $(-1\boldsymbol{E}-\boldsymbol{A})\boldsymbol{X}=\boldsymbol{0}$ 的一组基础解系为 $\boldsymbol{X}_3=\begin{pmatrix}1\\0\\0\end{pmatrix}$. 故 φ 的属于特征值 -1 的全部特征向量为 $c\boldsymbol{e}_1\,(c\neq 0)$.

因为同一线性变换在不同基下的表示矩阵是相似的, 相似矩阵具有相同的特征多项式, 所以我们把线性变换 φ 在任意一组基下的表示矩阵的特征多项式称为 φ 的**特征多项式**, 而将 φ 在任意一组基下的表示矩阵的特征矩阵称为 φ 的**特征矩阵**.

定理 7.5.2 数域 $\mathbb{K}$ 上的有限维线性空间 V 上的线性变换的特征值和特征多项式与基的选取无关.

定理 7.5.3 数域 $\mathbb{K}$ 上的有限维线性空间 V 上的线性变换 φ 的属于不同特征值的特征向量彼此线性无关.

证　用数学归纳法, 仿定理 5.2.2 证明.

7.5.2　线性变换的最简矩阵表示

我们知道同一线性变换 φ 在线性空间 V 的不同基下的表示矩阵是彼此相似的, 而对角矩阵对应的线性变换就是在不同的特征向量上作数乘变换. 对于给定的线性变换 φ 能不能找到 V 的一组适当的基, 使得 φ 在该基下的表示矩阵是对角矩阵? 一般来说, 这是不能的, 因为不是所有的矩阵都可以对角化.

定义 7.5.2 设 V 是数域 $\mathbb{K}$ 上的 n 维线性空间, $\varphi\in\mathcal{L}(V)$. 若存在 V 的一组基, 使得 φ 在该基下的表示矩阵是对角矩阵, 则称 φ 有**最简矩阵表示**.

定理 7.5.4 设 V 是数域 $\mathbb{K}$ 上的 n 维线性空间, $\varphi\in\mathcal{L}(V)$. φ 有最简矩阵表示当且仅当 φ 有 n 个线性无关的特征向量.

证　必要性. 设 φ 在线性空间 V 的一组基 $\boldsymbol{\alpha}_1,\boldsymbol{\alpha}_2,\cdots,\boldsymbol{\alpha}_n$ 下的表示矩阵是对角矩阵 $\boldsymbol{D}=\mathrm{diag}(\lambda_1,\lambda_2,\cdots,\lambda_n)$, 即

$$\varphi(\boldsymbol{\alpha}_1,\boldsymbol{\alpha}_2,\cdots,\boldsymbol{\alpha}_n)=(\boldsymbol{\alpha}_1,\boldsymbol{\alpha}_2,\cdots,\boldsymbol{\alpha}_n)\boldsymbol{D}.$$

亦即 $\varphi(\boldsymbol{\alpha}_k)=\lambda_k\boldsymbol{\alpha}_k\,(k=1,2,\cdots,n)$, 故 $\boldsymbol{\alpha}_1,\boldsymbol{\alpha}_2,\cdots,\boldsymbol{\alpha}_n$ 是 φ 的 n 个线性无关的特征向量.

充分性. 如果 φ 有 n 个线性无关的特征向量 $\boldsymbol{\alpha}_1,\boldsymbol{\alpha}_2,\cdots,\boldsymbol{\alpha}_n$, 使得

$$\varphi(\boldsymbol{\alpha}_k)=\lambda_k\boldsymbol{\alpha}_k\,(k=1,2,\cdots,n),$$

取 $\boldsymbol{\alpha}_1,\boldsymbol{\alpha}_2,\cdots,\boldsymbol{\alpha}_n$ 为 V 的一组基, 则有

$$\varphi(\boldsymbol{\alpha}_1,\boldsymbol{\alpha}_2,\cdots,\boldsymbol{\alpha}_n)=(\boldsymbol{\alpha}_1,\boldsymbol{\alpha}_2,\cdots,\boldsymbol{\alpha}_n)\,\mathrm{diag}(\lambda_1,\lambda_2,\cdots,\lambda_n).$$

即 φ 在基 $\boldsymbol{\alpha}_1,\boldsymbol{\alpha}_2,\cdots,\boldsymbol{\alpha}_n$ 下的表示矩阵是对角矩阵 $\boldsymbol{D}=\mathrm{diag}(\lambda_1,\lambda_2,\cdots,\lambda_n)$.

推论 7.5.5 数域 $\mathbb{K}$ 上的 n 维线性空间 V 上的线性变换 φ 有 n 个相异的特征值, 则 φ 有最简矩阵表示.

定理 7.5.6 若 $\lambda_1,\lambda_2,\cdots,\lambda_k$ 是 n 维线性空间 V 上线性变换 φ 的 k 个互不相同的特征值, 则

$$E_{\lambda_1}+E_{\lambda_2}+\cdots+E_{\lambda_k}=E_{\lambda_1}\oplus E_{\lambda_2}\oplus\cdots\oplus E_{\lambda_k}.$$

证　当 $k=1$ 时, 结论显然正确. 假设 $k=n-1$ 时, 结论正确. 下面证明 $E_{\lambda_1}+E_{\lambda_2}+\cdots+E_{\lambda_n}$ 是直和. 设 $\boldsymbol{\alpha}_k\in E_{\lambda_k}\cap\left(\sum\limits_{j\neq k}E_{\lambda_j}\right)\ (k=1,2,\cdots,n)$, 则

$$\boldsymbol{\alpha}_k=\sum_{j\neq k}\boldsymbol{\alpha}_j, \tag{7.5.3}$$

其中 $\boldsymbol{\alpha}_j\in E_{\lambda_j}\ (j=1,2,\cdots,n)$. 用 φ 变换式 (7.5.3), 得到

$$\lambda_k\boldsymbol{\alpha}_k=\sum_{j\neq k}\lambda_j\boldsymbol{\alpha}_j. \tag{7.5.4}$$

用 λ_k 乘以式 (7.5.3) 后再减去式 (7.5.4), 得到

$$\sum_{j\neq k}(\lambda_k-\lambda_j)\boldsymbol{\alpha}_j=\boldsymbol{\theta}. \tag{7.5.5}$$

由归纳假设, $\sum\limits_{j\neq k}E_{\lambda_j}$ 为直和, 所以 $(\lambda_k-\lambda_j)\boldsymbol{\alpha}_j=\boldsymbol{\theta}$, 但 $\lambda_k-\lambda_j\neq 0$, 从而 $\boldsymbol{\alpha}_j=\boldsymbol{\theta}\,(j\neq k)$. 于是 $\boldsymbol{\alpha}_k=\boldsymbol{\theta}\,(k=1,2,\cdots,n)$, 即 $E_{\lambda_k}\cap\left(\sum\limits_{j\neq k}E_{\lambda_j}\right)=\{\boldsymbol{\theta}\}$. 由定理 7.3.5 可知, $\sum\limits_{j=1}^{n}E_{\lambda_j}$ 是直和. 由数学归纳法, 定理成立.

定义 7.5.3 数域 $\mathbb{K}$ 上的 n 维线性空间 V 上的线性变换 φ 的特征子空间 E_λ 的维数称为 λ 的**几何重数**; λ 作为 φ 的特征值的重数称为 λ 的**代数重数**.

定理 7.5.7 数域 $\mathbb{K}$ 上的 n 维线性空间 V 上的线性变换 φ 的每个特征值 λ 的几何重数不超过其代数重数.

证　记 $\dim E_\lambda=k$. 当 $k=n$ 时, 结论显然正确. 当 $1\leqslant k<n$ 时, 设 $\boldsymbol{\alpha}_1,\boldsymbol{\alpha}_2,\cdots,\boldsymbol{\alpha}_k$ 是 E_λ 的一组基, 则

$$\varphi(\boldsymbol{\alpha}_j)=\lambda\boldsymbol{\alpha}_j\,(j=1,2,\cdots,k).$$

将 $\boldsymbol{\alpha}_1,\boldsymbol{\alpha}_2,\cdots,\boldsymbol{\alpha}_k$ 扩充为 V 的一组基, 记为 $\boldsymbol{\alpha}_1,\boldsymbol{\alpha}_2,\cdots,\boldsymbol{\alpha}_k,\boldsymbol{\alpha}_{k+1},\cdots,\boldsymbol{\alpha}_n$, 则 φ 在该基下的表示矩阵为

$$\boldsymbol{A}=\begin{pmatrix}\lambda\boldsymbol{E} & *\\ \boldsymbol{O} & \boldsymbol{B}\end{pmatrix},$$

其中 $\boldsymbol{E}$ 为 k 阶单位矩阵, $\boldsymbol{B}$ 为 $n-k$ 阶方阵. 显然

$$|\mu\boldsymbol{E}-\boldsymbol{A}|=(\mu-\lambda)^k g(\mu),$$

其中 $g(\mu)$ 是 μ 的 $n-k$ 次多项式. 这说明 λ 至少是 $\boldsymbol{A}$ 的 k 重特征值, 故 λ 至少是 φ 的 k 重特征值.

定理 7.5.8 数域 $\mathbb{K}$ 上的 n 维线性空间 V 上的线性变换 φ 有最简矩阵表示当且仅当 φ 的每个特征值 λ 的几何重数与代数重数相等.

例 7.5.2 设 2 维线性空间 V 上的线性变换 φ 在基 $\boldsymbol{\alpha}_1,\boldsymbol{\alpha}_2$ 下的表示矩阵为 $\boldsymbol{A}=\begin{pmatrix}1 & -1\\ 1 & 1\end{pmatrix}$. 分别就 V 是实数域 $\mathbb{R}$ 和复数域 $\mathbb{C}$ 上的线性空间讨论 φ 是否有最简矩阵表示, 若有, 则求出最简矩阵表示.

解　令 $|\lambda\boldsymbol{E}-\boldsymbol{A}|=0$, 即 $(\lambda-1)^2+1=0$.

(1) 设 V 是实线性空间, 则 $\boldsymbol{A}$ 在实数域 $\mathbb{R}$ 上没有特征值, 从而也不可能有特征向量. 故 φ 没有最简矩阵表示.

(2) 设 V 是复线性空间, 则 $\boldsymbol{A}$ 有特征值 $\lambda_1=1+\mathrm{i},\lambda_2=1-\mathrm{i}$. 因为 $\boldsymbol{A}$ 有两个相异特征值, 所以 $\boldsymbol{A}$ 可对角化. 对于特征值 λ_1, 解齐次线性方程组 $[(1+\mathrm{i})\boldsymbol{E}-\boldsymbol{A}]\boldsymbol{X}=\boldsymbol{0}$, 得到一组基础解系 $\boldsymbol{\beta}_1=(\mathrm{i},1)^{\mathrm{T}}$; 对于特征值 λ_2, 解齐次线性方程组 $[(1-\mathrm{i})\boldsymbol{E}-\boldsymbol{A}]\boldsymbol{X}=\boldsymbol{0}$, 得到一组基础解系 $\boldsymbol{\beta}_2=(-\mathrm{i},1)^{\mathrm{T}}$. 令 $\boldsymbol{P}=\begin{pmatrix}\mathrm{i} & -\mathrm{i}\\ 1 & 1\end{pmatrix}$, 则有 $\boldsymbol{P}^{-1}\boldsymbol{AP}=\begin{pmatrix}1+\mathrm{i} & 0\\ 0 & 1-\mathrm{i}\end{pmatrix}$. 再令 $(\boldsymbol{\gamma}_1,\boldsymbol{\gamma}_2)=(\boldsymbol{\alpha}_1,\boldsymbol{\alpha}_2)\boldsymbol{P}$, 则 φ 在基 $\boldsymbol{\gamma}_1,\boldsymbol{\gamma}_2$ 下的表示矩阵为 $\boldsymbol{D}=\mathrm{diag}(1+\mathrm{i},1-\mathrm{i})$.

7.6　不变子空间

研究线性变换的主要方法是把整个线性空间 V 上的线性变换问题分解为子空间 $V_1,V_2,\cdots,V_k$ 上的线性变换问题. 在子空间上考虑原空间的代数性质, 而不必回到原空间, 从而将问题简化.

定义 7.6.1 设 V 是数域 $\mathbb{K}$ 上的线性空间, W 是 V 的子空间, $\varphi\in\mathcal{L}(V)$, 若 W 中的向量 $\boldsymbol{\alpha}$ 在 φ 下的像 $\varphi(\boldsymbol{\alpha})$ 仍在 W 中, 即 $\forall\,\boldsymbol{\alpha}\in W$, 有 $\varphi(\boldsymbol{\alpha})\in W$, 则称 W 是 φ 的**不变子空间**, 简称 **φ-子空间**. 此时把 φ 限制在 W 上, 则 φ 是 W 上的一个线性变换, 称为 φ 在 W 上的限制, 记为 $\varphi|_W$.

注 φ 是 V 上的线性变换, V 中每个向量在 φ 下都有确定的像. $\varphi|_W$ 是 φ-子空间 W 上的线性变换, $\forall\,\boldsymbol{\alpha}\in W$, 有 $\varphi|_W(\boldsymbol{\alpha})=\varphi(\boldsymbol{\alpha})$. 但 $\forall\,\boldsymbol{\beta}\in V\backslash W$, $\varphi|_W(\boldsymbol{\beta})$ 没有意义.

零子空间 $\{\boldsymbol{\theta}\}$ 和整个线性空间 V, 对每个线性变换 φ 都是 φ-子空间, 称为**平凡 φ-子空间**. 除平凡 φ-子空间外的 φ-子空间称为**非平凡 φ-子空间**.

设V是数域$\mathbb{K}$上的线性空间, $\varphi \in \mathcal{L}(V)$, W是φ的1维φ-子空间, $\boldsymbol{\xi}$是W中任一非零向量, 构成W的基, $W = L(\boldsymbol{\xi})$. 由φ-子空间的定义可知, $\varphi(\boldsymbol{\xi}) \in W$, 所以$\varphi(\boldsymbol{\xi}) = \lambda_0\boldsymbol{\xi}$. 这说明$\boldsymbol{\xi}$是$\varphi$的属于特征值$\lambda_0$的特征向量. 反之, 设$\boldsymbol{\xi}$是$\varphi$的属于特征值$\lambda_0$的一个特征向量, 则$\forall\, \boldsymbol{\alpha} \in L(\boldsymbol{\xi}), \boldsymbol{\alpha} = c\boldsymbol{\xi}$, 有$\varphi(\boldsymbol{\alpha}) = c\varphi(\boldsymbol{\xi}) = c\lambda_0\boldsymbol{\xi} \in L(\boldsymbol{\xi})$, 所以$L(\boldsymbol{\xi})$是一个1维$\varphi$-子空间.

显然, $\varphi \in \mathcal{L}(V)$的属于特征值$\lambda$的特征子空间$E_\lambda$也是$\varphi$-子空间.

例 7.6.1 线性空间V的任一子空间都是数乘变换的φ-子空间.

证 按定义, 子空间对数乘变换是封闭的.

例 7.6.2 设V是数域$\mathbb{K}$上的线性空间, $\varphi \in \mathcal{L}(V)$, 则$\varphi$的像$\mathrm{Im}(\varphi)$与核$\mathrm{Ker}(\varphi)$都是$\varphi$-子空间.

证 因为$\forall\, \boldsymbol{\alpha} \in \mathrm{Im}(\varphi) \subseteq V$, $\varphi(\boldsymbol{\alpha}) \in \mathrm{Im}(\varphi)$, 所以, 按定义, $\mathrm{Im}(\varphi)$是φ-子空间. 又因为$\forall\, \boldsymbol{\beta} \in \mathrm{Ker}(\varphi)$, $\varphi(\boldsymbol{\beta}) = \boldsymbol{\theta} \in \mathrm{Ker}(\varphi)$, 所以, 按定义, $\mathrm{Ker}(\varphi)$是φ-子空间.

例 7.6.3 若W_1, W_2都是线性空间V的φ-子空间, 试问$W_1 \cap W_2, W_1 + W_2$是否为φ-子空间?

答: $W_1 \cap W_2, W_1 + W_2$是φ-子空间.

其实, $W_1 \cap W_2, W_1 + W_2$是V的子空间. $\forall\, \boldsymbol{\alpha} \in W_1 \cap W_2$, 因为$\boldsymbol{\alpha} \in W_1, \varphi(\boldsymbol{\alpha}) \in W_1, \boldsymbol{\alpha} \in W_2, \varphi(\boldsymbol{\alpha}) \in W_2$, 所以$\varphi(\boldsymbol{\alpha}) \in W_1 \cap W_2$. 按定义, $W_1 \cap W_2$是φ-子空间. 又因为$\forall\, \boldsymbol{\beta} \in W_1 + W_2$, 写$\boldsymbol{\beta} = \boldsymbol{\beta}_1 + \boldsymbol{\beta}_2, \boldsymbol{\beta}_1 \in W_1, \boldsymbol{\beta}_2 \in W_2$, 则

$$\varphi(\boldsymbol{\beta}) = \varphi(\boldsymbol{\beta}_1 + \boldsymbol{\beta}_2) = \varphi(\boldsymbol{\beta}_1) + \varphi(\boldsymbol{\beta}_2) \in W_1 + W_2,$$

所以, 按定义, $W_1 + W_2$是φ-子空间.

例 7.6.4 任一线性变换在它的核上的限制是零变换, 在特征子空间上E_λ上的限制是数乘变换λI_{E_λ}.

定理 7.6.1 设W是数域$\mathbb{K}$上线性空间V的子空间, 且$W = L(\boldsymbol{\alpha}_1, \boldsymbol{\alpha}_2, \cdots, \boldsymbol{\alpha}_k)$, $\varphi \in \mathcal{L}(V)$, 则$W$是$\varphi$-子空间当且仅当$\varphi(\boldsymbol{\alpha}_i) \in W\ (i = 1, 2, \cdots, k)$.

证 必要性显然.

充分性. $\forall\, \boldsymbol{\alpha} \in W$, 设$\boldsymbol{\alpha} = \sum\limits_{i=1}^{k} k_i\boldsymbol{\alpha}_i$, 因为$\varphi(\boldsymbol{\alpha}_i) \in W\ (i = 1, 2, \cdots, k)$, 所以

$$\varphi(\boldsymbol{\alpha}) = \varphi\left(\sum_{i=1}^{k} k_i\boldsymbol{\alpha}_i\right) = \sum_{i=1}^{k} k_i\varphi(\boldsymbol{\alpha}_i) \in W.$$

定理 7.6.2 设V是数域$\mathbb{K}$上的n维线性空间, $\varphi \in \mathcal{L}(V)$, W是V的φ-子空间. 在W中取一组基$\boldsymbol{\alpha}_1, \boldsymbol{\alpha}_2, \cdots, \boldsymbol{\alpha}_k$, 并扩充为$V$的一组基$\boldsymbol{\alpha}_1, \boldsymbol{\alpha}_2, \cdots, \boldsymbol{\alpha}_k, \boldsymbol{\alpha}_{k+1}, \cdots, \boldsymbol{\alpha}_n$, 则$\varphi$在这

组基下的表示矩阵为

$$\left(\begin{array}{cccc|cccc} a_{11} & a_{12} & \cdots & a_{1k} & a_{1,k+1} & a_{1,k+2} & \cdots & a_{1n} \\ a_{21} & a_{22} & \cdots & a_{2k} & a_{2,k+1} & a_{2,k+2} & \cdots & a_{2n} \\ \vdots & \vdots & & \vdots & \vdots & \vdots & & \vdots \\ a_{k1} & a_{k2} & \cdots & a_{kk} & a_{k,k+1} & a_{k,k+2} & \cdots & a_{kn} \\ \hline 0 & 0 & \cdots & 0 & a_{k+1,k+1} & a_{k+1,k+2} & \cdots & a_{k+1,n} \\ 0 & 0 & \cdots & 0 & a_{k+2,k+1} & a_{k+2,k+2} & \cdots & a_{k+2,n} \\ \vdots & \vdots & & \vdots & \vdots & \vdots & & \vdots \\ 0 & 0 & \cdots & 0 & a_{n,k+1} & a_{n,k+2} & \cdots & a_{nn} \end{array}\right) = \begin{pmatrix} \boldsymbol{A}_{11} & \boldsymbol{A}_{12} \\ \boldsymbol{O} & \boldsymbol{A}_{22} \end{pmatrix},$$

且k阶方阵$\boldsymbol{A}_{11}$是$\varphi|_W$在W的基$\boldsymbol{\alpha}_1, \boldsymbol{\alpha}_2, \cdots, \boldsymbol{\alpha}_k$下的表示矩阵.

证　因为W是φ-子空间, 所以

$$\begin{aligned} \varphi(\boldsymbol{\alpha}_1) &= a_{11}\boldsymbol{\alpha}_1 + a_{21}\boldsymbol{\alpha}_2 + \cdots + a_{k1}\boldsymbol{\alpha}_k, \\ \varphi(\boldsymbol{\alpha}_2) &= a_{12}\boldsymbol{\alpha}_1 + a_{22}\boldsymbol{\alpha}_2 + \cdots + a_{k2}\boldsymbol{\alpha}_k, \\ &\ \ \vdots \\ \varphi(\boldsymbol{\alpha}_k) &= a_{1k}\boldsymbol{\alpha}_1 + a_{2k}\boldsymbol{\alpha}_2 + \cdots + a_{kk}\boldsymbol{\alpha}_k, \\ \varphi(\boldsymbol{\alpha}_{k+1}) &= a_{1,k+1}\boldsymbol{\alpha}_1 + a_{2,k+1}\boldsymbol{\alpha}_2 + \cdots + a_{k,k+1}\boldsymbol{\alpha}_k + a_{k+1,k+1}\boldsymbol{\alpha}_{k+1} + \cdots + a_{n,k+1}\boldsymbol{\alpha}_n, \\ \varphi(\boldsymbol{\alpha}_{k+2}) &= a_{1,k+2}\boldsymbol{\alpha}_1 + a_{2,k+2}\boldsymbol{\alpha}_2 + \cdots + a_{k,k+2}\boldsymbol{\alpha}_k + a_{k+1,k+2}\boldsymbol{\alpha}_{k+1} + \cdots + a_{n,k+2}\boldsymbol{\alpha}_n, \\ &\ \ \vdots \\ \varphi(\boldsymbol{\alpha}_n) &= a_{1n}\boldsymbol{\alpha}_1 + a_{2n}\boldsymbol{\alpha}_2 + \cdots + a_{kn}\boldsymbol{\alpha}_k + a_{k+1,n}\boldsymbol{\alpha}_{k+1} + \cdots + a_{nn}\boldsymbol{\alpha}_n. \end{aligned}$$

故φ在基$\boldsymbol{\alpha}_1, \boldsymbol{\alpha}_2, \cdots, \boldsymbol{\alpha}_k, \boldsymbol{\alpha}_{k+1}, \cdots, \boldsymbol{\alpha}_n$下的表示矩阵具有所要求的形状.

如果$\varphi \in \mathcal{L}(V)$在$V$的基$\boldsymbol{\alpha}_1, \boldsymbol{\alpha}_2, \cdots, \boldsymbol{\alpha}_k, \boldsymbol{\alpha}_{k+1}, \cdots, \boldsymbol{\alpha}_n$下的表示矩阵是分块上三角矩阵$\begin{pmatrix} \boldsymbol{A}_{11} & \boldsymbol{A}_{12} \\ \boldsymbol{O} & \boldsymbol{A}_{22} \end{pmatrix}$, 则$W = L(\boldsymbol{\alpha}_1, \boldsymbol{\alpha}_2, \cdots, \boldsymbol{\alpha}_k)$是$\varphi$-子空间.

如果线性空间V分解成若干φ-子空间的直和, 在V的每个φ-子空间中取基, 且将它们合并成V的一组基, 则φ在V的该组基下的表示矩阵具有分块对角形状.

推论 7.6.3　设φ是n维线性空间V上的线性变换, 如果$V = V_1 \oplus V_2 \oplus \cdots \oplus V_k$, $V_1, V_2, \cdots, V_k$都是φ-子空间, 且$\boldsymbol{\alpha}_{i1}, \boldsymbol{\alpha}_{i2}, \cdots, \boldsymbol{\alpha}_{in_i}$是$V_i\,(i = 1, 2, \cdots, k;\ n_1 + n_2 + \cdots + n_k = n)$的一组基, 则$\varphi$在基$\boldsymbol{\alpha}_{11}, \boldsymbol{\alpha}_{12}, \cdots, \boldsymbol{\alpha}_{1n_1}, \cdots, \boldsymbol{\alpha}_{k1}, \cdots, \boldsymbol{\alpha}_{kn_k}$下的表示矩阵为分块对角矩阵

$$\begin{pmatrix} \boldsymbol{A}_1 & & & \\ & \boldsymbol{A}_2 & & \\ & & \ddots & \\ & & & \boldsymbol{A}_k \end{pmatrix},$$

其中$\boldsymbol{A}_i\,(i = 1, 2, \cdots, k)$是$\varphi|_{V_i}$在$V_i$的基$\boldsymbol{\alpha}_{i1}, \boldsymbol{\alpha}_{i2}, \cdots, \boldsymbol{\alpha}_{in_i}$下的表示矩阵.

证 仿定理7.6.2证明.

定理 7.6.4 设 φ 是 n 维线性空间 V 上的线性变换, 如果 φ 的特征多项式 $f(\lambda)$ 可分解为一次因式的乘积

$$f(\lambda)=(\lambda-\lambda_1)^{n_1}(\lambda-\lambda_2)^{n_2}\cdots(\lambda-\lambda_k)^{n_k}, n_1+n_2+\cdots+n_k=n,$$

令 $V_i=\{\boldsymbol{\xi}|(\varphi-\lambda_i I_V)^{n_i}(\boldsymbol{\xi})=\boldsymbol{\theta},\boldsymbol{\xi}\in V\}$, 则 V 可分解成 φ-子空间的直和

$$V=V_1\oplus V_2\oplus\cdots\oplus V_k.$$

证 令 $f_i(\lambda)=\dfrac{f(\lambda)}{(\lambda-\lambda_i)^{n_i}}=\prod\limits_{j\neq i}(\lambda-\lambda_j)^{n_j}$, $W_i=\mathrm{Im}(f_i(\varphi))$.

(1) 证明 $V_i=W_i\,(i=1,2,\cdots,k)$. 由哈密顿—凯莱定理, 得到 $f(\varphi)$ 为零变换. 于是 $(\varphi-\lambda_i I_V)^{n_i}(W_i)=f(\varphi)(V)=\boldsymbol{\theta}$, 所以 $W_i\subseteq V_i$. 又因为 $((\lambda-\lambda_i)^{n_i},f_i(\lambda))=1$[①], 所以存在多项式 $u_i(\lambda),v_i(\lambda)$, 使得

$$u_i(\lambda)(\lambda-\lambda_i)^{n_i}+f_i(\lambda)v_i(\lambda)=1,$$

于是

$$u_i(\varphi)(\varphi-\lambda_i I_V)^{n_i}+f_i(\varphi)v_i(\varphi)=I_V.$$

因此, $\forall\,\boldsymbol{\xi}\in V_i$, 有

$$\boldsymbol{\xi}=\left(u_i(\varphi)(\varphi-\lambda_i I_V)^{n_i}+f_i(\varphi)v_i(\varphi)\right)(\boldsymbol{\xi})=f_i(\varphi)\left(v_i(\varphi)(\boldsymbol{\xi})\right)\in W_i,$$

即 $V_i\subseteq W_i$. 故 $W_i=V_i\,(i=1,2,\cdots,k)$.

(2) 证明 $V=V_1\oplus V_2\oplus\cdots\oplus V_k$. 显然 $(f_1(\lambda),f_2(\lambda),\cdots,f_k(\lambda))=1$, 所以存在多项式 $u_1(\lambda),u_2(\lambda),\cdots,u_k(\lambda)$, 使得

$$f_1(\lambda)u_1(\lambda)+f_2(\lambda)u_2(\lambda)+\cdots+f_k(\lambda)u_k(\lambda)=1.$$

于是, $\forall\,\boldsymbol{\alpha}\in V$, 都有

$$\boldsymbol{\alpha}=f_1(\varphi)u_1(\varphi)(\boldsymbol{\alpha})+f_2(\varphi)u_2(\varphi)(\boldsymbol{\alpha})+\cdots+f_k(\varphi)u_k(\varphi)(\boldsymbol{\alpha}),$$

其中 $f_i(\varphi)u_i(\varphi)(\boldsymbol{\alpha})=f_i(\varphi)\left(u_i(\varphi)(\boldsymbol{\alpha})\right)\in\mathrm{Im}(f_i(\varphi))=V_i\,(i=1,2,\cdots,k)$. 设 $\sum\limits_{i=1}^{k}\boldsymbol{\beta}_i=\boldsymbol{\theta}$, 其中 $\boldsymbol{\beta}_i\in V_i\,(i=1,2,\cdots,k)$. 因为 $(\lambda-\lambda_j)^{n_j}|f_i(\lambda)\,(j\neq i)$, 所以 $f_i(\varphi)(\boldsymbol{\beta}_j)=\boldsymbol{\theta}\,(j\neq i)$, 再用 $f_i(\varphi)$ 变换 $\sum\limits_{i=1}^{k}\boldsymbol{\beta}_i=\boldsymbol{\theta}$ 的两边, 得到 $f_i(\varphi)(\boldsymbol{\beta}_i)=\boldsymbol{\theta}$. 又因为 $(f_i(\lambda),(\lambda-\lambda_i)^{n_i})=1$, 所以存在多项式 $u_i(\lambda),v_i(\lambda)$, 使得 $u_i(\lambda)f_i(\lambda)+v_i(\lambda)(\lambda-\lambda_i)^{n_i}=1$, 于是

$$\boldsymbol{\beta}_i=u_i(\varphi)f_i(\varphi)(\boldsymbol{\beta}_i)+v_i(\varphi)(\varphi-\lambda_i I_V)^{n_i}(\boldsymbol{\beta}_i)=\boldsymbol{\theta}\,(i=1,2,\cdots,k),$$

即零向量 $\boldsymbol{\theta}$ 表示法唯一. 故 $V=V_1\oplus V_2\oplus\cdots\oplus V_k$.

[①] $(f(x),g(x))=1$ 表示多项式 $f(x)$ 和 $g(x)$ 只有非零的常数公因式.

定义 7.6.2 设 V 是复数域 $\mathbb{C}$ 上的 n 维线性空间, $\varphi \in \mathcal{L}(V)$, λ 是 φ 的 n_i 重特征值, 则 $R(\lambda) = \{\boldsymbol{v} | (\varphi - \lambda I_V)^{n_i} \boldsymbol{v} = \boldsymbol{\theta}, \boldsymbol{v} \in V\}$ 是 φ-子空间, 称 $R(\lambda)$ 为 φ 的属于特征值 λ 的**根子空间**.

设 V 是复数域 $\mathbb{C}$ 上的 n 维线性空间, $\varphi \in \mathcal{L}(V)$, 如果 $\lambda_1, \lambda_2, \cdots, \lambda_k$ 是 φ 的 k 个互不相同的特征值, 则

$$V = R(\lambda_1) \oplus R(\lambda_2) \oplus \cdots \oplus R(\lambda_k),$$

其中 $R(\lambda_i)$ 为 λ_i 的根子空间, 其维数等于特征值 λ_i 的重数.

例 7.6.5 设 $V = \mathbb{R}^{2\times 1}, \varphi \in L(V)$, 且 φ 在 V 的自然基 $\boldsymbol{e}_1, \boldsymbol{e}_2$ 下的表示矩阵为 $\boldsymbol{A} = \begin{pmatrix} 1 & -2 \\ 1 & 1 \end{pmatrix}$, 求 V 的所有 φ-子空间.

解 显然 $\{\mathbf{0}\}$ 和 V 是 φ-子空间. 若 W 是 V 的非平凡 φ-子空间, 则 $\dim W = 1$. 令 $W = L(\boldsymbol{\xi})$, 则 $\varphi(\boldsymbol{\xi}) = \lambda \boldsymbol{\xi}$, 即 $\boldsymbol{\xi}$ 是属于 φ 的实特征值 λ 的特征向量. 但 $|\lambda \boldsymbol{E} - \boldsymbol{A}| = \lambda^2 + 1 > 0$, 所以前述 W 不存在. 故 $\{\mathbf{0}\}$ 和 V 是 V 的所有 φ-子空间.

例 7.6.6 设 $V = \mathbb{R}_n[x]$ 为全体次数不大于 n 的实系数多项式和零多项式所构成的实数域 $\mathbb{R}$ 上的线性空间. $\forall p(x) \in V$, 定义 $\varphi(p(x)) = p'(x)$. 求 V 的所有 φ- 子空间.

解 显然 $\mathbb{R}_k[x]\,(0 \leqslant k \leqslant n)$ 是 V 的 φ-子空间. 设 W 是 V 的一个非零 φ-子空间, 则 W 中必有次数最高的多项式, 任取其中之一记为 $q(x)$, 设 $q(x) = a_0 + a_1 x + \cdots + a_k x^k\,(a_k \neq 0, 0 \leqslant k \leqslant n)$, 于是 $\varphi(q(x)) = a_1 + 2a_2 x + \cdots + k a_k x^{k-1} \in W, \cdots, \varphi^k(q(x)) = k! a_k \in W$. 因为 $k! a_k \neq 0$, 所以 $1 \in W$, 逆推, 得到 $x \in W, \cdots, x^k \in W$. 注意到 $q(x)$ 的最高次数为 k, 所以 $W = \mathbb{R}_k[x]\,(k = 0, 1, \cdots, n)$. 故 V 的全部 φ-子空间为 $\{0\}, \mathbb{R}, \mathbb{R}_1[x], \cdots, \mathbb{R}_n[x]$.

习　题　7

1. 设 V_1, V_2 是线性空间 V 的两个有限维子空间, 且 $V_1 \subset V_2$, 若 $\dim V_1 = \dim V_2$, 证明: $V_1 = V_2$.

2. 设 $\boldsymbol{\alpha}_i = (a_{i1}, a_{i2}, \cdots, a_{ij}, a_{i,j+1}, \cdots, a_{in}) \in \mathbb{K}^{1\times n}\,(i = 1, 2, \cdots, m)$, 令 $\boldsymbol{\beta}_i = (a_{i1}, a_{i2}, \cdots, a_{ij})\,(i = 1, 2, \cdots, m)$, 证明:

   (1) 若 $\boldsymbol{\alpha}_1, \boldsymbol{\alpha}_2, \cdots, \boldsymbol{\alpha}_m$ 线性相关, 证明: $\boldsymbol{\beta}_1, \boldsymbol{\beta}_2, \cdots, \boldsymbol{\beta}_m$ 线性相关;

   (2) 若 $\boldsymbol{\beta}_1, \boldsymbol{\beta}_2, \cdots, \boldsymbol{\beta}_m$ 线性无关, 则 $\boldsymbol{\alpha}_1, \boldsymbol{\alpha}_2, \cdots, \boldsymbol{\alpha}_m$ 线性无关.

3. 设 V 是数域 $\mathbb{K}$ 上的线性空间, $\boldsymbol{\alpha}_1, \boldsymbol{\alpha}_2, \cdots, \boldsymbol{\alpha}_n$ 是 V 中 n 个线性无关的向量, $\boldsymbol{\beta}_1, \boldsymbol{\beta}_2, \cdots, \boldsymbol{\beta}_m$ 是 V 中 m 个向量, 且 $(\boldsymbol{\beta}_1, \boldsymbol{\beta}_2, \cdots, \boldsymbol{\beta}_m) = (\boldsymbol{\alpha}_1, \boldsymbol{\alpha}_2, \cdots, \boldsymbol{\alpha}_n)\boldsymbol{A}$, 其中 $\boldsymbol{A} = (a_{ij})_{m\times n} \in \mathbb{K}^{n\times m}$, 令 $\boldsymbol{a}_j = (a_{1j}, a_{2j}, \cdots, a_{nj})^{\mathrm{T}}\,(j = 1, 2, \cdots, m)$. 如果 $r(\boldsymbol{A}) = r$, 且 $\boldsymbol{a}_{i1}, \boldsymbol{a}_{i2}, \cdots, \boldsymbol{a}_{ir}$ 是 $\boldsymbol{a}_1, \boldsymbol{a}_2, \cdots, \boldsymbol{a}_m$ 的一个极大无关组, 则 $\boldsymbol{\beta}_{i1}, \boldsymbol{\beta}_{i2}, \cdots, \boldsymbol{\beta}_{ir}$ 是 $\boldsymbol{\beta}_1, \boldsymbol{\beta}_2, \cdots, \boldsymbol{\beta}_m$ 的一个极大无关组, 且 $r(\boldsymbol{\beta}_1, \boldsymbol{\beta}_2, \cdots, \boldsymbol{\beta}_m) = r(\boldsymbol{A})$.

4. 设向量组 $\boldsymbol{\alpha}_1, \boldsymbol{\alpha}_2, \cdots, \boldsymbol{\alpha}_n$ 线性无关, $\boldsymbol{\alpha}_1, \boldsymbol{\alpha}_2, \cdots, \boldsymbol{\alpha}_n, \boldsymbol{\beta}, \boldsymbol{\gamma}$ 线性相关. 证明: $\boldsymbol{\beta}$ 与 $\boldsymbol{\gamma}$ 中至少有一个向量可由 $\boldsymbol{\alpha}_1, \boldsymbol{\alpha}_2, \cdots, \boldsymbol{\alpha}_n$ 线性表示, 或者 $\boldsymbol{\alpha}_1, \boldsymbol{\alpha}_2, \cdots, \boldsymbol{\alpha}_n, \boldsymbol{\beta}$ 与 $\boldsymbol{\alpha}_1, \boldsymbol{\alpha}_2, \cdots, \boldsymbol{\alpha}_n, \boldsymbol{\gamma}$ 等价.

5. 设 $\boldsymbol{\alpha}_1, \boldsymbol{\alpha}_2, \cdots, \boldsymbol{\alpha}_n$ 为线性空间 V 的一组基, 则

   (1) 证明：$\boldsymbol{\beta}_1 = \boldsymbol{\alpha}_1, \boldsymbol{\beta}_2 = \boldsymbol{\alpha}_1 + \boldsymbol{\alpha}_2, \cdots, \boldsymbol{\beta}_n = \sum\limits_{k=1}^{n} \boldsymbol{\alpha}_k$ 也是 V 的一组基;

   (2) 设 $\boldsymbol{\alpha}$ 在基 $\boldsymbol{\alpha}_1, \boldsymbol{\alpha}_2, \cdots, \boldsymbol{\alpha}_n$ 下的坐标为 $(n, n-1, \cdots, 1)^{\mathrm{T}}$, 求 $\boldsymbol{\alpha}$ 在基 $\boldsymbol{\beta}_1, \boldsymbol{\beta}_2, \cdots, \boldsymbol{\beta}_n$ 下的坐标.

6. 设 $\boldsymbol{\alpha}_1 = (1,2,-1,-2)^{\mathrm{T}}, \boldsymbol{\alpha}_2 = (3,1,1,1)^{\mathrm{T}}, \boldsymbol{\alpha}_3 = (-1,0,1,-1)^{\mathrm{T}}, \boldsymbol{\beta}_1 = (2,5,-6,-5)^{\mathrm{T}}, \boldsymbol{\beta}_2 = (-1,2,-7,3)^{\mathrm{T}}$. 求 $V_1 = L(\boldsymbol{\alpha}_1, \boldsymbol{\alpha}_2, \boldsymbol{\alpha}_3)$ 与 $V_2 = L(\boldsymbol{\beta}_1, \boldsymbol{\beta}_2)$ 的交 (空间) $V_1 \cap V_2$ 与和(空间) $V_1 + V_2$ 的基与维数.

7. 设 V 为实矩阵 $\boldsymbol{A} = \mathrm{diag}(a_1, a_2, \cdots, a_n), a_i \neq a_j\ (i \neq j)$ 的实系数多项式的全体构成的线性空间, 证明：$\boldsymbol{E}, \boldsymbol{A}, \cdots, \boldsymbol{A}^{n-1}$ 为 V 的一组基.

8. 设 $\boldsymbol{\alpha}_1, \boldsymbol{\alpha}_2, \cdots, \boldsymbol{\alpha}_n$ 为线性空间 V 的一组基, 证明：

   (1) $V = L(\boldsymbol{\alpha}_1, \boldsymbol{\alpha}_2, \cdots, \boldsymbol{\alpha}_i) \oplus L(\boldsymbol{\alpha}_{i+1}, \boldsymbol{\alpha}_{i+2}, \cdots, \boldsymbol{\alpha}_n)$;

   (2) $V = L(\boldsymbol{\alpha}_1, \boldsymbol{\alpha}_2, \cdots, \boldsymbol{\alpha}_i) \oplus L(\boldsymbol{\alpha}_{i+1}, \boldsymbol{\alpha}_{i+2}, \cdots, \boldsymbol{\alpha}_j) \oplus L(\boldsymbol{\alpha}_{j+1}, \boldsymbol{\alpha}_{j+2}, \cdots, \boldsymbol{\alpha}_n)$;

   (3) $V = L(\boldsymbol{\alpha}_1) \oplus L(\boldsymbol{\alpha}_2) \oplus \cdots \oplus L(\boldsymbol{\alpha}_n)$.

9. 设过原点的三条直线 l_1, l_2, l_3 分别构成 $\mathbb{R}^3$ 的子空间 V_1, V_2, V_3, 试问 $V_1 + V_2, V_1 + V_2 + V_3$ 可以构成怎样的子空间?

10. 设 V 是数域 $\mathbb{K}$ 上的线性空间, $V_1, V_2, \cdots, V_m$ 是 V 的 m 个非平凡子空间, 证明：$\exists \boldsymbol{\alpha} \in V$, 但 $\boldsymbol{\alpha} \notin \bigcup\limits_{i=1}^{m} V_i$.

11. 设 V 是数域 $\mathbb{K}$ 上的 n 维线性空间, $V_1, V_2, \cdots, V_m$ 是 V 的 m 个非平凡子空间, 证明: 存在 V 的一组基 $\boldsymbol{\alpha}_1, \boldsymbol{\alpha}_2, \cdots, \boldsymbol{\alpha}_n$, 使得 $\{\boldsymbol{\alpha}_1, \boldsymbol{\alpha}_2, \cdots, \boldsymbol{\alpha}_n\} \bigcap \left(\bigcup\limits_{k=1}^{m} V_k\right) = \varnothing$.

12. 设 V 是数域 $\mathbb{K}$ 上的 n 维线性空间, 证明: V 的任意一个非平凡子空间都是若干个 $n-1$ 维子空间的交.

13. 设 $f_1 = \mathrm{e}^{ax}\cos bx, f_2 = \mathrm{e}^{ax}\sin bx, f_3 = x\mathrm{e}^{ax}\cos bx, f_4 = x\mathrm{e}^{ax}\sin bx$ 为 4 维实线性空间 $V = L(f_1, f_2, f_3, f_4)$ 的一组基, 求微分变换 φ 在该基下的表示矩阵.

14. 设 $\boldsymbol{\alpha}_1, \boldsymbol{\alpha}_2, \boldsymbol{\alpha}_3$ 是数域 $\mathbb{K}$ 上的 3 维线性空间 V 的一组基,
且 $\varphi(\boldsymbol{\alpha}_1, \boldsymbol{\alpha}_2, \boldsymbol{\alpha}_3) = (\boldsymbol{\alpha}_1, \boldsymbol{\alpha}_2, \boldsymbol{\alpha}_3)\begin{pmatrix} a_{11} & a_{12} & a_{13} \\ a_{21} & a_{22} & a_{23} \\ a_{31} & a_{32} & a_{33} \end{pmatrix}$. 求:

(1) φ 在基 $\boldsymbol{\alpha}_3,\boldsymbol{\alpha}_2,\boldsymbol{\alpha}_1$ 下的表示矩阵 $\boldsymbol{A}$;

(2) φ 在基 $\boldsymbol{\alpha}_1+\boldsymbol{\alpha}_3,\boldsymbol{\alpha}_2,\boldsymbol{\alpha}_1$ 下的表示矩阵 $\boldsymbol{B}$.

15. 设 $\boldsymbol{\alpha}_1,\boldsymbol{\alpha}_2,\boldsymbol{\alpha}_3$ 是 $\mathbb{R}^{3\times1}$ 的一组基,
且 $\varphi(\boldsymbol{\alpha}_1)=\boldsymbol{\alpha}_1,\varphi(\boldsymbol{\alpha}_2)=\boldsymbol{\alpha}_1+\boldsymbol{\alpha}_2,\varphi(\boldsymbol{\alpha}_3)=\boldsymbol{\alpha}_1+\boldsymbol{\alpha}_2+\boldsymbol{\alpha}_3$.

(1) 求 φ 的逆变换 φ^{-1} 在基 $\boldsymbol{\alpha}_1,\boldsymbol{\alpha}_2,\boldsymbol{\alpha}_3$ 下的表示矩阵;

(2) 求 φ 的逆变换 φ^{-1} 在基 $\varphi(\boldsymbol{\alpha}_1),\varphi(\boldsymbol{\alpha}_2),\varphi(\boldsymbol{\alpha}_3)$ 下的表示矩阵.

16. 设 V 是数域 $\mathbb{K}$ 上的 n 维线性空间, $\varphi\in\mathcal{L}(V)$, 如果 φ 在 V 的任意一组基下的表示矩阵都相同, 则 $\varphi=kI_V\ (k\in\mathbb{K})$.

17. 设 $\boldsymbol{\alpha}_1=(1,1,0)^{\mathrm{T}},\boldsymbol{\alpha}_2=(1,2,0)^{\mathrm{T}},\boldsymbol{\alpha}_3=(0,2,-1)^{\mathrm{T}}$ 是 $\mathbb{R}^{3\times1}$ 的一组基, $\varphi\in L(\mathbb{R}^{3\times1})$,
且 $\varphi(\boldsymbol{\alpha}_1,\boldsymbol{\alpha}_2,\boldsymbol{\alpha}_3)=(\boldsymbol{\alpha}_1,\boldsymbol{\alpha}_2,\boldsymbol{\alpha}_3)\boldsymbol{A}$, 其中 $\boldsymbol{A}=\begin{pmatrix}2&0&3\\0&-2&-1\\1&-1&4\end{pmatrix}$, $\boldsymbol{\alpha}$ 在基 $\boldsymbol{\beta}_1=(1,2,3)^{\mathrm{T}},\boldsymbol{\beta}_2=(1,3,5)^{\mathrm{T}},\boldsymbol{\beta}_3=(0,2,1)^{\mathrm{T}}$ 下的坐标为 $(1,-1,1)^{\mathrm{T}}$. 求 $\varphi(\boldsymbol{\alpha})$ 在基 $\boldsymbol{\beta}_1,\boldsymbol{\beta}_2,\boldsymbol{\beta}_3$ 下的坐标.

18. 设 V 是数域 $\mathbb{K}$ 上的 n 维线性空间, $\varphi\in\mathcal{L}(V)$, 且 $\boldsymbol{\alpha}_i\in V\ (i=1,2,\cdots,n)$ 线性无关, 证明: $\varphi(\boldsymbol{\alpha}_i)\ (i=1,2,\cdots,n)$ 线性无关当且仅当 φ 为单映射.

19. 设 $\boldsymbol{\alpha}_1,\boldsymbol{\alpha}_2,\boldsymbol{\alpha}_3,\boldsymbol{\alpha}_4$ 是 4 维线性空间 V 的一组基, $\varphi\in\mathcal{L}(V)$ 在这组基下的表示矩阵为 A, 其中

$$\boldsymbol{A}=\begin{pmatrix}1&0&2&1\\-1&2&1&3\\1&2&5&5\\2&-2&1&-2\end{pmatrix}.$$

(1) 求 φ 在基

$$\boldsymbol{\beta}_1=\boldsymbol{\alpha}_1-2\boldsymbol{\alpha}_2+\boldsymbol{\alpha}_4,\boldsymbol{\beta}_2=3\boldsymbol{\alpha}_2-\boldsymbol{\alpha}_3-3\boldsymbol{\alpha}_4,\boldsymbol{\beta}_3=\boldsymbol{\alpha}_3+\boldsymbol{\alpha}_4,\boldsymbol{\beta}_4=2\boldsymbol{\alpha}_4$$

下的表示矩阵 $\boldsymbol{B}$;

(2) 求 φ 的像空间 $\mathrm{Im}(\varphi)$ 与核空间 $\mathrm{Ker}(\varphi)$;

(3) 在 φ 的核空间 $\mathrm{Ker}(\varphi)$ 中选一组基, 把它扩充成 V 的一组基, 并求 φ 在这组基下的表示矩阵 $\boldsymbol{K}$;

(4) 在 φ 的像空间 $\mathrm{Im}(\varphi)$ 中选一组基, 把它扩充成 V 的一组基, 并求 φ 在这组基下的表示矩阵 $\boldsymbol{P}$.

20. 设 $\varphi\in\mathcal{L}(\mathbb{R}^{3\times1})$, 且 $\varphi((x,y,z)^{\mathrm{T}})=(x+y-2z,y+z,x+2y-z)^{\mathrm{T}}$, 求 $\mathrm{Im}(\varphi)$.

21. 设 $\boldsymbol{A}=\begin{pmatrix}1&-1&5&-1\\1&1&-2&3\\3&-1&8&1\\1&3&-9&7\end{pmatrix}$, 对于 $\boldsymbol{\alpha}\in\mathbb{R}^{4\times1}$, 定义 $\varphi(\boldsymbol{\alpha})=\boldsymbol{A}\boldsymbol{\alpha}$, 求 $r(\varphi),N(\varphi)$.

22. 设 $\mathbb{K}^{1\times n}=\{(x_1,x_2,\cdots,x_n)|x_i\in\mathbb{K}\}$, 定义 $\varphi(x_1,x_2,\cdots,x_n)=(x_2,x_3,\cdots,x_n,0)$.

(1) 求 $r(\varphi),N(\varphi)$;

(2) 试问 $\mathrm{Ker}(\varphi)+\mathrm{Im}(\varphi)$ 是否为直和?

23. 设 V_1,V_2 是 n 维线性空间 V 的两个子空间, 且 $\dim V_1+\dim V_2=n$, 证明: 存在 $\varphi\in\mathcal{L}(V)$, 使得 $\mathrm{Im}(\varphi)=V_1,\mathrm{Ker}(\varphi)=V_2$.

24. 设线性变换 φ 在 4 维线性空间 $\mathbb{R}^{4\times1}$ 的自然基 $\boldsymbol{e}_1,\boldsymbol{e}_2,\boldsymbol{e}_3,\boldsymbol{e}_4$ 下的表示矩阵为

$$\boldsymbol{A}=\begin{pmatrix}-1&2&-4&3\\-3&5&-9&7\\-\dfrac{3}{2}&-\dfrac{1}{2}&\dfrac{9}{2}&-\dfrac{5}{2}\\-1&-3&11&-7\end{pmatrix}.$$

(1) 求 φ 在基 $\boldsymbol{\alpha}_1=\boldsymbol{e}_1+\boldsymbol{e}_2+\boldsymbol{e}_3+\boldsymbol{e}_4,\boldsymbol{\alpha}_2=2\boldsymbol{e}_1+3\boldsymbol{e}_2+\boldsymbol{e}_3,\boldsymbol{\alpha}_3=\boldsymbol{e}_3,\boldsymbol{\alpha}_4=\boldsymbol{e}_4$ 下的表示矩阵;

(2) 求 φ 的特征值和相应的特征向量;

(3) 问 φ 是否有最简矩阵表示? 若有, 求出 $\mathbb{R}^{4\times1}$ 的一组基 $\boldsymbol{\beta}_1,\boldsymbol{\beta}_2,\boldsymbol{\beta}_3,\boldsymbol{\beta}_4$, 使得 φ 在该基下有最简矩阵表示.

25. 设 V 是数域 $\mathbb{K}$ 上的 n 维线性空间, $\varphi\in\mathcal{L}(V)$ 且 $\varphi^2=I_V$, 证明: φ 有最简矩阵表示.

26. 设 V 是数域 $\mathbb{K}$ 上的 n 维线性空间, $\varphi\in\mathcal{L}(V)$, 且 φ 在基 $\boldsymbol{\alpha}_1,\boldsymbol{\alpha}_2,\cdots,\boldsymbol{\alpha}_n$ 下的表示矩阵为 $\boldsymbol{A}=\begin{pmatrix}0&1&0&\cdots&0&0\\0&0&1&\cdots&0&0\\\vdots&\vdots&\vdots&&\vdots&\vdots\\0&0&0&\cdots&0&1\\0&0&0&\cdots&0&0\end{pmatrix}$. 证明:

(1) V 中包含 $\boldsymbol{\alpha}_n$ 的 φ-子空间只有 V;

(2) V 的任意非零 φ-子空间必包含 $\boldsymbol{\alpha}_1$;

(3) V 不能分解为两个非平凡 φ-子空间的直和.

27. $C^{\infty}[a,b]$ 是 $[a,b]$ 上无限次可微函数的集合, 对于通常的加法、实数与函数通常的乘法构成实数域 $\mathbb{R}$ 上的无限维线性空间, 定义 $C^{\infty}[a,b]$ 上的线性变换

$$\varphi:\varphi(f(x))=f'(x),\forall\, f(x)\in C^{\infty}[a,b].$$

求 $C^{\infty}[a,b]$ 的所有 1 维 φ-子空间.

28. 设 V 是数域 $\mathbb{K}$ 上的 n 维线性空间, $\varphi\in\mathcal{L}(V),\varphi^2=\varphi$, 则存在 V 的子空间 W, 使得 $\varphi(\boldsymbol{\alpha})=\boldsymbol{\alpha},\forall\,\boldsymbol{\alpha}\in W$. 若 $r(\varphi)<n$, 则存在 V 的子空间 U, 使得 $\varphi(U)=\{\boldsymbol{\theta}\}$ 且 $V=W\oplus U$.

第 8 章　内积空间

8.1　内积空间的概念

在线性空间中, 向量之间仅限于加法及数乘两种线性运算, 主要研究的是线性空间的代数结构, 但在线性空间的具体模型 $\mathbb{R}^2$ 和 $\mathbb{R}^3$ 中, 我们还引入了体现向量的度量性质的重要概念——数量积(内积), 它是研究线性空间几何结构的基础. 在线性空间中定义了内积后, 向量就有了范数(长度)和两向量的夹角等几何性质, 因此, 向量就有了正交、正交投影以及向量的分解等概念, 由此可得到标准正交基、正交投影、勾股定理等美妙结论. 定义了内积的实线性空间称为欧几里得(Euclid)空间, 简称为欧氏空间. 我们将定义了内积的复线性空间称为复内积空间, 复内积空间也称为酉空间. 欧氏空间的定义和性质几乎可以平行地推广到复内积空间. 欧氏空间和复内积空间统称为内积空间.

8.1.1　欧几里得 (Euclid) 空间

定义 8.1.1 设 V 是实数域 $\mathbb{R}$ 上的线性空间 (实线性空间), 如果存在映射 $(\cdot,\cdot): V\times V\to\mathbb{R}$, 使得 $\forall\,\boldsymbol{\alpha},\boldsymbol{\beta},\boldsymbol{\gamma}\in V, k,l\in\mathbb{R}$, 都满足下面的条件:

(1) $(\boldsymbol{\alpha},\boldsymbol{\beta})=(\boldsymbol{\beta},\boldsymbol{\alpha})$;　　(对称性)

(2) $(\boldsymbol{\alpha},\boldsymbol{\alpha})\geqslant 0$ 且等号成立当且仅当 $\boldsymbol{\alpha}=\boldsymbol{\theta}$;　　(正定性)

(3) $(k\boldsymbol{\alpha}+l\boldsymbol{\beta},\boldsymbol{\gamma})=k(\boldsymbol{\alpha},\boldsymbol{\gamma})+l(\boldsymbol{\beta},\boldsymbol{\gamma})$,　　(线性性)

则称 V 上定义了一个**内积** $(\cdot,\cdot)$, 实数 $(\boldsymbol{\alpha},\boldsymbol{\beta})$ 称为向量 $\boldsymbol{\alpha}$ 与 $\boldsymbol{\beta}$ 的**实内积**, 简称为**内积**. 定义了内积的实线性空间 V 称为**实内积空间**或**欧几里得 (Euclid) 空间**, 简称为**欧氏空间.**

例 8.1.1 在 $\mathbb{R}^{n\times 1}$ 中, 设 $\boldsymbol{\alpha}=(a_1,a_2,\cdots,a_n)^{\mathrm{T}},\boldsymbol{\beta}=(b_1,b_2,\cdots,b_n)^{\mathrm{T}}\in\mathbb{R}^{n\times 1}$, 定义

$$(\boldsymbol{\alpha},\boldsymbol{\beta})=\boldsymbol{\alpha}^{\mathrm{T}}\boldsymbol{\beta}=\sum_{k=1}^{n}a_kb_k,$$

则容易验证这是线性空间 $\mathbb{R}^{n\times 1}$ 上的一个内积. 通常称此内积为 $\mathbb{R}^{n\times 1}$ 上的**标准内积**. 在此定义下, $\mathbb{R}^{n\times 1}$ 成为一个欧氏空间.

例 8.1.2 设 $\boldsymbol{X}=(x_1,x_2,\cdots,x_n)^{\mathrm{T}},\boldsymbol{Y}=(y_1,y_2,\cdots,y_n)^{\mathrm{T}}\in\mathbb{R}^{n\times 1}$, $\boldsymbol{A}=(a_{ij})_{n\times n}$ 是正定矩阵, 定义

$$(\boldsymbol{X},\boldsymbol{Y})=\boldsymbol{X}^{\mathrm{T}}\boldsymbol{A}\boldsymbol{Y}=\sum_{i=1}^{n}\sum_{j=1}^{n}a_{ij}x_ix_j,$$

则 $\mathbb{R}^{n\times 1}$ 在此定义下成为一个欧氏空间.

证　验证上述定义满足内积定义:

(1) $\forall\,\boldsymbol{X}=(x_1,x_2,\cdots,x_n)^{\mathrm{T}},\boldsymbol{Y}=(y_1,y_2,\cdots,y_n)^{\mathrm{T}}\in\mathbb{R}^{n\times 1}$, 因为 $\boldsymbol{A}$ 正定, 所以 $\boldsymbol{A}^{\mathrm{T}}=\boldsymbol{A}$, 于是

$$(\boldsymbol{X},\boldsymbol{Y})=\boldsymbol{X}^{\mathrm{T}}\boldsymbol{A}\boldsymbol{Y}=(\boldsymbol{X}^{\mathrm{T}}\boldsymbol{A}\boldsymbol{Y})^{\mathrm{T}}=\boldsymbol{Y}^{\mathrm{T}}\boldsymbol{A}^{\mathrm{T}}\boldsymbol{X}=\boldsymbol{Y}^{\mathrm{T}}\boldsymbol{A}\boldsymbol{X}=(\boldsymbol{Y},\boldsymbol{X});$$

(2) $\forall \boldsymbol{X}=(x_1,x_2,\cdots,x_n)^{\mathrm{T}}\in\mathbb{R}^{n\times 1}$, 因为 $\boldsymbol{A}$ 正定, 所以

$$(\boldsymbol{X},\boldsymbol{X})=\boldsymbol{X}^{\mathrm{T}}\boldsymbol{A}\boldsymbol{X}\geqslant 0, \text{且等号成立当且仅当 } \boldsymbol{X}=\boldsymbol{0};$$

(3) $\forall \boldsymbol{X}=(x_1,x_2,\cdots,x_n)^{\mathrm{T}},\boldsymbol{Y}=(y_1,y_2,\cdots,y_n)^{\mathrm{T}}\in\mathbb{R}^{n\times 1},k,l\in\mathbb{R}$,

$$(k\boldsymbol{X}+l\boldsymbol{Y},Z)=(k\boldsymbol{X}+l\boldsymbol{Y})^{\mathrm{T}}AZ=k\boldsymbol{X}^{\mathrm{T}}\boldsymbol{A}\boldsymbol{Z}+l\boldsymbol{Y}^{\mathrm{T}}\boldsymbol{A}\boldsymbol{Z}=k(\boldsymbol{X},\boldsymbol{Z})+l(\boldsymbol{Y},\boldsymbol{Z}),$$

故 $\mathbb{R}^{n\times 1}$ 在题设定义下成为一个欧氏空间.

注 当 $\boldsymbol{A}=\boldsymbol{E}$ 时, 例 8.1.2 中定义的内积就是例 8.1.1 中的标准内积. 因为 $n\times n$ 正定矩阵 $\boldsymbol{A}$ 有无限多个, 所以同一线性空间可以定义无穷多个内积. 同一线性空间在不同内积下成为不同的欧氏空间.

例 8.1.3 在 $[a,b]$ 上连续的实函数全体构成的实线性空间 $C[a,b]$ 中, 定义

$$(f,g)=\int_a^b f(x)g(x)\mathrm{d}x, \forall f,g\in C[a,b],$$

则容易验证这是 $C[a,b]$ 上的一个内积. 故 $C[a,b]$ 在此定义下成为一个欧氏空间.

练习 8.1.1 在 $\mathbb{R}^{2\times 1}$ 中, 设 $\boldsymbol{\alpha}=(x_1,x_2)^{\mathrm{T}},\boldsymbol{\beta}=(y_1,y_2)^{\mathrm{T}}$, 定义

$$(\boldsymbol{\alpha},\boldsymbol{\beta})=x_1y_1+(x_1-x_2)(y_1-y_2),$$

则在此定义下 $\mathbb{R}^{2\times 1}$ 成为一个欧氏空间.

8.1.2　复内积空间

定义 8.1.2 设 V 是复数域 $\mathbb{C}$ 上的线性空间 (复线性空间), 如果存在映射 $(\cdot,\cdot):V\times V\to\mathbb{C}$, 使得 $\forall \boldsymbol{\alpha},\boldsymbol{\beta},\boldsymbol{\gamma}\in V,k,l\in\mathbb{C}$, 都满足下面的条件:

(1) $(\boldsymbol{\alpha},\boldsymbol{\beta})=\overline{(\boldsymbol{\beta},\boldsymbol{\alpha})}$;　(共轭对称性)

(2) $(\boldsymbol{\alpha},\boldsymbol{\alpha})\geqslant 0$ 且等号成立当且仅当 $\boldsymbol{\alpha}=\boldsymbol{\theta}$;　(正定性)

(3) $(k\boldsymbol{\alpha}+l\boldsymbol{\beta},\boldsymbol{\gamma})=k(\boldsymbol{\alpha},\boldsymbol{\gamma})+l(\boldsymbol{\beta},\boldsymbol{\gamma})$,　(第一变元线性)

则称 V 上定义了一个**内积** $(\cdot,\cdot)$, 复数 $(\boldsymbol{\alpha},\boldsymbol{\beta})$ 称为向量 $\boldsymbol{\alpha}$ 与 $\boldsymbol{\beta}$ 的**复内积**, 简称为**内积**. 定义了内积的复线性空间 V 称为**复内积空间**. 通常复内积空间也称为**酉空间**.

例 8.1.4 在 $\mathbb{C}^{n\times 1}$ 中, 设 $\boldsymbol{\alpha}=(a_1,a_2,\cdots,a_n)^{\mathrm{T}},\boldsymbol{\beta}=(b_1,b_2,\cdots,b_n)^{\mathrm{T}}\in\mathbb{C}^{n\times 1}$, 定义

$$(\boldsymbol{\alpha},\boldsymbol{\beta})=\boldsymbol{\alpha}^{\mathrm{T}}\overline{\boldsymbol{\beta}}=\sum_{k=1}^{n}a_k\bar{b}_k,$$

则容易验证这是 $\mathbb{C}^{n\times 1}$ 上的一个内积. 这个内积通常称为 $\mathbb{C}^{n\times 1}$ 的**标准内积**. 在此定义下, $\mathbb{C}^{n\times 1}$ 成为一个复内积空间.

注 复内积空间和实内积空间的定义是一致的. 其实, 对于实数 a, 有 $\overline{a}=a$, 所以定义 8.1.2 中的共轭对称性条件成为定义 8.1.1 中的对称性条件. 在复内积空间中, 第三条内积条件为复内积关于第一变元是线性的, 关于第二变元是共轭线性的. 其实,

$$(\boldsymbol{\alpha},k\boldsymbol{\beta}+l\boldsymbol{\gamma})=\overline{(k\boldsymbol{\beta}+l\boldsymbol{\gamma},\boldsymbol{\alpha})}=\overline{k(\boldsymbol{\beta},\boldsymbol{\alpha})+l(\boldsymbol{\gamma},\boldsymbol{\alpha})}=\overline{k}(\boldsymbol{\alpha},\boldsymbol{\beta})+\overline{l}(\boldsymbol{\alpha},\boldsymbol{\gamma}).$$

在实内积空间中, 第三条内积条件为实内积关于第一变元和第二变元都是线性的. 因此, 我们经常将实内积空间和复内积空间统称为内积空间.

8.1.3　向量的模(范数, 长度)、夹角及正交性

定义 8.1.3 设 $\boldsymbol{\alpha}$ 是内积空间 V 中的向量. 我们称 $\sqrt{(\boldsymbol{\alpha},\boldsymbol{\alpha})}$ 为向量 $\boldsymbol{\alpha}$ 的**模**(也称**范数**或者**长度**), 记为 $\|\boldsymbol{\alpha}\|$, 即 $\|\boldsymbol{\alpha}\|=\sqrt{(\boldsymbol{\alpha},\boldsymbol{\alpha})}$.

定理 8.1.1 设 V 是内积空间, 则对于任意向量 $\boldsymbol{\alpha},\boldsymbol{\beta}\in V$ 及复数 $k\in\mathbb{C}$, 有

(1) $\|k\boldsymbol{\alpha}\|=|k|\|\boldsymbol{\alpha}\|$;

(2) $|(\boldsymbol{\alpha},\boldsymbol{\beta})|\leqslant\|\boldsymbol{\alpha}\|\|\boldsymbol{\beta}\|$, 等号成立当且仅当 $\boldsymbol{\alpha},\boldsymbol{\beta}$ 线性相关 (柯西–施瓦茨不等式);

(3) $\|\boldsymbol{\alpha}+\boldsymbol{\beta}\|\leqslant\|\boldsymbol{\alpha}\|+\|\boldsymbol{\beta}\|$ (三角不等式).

证 (1) $\|k\boldsymbol{\alpha}\|=\sqrt{(k\boldsymbol{\alpha},k\boldsymbol{\alpha})}=|k|\sqrt{(\boldsymbol{\alpha},\boldsymbol{\alpha})}=|k|\|\boldsymbol{\alpha}\|$.

(2) 当 $\boldsymbol{\alpha},\boldsymbol{\beta}$ 线性相关时, 不妨设 $\boldsymbol{\beta}=k\boldsymbol{\alpha}$, 则 $|(\boldsymbol{\alpha},\boldsymbol{\beta})|=|\overline{k}(\boldsymbol{\alpha},\boldsymbol{\alpha})|=|k|\|\boldsymbol{\alpha}\|^2=\|\boldsymbol{\alpha}\|\|k\boldsymbol{\alpha}\|=\|\boldsymbol{\alpha}\|\|\boldsymbol{\beta}\|$; 当 $\boldsymbol{\alpha},\boldsymbol{\beta}$ 线性无关时, 因为

$$0<\left(\boldsymbol{\alpha}-\frac{(\boldsymbol{\alpha},\boldsymbol{\beta})}{\|\boldsymbol{\beta}\|}\boldsymbol{\beta},\boldsymbol{\alpha}-\frac{(\boldsymbol{\alpha},\boldsymbol{\beta})}{\|\boldsymbol{\beta}\|}\boldsymbol{\beta}\right)=\|\boldsymbol{\alpha}\|^2-\frac{|(\boldsymbol{\alpha},\boldsymbol{\beta})|^2}{\|\boldsymbol{\beta}\|^2},$$

所以 $|(\boldsymbol{\alpha},\boldsymbol{\beta})|<\|\boldsymbol{\alpha}\|\|\boldsymbol{\beta}\|$. 故 (2) 成立.

(3) 因为

$$\begin{aligned}\|\boldsymbol{\alpha}+\boldsymbol{\beta}\|^2&=(\boldsymbol{\alpha}+\boldsymbol{\beta},\boldsymbol{\alpha}+\boldsymbol{\beta})=(\boldsymbol{\alpha},\boldsymbol{\alpha})+(\boldsymbol{\alpha},\boldsymbol{\beta})+(\boldsymbol{\beta},\boldsymbol{\alpha})+(\boldsymbol{\beta},\boldsymbol{\beta})\\&\leqslant\|\boldsymbol{\alpha}\|^2+2\|\boldsymbol{\alpha}\|\|\boldsymbol{\beta}\|+\|\boldsymbol{\beta}\|^2=(\|\boldsymbol{\alpha}\|+\|\boldsymbol{\beta}\|)^2,\end{aligned}$$

所以 $\|\boldsymbol{\alpha}+\boldsymbol{\beta}\|\leqslant\|\boldsymbol{\alpha}\|+\|\boldsymbol{\beta}\|$.

在 $\mathbb{R}^{n\times1}$ 中, 选取标准内积, 则有柯西–施瓦茨不等式:

$$\left(\sum_{k=1}^n a_kb_k\right)^2\leqslant\sum_{k=1}^n a_k^2\cdot\sum_{k=1}^n b_k^2.$$

在 $C[a,b]$ 中, 选取内积如例 8.1.3, 则有(积分形式的)柯西–施瓦茨不等式:

$$\left(\int_a^b f(x)g(x)\mathrm{d}x\right)^2\leqslant\int_a^b f^2(x)\mathrm{d}x\cdot\int_a^b g^2(x)\mathrm{d}x.$$

定义 8.1.4 设 $\boldsymbol{\alpha},\boldsymbol{\beta}$ 是内积空间 V 中的两个非零向量.

当 V 是欧氏空间时, 定义 $\boldsymbol{\alpha}$ 与 $\boldsymbol{\beta}$ 的夹角 θ 的余弦为

$$\cos\theta=\frac{(\boldsymbol{\alpha},\boldsymbol{\beta})}{\|\boldsymbol{\alpha}\|\|\boldsymbol{\beta}\|};$$

当 V 是复内积空间时, 定义 $\boldsymbol{\alpha}$ 与 $\boldsymbol{\beta}$ 的夹角 θ 的余弦为

$$\cos\theta=\frac{|(\boldsymbol{\alpha},\boldsymbol{\beta})|}{\|\boldsymbol{\alpha}\|\|\boldsymbol{\beta}\|}.$$

定义 8.1.5 设 $\boldsymbol{\alpha},\boldsymbol{\beta}$ 是内积空间 V 中的两个向量. 若 $(\boldsymbol{\alpha},\boldsymbol{\beta})=0$, 则称 $\boldsymbol{\alpha}$ 与 $\boldsymbol{\beta}$ **正交**, 记为 $\boldsymbol{\alpha}\perp\boldsymbol{\beta}$.

定理 8.1.2 设 V 是内积空间, $\boldsymbol{\alpha},\boldsymbol{\beta}\in V$. 若 $\boldsymbol{\alpha}\perp\boldsymbol{\beta}$, 则

$$\|\boldsymbol{\alpha}+\boldsymbol{\beta}\|^2=\|\boldsymbol{\alpha}\|^2+\|\boldsymbol{\beta}\|^2\tag{8.1.1}$$

注 式 (8.1.1) 通常称为勾股定理, 它是平面几何中勾股定理在内积空间的推广.

8.2　保 (内) 积变换

定义 8.2.1 设 V 是 n 维内积空间. 若 V 有一组两两正交的基, 则称这组基为 V 的**正交基**. 如果正交基中每个向量的模都等于 1, 则称为**标准正交基**或者**规范正交基**.

定理 8.2.1 内积空间 V 中任意一组两两正交的 (非零) 向量必然线性无关.

证　设 $\boldsymbol{\alpha}_1, \boldsymbol{\alpha}_2, \cdots, \boldsymbol{\alpha}_m$ 是一组非零正交向量. 令

$$c_1\boldsymbol{\alpha}_1 + c_2\boldsymbol{\alpha}_2 + \cdots + c_m\boldsymbol{\alpha}_m = \boldsymbol{\theta},$$

则$(c_1\boldsymbol{\alpha}_1 + c_2\boldsymbol{\alpha}_2 + \cdots + c_m\boldsymbol{\alpha}_m, \boldsymbol{\alpha}_j) = \sum\limits_{k=1}^{m} c_k(\boldsymbol{\alpha}_k, \boldsymbol{\alpha}_j) = 0$, 因为$(\boldsymbol{\alpha}_k, \boldsymbol{\alpha}_j) = 0\,(k \neq j)$, 而 $(\boldsymbol{\alpha}_j, \boldsymbol{\alpha}_j) > 0$, 所以 $c_j = 0\,(j = 1, 2, \cdots, m)$. 故 $\boldsymbol{\alpha}_1, \boldsymbol{\alpha}_2, \cdots, \boldsymbol{\alpha}_m$ 线性无关.

定理 8.2.2 (格拉姆–施密特正交规范化方法) 任意 n 维内积空间 V 必有标准正交基.

证　(1) 正交化. 取 V 的一组基 $\boldsymbol{\alpha}_1, \boldsymbol{\alpha}_2, \cdots, \boldsymbol{\alpha}_n$.

令 $\boldsymbol{\beta}_1 = \boldsymbol{\alpha}_1$, 为了得到与 $\boldsymbol{\beta}_1$ 正交的非零向量 $\boldsymbol{\beta}_2$, 设 $\boldsymbol{\beta}_2 = \boldsymbol{\alpha}_2 + c_1\boldsymbol{\beta}_1$, 则 $\boldsymbol{\beta}_2 \neq \boldsymbol{\theta}$, 再由 $0 = (\boldsymbol{\beta}_2, \boldsymbol{\beta}_1) = (\boldsymbol{\alpha}_2, \boldsymbol{\beta}_1) + c_1\|\boldsymbol{\beta}_1\|^2$, 得 $c_1 = -\dfrac{(\boldsymbol{\alpha}_2, \boldsymbol{\beta}_1)}{\|\boldsymbol{\beta}_1\|^2}$, 于是

$$\boldsymbol{\beta}_2 = \boldsymbol{\alpha}_2 - \frac{(\boldsymbol{\alpha}_2, \boldsymbol{\beta}_1)}{\|\boldsymbol{\beta}_1\|^2}\boldsymbol{\beta}_1.$$

当 $1 < k < n$ 时, 假设按上述作法已经构造出了 k 个两两正交的非零向量 $\boldsymbol{\beta}_1, \boldsymbol{\beta}_2, \cdots, \boldsymbol{\beta}_k$, 为了得到与向量组 $\boldsymbol{\beta}_1, \boldsymbol{\beta}_2, \cdots, \boldsymbol{\beta}_k$ 都正交的第 $k+1$ 个非零向量 $\boldsymbol{\beta}_{k+1}$, 令

$$\boldsymbol{\beta}_{k+1} = \boldsymbol{\alpha}_{k+1} + \sum_{j=1}^{k} c_j\boldsymbol{\beta}_j,$$

则 $\boldsymbol{\beta}_{k+1} \neq \boldsymbol{\theta}$, 否则 $\boldsymbol{\alpha}_{k+1}$ 将是 $\boldsymbol{\beta}_1, \boldsymbol{\beta}_2, \cdots, \boldsymbol{\beta}_k$ 的线性组合, 从而是 $\boldsymbol{\alpha}_1, \boldsymbol{\alpha}_2, \cdots, \boldsymbol{\alpha}_k$ 的线性组合, 这与 $\boldsymbol{\alpha}_1, \boldsymbol{\alpha}_2, \cdots, \boldsymbol{\alpha}_n$ 线性无关相矛盾, 再由

$$0 = (\boldsymbol{\beta}_{k+1}, \boldsymbol{\beta}_j) = (\boldsymbol{\alpha}_{k+1}, \boldsymbol{\beta}_j) + c_j\|\boldsymbol{\beta}_j\|^2,$$

得

$$c_j = -\frac{(\boldsymbol{\alpha}_{k+1}, \boldsymbol{\beta}_j)}{\|\boldsymbol{\beta}_j\|^2}\,(j = 1, 2, \cdots, k),$$

于是

$$\boldsymbol{\beta}_{k+1} = \boldsymbol{\alpha}_{k+1} - \sum_{j=1}^{k} \frac{(\boldsymbol{\alpha}_{k+1}, \boldsymbol{\beta}_j)}{\|\boldsymbol{\beta}_j\|^2}\boldsymbol{\beta}_j.$$

由上述作法, 得到

$$(\boldsymbol{\beta}_1, \boldsymbol{\beta}_2, \cdots, \boldsymbol{\beta}_n) = (\boldsymbol{\alpha}_1, \boldsymbol{\alpha}_2, \cdots, \boldsymbol{\alpha}_n)\boldsymbol{C},$$

其中 $\boldsymbol{C}=\begin{pmatrix} 1 & * & * & \cdots & * & * \\ 0 & 1 & * & \cdots & * & * \\ \vdots & \vdots & \vdots & & \vdots & \vdots \\ 0 & 0 & 0 & \cdots & 1 & * \\ 0 & 0 & 0 & \cdots & 0 & 1 \end{pmatrix}$. 因为 $|\boldsymbol{C}|=1$, 所以 $\boldsymbol{\beta}_1,\boldsymbol{\beta}_2,\cdots,\boldsymbol{\beta}_n$ 是 V 的一组正交基.

(2) 规范化. 令

$$\boldsymbol{\gamma}_j=\frac{1}{\|\boldsymbol{\beta}_j\|}\boldsymbol{\beta}_j\,(j=1,2,\cdots,n),$$

则 $\boldsymbol{\gamma}_1,\boldsymbol{\gamma}_2,\cdots,\boldsymbol{\gamma}_n$ 是 V 的一组标准正交基.

注 上述方法称为格拉姆－施密特正交规范化方法.

设 $\boldsymbol{\alpha}_1,\boldsymbol{\alpha}_2,\cdots,\boldsymbol{\alpha}_n$ 是 n 维内积空间 V 的一组基. 令

$$\boldsymbol{G}=\boldsymbol{G}(\boldsymbol{\alpha}_1,\boldsymbol{\alpha}_2,\cdots,\boldsymbol{\alpha}_n)=\begin{pmatrix} (\boldsymbol{\alpha}_1,\boldsymbol{\alpha}_1) & (\boldsymbol{\alpha}_1,\boldsymbol{\alpha}_2) & \cdots & (\boldsymbol{\alpha}_1,\boldsymbol{\alpha}_n) \\ (\boldsymbol{\alpha}_2,\boldsymbol{\alpha}_1) & (\boldsymbol{\alpha}_2,\boldsymbol{\alpha}_2) & \cdots & (\boldsymbol{\alpha}_2,\boldsymbol{\alpha}_n) \\ \vdots & \vdots & & \vdots \\ (\boldsymbol{\alpha}_n,\boldsymbol{\alpha}_1) & (\boldsymbol{\alpha}_n,\boldsymbol{\alpha}_2) & \cdots & (\boldsymbol{\alpha}_n,\boldsymbol{\alpha}_n) \end{pmatrix}.$$

由内积的定义知, 当 V 是欧氏空间时, $\boldsymbol{G}$ 是一个实对称矩阵; 当 V 是复内积空间时, $\boldsymbol{G}$ 是一个共轭对称矩阵 $\left(\overline{\boldsymbol{G}}^{\mathrm{T}}=\boldsymbol{G}\right)$, 也称为埃尔米特矩阵.

若 $\boldsymbol{\alpha},\boldsymbol{\beta}$ 在基 $\boldsymbol{\alpha}_1,\boldsymbol{\alpha}_2,\cdots,\boldsymbol{\alpha}_n$ 下的坐标分别为 $\boldsymbol{X}=\begin{pmatrix} x_1 \\ x_2 \\ \vdots \\ x_n \end{pmatrix}$, $\boldsymbol{Y}=\begin{pmatrix} y_1 \\ y_2 \\ \vdots \\ y_n \end{pmatrix}$, 则

$$(\boldsymbol{\alpha},\boldsymbol{\beta})=\left(\sum_{k=i}^{n}x_i\boldsymbol{\alpha}_i,\sum_{j=1}^{n}y_j\boldsymbol{\alpha}_j\right)=(x_1,x_2,\cdots,x_n)\boldsymbol{G}\begin{pmatrix} y_1 \\ y_2 \\ \vdots \\ y_n \end{pmatrix}=\boldsymbol{X}^{\mathrm{T}}\boldsymbol{G}\overline{\boldsymbol{Y}}.$$

因为 $\forall\,\boldsymbol{X}\neq\boldsymbol{0}$ 时, $\boldsymbol{X}^{\mathrm{T}}\boldsymbol{G}\overline{\boldsymbol{X}}=(\boldsymbol{\alpha},\boldsymbol{\alpha})>0$, 所以, 当 V 是欧氏空间时, $\boldsymbol{G}$ 是实对称正定矩阵, 当 V 是复内积空间时, $\boldsymbol{G}$ 是埃尔米特正定矩阵. 这样, 固定内积空间 V 的一组基, V 上的一个内积就与一个正定矩阵对应. 反过来, 若 $\boldsymbol{G}$ 是正定矩阵, 则可按例 8.1.3 的方法定义 V 上一个内积. 换言之, 在内积空间 V 中固定一组基的前提下, V 上的内积与正定矩阵之间有一一对应关系.

上述矩阵 $\boldsymbol{G}$ 通常称为**度量矩阵**或**格拉姆矩阵**.

需要注意的是：当 $\boldsymbol{\alpha}_1,\boldsymbol{\alpha}_2,\cdots,\boldsymbol{\alpha}_n$ 是 n 维内积空间 V 的一组标准正交基时,

$$\boldsymbol{G}(\boldsymbol{\alpha}_1,\boldsymbol{\alpha}_2,\cdots,\boldsymbol{\alpha}_n)=\boldsymbol{E},$$

内积空间 V 中的内积运算变得非常简单.

定理 8.2.3 有限维欧氏空间 V 中两组不同基下的度量矩阵是合同的; 有限维酉空间 V 中两组不同基下的度量矩阵是复合同的.

证 设 $\boldsymbol{\alpha}_1,\boldsymbol{\alpha}_2,\cdots,\boldsymbol{\alpha}_n$ 与 $\boldsymbol{\beta}_1,\boldsymbol{\beta}_2,\cdots,\boldsymbol{\beta}_n$ 是 V 的两组基, 度量矩阵分别为 $\boldsymbol{A},\boldsymbol{B}$, 且

$$(\boldsymbol{\alpha}_1,\boldsymbol{\alpha}_2,\cdots,\boldsymbol{\alpha}_n)\boldsymbol{C}=(\boldsymbol{\beta}_1,\boldsymbol{\beta}_2,\cdots,\boldsymbol{\beta}_n).$$

若 V 是酉空间, 设 $\boldsymbol{C}=(c_{ij})_{n\times n}\in\mathbb{C}^{n\times n}$, 则 $\boldsymbol{C}^{\mathrm{T}}\boldsymbol{A}\overline{\boldsymbol{C}}$ 的 (i,j) 元

$$\left(\boldsymbol{C}^{\mathrm{T}}\boldsymbol{A}\overline{\boldsymbol{C}}\right)_{ij}=\sum_{l=1}^{n}\overline{c}_{lj}\sum_{k=1}^{n}c_{ki}(\boldsymbol{\alpha}_k,\boldsymbol{\alpha}_l)=\left(\sum_{k=1}^{n}c_{ki}\boldsymbol{\alpha}_k,\sum_{l=1}^{n}c_{lj}\boldsymbol{\alpha}_l\right)=(\boldsymbol{\beta}_i,\boldsymbol{\beta}_j),$$

其中 $i=1,2,\cdots,n;j=1,2,\cdots,n$, 即 $\boldsymbol{C}^{\mathrm{T}}\boldsymbol{A}\overline{\boldsymbol{C}}=\boldsymbol{B}$. 令 $\boldsymbol{P}=\overline{\boldsymbol{C}}$, 因为 $\boldsymbol{C}$ 可逆, 所以 $\boldsymbol{P}$ 可逆, 且 $\overline{\boldsymbol{P}}^{\mathrm{T}}\boldsymbol{A}\boldsymbol{P}=\boldsymbol{B}$.

若 V 是欧氏空间, 同理可得到 $\boldsymbol{C}^{\mathrm{T}}\boldsymbol{A}\boldsymbol{C}=\boldsymbol{B}$.

例 8.2.1 设 $\varepsilon_1,\varepsilon_2,\varepsilon_3,\varepsilon_4$ 是欧氏空间 V 的一组基. 已知 $\boldsymbol{\alpha}_1=\varepsilon_1-\varepsilon_2,\boldsymbol{\alpha}_2=-\varepsilon_1+2\varepsilon_2,\boldsymbol{\alpha}_3=\varepsilon_2+2\varepsilon_3+\varepsilon_4,\boldsymbol{\alpha}_4=\varepsilon_1+\varepsilon_3+\varepsilon_4$ 的度量矩阵为

$$\boldsymbol{P}=\begin{pmatrix}2&-3&0&1\\-3&6&0&-1\\0&0&13&9\\1&-1&9&7\end{pmatrix}.$$

(1) 求 $\varepsilon_1,\varepsilon_2,\varepsilon_3,\varepsilon_4$ 的度量矩阵 $\boldsymbol{B}$;

(2) 求 a, 使得 $\boldsymbol{\alpha}=\varepsilon_1-\varepsilon_2+2\varepsilon_3$ 与 $\boldsymbol{\beta}=\varepsilon_1+a\varepsilon_2+2\varepsilon_3-\varepsilon_4$ 正交;

(3) 求一个单位向量 $\boldsymbol{\xi}_4$, 使得 $\boldsymbol{\xi}_4$ 与 $\boldsymbol{\xi}_1=\varepsilon_1+\varepsilon_2-\varepsilon_3+\varepsilon_4,\boldsymbol{\xi}_2=\varepsilon_1-\varepsilon_2-\varepsilon_3+\varepsilon_4,\boldsymbol{\xi}_3=2\varepsilon_1+\varepsilon_2+\varepsilon_3+3\varepsilon_4$ 都正交;

(4) 求 $\boldsymbol{\xi}_1,\boldsymbol{\xi}_2,\boldsymbol{\xi}_3,\boldsymbol{\xi}_4$ 的度量矩阵.

解 (1) $(\boldsymbol{\alpha}_1,\boldsymbol{\alpha}_2,\boldsymbol{\alpha}_3,\boldsymbol{\alpha}_4)=(\varepsilon_1,\varepsilon_2,\varepsilon_3,\varepsilon_4)\boldsymbol{A}$, 其中 $\boldsymbol{A}=\begin{pmatrix}1&-1&0&1\\-1&2&1&0\\0&0&2&1\\0&0&1&1\end{pmatrix}$. 因为 $|\boldsymbol{A}|=1$, 所以 $\boldsymbol{A}$ 可逆. 从而 $(\boldsymbol{\alpha}_1,\boldsymbol{\alpha}_2,\boldsymbol{\alpha}_3,\boldsymbol{\alpha}_4)\boldsymbol{A}^{-1}=(\varepsilon_1,\varepsilon_2,\varepsilon_3,\varepsilon_4)$. 于是

$$\begin{aligned}\boldsymbol{B}&=\boldsymbol{G}(\varepsilon_1,\varepsilon_2,\varepsilon_3,\varepsilon_4)\\&=\boldsymbol{G}((\boldsymbol{\alpha}_1,\boldsymbol{\alpha}_2,\boldsymbol{\alpha}_3,\boldsymbol{\alpha}_4)\boldsymbol{A}^{-1})\\&=\left((\boldsymbol{\alpha}_1,\boldsymbol{\alpha}_2,\boldsymbol{\alpha}_3,\boldsymbol{\alpha}_4)\boldsymbol{A}^{-1}\right)^{\mathrm{T}}\left((\boldsymbol{\alpha}_1,\boldsymbol{\alpha}_2,\boldsymbol{\alpha}_3,\boldsymbol{\alpha}_4)\boldsymbol{A}^{-1}\right)\\&=(\boldsymbol{A}^{-1})^{\mathrm{T}}\boldsymbol{G}(\boldsymbol{\alpha}_1,\boldsymbol{\alpha}_2,\boldsymbol{\alpha}_3,\boldsymbol{\alpha}_4)\boldsymbol{A}^{-1}\\&=(\boldsymbol{A}^{\mathrm{T}})^{-1}\boldsymbol{P}\boldsymbol{A}^{-1}.\end{aligned}$$

又因为 $\left(\boldsymbol{A}^{\mathrm{T}},\boldsymbol{P}\right)\to\left(\boldsymbol{E},(\boldsymbol{A}^{\mathrm{T}})^{-1}\boldsymbol{P}\right)$, 其中 $(\boldsymbol{A}^{\mathrm{T}})^{-1}\boldsymbol{P}=\begin{pmatrix}1&0&0&1\\-1&3&0&0\\1&-2&4&3\\-1&1&5&3\end{pmatrix}=\boldsymbol{Q}$,

$$\begin{pmatrix} \boldsymbol{A} \\ \boldsymbol{Q} \end{pmatrix} \to \begin{pmatrix} \boldsymbol{E} \\ \boldsymbol{Q}\boldsymbol{A}^{-1} \end{pmatrix}, \text{其中 } \boldsymbol{Q}\boldsymbol{A}^{-1} = \begin{pmatrix} 2 & 1 & 0 & -1 \\ 1 & 2 & -1 & 0 \\ 0 & -1 & 2 & 1 \\ -1 & 0 & 1 & 3 \end{pmatrix}, \text{所以}$$

$$\boldsymbol{B} = \boldsymbol{Q}\boldsymbol{A}^{-1} = \begin{pmatrix} 2 & 1 & 0 & -1 \\ 1 & 2 & -1 & 0 \\ 0 & -1 & 2 & 1 \\ -1 & 0 & 1 & 3 \end{pmatrix}.$$

(2) 因为

$$(\boldsymbol{\alpha}, \boldsymbol{\beta}) = (1, -1, 2, 0)\boldsymbol{G}(\boldsymbol{\varepsilon}_1, \boldsymbol{\varepsilon}_2, \boldsymbol{\varepsilon}_3, \boldsymbol{\varepsilon}_4) \begin{pmatrix} 1 \\ a \\ 2 \\ -1 \end{pmatrix} = (1, -1, 2, 0)\boldsymbol{B} \begin{pmatrix} 1 \\ a \\ 2 \\ -1 \end{pmatrix} = -3a + 10,$$

故 $\boldsymbol{\alpha}$ 与 $\boldsymbol{\beta}$ 正交当且仅当 $a = \dfrac{10}{3}$.

(3) 设 $\boldsymbol{\xi}_4 = x_1\boldsymbol{\varepsilon}_1 + x_2\boldsymbol{\varepsilon}_2 + x_3\boldsymbol{\varepsilon}_3 + x_4\boldsymbol{\varepsilon}_4$, 由 $\boldsymbol{\xi}_4$ 与 $\boldsymbol{\xi}_k\ (k = 1, 2, 3)$ 都正交, 得线性方程组

$$\begin{pmatrix} 1 & 1 & -1 & 1 \\ 1 & -1 & -1 & 1 \\ 2 & 1 & 1 & 3 \end{pmatrix} \boldsymbol{G}(\boldsymbol{\varepsilon}_1, \boldsymbol{\varepsilon}_2, \boldsymbol{\varepsilon}_3, \boldsymbol{\varepsilon}_4) \begin{pmatrix} x_1 \\ x_2 \\ x_3 \\ x_4 \end{pmatrix} = \begin{pmatrix} 0 \\ 0 \\ 0 \end{pmatrix}.$$

$$\begin{pmatrix} 1 & 1 & -1 & 1 \\ 1 & -1 & -1 & 1 \\ 2 & 1 & 1 & 3 \end{pmatrix} \boldsymbol{G}(\boldsymbol{\varepsilon}_1, \boldsymbol{\varepsilon}_2, \boldsymbol{\varepsilon}_3, \boldsymbol{\varepsilon}_4) = \begin{pmatrix} 1 & 1 & -1 & 1 \\ 1 & -1 & -1 & 1 \\ 2 & 1 & 1 & 3 \end{pmatrix} \boldsymbol{B} = \begin{pmatrix} 2 & 4 & -2 & 1 \\ 0 & 0 & 0 & 1 \\ 2 & 3 & 4 & 8 \end{pmatrix} \to \begin{pmatrix} 1 & 0 & 11 & 0 \\ 0 & 1 & -6 & 0 \\ 0 & 0 & 0 & 1 \end{pmatrix},$$

故上述方程组的一组基础解系为 $\boldsymbol{\eta} = (-11, 6, 1, 0)^{\mathrm{T}}$. 又因为

$$(\boldsymbol{\eta}, \boldsymbol{\eta}) = (-11, 6, 1, 0)\boldsymbol{G}(\boldsymbol{\varepsilon}_1, \boldsymbol{\varepsilon}_2, \boldsymbol{\varepsilon}_3, \boldsymbol{\varepsilon}_4)(-11, 6, 1, 0)^{\mathrm{T}} = 172,$$

所以

$$\boldsymbol{\xi}_4 = \frac{\boldsymbol{\eta}}{\|\boldsymbol{\eta}\|} = \frac{1}{2\sqrt{43}}(-11\boldsymbol{\varepsilon}_1 + 6\boldsymbol{\varepsilon}_2 + \boldsymbol{\varepsilon}_3).$$

(4) 因为 $\boldsymbol{\xi}_1, \boldsymbol{\xi}_2, \boldsymbol{\xi}_3, \boldsymbol{\xi}_4$ 线性无关, 且

$$(\boldsymbol{\xi}_1, \boldsymbol{\xi}_2, \boldsymbol{\xi}_3, \boldsymbol{\xi}_4) = (\boldsymbol{\varepsilon}_1, \boldsymbol{\varepsilon}_2, \boldsymbol{\varepsilon}_3, \boldsymbol{\varepsilon}_4) \begin{pmatrix} 1 & 1 & 2 & -\dfrac{11}{2\sqrt{43}} \\ 1 & -1 & 1 & \dfrac{3}{\sqrt{43}} \\ -1 & -1 & 1 & \dfrac{1}{2\sqrt{43}} \\ 1 & 1 & 3 & 0 \end{pmatrix},$$

所以

$$G(\boldsymbol{\xi}_1,\boldsymbol{\xi}_2,\boldsymbol{\xi}_3,\boldsymbol{\xi}_4)=\begin{pmatrix}1&1&2&-\dfrac{11}{2\sqrt{43}}\\1&-1&1&\dfrac{3}{\sqrt{43}}\\-1&-1&1&\dfrac{1}{2\sqrt{43}}\\1&1&3&0\end{pmatrix}^{\mathrm{T}}\boldsymbol{B}\begin{pmatrix}1&1&2&-\dfrac{11}{2\sqrt{43}}\\1&-1&1&\dfrac{3}{2\sqrt{43}}\\-1&-1&1&\dfrac{1}{2\sqrt{43}}\\1&1&3&0\end{pmatrix}$$

$$=\begin{pmatrix}2&4&-2&1\\0&0&0&1\\2&3&4&8\\-\dfrac{8}{\sqrt{43}}&0&-\dfrac{2}{\sqrt{43}}&\dfrac{6}{\sqrt{43}}\end{pmatrix}\begin{pmatrix}1&1&2&-\dfrac{11}{2\sqrt{43}}\\1&-1&1&\dfrac{3}{2\sqrt{43}}\\-1&-1&1&\dfrac{1}{2\sqrt{43}}\\1&1&3&0\end{pmatrix}=\begin{pmatrix}9&1&9&0\\1&1&3&0\\9&3&35&0\\0&0&0&1\end{pmatrix}.$$

定义 8.2.2 设 $\boldsymbol{\alpha},\boldsymbol{\beta}$ 是内积空间 U 的元素, 如果 $(\boldsymbol{\alpha},\boldsymbol{\beta})=0$, 则称 $\boldsymbol{\alpha}$ 与 $\boldsymbol{\beta}$ **正交**, 记为 $\boldsymbol{\alpha}\perp\boldsymbol{\beta}$. 设 M 是 U 的子集, 如果 $\boldsymbol{\alpha}$ 与 M 的任意元素都正交, 则称 $\boldsymbol{\alpha}$ 与 M **正交**, 记为 $\boldsymbol{\alpha}\perp M$. 设 N 也是 U 的子集, 如果 $\forall\boldsymbol{\alpha}\in M,\boldsymbol{\beta}\in N$, 都有 $\boldsymbol{\alpha}\perp\boldsymbol{\beta}$, 则称 M 与 N **正交**, 记为 $M\perp N$. U 中与 M 正交的元素全体称为 M 的**正交补**, 记为 $M^{\perp}$.

定理 8.2.4 设 U 是 n 维内积空间 V 的子空间, 则

(1) $V=U\oplus U^{\perp}$;

(2) U 中任一组标准正交基均可扩充为 V 的一组标准正交基.

证 (1) 设 $\boldsymbol{v}\in V$, 在 U 中取一组标准正交基 $\boldsymbol{\varepsilon}_1,\boldsymbol{\varepsilon}_2,\cdots,\boldsymbol{\varepsilon}_k$, 令 $\boldsymbol{u}=\sum\limits_{j=1}^{k}(\boldsymbol{v},\boldsymbol{\varepsilon}_j)\boldsymbol{\varepsilon}_j$, 则 $\boldsymbol{u}\in U$. 令 $\boldsymbol{w}=\boldsymbol{v}-\boldsymbol{u}$, 则

$$(\boldsymbol{w},\boldsymbol{\varepsilon}_i)=(\boldsymbol{v},\boldsymbol{\varepsilon}_i)-\sum_{j-1}^{k}(\boldsymbol{v},\boldsymbol{\varepsilon}_j)(\boldsymbol{\varepsilon}_j,\boldsymbol{\varepsilon}_i)=(\boldsymbol{v},\boldsymbol{\varepsilon}_i)-(\boldsymbol{v},\boldsymbol{\varepsilon}_i)=0\,(i=1,2,\cdots,k),$$

从而 $\boldsymbol{w}\in U^{\perp}$, 且 $\boldsymbol{v}=\boldsymbol{u}+\boldsymbol{w}$. 设 $\boldsymbol{v}\in U\cap U^{\perp}$, 则 $(\boldsymbol{v},\boldsymbol{v})=0$, 即 $U\cap U^{\perp}=\{\boldsymbol{\theta}\}$. 故 $V=U\oplus U^{\perp}$.

(2) 设 $\boldsymbol{\varepsilon}_1,\boldsymbol{\varepsilon}_2,\cdots,\boldsymbol{\varepsilon}_k$ 是 U 的一组标准正交基, $\boldsymbol{\varepsilon}_{k+1},\cdots,\boldsymbol{\varepsilon}_n$ 是 $U^{\perp}$ 的一组标准正交基, 则 $\boldsymbol{\varepsilon}_1,\boldsymbol{\varepsilon}_2,\cdots,\boldsymbol{\varepsilon}_n$ 是 V 的一组标准正交基.

定义 8.2.3 设 U 是 n 维内积空间 V 的子空间, $\boldsymbol{v}=\boldsymbol{u}+\boldsymbol{w},\boldsymbol{u}\in U,\boldsymbol{w}\in U^{\perp}$, 定义 $P\boldsymbol{v}=\boldsymbol{u}$, 则 $P\in\mathcal{L}(V)$, 且 $P^2=P$. 我们称 P 为 V 到 U 上的**正交投影变换**, 简称**投影变换**, $P\boldsymbol{v}$ 称为 $\boldsymbol{v}$ 在 U 上的**投影**. 容易验证 I_V-P 是 V 到 $U^{\perp}$ 上的投影变换.

注 上述内积空间 V 中向量 $\boldsymbol{v}$ 的分解式 $\boldsymbol{v}=\boldsymbol{u}+\boldsymbol{w},\boldsymbol{u}\in U,\boldsymbol{w}\in U^{\perp}$ 称为 $\boldsymbol{v}$ 的**正交分解**. 设 $\boldsymbol{\varepsilon}_1,\boldsymbol{\varepsilon}_2,\cdots,\boldsymbol{\varepsilon}_k$ 是 U 的一组标准正交基, $\boldsymbol{\varepsilon}_{k+1},\boldsymbol{\varepsilon}_{k+2},\cdots,\boldsymbol{\varepsilon}_n$ 是 $U^{\perp}$ 的一组标准正交基, 则

$$\boldsymbol{v}=\sum_{j=1}^{k}(\boldsymbol{v},\boldsymbol{\varepsilon}_j)\boldsymbol{\varepsilon}_j+\sum_{j=k+1}^{n}(\boldsymbol{v},\boldsymbol{\varepsilon}_j)\boldsymbol{\varepsilon}_j=\boldsymbol{u}+\boldsymbol{w}.$$

例 8.2.2 设 $\varepsilon_1, \varepsilon_2, \cdots, \varepsilon_k$ 是 n 维内积空间 V 的 k 个两两正交的单位向量, $\boldsymbol{v} \in V$, 则

$$\sum_{j=1}^{k} |(\boldsymbol{v}, \boldsymbol{\varepsilon}_j)|^2 \leqslant \|\boldsymbol{v}\|^2,$$

等号成立当且仅当 $\boldsymbol{v} \in U$, 其中 $U = L(\boldsymbol{\varepsilon}_1, \boldsymbol{\varepsilon}_2, \cdots, \boldsymbol{\varepsilon}_k)$.

证 令

$$\boldsymbol{u} = \sum_{j=1}^{k} (\boldsymbol{v}, \boldsymbol{\varepsilon}_j)\boldsymbol{\varepsilon}_j,$$

则 $\boldsymbol{u} \in U$. 因为 $V = U \oplus U^{\perp}$, $(\boldsymbol{v} - \boldsymbol{u}, \boldsymbol{\varepsilon}_j) = 0\,(j = 1, 2, \cdots, k)$, 所以 $\boldsymbol{v} - \boldsymbol{u} \in U^{\perp}$. 于是

$$\|\boldsymbol{v}\|^2 = \|\boldsymbol{u}\|^2 + \|\boldsymbol{v} - \boldsymbol{u}\|^2.$$

因此

$$\sum_{j=1}^{k} |(\boldsymbol{v}, \boldsymbol{\varepsilon}_j)|^2 = \|\boldsymbol{u}\|^2 \leqslant \|\boldsymbol{v}\|^2.$$

若等号成立, 则 $\|\boldsymbol{v} - \boldsymbol{u}\|^2 = 0$, 从而 $\boldsymbol{v} = \boldsymbol{u} \in U$. 反之, 若 $\boldsymbol{v} \in U$, 令 $\boldsymbol{v} = \sum\limits_{i=1}^{k} c_i \boldsymbol{\varepsilon}_i$, 则

$$(\boldsymbol{v}, \boldsymbol{\varepsilon}_j) = \sum_{i=1}^{k} c_i (\boldsymbol{\varepsilon}_i, \boldsymbol{\varepsilon}_j) = c_j\,(j = 1, 2, \cdots, k),$$

于是 $\boldsymbol{v} = \sum\limits_{j=1}^{k} (\boldsymbol{v}, \boldsymbol{\varepsilon}_j)\boldsymbol{\varepsilon}_j$, 故 $\sum\limits_{j=1}^{k} |(\boldsymbol{v}, \boldsymbol{\varepsilon}_j)|^2 = \|\boldsymbol{v}\|^2$.

定义 8.2.4 设 V 是 n 维内积空间, $\varphi \in \mathcal{L}(V)$. 若 φ 保持内积, 即对任意的 $\boldsymbol{\alpha}, \boldsymbol{\beta} \in V$, 都有 $(\varphi(\boldsymbol{\alpha}), \varphi(\boldsymbol{\beta})) = (\boldsymbol{\alpha}, \boldsymbol{\beta})$, 则当 V 是欧氏空间时, φ 称为 V 上的**正交变换**; 当 V 是复内积空间时, φ 称为 V 上的**酉变换**.

定义 8.2.5 设 $\boldsymbol{A}$ 为 n 阶实矩阵, 如果 $\boldsymbol{A}\boldsymbol{A}^{\mathrm{T}} = \boldsymbol{E}$, 则称 $\boldsymbol{A}$ 为**正交矩阵**; 如果 n 阶复矩阵 $\boldsymbol{U}$ 满足条件 $\boldsymbol{U}\overline{\boldsymbol{U}^{\mathrm{T}}} = \boldsymbol{E}$, 则称 $\boldsymbol{U}$ 为**酉矩阵**.

定理 8.2.5 设 V 是 n 维欧氏空间, $\varphi \in \mathcal{L}(V)$, 则下列性质彼此等价:

(1) $\|\varphi(\boldsymbol{\alpha})\| = \|\boldsymbol{\alpha}\|$;

(2) $\forall\, \boldsymbol{\alpha}, \boldsymbol{\beta} \in V$, 都有 $(\varphi(\boldsymbol{\alpha}), \varphi(\boldsymbol{\beta})) = (\boldsymbol{\alpha}, \boldsymbol{\beta})$, 即保持内积;

(3) φ 将 V 的任意一组标准正交基变成 V 的一组标准正交基;

(4) φ 在 V 的任意一组标准正交基下的表示矩阵是正交矩阵.

证 (1) $\Rightarrow$ (2):

因为 $\forall\, \boldsymbol{\alpha}, \boldsymbol{\beta} \in V$, 有

$$(\varphi(\boldsymbol{\alpha}), \varphi(\boldsymbol{\alpha})) = (\boldsymbol{\alpha}, \boldsymbol{\alpha}),$$

$$(\varphi(\boldsymbol{\beta}), \varphi(\boldsymbol{\beta})) = (\boldsymbol{\beta}, \boldsymbol{\beta}),$$

$$(\varphi(\boldsymbol{\alpha}+\boldsymbol{\beta}),\varphi(\boldsymbol{\alpha}+\boldsymbol{\beta}))=(\boldsymbol{\alpha}+\boldsymbol{\beta},\boldsymbol{\alpha}+\boldsymbol{\beta}),$$

所以

$$(\varphi(\boldsymbol{\alpha}),\varphi(\boldsymbol{\alpha}))+2\,(\varphi(\boldsymbol{\alpha}),\varphi(\boldsymbol{\beta}))+(\varphi(\boldsymbol{\beta}),\varphi(\boldsymbol{\beta}))=(\boldsymbol{\alpha},\boldsymbol{\alpha})+2\,(\boldsymbol{\alpha},\boldsymbol{\beta})+(\boldsymbol{\beta},\boldsymbol{\beta}).$$

因此

$$(\varphi(\boldsymbol{\alpha}),\varphi(\boldsymbol{\beta}))=(\boldsymbol{\alpha},\boldsymbol{\beta}).$$

(2) $\Rightarrow$ (3):

设 $\boldsymbol{\alpha}_1,\boldsymbol{\alpha}_2,\cdots,\boldsymbol{\alpha}_n$ 是 V 的一组标准正交基, 即 $(\boldsymbol{\alpha}_i,\boldsymbol{\alpha}_j)=\delta_{ij}\,(i,j=1,2,\cdots,n)$. 由 (2) 得 $(\varphi(\boldsymbol{\alpha}_i),\varphi(\boldsymbol{\alpha}_j))=(\boldsymbol{\alpha}_i,\boldsymbol{\alpha}_j)=\delta_{ij}\,(i,j=1,2,\cdots,n)$.

(3) $\Rightarrow$ (4):

设 φ 在标准正交基 $\boldsymbol{\alpha}_1,\boldsymbol{\alpha}_2,\cdots,\boldsymbol{\alpha}_n$ 下的表示矩阵是 $\boldsymbol{P}$, 即

$$\varphi\,(\boldsymbol{\alpha}_1,\boldsymbol{\alpha}_2,\cdots,\boldsymbol{\alpha}_n)=(\boldsymbol{\alpha}_1,\boldsymbol{\alpha}_2,\cdots,\boldsymbol{\alpha}_n)\,\boldsymbol{P}.$$

设 $\boldsymbol{P}=(p_{ij})_{n\times n}$, 因为 $\varphi\,(\boldsymbol{\alpha}_1,\boldsymbol{\alpha}_2,\cdots,\boldsymbol{\alpha}_n)=\varphi\,(\boldsymbol{\alpha}_1)\,,\varphi(\boldsymbol{\alpha}_2),\cdots,\varphi\,(\boldsymbol{\alpha}_n)$ 是一组标准正交基, 所以 $\delta_{ij}=(\varphi(\boldsymbol{\alpha}_i),\varphi(\boldsymbol{\alpha}_j))=\left(\sum\limits_{k=1}^{n}p_{ki}\boldsymbol{\alpha}_k,\sum\limits_{l=1}^{n}p_{lj}\boldsymbol{\alpha}_l\right)=\sum\limits_{k=1}^{n}\sum\limits_{l=1}^{n}p_{ki}p_{lj}\,(\boldsymbol{\alpha}_k,\boldsymbol{\alpha}_l)=\sum\limits_{k=1}^{n}p_{ki}p_{kj}\,(i=1,2,\cdots,n;j=1,2,\cdots,n)$, 即 $\boldsymbol{P}^{\mathrm{T}}\boldsymbol{P}=\boldsymbol{E}$. 或者

$$\boldsymbol{P}^{\mathrm{T}}\boldsymbol{P}=\boldsymbol{P}^{\mathrm{T}}\boldsymbol{G}(\boldsymbol{\alpha}_1,\boldsymbol{\alpha}_2,\cdots,\boldsymbol{\alpha}_n)\boldsymbol{P}=\boldsymbol{G}(\varphi\,(\boldsymbol{\alpha}_1)\,,\varphi(\boldsymbol{\alpha}_2),\cdots,\varphi\,(\boldsymbol{\alpha}_n))=\boldsymbol{E}.$$

因此, 标准正交基到标准正交基的过渡矩阵是正交矩阵.

(4) $\Rightarrow$ (1):

设 φ 在 V 的一组标准正交基 $\boldsymbol{\alpha}_1,\boldsymbol{\alpha}_2,\cdots,\boldsymbol{\alpha}_n$ 下的表示矩阵为 $\boldsymbol{P}$, 由 (4) 知 $\boldsymbol{P}$ 是正交矩阵. 设 $\boldsymbol{\alpha}$ 关于该基的坐标为 $\boldsymbol{X}=(x_1,x_2,\cdots,x_n)^{\mathrm{T}}$, 则 $\varphi(\boldsymbol{\alpha})$ 关于该基的坐标为 $\boldsymbol{PX}$. 于是

$$(\varphi(\boldsymbol{\alpha}),\varphi(\boldsymbol{\alpha}))=(\boldsymbol{PX})^{\mathrm{T}}\boldsymbol{E}\,(\boldsymbol{PX})=\boldsymbol{X}^{\mathrm{T}}\boldsymbol{P}^{\mathrm{T}}\boldsymbol{PX}=\boldsymbol{X}^{\mathrm{T}}\boldsymbol{EX}=(\boldsymbol{\alpha},\boldsymbol{\alpha}).$$

定理 8.2.6 设 V 是 n 维酉空间, $\varphi\in\mathcal{L}(V)$, 则下列性质彼此等价:

(1) $\|\varphi(\boldsymbol{\alpha})\|=\|\boldsymbol{\alpha}\|$;

(2) $\forall\boldsymbol{\alpha},\boldsymbol{\beta}\in V$, 都有 $(\varphi(\boldsymbol{\alpha}),\varphi(\boldsymbol{\beta}))=(\boldsymbol{\alpha},\boldsymbol{\beta})$, 即保持内积;

(3) φ 将 V 的任意一组标准正交基变成 V 的一组标准正交基;

(4) φ 在 V 的任意一组标准正交基下的表示矩阵是酉矩阵.

证　仿定理 8.2.5 的证明.

定义 8.2.6 设 V 是内积空间, $\varphi\in\mathcal{L}(V)$, 且 $(\varphi(\boldsymbol{\alpha}),\boldsymbol{\beta})=(\boldsymbol{\alpha},\varphi(\boldsymbol{\beta}))\,,\forall\,\boldsymbol{\alpha},\boldsymbol{\beta}\in V$, 则当 V 是欧氏空间时, 称 φ 为 V 上的一个**对称变换**; 当 V 是酉空间时, 称 φ 为 V 上的一个**埃尔米特变换**.

定理 8.2.7 (1) 设 V 是 n 维欧氏空间, $\varphi \in \mathcal{L}(V)$, 则 φ 是对称变换的充分必要条件是: φ 在 V 的任意一组标准正交基下的表示矩阵是对称矩阵;

(2) 设 V 是 n 维酉空间, $\varphi \in \mathcal{L}(V)$, 则 φ 是埃尔米特变换的充分必要条件是: φ 在 V 的任意一组标准正交基下的表示矩阵是埃尔米特矩阵.

证 我们证明 (2) 即可, 因为 (1) 完全类似. 任取 V 的一组标准正交基 $\boldsymbol{\alpha}_1, \boldsymbol{\alpha}_2, \cdots, \boldsymbol{\alpha}_n$, 设 φ 在这组基下的表示矩阵为 $\boldsymbol{A}$, 即

$$\varphi(\boldsymbol{\alpha}_1, \boldsymbol{\alpha}_2, \cdots, \boldsymbol{\alpha}_n) = (\boldsymbol{\alpha}_1, \boldsymbol{\alpha}_2, \cdots, \boldsymbol{\alpha}_n)\boldsymbol{A}.$$

设 $\boldsymbol{\alpha}, \boldsymbol{\beta} \in V$ 在该组基下的坐标分别为 $\boldsymbol{X} = (x_1, x_2, \cdots, x_n)^{\mathrm{T}}$ 和 $\boldsymbol{Y} = (y_1, y_2, \cdots, y_n)^{\mathrm{T}}$.

充分性. 因为 $\boldsymbol{A}^{\mathrm{T}} = \overline{\boldsymbol{A}}, \boldsymbol{G}(\boldsymbol{\alpha}_1, \cdots, \boldsymbol{\alpha}_n) = \boldsymbol{E}$, 所以

$$(\varphi(\boldsymbol{\alpha}), \boldsymbol{\beta}) = \boldsymbol{X}^{\mathrm{T}}\boldsymbol{A}^{\mathrm{T}}\boldsymbol{G}(\boldsymbol{\alpha}_1, \cdots, \boldsymbol{\alpha}_n)\overline{\boldsymbol{Y}} = \boldsymbol{X}^{\mathrm{T}}\boldsymbol{A}^{\mathrm{T}}\overline{\boldsymbol{Y}} = \boldsymbol{X}^{\mathrm{T}}\overline{\boldsymbol{A}\boldsymbol{Y}} = \boldsymbol{X}^{\mathrm{T}}\boldsymbol{E}\overline{\boldsymbol{A}\boldsymbol{Y}} = (\boldsymbol{\alpha}, \varphi(\boldsymbol{\beta})).$$

必要性. 因为 $\forall \boldsymbol{\alpha}, \boldsymbol{\beta} \in V$, 有 $(\varphi(\boldsymbol{\alpha}), \boldsymbol{\beta}) = (\boldsymbol{\alpha}, \varphi(\boldsymbol{\beta}))$, 所以

$$\boldsymbol{X}^{\mathrm{T}}\boldsymbol{A}^{\mathrm{T}}\overline{\boldsymbol{Y}} = \boldsymbol{X}^{\mathrm{T}}\overline{\boldsymbol{A}\boldsymbol{Y}}, \text{ 即 } \boldsymbol{X}^{\mathrm{T}}\overline{(\overline{\boldsymbol{A}}^{\mathrm{T}} - \boldsymbol{A})\boldsymbol{Y}} = 0, \forall \boldsymbol{X}, \boldsymbol{Y} \in \mathbb{C}^{n\times 1}.$$

令 $\boldsymbol{B} = \overline{\boldsymbol{A}}^{\mathrm{T}} - \boldsymbol{A}, \boldsymbol{X} = \boldsymbol{B}\boldsymbol{Y}$, 则 $(\boldsymbol{B}\boldsymbol{Y}, \boldsymbol{B}\boldsymbol{Y}) = 0, \forall \boldsymbol{Y} \in \mathbb{C}^{n\times 1}$, 从而 $\boldsymbol{B}\boldsymbol{Y} = \boldsymbol{0}, \forall \boldsymbol{Y} \in \mathbb{C}^{n\times 1}$, 于是 $r(\boldsymbol{B}) = 0$. 即 $\overline{\boldsymbol{A}}^{\mathrm{T}} = \boldsymbol{A}$.

定理 8.2.8 设 φ 是 n 维酉空间 V 上的一个埃尔米特变换, 则

(1) φ 的特征值都是实数;

(2) 属于不同特征值的特征向量彼此正交;

(3) 存在 V 的一组标准正交基, 使得 φ 在这组基下的表示矩阵是对角矩阵, 且这组基恰好为 φ 的 n 个特征向量.

证 (1) 设 φ 的属于特征值 λ 的特征向量为 $\boldsymbol{\alpha}$, 则 $\varphi(\boldsymbol{\alpha}) = \lambda\boldsymbol{\alpha}$, 于是

$$\lambda(\boldsymbol{\alpha}, \boldsymbol{\alpha}) = (\varphi(\boldsymbol{\alpha}), \boldsymbol{\alpha}) = (\boldsymbol{\alpha}, \varphi(\boldsymbol{\alpha})) = \overline{\lambda}(\boldsymbol{\alpha}, \boldsymbol{\alpha}).$$

因为 $(\boldsymbol{\alpha}, \boldsymbol{\alpha}) > 0$, 所以 $\lambda = \overline{\lambda}$.

(2) 设 μ 是 φ 的另一个特征值, $\boldsymbol{\beta}$ 是属于 μ 的特征向量, 因为 λ, μ 都是实数, 所以

$$\lambda(\boldsymbol{\alpha}, \boldsymbol{\beta}) = (\varphi(\boldsymbol{\alpha}), \boldsymbol{\beta}) = (\boldsymbol{\alpha}, \varphi(\boldsymbol{\beta})) = \mu(\boldsymbol{\alpha}, \boldsymbol{\beta}),$$

即 $(\lambda - \mu)(\boldsymbol{\alpha}, \boldsymbol{\beta}) = 0$, 但 $\lambda \neq \mu$, 所以 $(\boldsymbol{\alpha}, \boldsymbol{\beta}) = 0$.

(3) 首先, 如果 U 是 φ 的不变子空间, $\varphi(U) \subseteq U$, 则 U 的正交补

$$U^{\perp} = \{\boldsymbol{\alpha} \in V | (\boldsymbol{\alpha}, \boldsymbol{\beta}) = 0, \forall \boldsymbol{\beta} \in U\}$$

也是 φ 的不变子空间. 其实, 设 $\boldsymbol{\alpha} \in U^{\perp}, \boldsymbol{\beta} \in U$, 则

$$(\varphi(\boldsymbol{\alpha}), \boldsymbol{\beta}) = (\boldsymbol{\alpha}, \varphi(\boldsymbol{\beta})) = 0.$$

故 $\varphi(\boldsymbol{\alpha}) \in U^{\perp}$, 即 $U^{\perp}$ 是 φ 的不变子空间.

其次, 设 φ 的属于特征值 λ_1 的单位特征向量为 $\boldsymbol{\alpha}_1$, 若 $\dim V = 1$, 则结论已经成立. 现假设结论对维数小于 n 的酉空间成立. 令 $W = L(\boldsymbol{\alpha}_1)$, $W^{\perp}$ 是 W 的正交补, 则 $W, W^{\perp}$ 都是 φ 的不变子空间, 且

$$V = W \oplus W^{\perp}, \dim W^{\perp} = n-1.$$

将 φ 限制在 $W^{\perp}$ 仍然是埃尔米特变换. 由归纳假设可得, 存在 $W^{\perp}$ 上的一组标准正交基 $\boldsymbol{\alpha}_2, \boldsymbol{\alpha}_3, \cdots, \boldsymbol{\alpha}_n$, 使得 φ 在这组基下的表示矩阵是对角矩阵, 且 $\boldsymbol{\alpha}_2, \boldsymbol{\alpha}_3, \cdots, \boldsymbol{\alpha}_n$ 是其特征向量, 因此, φ 在基 $\boldsymbol{\alpha}_1, \boldsymbol{\alpha}_2, \cdots, \boldsymbol{\alpha}_n$ 下的表示矩阵是对角矩阵且 $\boldsymbol{\alpha}_1, \boldsymbol{\alpha}_2, \cdots, \boldsymbol{\alpha}_n$ 是 φ 的 n 个特征向量.

推论 8.2.9 任意埃尔米特矩阵均酉相似于一个实对角矩阵.

例 8.2.3 设 $\boldsymbol{A}$ 是 $n \times n$ 埃尔米特矩阵, 其特征值为 $\lambda_1 \leqslant \lambda_2 \leqslant \cdots \leqslant \lambda_n$, 则 $\forall\, \boldsymbol{X} \in \mathbb{C}^{n\times 1}$, 有

$$\lambda_1 \boldsymbol{X}^{\mathrm{T}}\overline{\boldsymbol{X}} \leqslant \boldsymbol{X}^{\mathrm{T}}\boldsymbol{A}\overline{\boldsymbol{X}} \leqslant \lambda_n \boldsymbol{X}^{\mathrm{T}}\overline{\boldsymbol{X}}.$$

证　因为 $\boldsymbol{A}$ 是埃尔米特矩阵, 所以存在酉矩阵 $\boldsymbol{U}$ 使得

$$\overline{\boldsymbol{U}}^{\mathrm{T}}\boldsymbol{A}\boldsymbol{U} = \operatorname{diag}(\lambda_1, \lambda_2, \cdots, \lambda_n).$$

于是, $\forall\, \boldsymbol{X} = (x_1, x_2, \cdots, x_n)^{\mathrm{T}} \in \mathbb{C}^{n\times 1}$, 有

$$\boldsymbol{X}^{\mathrm{T}}\boldsymbol{A}\overline{\boldsymbol{X}} = \boldsymbol{X}^{\mathrm{T}}\boldsymbol{U}\left(\overline{\boldsymbol{U}}^{\mathrm{T}}\boldsymbol{A}\boldsymbol{U}\right)\overline{\boldsymbol{U}}^{\mathrm{T}}\overline{\boldsymbol{X}} = (\boldsymbol{U}^{\mathrm{T}}\boldsymbol{X})^{\mathrm{T}}\operatorname{diag}(\lambda_1, \lambda_2, \cdots, \lambda_n)\overline{(\boldsymbol{U}^{\mathrm{T}}\boldsymbol{X})},$$

设 $\boldsymbol{U}^{\mathrm{T}}\boldsymbol{X} = \boldsymbol{Y} = (y_1, y_2, \cdots, y_n)^{\mathrm{T}}$, 则

$$\boldsymbol{X}^{\mathrm{T}}\boldsymbol{A}\overline{\boldsymbol{X}} = \sum_{k=1}^{n}\lambda_k|y_k|^2 \leqslant \lambda_n\sum_{k=1}^{n}|y_k|^2 = \lambda_n\boldsymbol{X}^{\mathrm{T}}\boldsymbol{U}\overline{\boldsymbol{U}}^{\mathrm{T}}\overline{\boldsymbol{X}} = \lambda_n\boldsymbol{X}^{\mathrm{T}}\overline{\boldsymbol{X}},$$

$$\boldsymbol{X}^{\mathrm{T}}\boldsymbol{A}\overline{\boldsymbol{X}} = \sum_{k=1}^{n}\lambda_k|y_k|^2 \geqslant \lambda_1\sum_{k=1}^{n}|y_k|^2 = \lambda_1\boldsymbol{X}^{\mathrm{T}}\boldsymbol{U}\overline{\boldsymbol{U}}^{\mathrm{T}}\overline{\boldsymbol{X}} = \lambda_1\boldsymbol{X}^{\mathrm{T}}\overline{\boldsymbol{X}}.$$

例 8.2.4 设 $\boldsymbol{A} = \begin{pmatrix} 2\sqrt{6} & -2\sqrt{3} & -6\mathrm{i} \\ -2\sqrt{3} & \sqrt{6} & 3\sqrt{2}\mathrm{i} \\ 6\mathrm{i} & -3\sqrt{2}\mathrm{i} & 3\sqrt{6} \end{pmatrix}$, 求酉矩阵 $\boldsymbol{U}$ 使得 $\overline{\boldsymbol{U}}^{\mathrm{T}}\boldsymbol{A}\boldsymbol{U}$ 为对角矩阵.

解　由 $|\lambda\boldsymbol{E} - \boldsymbol{A}| = \lambda^2(\lambda - 6\sqrt{6})$, 得到 $\boldsymbol{A}$ 的特征值为 $\lambda_1 = \lambda_2 = 0, \lambda_3 = 6\sqrt{6}$. 由此分别解得 $\boldsymbol{A}$ 的属于特征值 $\lambda_1 = \lambda_2 = 0, \lambda_3 = 6\sqrt{6}$ 的 3 个相互正交的特征向量 $\boldsymbol{\alpha}_1 = (1, \sqrt{2}, 0)^{\mathrm{T}}, \boldsymbol{\alpha}_2 = (\sqrt{2}, -1, -\sqrt{3}\mathrm{i})^{\mathrm{T}}, \boldsymbol{\alpha}_3 = (\sqrt{2}, -1, \sqrt{3}\mathrm{i})^{\mathrm{T}}$. 令

$$\boldsymbol{U} = \left(\frac{\boldsymbol{\alpha}_1}{\|\boldsymbol{\alpha}_1\|}, \frac{\boldsymbol{\alpha}_2}{\|\boldsymbol{\alpha}_2\|}, \frac{\boldsymbol{\alpha}_3}{\|\boldsymbol{\alpha}_3\|}\right) = \frac{1}{\sqrt{6}}\begin{pmatrix} \sqrt{2} & \sqrt{2} & \sqrt{2} \\ 2 & -1 & -1 \\ 0 & -\sqrt{3}\mathrm{i} & \sqrt{3}\mathrm{i} \end{pmatrix},$$

则

$$\overline{\boldsymbol{U}}^{\mathrm{T}}\boldsymbol{U} = \boldsymbol{E}, \text{且}\ \overline{\boldsymbol{U}}^{\mathrm{T}}\boldsymbol{A}\boldsymbol{U} = \operatorname{diag}\left(0, 0, 6\sqrt{6}\right).$$

8.3 内积空间的同构

定义 8.3.1 设 U 与 V 是数域 $\mathbb{K}$ 上两个线性空间, f 是 U 到 V 上的一一线性映射, 如果 $\forall\, \boldsymbol{\alpha}, \boldsymbol{\beta} \in U, k, l \in \mathbb{K}$, 都有

$$f(k\boldsymbol{\alpha} + l\boldsymbol{\beta}) = kf(\boldsymbol{\alpha}) + lf(\boldsymbol{\beta}),$$

则称 f 是 U 到 V 上的一个**线性同构映射**, 并称 U 与 V **线性同构**.

定义 8.3.2 设 U 与 V 是内积空间, f 是 U 到 V 上的一一线性映射, 如果 $\forall\, \boldsymbol{\alpha}, \boldsymbol{\beta} \in U$, 有

$$(f(\boldsymbol{\alpha}), f(\boldsymbol{\beta})) = (\boldsymbol{\alpha}, \boldsymbol{\beta}),$$

则称 f 是内积空间 U 到 V 上的一个**保积同构**.

显然线性同构, 内积空间的保积同构都是等价关系.

定理 8.3.1 设 U 与 V 是数域 $\mathbb{K}$ 上的两个有限维线性空间, 它们线性同构当且仅当它们的维数相等.

证 必要性. 设 $\dim U = n$, $\boldsymbol{\alpha}_1, \boldsymbol{\alpha}_2, \cdots, \boldsymbol{\alpha}_n$ 是 U 的一组基, 则

$$f(\boldsymbol{\alpha}_1), f(\boldsymbol{\alpha}_2), \cdots, f(\boldsymbol{\alpha}_n)$$

是 V 的一组基. 其实, 因为 U 与 V 线性同构, 所以 $f(\boldsymbol{\alpha}_1), f(\boldsymbol{\alpha}_2), \cdots, f(\boldsymbol{\alpha}_n)$ 线性无关; 另一方面, $\forall\, \boldsymbol{\beta} \in V$, $\exists\, \boldsymbol{\alpha} \in U$, 使得 $f(\boldsymbol{\alpha}) = \boldsymbol{\beta}$. 又因为 $\boldsymbol{\alpha} \in U$, 所以 $\exists\, c_1, c_2, \cdots, c_n$, 使得 $\boldsymbol{\alpha} = c_1\boldsymbol{\alpha}_1 + c_2\boldsymbol{\alpha}_2 + \cdots + c_n\boldsymbol{\alpha}_n$, 于是

$$\boldsymbol{\beta} = f(\boldsymbol{\alpha}) = c_1 f(\boldsymbol{\alpha}_1) + c_2 f(\boldsymbol{\alpha}_2) + \cdots + c_n f(\boldsymbol{\alpha}_n).$$

故 $f(\boldsymbol{\alpha}_1), f(\boldsymbol{\alpha}_2), \cdots, f(\boldsymbol{\alpha}_n)$ 构成 V 的一组基. 故 $\dim V = n$.

充分性. 分别取 U 与 V 的一组基 $\boldsymbol{\alpha}_1, \boldsymbol{\alpha}_2, \cdots, \boldsymbol{\alpha}_n$ 和 $\boldsymbol{\beta}_1, \boldsymbol{\beta}_2, \cdots, \boldsymbol{\beta}_n$. $\forall\, \boldsymbol{\alpha} \in U$, 设 $\boldsymbol{\alpha} = x_1\boldsymbol{\alpha}_1 + x_2\boldsymbol{\alpha}_2 + \cdots + x_n\boldsymbol{\alpha}_n$, 定义

$$f(\boldsymbol{\alpha}) = x_1\boldsymbol{\beta}_1 + x_2\boldsymbol{\beta}_2 + \cdots + x_n\boldsymbol{\beta}_n,$$

则 f 是 U 到 V 上的线性映射. 因为 $\boldsymbol{\alpha} \in U$ 在取定基下的坐标是唯一的, 所以 f 是单映射. 又因为 $\boldsymbol{\beta} \in V$, 存在唯一一组数 $y_1, y_2, \cdots, y_n$, 使得

$$\boldsymbol{\beta} = y_1\boldsymbol{\beta}_1 + y_2\boldsymbol{\beta}_2 + \cdots + y_n\boldsymbol{\beta}_n.$$

令

$$\boldsymbol{\alpha} = y_1\boldsymbol{\alpha}_1 + y_2\boldsymbol{\alpha}_2 + \cdots + y_n\boldsymbol{\alpha}_n,$$

则 $f(\boldsymbol{\alpha}) = \boldsymbol{\beta}$, 所以 f 是 U 到 V 上的满映射. 故 U 与 V 线性同构.

注 实际上, 数域 $\mathbb{K}$ 上的任何 n 维线性空间均与 $\mathbb{K}^{n\times 1}$ 线性同构.

定理 8.3.2 设 U 与 V 是两个内积空间(同为欧氏空间或酉空间), 它们保积同构当且仅当它们的维数相等.

证 必要性. 同定理 8.3.1.

充分性. 线性同构部分同定理 8.3.1. 关于保积性质, 选基如定理 8.3.1 且均为标准正交基. 设 $\boldsymbol{\alpha} = x_1\boldsymbol{\alpha}_1 + x_2\boldsymbol{\alpha}_2 + \cdots + x_n\boldsymbol{\alpha}_n, \boldsymbol{\beta} = y_1\boldsymbol{\alpha}_1 + y_2\boldsymbol{\alpha}_2 + \cdots + y_n\boldsymbol{\alpha}_n$, 则

$$\begin{aligned}(f(\boldsymbol{\alpha}), f(\boldsymbol{\beta})) &= (x_1\boldsymbol{\beta}_1 + x_2\boldsymbol{\beta}_2 + \cdots + x_n\boldsymbol{\beta}_n, y_1\boldsymbol{\beta}_1 + y_2\boldsymbol{\beta}_2 + \cdots + y_n\boldsymbol{\beta}_n)\\ &= (x_1, x_2, \cdots, x_n)\boldsymbol{G}(\boldsymbol{\beta}_1, \boldsymbol{\beta}_2, \cdots, \boldsymbol{\beta}_n)\begin{pmatrix} y_1 \\ y_2 \\ \vdots \\ y_n \end{pmatrix} = \sum_{k=1}^{n} x_k\overline{y}_k.\end{aligned}$$

$$\begin{aligned}(\boldsymbol{\alpha}, \boldsymbol{\beta}) &= (x_1\boldsymbol{\alpha}_1 + x_2\boldsymbol{\alpha}_2 + \cdots + x_n\boldsymbol{\alpha}_n, y_1\boldsymbol{\alpha}_1 + y_2\boldsymbol{\alpha}_2 + \cdots + y_n\boldsymbol{\alpha}_n)\\ &= (x_1, x_2, \cdots, x_n)\boldsymbol{G}(\boldsymbol{\alpha}_1, \boldsymbol{\alpha}_2, \cdots, \boldsymbol{\alpha}_n)\begin{pmatrix} y_1 \\ y_2 \\ \vdots \\ y_n \end{pmatrix} = \sum_{k=1}^{n} x_k\overline{y}_k.\end{aligned}$$

故内积空间 U 与 V 保积同构.

注 实际上, n 维欧氏空间均与 $\mathbb{R}^{n\times 1}$ 保积同构, n 维酉空间均与 $\mathbb{C}^{n\times 1}$ 保积同构.

例 8.3.1 设 $\boldsymbol{e}_1, \boldsymbol{e}_2, \boldsymbol{e}_3, \boldsymbol{e}_4$ 为欧氏空间 $\mathbb{R}^{4\times 1}$ 的自然基, $\boldsymbol{\alpha}_1 = \begin{pmatrix} \frac{\sqrt{2}}{2} \\ \frac{\sqrt{2}}{2} \\ 0 \\ 0 \end{pmatrix}$,

$$\boldsymbol{\alpha}_2 = \begin{pmatrix} \frac{\sqrt{2}}{2} \\ -\frac{\sqrt{2}}{2} \\ 0 \\ 0 \end{pmatrix}, \boldsymbol{\alpha}_3 = \begin{pmatrix} 0 \\ 0 \\ \frac{\sqrt{2}}{2} \\ \frac{\sqrt{2}}{2} \end{pmatrix}, \boldsymbol{\beta}_1 = \begin{pmatrix} \frac{1}{2} \\ \frac{1}{2} \\ \frac{1}{2} \\ \frac{1}{2} \end{pmatrix}, \boldsymbol{\beta}_2 = \begin{pmatrix} \frac{1}{2} \\ -\frac{1}{2} \\ -\frac{1}{2} \\ \frac{1}{2} \end{pmatrix}, \boldsymbol{\beta}_3 = \begin{pmatrix} \frac{1}{2} \\ \frac{1}{2} \\ -\frac{1}{2} \\ -\frac{1}{2} \end{pmatrix}.$$

(1) 试求 $\mathbb{R}^{4\times 1}$ 上正交变换 φ, 使得 $\varphi(\boldsymbol{\alpha}_k) = \boldsymbol{\beta}_k\ (k = 1, 2, 3)$;

(2) 求 φ 在基 $\boldsymbol{e}_1, \boldsymbol{e}_2, \boldsymbol{e}_3, \boldsymbol{e}_4$ 下的表示矩阵.

解 (1) 令

$$\boldsymbol{\alpha}_4 = \left(0, 0, \frac{\sqrt{2}}{2}, -\frac{\sqrt{2}}{2}\right)^{\mathrm{T}}, \boldsymbol{\beta}_4 = \left(\frac{1}{2}, -\frac{1}{2}, \frac{1}{2}, -\frac{1}{2}\right)^{\mathrm{T}},$$

则 $\boldsymbol{\alpha}_1, \boldsymbol{\alpha}_2, \boldsymbol{\alpha}_3, \boldsymbol{\alpha}_4$ 和 $\boldsymbol{\beta}_1, \boldsymbol{\beta}_2, \boldsymbol{\beta}_3, \boldsymbol{\beta}_4$ 都是 $\mathbb{R}^{4\times 1}$ 的标准正交基, 且

$$(\boldsymbol{e}_1, \boldsymbol{e}_2, \boldsymbol{e}_3, \boldsymbol{e}_4)\boldsymbol{A} = (\boldsymbol{\alpha}_1, \boldsymbol{\alpha}_2, \boldsymbol{\alpha}_3, \boldsymbol{\alpha}_4), (\boldsymbol{e}_1, \boldsymbol{e}_2, \boldsymbol{e}_3, \boldsymbol{e}_4)\boldsymbol{B} = (\boldsymbol{\beta}_1, \boldsymbol{\beta}_2, \boldsymbol{\beta}_3, \boldsymbol{\beta}_4),$$

其中 $\boldsymbol{A}=\frac{\sqrt{2}}{2}\begin{pmatrix}1&1&0&0\\1&-1&0&0\\0&0&1&1\\0&0&1&-1\end{pmatrix}$, $\boldsymbol{B}=\frac{1}{2}\begin{pmatrix}1&1&1&1\\1&-1&1&-1\\1&-1&-1&1\\1&1&-1&-1\end{pmatrix}$. 于是

$$\forall\boldsymbol{\alpha}=(\boldsymbol{e}_1,\boldsymbol{e}_2,\boldsymbol{e}_3,\boldsymbol{e}_4)\begin{pmatrix}a_1\\a_2\\a_3\\a_4\end{pmatrix}\in\mathbb{R}^{4\times1},\text{ 有}$$

$$\boldsymbol{\alpha}=(\boldsymbol{\alpha}_1,\boldsymbol{\alpha}_2,\boldsymbol{\alpha}_3,\boldsymbol{\alpha}_4)\boldsymbol{A}^{-1}\begin{pmatrix}a_1\\a_2\\a_3\\a_4\end{pmatrix}=(\boldsymbol{\alpha}_1,\boldsymbol{\alpha}_2,\boldsymbol{\alpha}_3,\boldsymbol{\alpha}_4)\boldsymbol{A}^{\mathrm{T}}\begin{pmatrix}a_1\\a_2\\a_3\\a_4\end{pmatrix}$$

$$=(\boldsymbol{\alpha}_1,\boldsymbol{\alpha}_2,\boldsymbol{\alpha}_3,\boldsymbol{\alpha}_4)\boldsymbol{A}\begin{pmatrix}a_1\\a_2\\a_3\\a_4\end{pmatrix}=(\boldsymbol{\alpha}_1,\boldsymbol{\alpha}_2,\boldsymbol{\alpha}_3,\boldsymbol{\alpha}_4)\frac{\sqrt{2}}{2}\begin{pmatrix}a_1+a_2\\a_1-a_2\\a_3+a_4\\a_3-a_4\end{pmatrix}.$$

令 $\varphi(\boldsymbol{\alpha})=(\boldsymbol{\beta}_1,\boldsymbol{\beta}_2,\boldsymbol{\beta}_3,\boldsymbol{\beta}_4)\frac{\sqrt{2}}{2}\begin{pmatrix}a_1+a_2\\a_1-a_2\\a_3+a_4\\a_3-a_4\end{pmatrix}=((\boldsymbol{e}_1,\boldsymbol{e}_2,\boldsymbol{e}_3,\boldsymbol{e}_4)\boldsymbol{B})\frac{\sqrt{2}}{2}\begin{pmatrix}a_1+a_2\\a_1-a_2\\a_3+a_4\\a_3-a_4\end{pmatrix}$

$$=(\boldsymbol{e}_1,\boldsymbol{e}_2,\boldsymbol{e}_3,\boldsymbol{e}_4)\frac{\sqrt{2}}{4}\begin{pmatrix}1&1&1&1\\1&-1&1&-1\\1&-1&-1&1\\1&1&-1&-1\end{pmatrix}\begin{pmatrix}a_1+a_2\\a_1-a_2\\a_3+a_4\\a_3-a_4\end{pmatrix}$$

$$=(\boldsymbol{e}_1,\boldsymbol{e}_2,\boldsymbol{e}_3,\boldsymbol{e}_4)\frac{\sqrt{2}}{2}\begin{pmatrix}a_1+a_3\\a_2+a_4\\a_2-a_4\\a_1-a_3\end{pmatrix},$$

则 φ 为所求的正交变换.

(2) 由 (1), 得到

$$\varphi(\boldsymbol{e}_1)=\frac{\sqrt{2}}{2}\boldsymbol{e}_1+\frac{\sqrt{2}}{2}\boldsymbol{e}_4,\ \varphi(\boldsymbol{e}_2)=\frac{\sqrt{2}}{2}\boldsymbol{e}_2+\frac{\sqrt{2}}{2}\boldsymbol{e}_3,$$
$$\varphi(\boldsymbol{e}_3)=\frac{\sqrt{2}}{2}\boldsymbol{e}_1-\frac{\sqrt{2}}{2}\boldsymbol{e}_4,\ \varphi(\boldsymbol{e}_4)=\frac{\sqrt{2}}{2}\boldsymbol{e}_2-\frac{\sqrt{2}}{2}\boldsymbol{e}_3,$$

所以 φ 在自然基 $\boldsymbol{e}_1,\boldsymbol{e}_2,\boldsymbol{e}_3,\boldsymbol{e}_4$ 下的表示矩阵为

$$P = \frac{\sqrt{2}}{2}\begin{pmatrix} 1 & 0 & 1 & 0 \\ 0 & 1 & 0 & 1 \\ 0 & 1 & 0 & -1 \\ 1 & 0 & -1 & 0 \end{pmatrix}.$$

习　题　8

1. 在线性空间 $\mathbb{R}^{m\times n}$ 中, 定义 $(\boldsymbol{A},\boldsymbol{B}) = \operatorname{tr}\boldsymbol{A}^{\mathrm{T}}\boldsymbol{B}, \forall\, \boldsymbol{A},\boldsymbol{B} \in \mathbb{R}^{m\times n}$, 证明：$\mathbb{R}^{m\times n}$ 在此定义下成为一个欧氏空间.

2. 在 $[-1,1]$ 上连续的全体实函数构成的实线性空间 $C[-1,1]$ 中定义

$$(f,g) = \int_{-1}^{1} f(x)g(x)\mathrm{d}x, \forall\, f,g \in C[-1,1],$$

则 $C[-1,1]$ 在此定义下成为一个欧氏空间. 证明:

$$f_1(x) = -1, f_2(x) = x, f_3(x) = 1-x$$

所构成的三角形为直角三角形.

3. 设 $\boldsymbol{\varepsilon}_1,\boldsymbol{\varepsilon}_2,\cdots,\boldsymbol{\varepsilon}_n$ 是欧氏空间 V 的一组标准正交基, $\boldsymbol{\alpha}_1,\boldsymbol{\alpha}_2,\cdots,\boldsymbol{\alpha}_k$ 是 V 的任意 k 个向量. 证明：$\boldsymbol{\alpha}_1,\boldsymbol{\alpha}_2,\cdots,\boldsymbol{\alpha}_k$ 两两正交当且仅当

$$\sum_{l=1}^{n}(\boldsymbol{\alpha}_i,\boldsymbol{\varepsilon}_l)(\boldsymbol{\alpha}_j,\boldsymbol{\varepsilon}_l) = 0\,(i,j=1,2,\cdots,k; i\neq j).$$

4. 设 $\boldsymbol{\varepsilon}_1,\boldsymbol{\varepsilon}_2,\cdots,\boldsymbol{\varepsilon}_n$ 是 n 维欧氏空间 V 的一组基. 证明: V 中任意两个向量 $\boldsymbol{\alpha} = (\boldsymbol{\varepsilon}_1,\boldsymbol{\varepsilon}_2,\cdots,\boldsymbol{\varepsilon}_n)\begin{pmatrix} x_1 \\ x_2 \\ \vdots \\ x_n \end{pmatrix}, \boldsymbol{\beta} = (\boldsymbol{\varepsilon}_1,\boldsymbol{\varepsilon}_2,\cdots,\boldsymbol{\varepsilon}_n)\begin{pmatrix} y_1 \\ y_2 \\ \vdots \\ y_n \end{pmatrix}$ 的内积可用等式 $(\boldsymbol{\alpha},\boldsymbol{\beta}) = \sum\limits_{k=1}^{n} x_k y_k$ 表达的充分必要条件是 $\boldsymbol{\varepsilon}_1,\boldsymbol{\varepsilon}_2,\cdots,\boldsymbol{\varepsilon}_n$ 是标准正交基.

5. 设 $\boldsymbol{\alpha}_1,\boldsymbol{\alpha}_2,\boldsymbol{\alpha}_3$ 是 3 维欧氏空间 V 的一组基, 其度量矩阵

$$\boldsymbol{G} = \boldsymbol{G}(\boldsymbol{\alpha}_1,\boldsymbol{\alpha}_2,\boldsymbol{\alpha}_3) = \begin{pmatrix} 1 & -1 & 1 \\ -1 & 2 & 0 \\ 1 & 0 & 4 \end{pmatrix},$$

求 V 的一组标准正交基, 并验证该标准正交基的度量矩阵是单位矩阵.

6. 设 $\boldsymbol{A} = (a_{ij})_{n\times n} \in \mathbb{R}^{n\times n}, \boldsymbol{X} = (x_1,x_2,\cdots,x_n)^{\mathrm{T}}, \boldsymbol{Y} = (y_1,y_2,\cdots,y_n)^{\mathrm{T}} \in \mathbb{R}^{n\times 1}$, 证明：$\mathbb{R}^{n\times 1}$ 在定义 $(\boldsymbol{X},\boldsymbol{Y}) = \boldsymbol{X}^{\mathrm{T}}\boldsymbol{A}\boldsymbol{Y}$ 下成为欧氏空间当且仅当 $\boldsymbol{A}$ 为正定阵.

7. 设 $\boldsymbol{\alpha}_1,\boldsymbol{\alpha}_2,\cdots,\boldsymbol{\alpha}_m$ 是 n 维内积空间 V 的一组向量, 则 $\boldsymbol{G}=\boldsymbol{G}(\boldsymbol{\alpha}_1,\boldsymbol{\alpha}_2,\cdots,\boldsymbol{\alpha}_m)$ 可逆的充分必要条件是 $\boldsymbol{\alpha}_1,\boldsymbol{\alpha}_2,\cdots,\boldsymbol{\alpha}_m$ 线性无关.

8. 设 V 是 n 维欧氏空间, 证明: 任意 n 阶正定阵 $\boldsymbol{A}$ 都是 V 的某组基的度量矩阵, 并说明这样的基不唯一.

9. 设 $\boldsymbol{\alpha}_1,\boldsymbol{\alpha}_2,\cdots,\boldsymbol{\alpha}_n$ 是欧氏空间 V 的一组基, 如果 $(\boldsymbol{\beta}_1,\boldsymbol{\alpha}_i)=(\boldsymbol{\beta}_2,\boldsymbol{\alpha}_i)\ (i=1,2,\cdots,n)$, 则 $\boldsymbol{\beta}_1=\boldsymbol{\beta}_2$.

10. 求齐次线性方程组

$$\begin{cases}2x_1+x_2-x_3+x_4+3x_5=0,\\ \quad x_1+x_2-x_3+0x_4+x_5=0\end{cases}$$

的解空间 W (作为 $\mathbb{R}^{5\times1}$ 的子空间) 的一组标准正交基.

11. 设 V 是 n 维欧氏空间, $\boldsymbol{\alpha}$ 是 V 中固定的非零向量, 证明: $V_1=\{\boldsymbol{\beta}|(\boldsymbol{\alpha},\boldsymbol{\beta})=0,\boldsymbol{\beta}\in V\}$ 是 V 的一个 $n-1$ 维子空间.

12. 已知三维欧氏空间 V 中有一组基 $\boldsymbol{\alpha}_1,\boldsymbol{\alpha}_2,\boldsymbol{\alpha}_3$, 其度量矩阵为 $\boldsymbol{A}=\begin{pmatrix}1&-1&0\\-1&2&0\\0&0&3\end{pmatrix}$, 求向量 $\boldsymbol{\beta}=2\boldsymbol{\alpha}_1+3\boldsymbol{\alpha}_2-\boldsymbol{\alpha}_3$ 的模.

13. 设 U 是 n 维内积空间 V 的子空间, P 是 V 到 U 上的投影变换, 则 $\forall\,\boldsymbol{v}\in V$, 都有 $\|\boldsymbol{v}-P\boldsymbol{v}\|\leqslant\|\boldsymbol{v}-\boldsymbol{u}\|,\forall\,\boldsymbol{u}\in U$, 等号成立当且仅当 $\boldsymbol{u}=P\boldsymbol{v}$.

14. 求 e^t 在 $U=L(1,t,t^2)$ 中的投影 $f(t)=a_0+a_1t+a_2t^2$, 使得 $\displaystyle\int_0^1(\mathrm{e}^t-a_0-a_1t-a_2t^2)^2\mathrm{d}t$ 取最小值.

15. 设 U 是数域 $\mathbb{K}$ 上的内积空间, $\boldsymbol{x},\boldsymbol{y}\in U$, 证明:

(1) $\boldsymbol{x}\perp\boldsymbol{y}$ 的充分必要条件是 $\forall\,k\in\mathbb{K}$, 都有 $\|\boldsymbol{x}+k\boldsymbol{y}\|\geqslant\|\boldsymbol{x}\|$;

(2) $\boldsymbol{x}\perp\boldsymbol{y}$ 的充分必要条件是 $\forall\,k\in\mathbb{K}$, 都有 $\|\boldsymbol{x}+k\boldsymbol{y}\|=\|\boldsymbol{x}-k\boldsymbol{y}\|$.

16. n 维欧氏空间 V 上的线性变换 T 是正交变换的充分必要条件是 [ ]

A. T 在 V 的任一组基下的表示矩阵都是正交矩阵

B. T 在 V 的任一组正交基下的表示矩阵都是正交矩阵

C. T 在 V 的任一组规范正交基下的表示矩阵都是正交矩阵

D. T 在 V 的任一组规范正交基下的表示矩阵都是实对称矩阵

17. 设 $\boldsymbol{\alpha},\boldsymbol{\beta}$ 是 n 维欧氏空间 V 中的向量, 下列结论错误的是 [ ]

A. 若 $\boldsymbol{\alpha}$ 和 V 的一组基向量中的每一个向量都正交, 则 $\boldsymbol{\alpha}=\boldsymbol{\theta}$

B. 若 $\boldsymbol{e}_1, \boldsymbol{e}_2, \cdots, \boldsymbol{e}_n$ 是 V 的一组基, 则由 $(\boldsymbol{\alpha}, \boldsymbol{e}_i) = (\boldsymbol{\beta}, \boldsymbol{e}_i)\,(i = 1, 2, \cdots, n)$, 可得 $\boldsymbol{\alpha} = \boldsymbol{\beta}$

C. 若 $\boldsymbol{e}_1, \boldsymbol{e}_2, \cdots, \boldsymbol{e}_n$ 是 V 的一组基, 且 $\sum\limits_{i=1}^{n}(\boldsymbol{\alpha}, \boldsymbol{e}_i) = 1$, 则 $\|\boldsymbol{\alpha}\| = 1$

D. 若 $\boldsymbol{\alpha}, \boldsymbol{\beta}$ 都是单位向量且 $\boldsymbol{\alpha} \neq \boldsymbol{\beta}$, 则它们线性相关当且仅当 $\boldsymbol{\alpha} = -\boldsymbol{\beta}$

18. 设 λ 是 n 阶正交矩阵 $\boldsymbol{A}$ 的非实特征值, 属于 λ 的特征向量为 $\boldsymbol{\alpha} + \mathrm{i}\boldsymbol{\beta}$, 其中 $\boldsymbol{\alpha}, \boldsymbol{\beta} \in \mathbb{R}^{n\times 1}$, 证明: $(\boldsymbol{\alpha}, \boldsymbol{\beta}) = 0, \|\boldsymbol{\alpha}\| = \|\boldsymbol{\beta}\|$.

19. 设 $\boldsymbol{\alpha}_1, \boldsymbol{\alpha}_2, \cdots, \boldsymbol{\alpha}_n$ 是内积空间 V 的一组基, 对任一组数 $b_1, b_2, \cdots, b_n$, 证明: 在 V 中存在唯一向量 $\boldsymbol{\beta}$, 使得 $(\boldsymbol{\alpha}_k, \boldsymbol{\beta}) = b_k\,(k = 1, 2, \cdots, n)$.

20. 设 T 是 n 维内积空间 V 上的一一变换, 且 $(T(\boldsymbol{\alpha}), T(\boldsymbol{\beta})) = (\boldsymbol{\alpha}, \boldsymbol{\beta}), \forall\, \boldsymbol{\alpha}, \boldsymbol{\beta} \in V$, 证明: T 是 V 上的保积变换.

21. 设 $\boldsymbol{\alpha}_i = (a_{i1}, a_{i2}, \cdots, a_{in})\,(i = 1, 2, \cdots, n)$ 是 n 维欧氏空间 $\mathbb{R}^{1\times n}$ 的向量组, 证明: 方程组 $\sum\limits_{j=1}^{n} a_{ij}x_j = 0\,(i = 1, 2, \cdots, n)$ 与 $\sum\limits_{j=1}^{n}(\boldsymbol{\alpha}_i, \boldsymbol{\alpha}_j)x_j = 0\,(i = 1, 2, \cdots, n)$ 的解空间保积同构.

22. 设 $\boldsymbol{\alpha}_1, \boldsymbol{\alpha}_2, \cdots, \boldsymbol{\alpha}_k$ 和 $\boldsymbol{\beta}_1, \boldsymbol{\beta}_2, \cdots, \boldsymbol{\beta}_k$ 是 n 维内积空间 U 中的两组向量. 证明: 存在保积变换 T, 使得 $T(\boldsymbol{\alpha}_i) = \boldsymbol{\beta}_i\,(i = 1, 2, \cdots, k)$ 成立的充分必要条件是

$$\boldsymbol{G}(\boldsymbol{\alpha}_1, \boldsymbol{\alpha}_2, \cdots, \boldsymbol{\alpha}_k) = \boldsymbol{G}(\boldsymbol{\beta}_1, \boldsymbol{\beta}_2, \cdots, \boldsymbol{\beta}_k).$$

附录　部分习题参考解答与提示

习 题 1

1. (1) $\begin{vmatrix} a_1+b_1 & b_1+c_1 & c_1+a_1 \\ a_2+b_2 & b_2+c_2 & c_2+a_2 \\ a_3+b_3 & b_3+c_3 & c_3+a_3 \end{vmatrix} = 2\begin{vmatrix} a_1+b_1+c_1 & b_1+c_1 & c_1+a_1 \\ a_2+b_2+c_2 & b_2+c_2 & c_2+a_2 \\ a_3+b_3+c_3 & b_3+c_3 & c_3+a_3 \end{vmatrix}$

$$= 2\begin{vmatrix} a_1 & b_1+c_1 & c_1+a_1 \\ a_2 & b_2+c_2 & c_2+a_2 \\ a_3 & b_3+c_3 & c_3+a_3 \end{vmatrix} = 2\begin{vmatrix} a_1 & b_1 & c_1 \\ a_2 & b_2 & c_2 \\ a_3 & b_3 & c_3 \end{vmatrix}.$$

(3) $D_3 = a\begin{vmatrix} x & ay+bz & az+bx \\ y & az+bx & ax+by \\ z & ax+by & ay+bz \end{vmatrix} + b\begin{vmatrix} y & ay+bz & az+bx \\ z & az+bx & ax+by \\ x & ax+by & ay+bz \end{vmatrix}$

$$= a^3\begin{vmatrix} x & y & z \\ y & z & x \\ z & x & y \end{vmatrix} + b^3\begin{vmatrix} y & z & x \\ z & x & y \\ x & y & z \end{vmatrix} = (a^3+b^3)\begin{vmatrix} x & y & z \\ y & z & x \\ z & x & y \end{vmatrix}.$$

2. $D_n = n!\begin{vmatrix} 1 & 1 & 1 & \cdots & 1 & 1 \\ 1 & 2 & 3 & \cdots & n-1 & n \\ \vdots & \vdots & \vdots & & \vdots & \vdots \\ 1 & 2^{n-2} & 3^{n-2} & \cdots & (n-1)^{n-2} & n^{n-2} \\ 1 & 2^{n-1} & 3^{n-1} & \cdots & (n-1)^{n-1} & n^{n-1} \end{vmatrix} = n!\prod\limits_{1\leqslant i<j\leqslant n}(j-i) = \prod\limits_{k=1}^{n} k!.$

3. 第 $n-1$ 列与前面的列依次交换 $n-2$ 次到第 1 列, 新的第 $n-1$ 列与前面的列依次交换 $n-3$ 次到第 2 列, $\cdots$, 新的第 $n-1$ 列与第 $n-2$ 列交换 1 次到第 $n-2$ 列, 得到

$$D_n = (-1)^{n-2+n-3+\cdots+1}\begin{vmatrix} 1 & 0 & 0 & \cdots & 0 & 0 & 0 \\ 0 & 2 & 0 & \cdots & 0 & 0 & 0 \\ \vdots & \vdots & \vdots & & \vdots & \vdots & \vdots \\ 0 & 0 & 0 & \cdots & n-2 & 0 & 0 \\ 0 & 0 & 0 & \cdots & 0 & n-1 & 0 \\ 0 & 0 & 0 & \cdots & 0 & 0 & n \end{vmatrix}$$

$= (-1)^{\frac{(n-2)(n-1)}{2}} n!.$　　**4**.　$D(t) = \begin{vmatrix} a_{11}+t & a_{12}+t & \cdots & a_{1j} & \cdots & a_{1n}+t \\ a_{21}+t & a_{22}+t & \cdots & a_{2j} & \cdots & a_{2n}+t \\ \vdots & \vdots & & \vdots & & \vdots \\ a_{n1}+t & a_{n2}+t & \cdots & a_{nj} & \cdots & a_{nn}+t \end{vmatrix} +$

$$\begin{vmatrix} a_{11}+t & a_{12}+t & \cdots & t & \cdots & a_{1n}+t \\ a_{21}+t & a_{22}+t & \cdots & t & \cdots & a_{2n}+t \\ \vdots & \vdots & & \vdots & & \vdots \\ a_{n1}+t & a_{n2}+t & \cdots & t & \cdots & a_{nn}+t \end{vmatrix}$$

$$=\begin{vmatrix} a_{11}+t & a_{12}+t & \cdots & a_{1j} & \cdots & a_{1n}+t \\ a_{21}+t & a_{22}+t & \cdots & a_{2j} & \cdots & a_{2n}+t \\ \vdots & \vdots & & \vdots & & \vdots \\ a_{n1}+t & a_{n2}+t & \cdots & a_{nj} & \cdots & a_{nn}+t \end{vmatrix}+t\sum_{i=1}^{n}A_{ij}=D(0)+t\sum_{i,j=1}^{n}A_{ij}.$$

5. $D_4=(x+a+b+c)(x+a-b-c)(x-a+b-c)(x-a-b+c)$.

6. 考虑 $D_5=\begin{vmatrix} 1 & x & x^2 & x^3 & x^4 \\ 1 & a & a^2 & a^3 & a^4 \\ 1 & b & b^2 & b^3 & b^4 \\ 1 & c & c^2 & c^3 & c^4 \\ 1 & d & d^2 & d^3 & d^4 \end{vmatrix}$, 记 A_{1k} 是 D_5 中 $(1,k)$ 元的代数余子式, 则

$$\sum_{k=1}^{5}A_{1k}x^{k-1}=(a-x)(b-x)(c-x)(d-x)(b-a)(c-a)(d-a)(c-b)(d-b)(d-c),$$

比较上式两边 x^3 的系数, 得到

$$D_4=-A_{14}=(a+b+c+d)(b-a)(c-a)(d-a)(c-b)(d-b)(d-c).$$

7. 按第一行展开, 得到 $D_n=aD_{n-1}-bcD_{n-2}$. 记 $a=\alpha+\beta, bc=\alpha\beta$, 则

$$D_n-\alpha D_{n-1}=\beta(D_{n-1}-\alpha D_{n-2}),$$

于是

$$\alpha(D_{n-1}-\alpha D_{n-2})=\alpha\beta(D_{n-2}-\alpha D_{n-3}),\cdots,\alpha^{n-3}(D_3-\alpha D_2)=\alpha^{n-3}\beta(D_2-\alpha D_1),$$

将上述式子相加并注意到 $D_1=a=\alpha+\beta, D_2=a^2-bc=\alpha^2+\alpha\beta+\beta^2$, 可得

$$D_n=\beta D_{n-1}+\alpha^n,$$

(注意到 α,β 的对称性) 同理，有

$$D_n=\alpha D_{n-1}+\beta^n.$$

因此, 当 $a^2=4bc$ 时, $D_n=(n+1)\left(\dfrac{a}{2}\right)^n$; 当 $a^2\neq 4bc$ 时, $D_n=\dfrac{\alpha^{n+1}-\beta^{n+1}}{\alpha-\beta}$, 其中 $\alpha=\dfrac{a+\sqrt{a^2-4bc}}{2},\beta=\dfrac{a-\sqrt{a^2-4bc}}{2}$.

$$8.\ D_{n+1}=\prod_{k=1}^{n}\frac{1}{a_k}\begin{vmatrix} a_0 & 1 & 1 & \cdots & 1 \\ \frac{1}{a_1} & -1 & 0 & \cdots & 0 \\ \frac{1}{a_2} & 0 & -1 & \cdots & 0 \\ \vdots & \vdots & \vdots & & \vdots \\ \frac{1}{a_n} & 0 & 0 & \cdots & -1 \end{vmatrix}=(-1)^n\left(a_0+\sum_{k=1}^{n}\frac{1}{a_k}\right)\prod_{k=1}^{n}a_k.$$

9. $D_n=(-1)^{n-1}(n-1)2^{n-2}$.

10. $D_n=\left(1+\sum\limits_{k=1}^{n}\frac{1}{a_k}\right)\prod\limits_{k=1}^{n}a_k$.

11. $D_n=(-1)^{1+n}y(z-x)^{n-1}+(-1)^{n+n}(x-y)D_{n-1}=\dfrac{y(x-z)^n-z(x-y)^n}{y-z}$.

12. $D_n=\prod\limits_{1\leqslant i<j\leqslant n}(x_j-x_i)$.

13. $D_n=\prod\limits_{1\leqslant i<j\leqslant n}(b_ia_j-a_ib_j)$.

14. 若 $a_k\neq 0$, 则

$$0\neq\prod_{1\leqslant i<j\leqslant n+1}(x_j-x_i)=\frac{1}{a_k}\begin{vmatrix} 1 & 1 & \cdots & 1 \\ x_1 & x_2 & \cdots & x_{n+1} \\ \vdots & \vdots & & \vdots \\ a_kx_1^k & a_kx_2^k & \cdots & a_kx_{n+1}^k \\ \vdots & \vdots & & \vdots \\ x_1^n & x_2^n & \cdots & x_{n+1}^n \end{vmatrix}=0.$$

15. 因为 $(x-a)(x-b)(x-c)=x^3+px+q$, 即

$$x^3-(a+b+c)x^2+(ab+bc+ca)x-abc=x^3+px+q,$$

所以 $a+b+c=0$. 于是 $\begin{vmatrix} a & b & c \\ b & c & a \\ c & a & b \end{vmatrix}=(a+b+c)\begin{vmatrix} 1 & 1 & 1 \\ b & c & a \\ c & a & b \end{vmatrix}=0$.

$$16.\ D_3=(a+b+c)^2\begin{vmatrix} a+b-c & 0 & c^2 \\ a-b-c & b+c-a & a^2 \\ 0 & b-c-a & (c+a)^2 \end{vmatrix}$$

$$=(a+b+c)^2\begin{vmatrix} a+b-c & 0 & c^2 \\ 0 & b+c-a & a^2 \\ b-c-a & b-c-a & (c+a)^2 \end{vmatrix}$$

$$=(a+b+c)^2\begin{vmatrix} a+b-c & 0 & c^2 \\ 0 & b+c-a & a^2 \\ -2a & -2c & 2ac \end{vmatrix}$$

$$= 2(a+b+c)^2\begin{vmatrix} a+b-c & 0 & c^2 \\ 0 & b+c-a & a^2 \\ -a & -c & ac \end{vmatrix}$$

$$= 2(a+b+c)^2\begin{vmatrix} a+b-c & 0 & (a+b)c \\ 0 & b+c-a & a^2 \\ -a & -c & 0 \end{vmatrix}$$

$$= 2(a+b+c)^2[a^2c(a+b-c)+ac(a+b)(b+c-a)]$$

$$= 2ac(a+b+c)^2[-ac+(a+b)(b+c)] = 2abc(a+b+c)^3.$$

17. 按第一列展开, 可得

$$D_{n+1} = \sum_{k=0}^{n}(-1)^{k+1+1}a_k \left|\begin{array}{ccccc:ccccc} -1 & 0 & \cdots & 0 & 0 & 0 & 0 & \cdots & 0 & 0 \\ x & -1 & \cdots & 0 & 0 & 0 & 0 & \cdots & 0 & 0 \\ \vdots & \vdots & & \vdots & \vdots & \vdots & \vdots & & \vdots & \vdots \\ 0 & 0 & \cdots & -1 & 0 & 0 & 0 & \cdots & 0 & 0 \\ 0 & 0 & \cdots & x & -1 & 0 & 0 & \cdots & 0 & 0 \\ \hdashline 0 & 0 & \cdots & 0 & 0 & x & -1 & \cdots & 0 & 0 \\ 0 & 0 & \cdots & 0 & 0 & 0 & x & \cdots & 0 & 0 \\ \vdots & \vdots & & \vdots & \vdots & \vdots & \vdots & & \vdots & \vdots \\ 0 & 0 & \cdots & 0 & 0 & 0 & 0 & \cdots & x & -1 \\ 0 & 0 & \cdots & 0 & 0 & 0 & 0 & \cdots & 0 & x \end{array}\right|$$

$$= \sum_{k=0}^{n} a_k(-1)^{k+2}(-1)^k x^{n-k} = \sum_{k=0}^{n} a_k x^{n-k}.$$

18. $D_n = \left(\sum\limits_{j=0}^{n}\dfrac{1}{a_j}\right)\prod\limits_{k=0}^{n} a_k.$

19. $D_n = \begin{cases} \prod\limits_{k=1}^{n}(x_k - a_kb_k) + \sum\limits_{k=1}^{n}\left[a_kb_k\prod\limits_{l\neq k}(x_l - a_lb_l)\right], & n>1, \\ x_1, & n=1. \end{cases}$

20. 数学归纳法. 当 $n=3$ 时, 因为将 D_3 的第一行中元素为 -1 的列乘以 -1, $|D_3|$ 不变, 所以不妨设 D_3 的 $(1,j)$ 元都等于 $1\,(j=1,2,3)$. 用同样的方法处理 D_3 的第一列, 使得 D_3 的 $(i,1)$ 元等于 $-1\,(i=2,3)$. 将 D_3 的第一行加到第二、第三行上, 得到 $\begin{vmatrix} 1 & 1 & 1 \\ 0 & a & b \\ 0 & c & d \end{vmatrix}$, 其中 a,b,c,d 为 0 或 2, 于是 $|D_3| \leqslant 4 = (3-1)(3-1)!$. 假设结论对 $n-1\,(n>3)$ 已经成立, 将 D_n 按第一行展开, 得到 $|D_n| = \left|\sum\limits_{j=1}^{n} a_{1j}A_{1j}\right|$, 其中 $a_{1j}=1$ 或 -1, 故

$$|D_n| \leqslant \sum_{j=1}^{n}|A_{1j}| \leqslant n(n-2)(n-2)! < (n-1)(n-1)!.$$

习 题 2

1. $\boldsymbol{A}^k=\begin{pmatrix}\cos k\theta & \sin k\theta\\ -\sin k\theta & \cos k\theta\end{pmatrix}$, $\boldsymbol{B}^k=\begin{pmatrix}\lambda^k & k\lambda^{k-1} & \dfrac{k(k-1)}{2}\lambda^{k-2}\\ 0 & \lambda^k & k\lambda^{k-1}\\ 0 & 0 & \lambda^k\end{pmatrix}$.

2. 因为 $\boldsymbol{B}(\boldsymbol{E}-\boldsymbol{A})\boldsymbol{B}^{\mathrm{T}}=\boldsymbol{O}$, 取转置, 得到 $\boldsymbol{B}(\boldsymbol{E}-\boldsymbol{A}^{\mathrm{T}})\boldsymbol{B}^{\mathrm{T}}=\boldsymbol{O}$, 且 $\boldsymbol{A}^{\mathrm{T}}=-\boldsymbol{A}$, 所以 $\boldsymbol{B}B^{\mathrm{T}}=\boldsymbol{O}$, 又因为 $\boldsymbol{B}\in\mathbb{R}^{n\times n}$, 所以 $\boldsymbol{B}=\boldsymbol{O}$.

3. 因为 $\boldsymbol{A}\boldsymbol{A}^{\mathrm{T}}=(a^2+b^2+c^2+d^2)\boldsymbol{E}$, 所以 $|\boldsymbol{A}|^2=(a^2+b^2+c^2+d^2)^4$. 又因为 $|\boldsymbol{A}|=-a^4+\cdots$, 所以 $|\boldsymbol{A}|=-(a^2+b^2+c^2+d^2)^2$.

4. 因为 $\boldsymbol{A}=\begin{pmatrix}\binom{n}{0}1 & \binom{n}{1}a_0 & \cdots & \binom{n}{n}a_0^n\\ \binom{n}{0}1 & \binom{n}{1}a_1 & \cdots & \binom{n}{n}a_1^n\\ \vdots & \vdots & & \vdots\\ \binom{n}{0}1 & \binom{n}{1}a_n & \cdots & \binom{n}{n}a_n^n\end{pmatrix}\begin{pmatrix}b_0^n & b_1^2 & \cdots & b_n^n\\ b_0^{n-1} & b_1^{n-1} & \cdots & b_n^{n-1}\\ \vdots & \vdots & & \vdots\\ 1 & 1 & \cdots & 1\end{pmatrix}$, 所以

$$|\boldsymbol{A}|=\prod_{k=0}^{n}\binom{n}{k}\prod_{0\leqslant i<j\leqslant n}^{n}(a_i-a_j)(b_j-b_i).$$

5. D.

6. C.

7. 因为 $\boldsymbol{A}$ 可逆, 所以 $|\boldsymbol{A}||\boldsymbol{A}^{-1}|=|\boldsymbol{A}\boldsymbol{A}^{-1}|=1$. 又因为 $\boldsymbol{A}^*\boldsymbol{A}=|\boldsymbol{A}|\boldsymbol{E},(\boldsymbol{A}^{-1})^*\boldsymbol{A}^{-1}=|\boldsymbol{A}^{-1}|\boldsymbol{E}$, 所以 $\boldsymbol{A}^*$ 可逆, 且 $(\boldsymbol{A}^*)^{-1}=\dfrac{\boldsymbol{A}}{|\boldsymbol{A}|}=|\boldsymbol{A}^{-1}|\boldsymbol{A}=(\boldsymbol{A}^{-1})^*$.

8. 由 $|\boldsymbol{A}|=-4,|\boldsymbol{C}|=1$ 和 $|\boldsymbol{A}|^2|\boldsymbol{B}|=|\boldsymbol{A}\boldsymbol{B}\boldsymbol{A}|=|\boldsymbol{C}|$, 得到 $|\boldsymbol{B}|=\dfrac{1}{16}$. 所以 $\boldsymbol{B}^*=|\boldsymbol{B}|\boldsymbol{B}^{-1}=|\boldsymbol{B}|\boldsymbol{A}\boldsymbol{C}^{-1}\boldsymbol{A}$, 而 $(\boldsymbol{C},\boldsymbol{A})\to\begin{pmatrix}1&0&0&1&-1&1\\0&1&0&1&1&3\\0&0&1&0&1&-1\end{pmatrix}=(\boldsymbol{E},\boldsymbol{C}^{-1}\boldsymbol{A})$, 所以

$$\boldsymbol{B}^*=\frac{1}{16}\begin{pmatrix}1&0&0\\1&1&3\\0&1&-1\end{pmatrix}\begin{pmatrix}1&-1&1\\1&1&3\\0&1&-1\end{pmatrix}=\frac{1}{16}\begin{pmatrix}1&-1&1\\2&3&1\\1&0&4\end{pmatrix}.$$

9. 由 $|\boldsymbol{A}^*|=|\boldsymbol{A}|^{4-1}$, 得到 $|\boldsymbol{A}|^3=8$, 即 $|\boldsymbol{A}|=2$. 由 $\boldsymbol{A}\boldsymbol{B}\boldsymbol{A}^{-1}=\boldsymbol{B}\boldsymbol{A}^{-1}+3\boldsymbol{E}_4$, 得到 $\boldsymbol{B}\boldsymbol{A}^{-1}=\boldsymbol{A}^{-1}\boldsymbol{B}\boldsymbol{A}^{-1}+3\boldsymbol{A}^{-1}$, 因而 $(\boldsymbol{E}-\boldsymbol{A}^{-1})\boldsymbol{B}\boldsymbol{A}^{-1}=3\boldsymbol{A}^{-1}$, 进而 $(2\boldsymbol{E}-\boldsymbol{A}^*)\boldsymbol{B}=6\boldsymbol{E}$. 又因为 $|2\boldsymbol{E}-\boldsymbol{A}^*|=-6$, 所以 $\boldsymbol{B}=6(2\boldsymbol{E}-\boldsymbol{A}^*)^{-1}$. 由 $(2\boldsymbol{E}-\boldsymbol{A}^*\ \boldsymbol{E})\to(\boldsymbol{E}\ (2\boldsymbol{E}-\boldsymbol{A}^*)^{-1})$, 其中 $(2\boldsymbol{E}-\boldsymbol{A}^*)^{-1}=\begin{pmatrix}1&0&0&0\\0&1&0&0\\1&0&1&0\\0&\dfrac{1}{2}&0&-\dfrac{1}{6}\end{pmatrix}$. 所以 $\boldsymbol{B}=\begin{pmatrix}6&0&0&0\\0&6&0&0\\6&0&6&0\\0&3&0&-1\end{pmatrix}$.

10. 由 $\boldsymbol{A}^*=\boldsymbol{A}^{\mathrm{T}}$, 得到 $A_{ij}=a_{ij}(i,j=1,2,3)$, 又由 $\boldsymbol{A}\boldsymbol{A}^*=|\boldsymbol{A}|\boldsymbol{E}=(a_{11}^2+a_{12}^2+a_{13}^2)\boldsymbol{E}$, 得到 $|\boldsymbol{A}|^2=|\boldsymbol{A}\boldsymbol{A}^*|=|\boldsymbol{A}|^3$. 由 $a_{11}=a_{12}=a_{13}>0$, 得到 $|\boldsymbol{A}|=1$. 所以 $3a_{11}^2=a_{11}^2+a_{12}^2+a_{13}^2=1$, 即 $a_{11}=\dfrac{1}{\sqrt{3}}$.

11. $\boldsymbol{A}^{-1}=\begin{pmatrix} -\dfrac{a_{n-1}}{a_n} & 1 & \cdots & 0 & 0 \\ -\dfrac{a_{n-2}}{a_n} & 0 & \cdots & 0 & 0 \\ \vdots & \vdots & & \vdots & \vdots \\ -\dfrac{a_1}{a_n} & 0 & \cdots & 0 & 1 \\ -\dfrac{1}{a_n} & 0 & \cdots & 0 & 0 \end{pmatrix}$.

12. 因为 $\boldsymbol{B}=\boldsymbol{A}(\boldsymbol{A}-\boldsymbol{E})(\boldsymbol{A}+2\boldsymbol{E})$, 且 $\boldsymbol{E}=\boldsymbol{A}(2^{-1}\boldsymbol{A}^2)$, $\boldsymbol{E}=\boldsymbol{A}^3-\boldsymbol{E}=(\boldsymbol{A}-\boldsymbol{E})(\boldsymbol{A}^2+\boldsymbol{A}+\boldsymbol{E})$, $10\boldsymbol{E}=\boldsymbol{A}^3+(2\boldsymbol{E})^3=(\boldsymbol{A}+2\boldsymbol{E})(\boldsymbol{A}^2-2\boldsymbol{A}+4\boldsymbol{E})$, 所以

$$\boldsymbol{B}^{-1}=\frac{1}{20}(\boldsymbol{A}^2-2\boldsymbol{A}+4\boldsymbol{E})(\boldsymbol{A}^2+\boldsymbol{A}+\boldsymbol{E})\boldsymbol{A}^2=\frac{1}{10}(\boldsymbol{A}^2+3\boldsymbol{A}+4\boldsymbol{E}).$$

13. 由 $(\boldsymbol{E}-\boldsymbol{A})(\boldsymbol{E}+\boldsymbol{A}+\cdots+\boldsymbol{A}^{k-1})=\boldsymbol{E}$, $(\boldsymbol{E}+\boldsymbol{A})\left[\boldsymbol{E}-\boldsymbol{A}+\cdots+(-1)^{k-1}\boldsymbol{A}^{k-1}\right]=\boldsymbol{E}$, 得到 $\boldsymbol{E}-\boldsymbol{A},\boldsymbol{E}+\boldsymbol{A}$ 都可逆, 且 $(\boldsymbol{E}-\boldsymbol{A})^{-1}=\boldsymbol{E}+\boldsymbol{A}+\cdots+\boldsymbol{A}^{k-1}$, $(\boldsymbol{E}+\boldsymbol{A})^{-1}=\boldsymbol{E}-\boldsymbol{A}+\cdots+(-1)^{k-1}\boldsymbol{A}^{k-1}$.

14. (1) 由题设, 得到

$$\begin{aligned}\boldsymbol{B}&=\boldsymbol{P}^{-1}\boldsymbol{A}\boldsymbol{P}=\boldsymbol{P}^{-1}(\boldsymbol{A}\boldsymbol{\alpha},\boldsymbol{A}^2\boldsymbol{\alpha},\boldsymbol{A}^3\boldsymbol{\alpha})=\boldsymbol{P}^{-1}(\boldsymbol{A}\boldsymbol{\alpha},\boldsymbol{A}^2\boldsymbol{\alpha},3\boldsymbol{A}\boldsymbol{\alpha}-2\boldsymbol{A}^2\boldsymbol{\alpha})\\&=(\boldsymbol{P}^{-1}\boldsymbol{A}\boldsymbol{\alpha},\boldsymbol{P}^{-1}\boldsymbol{A}^2\boldsymbol{\alpha},3\boldsymbol{P}^{-1}\boldsymbol{A}\boldsymbol{\alpha}-2\boldsymbol{P}^{-1}\boldsymbol{A}^2\boldsymbol{\alpha})=\begin{pmatrix}0&0&0\\1&0&3\\0&1&-2\end{pmatrix}.\end{aligned}$$

(2) $$\begin{aligned}|\boldsymbol{E}+\boldsymbol{A}|&=|\boldsymbol{E}+\boldsymbol{P}\boldsymbol{B}\boldsymbol{P}^{-1}|=|\boldsymbol{P}(\boldsymbol{E}+\boldsymbol{B})\boldsymbol{P}^{-1}|=|\boldsymbol{P}||\boldsymbol{E}+\boldsymbol{B}||\boldsymbol{P}^{-1}|\\&=|\boldsymbol{E}+\boldsymbol{B}|=\begin{vmatrix}1&0&0\\1&1&3\\0&1&-1\end{vmatrix}=-4.\end{aligned}$$

15. 记 $\boldsymbol{A}=\begin{pmatrix}1&0&1\\-1&1&1\\2&-1&1\end{pmatrix}$, 因为 $|\boldsymbol{A}|=1$, 所以 $\boldsymbol{X}=\boldsymbol{A}^{-1}\begin{pmatrix}1&1\\0&1\\-1&0\end{pmatrix}$. 又因为

$$\begin{pmatrix}1&0&1&1&1\\-1&1&1&0&1\\2&-1&1&-1&0\end{pmatrix}\to\begin{pmatrix}1&0&0&3&1\\0&1&0&5&2\\0&0&1&-2&0\end{pmatrix},$$

所以

$$\boldsymbol{X}=\begin{pmatrix}3&1\\5&2\\-2&0\end{pmatrix}.$$

16. (1) $[\boldsymbol{E}+f(\boldsymbol{A})](\boldsymbol{E}+\boldsymbol{A})=[\boldsymbol{E}+(\boldsymbol{E}-\boldsymbol{A})(\boldsymbol{E}+\boldsymbol{A})^{-1}](\boldsymbol{E}+\boldsymbol{A})=2\boldsymbol{E}$.

(2) $f(f(\boldsymbol{A}))=[\boldsymbol{E}-f(\boldsymbol{A})][\boldsymbol{E}+f(\boldsymbol{A})]^{-1}=\dfrac{1}{2}[\boldsymbol{E}-(\boldsymbol{E}-\boldsymbol{A})(\boldsymbol{E}+\boldsymbol{A})^{-1}](\boldsymbol{E}+\boldsymbol{A})=\boldsymbol{A}$.

17. B.

18. C.

19. (1) 因为 $(\boldsymbol{E}-\boldsymbol{A})\boldsymbol{B}+\boldsymbol{A}-\boldsymbol{E}=-\boldsymbol{E}$, 所以 $(\boldsymbol{E}-\boldsymbol{A})(\boldsymbol{E}-\boldsymbol{B})=\boldsymbol{E}$, 故 $\boldsymbol{E}-\boldsymbol{A}$ 可逆. 于是 $(\boldsymbol{E}-\boldsymbol{B})(\boldsymbol{E}-\boldsymbol{A})=\boldsymbol{E}$, 代入 $\boldsymbol{AB}=\boldsymbol{A}+\boldsymbol{B}$, 得到 $\boldsymbol{AB}=\boldsymbol{BA}$.

(2) 因为

$$\boldsymbol{A\alpha\beta}^{\mathrm{T}}(\boldsymbol{E}+\boldsymbol{A\alpha\beta}^{\mathrm{T}})=\boldsymbol{A\alpha}(1+\boldsymbol{\beta}^{\mathrm{T}}\boldsymbol{A\alpha})\boldsymbol{\beta}^{\mathrm{T}}=(1+\boldsymbol{\beta}^{\mathrm{T}}\boldsymbol{A\alpha})\boldsymbol{A\alpha\beta}^{\mathrm{T}},$$

所以

$$\boldsymbol{A\alpha\beta}^{\mathrm{T}}=\frac{\boldsymbol{A\alpha\beta}^{\mathrm{T}}}{1+\boldsymbol{\beta}^{\mathrm{T}}\boldsymbol{A\alpha}}(\boldsymbol{E}+\boldsymbol{A\alpha\beta}^{\mathrm{T}}).$$

于是

$$\boldsymbol{E}=\boldsymbol{E}+\boldsymbol{A\alpha\beta}^{\mathrm{T}}-\frac{\boldsymbol{A\alpha\beta}^{\mathrm{T}}}{1+\boldsymbol{\beta}^{\mathrm{T}}\boldsymbol{A\alpha}}(\boldsymbol{E}+\boldsymbol{A\alpha\beta}^{\mathrm{T}})=\left(\boldsymbol{E}-\frac{\boldsymbol{A\alpha\beta}^{\mathrm{T}}}{1+\boldsymbol{\beta}^{\mathrm{T}}\boldsymbol{A\alpha}}\right)(\boldsymbol{E}+\boldsymbol{A\alpha\beta}^{\mathrm{T}}).$$

故 $\boldsymbol{E}+\boldsymbol{A\alpha\beta}^{\mathrm{T}}$ 可逆, 且 $(\boldsymbol{E}+\boldsymbol{A\alpha\beta}^{\mathrm{T}})^{-1}=\boldsymbol{E}-\dfrac{\boldsymbol{A\alpha\beta}^{\mathrm{T}}}{1+\boldsymbol{\beta}^{\mathrm{T}}\boldsymbol{A\alpha}}$.

(3) 易得 $\boldsymbol{A}=\begin{pmatrix} a & b \\ ka & kb \end{pmatrix}=\begin{pmatrix} 1 \\ k \end{pmatrix}\begin{pmatrix} a & b \end{pmatrix}$. 于是

$$\boldsymbol{A}^n=\begin{pmatrix} 1 \\ k \end{pmatrix}\begin{pmatrix} a & b \end{pmatrix}\cdots\begin{pmatrix} 1 \\ k \end{pmatrix}\begin{pmatrix} a & b \end{pmatrix}=(a+kb)^{n-1}\boldsymbol{A},$$

从而 $a+kb=0$. 故 $\boldsymbol{A}^2=\boldsymbol{O}$.

(4) 设 $\boldsymbol{A}=(a_{ij})_{n\times n}$ 是上三角矩阵. 显然 $A_{1j}=0(j=2,3,\cdots,n), A_{in}=0(i=1,2,\cdots,n-1)$, 且当 $2\leqslant i<j\leqslant n-1$ 时, 有

$$A_{ij}=(-1)^{i+j}\begin{vmatrix} a_{11} & a_{12} & \cdots & a_{1,j-2} & a_{1,j-1} \\ 0 & a_{22} & \cdots & a_{2,j-2} & a_{2,j-1} \\ \vdots & \vdots & & \vdots & \vdots \\ 0 & 0 & \cdots & 0 & a_{j-1,j-1} \\ 0 & 0 & \cdots & 0 & 0 \end{vmatrix}\cdot a_{j+1,j+1}\cdot\ \cdots\ \cdot a_{nn}=0,$$

所以上三角矩阵 $\boldsymbol{A}$ 的伴随矩阵 $\boldsymbol{A}^*$ 是上三角矩阵. 又因为 $\boldsymbol{A}^{-1}=\dfrac{\boldsymbol{A}^*}{|\boldsymbol{A}|}$, 所以上三角矩阵的逆矩阵也是上三角矩阵.

(5) 设 $\boldsymbol{A}$ 可逆, 且 $\boldsymbol{A}^{\mathrm{T}}=\boldsymbol{A}$. 由 $\boldsymbol{AA}^{-1}=\boldsymbol{A}^{-1}\boldsymbol{A}=\boldsymbol{E}$, 得 $\boldsymbol{A}^{\mathrm{T}}(\boldsymbol{A}^{-1})^{\mathrm{T}}=\boldsymbol{A}(\boldsymbol{A}^{-1})^{\mathrm{T}}=\boldsymbol{E}$. 故 $(\boldsymbol{A}^{-1})^{\mathrm{T}}=\boldsymbol{A}^{-1}$.

(6) 当 $|\boldsymbol{A}|\neq 0$ 时. 因为 $\boldsymbol{AA}^*=|\boldsymbol{A}|\boldsymbol{E}$, 所以 $|\boldsymbol{A}||\boldsymbol{A}^*|=|\boldsymbol{A}|^n$, 即 $|\boldsymbol{A}^*|=|\boldsymbol{A}|^{n-1}$. 又因为 $\boldsymbol{A}^*(\boldsymbol{A}^*)^*=|\boldsymbol{A}^*|\boldsymbol{E}$, 所以 $|\boldsymbol{A}|(\boldsymbol{A}^*)^*=\boldsymbol{AA}^*(\boldsymbol{A}^*)^*=|\boldsymbol{A}^*|\boldsymbol{A}=|\boldsymbol{A}|^{n-1}\boldsymbol{A}$. 于是

$$(\boldsymbol{A}^*)^*=|\boldsymbol{A}|^{n-2}\boldsymbol{A}.$$

当 $|\boldsymbol{A}|=0$ 时, 考虑 $\boldsymbol{A}(\lambda)=\lambda\boldsymbol{E}+\boldsymbol{A}$, 易知除至多 n 个 λ 之外, $|\boldsymbol{A}(\lambda)|\neq 0$, 所以

$$\{[\boldsymbol{A}(\lambda)]^*\}^*=|\boldsymbol{A}(\lambda)|^{n-2}\boldsymbol{A}(\lambda).$$

记 $\{[\boldsymbol{A}(\lambda)]^*\}^*=(f_{ij}(\lambda))_{n\times n}, |\boldsymbol{A}(\lambda)|^{n-2}\boldsymbol{A}(\lambda)=(g_{ij}(\lambda))_{n\times n}$, 则

$$f_{ij}(\lambda)=g_{ij}(\lambda), i,j=1,2,\cdots,n.$$

注意到 $f_{ij}(\lambda)$ 和 $g_{ij}(\lambda)$ 都是 λ 的至多 $(n-1)^2$ 次多项式, 且有无穷多个 λ, 使得 $f_{ij}(\lambda)=g_{ij}(\lambda)$, 所以 $f_{ij}(\lambda)\equiv g_{ij}(\lambda)\,(i,j=1,2,\cdots,n)$. 故 $\{[\boldsymbol{A}(\lambda)]^*\}^*\equiv|\boldsymbol{A}(\lambda)|^{n-2}\boldsymbol{A}(\lambda)$. 特别地, 令 $\lambda=0$, 得到 $(\boldsymbol{A}^*)^*=|\boldsymbol{A}|^{n-2}\boldsymbol{A}$.

(7) 因为 $\begin{pmatrix}\boldsymbol{E} & \boldsymbol{O}\\ -\boldsymbol{E} & \boldsymbol{E}\end{pmatrix}\begin{pmatrix}\boldsymbol{A} & \boldsymbol{B}\\ \boldsymbol{B} & \boldsymbol{A}\end{pmatrix}\begin{pmatrix}\boldsymbol{E} & \boldsymbol{O}\\ \boldsymbol{E} & \boldsymbol{E}\end{pmatrix}=\begin{pmatrix}\boldsymbol{A}+\boldsymbol{B} & \boldsymbol{B}\\ \boldsymbol{O} & \boldsymbol{A}-\boldsymbol{B}\end{pmatrix}$, 所以

$$\begin{vmatrix}\boldsymbol{A} & \boldsymbol{B}\\ \boldsymbol{B} & \boldsymbol{A}\end{vmatrix}=|\boldsymbol{A}+\boldsymbol{B}||\boldsymbol{A}-\boldsymbol{B}|.$$

(8) 因为 $\begin{pmatrix}\boldsymbol{E} & \boldsymbol{O}\\ -\boldsymbol{C}\boldsymbol{A}^{-1} & \boldsymbol{E}\end{pmatrix}\begin{pmatrix}\boldsymbol{A} & \boldsymbol{B}\\ \boldsymbol{C} & \boldsymbol{D}\end{pmatrix}=\begin{pmatrix}\boldsymbol{A} & \boldsymbol{B}\\ \boldsymbol{O} & \boldsymbol{D}-\boldsymbol{C}\boldsymbol{A}^{-1}\boldsymbol{B}\end{pmatrix}$, 所以

$$\begin{vmatrix}\boldsymbol{A} & \boldsymbol{B}\\ \boldsymbol{C} & \boldsymbol{D}\end{vmatrix}=|\boldsymbol{A}||\boldsymbol{D}-\boldsymbol{C}\boldsymbol{A}^{-1}\boldsymbol{B}|.$$

20. (1) $\boldsymbol{P}\boldsymbol{Q}=\begin{pmatrix}\boldsymbol{A} & \boldsymbol{\alpha}\\ \boldsymbol{O} & |\boldsymbol{A}|(b-\boldsymbol{\alpha}^{\mathrm{T}}\boldsymbol{A}^{-1}\boldsymbol{\alpha})\end{pmatrix}$.

(2) 因为 $|\boldsymbol{Q}|=|\boldsymbol{A}|(b-\boldsymbol{\alpha}'\boldsymbol{A}^{-1}\boldsymbol{\alpha})$, 所以结论成立.

21. 由题设, 得到 $\boldsymbol{A}\boldsymbol{A}^{\mathrm{T}}=\boldsymbol{A}\boldsymbol{A}^*=|\boldsymbol{A}|\boldsymbol{E}_n$. 如果 $|\boldsymbol{A}|=0$, 则 $\boldsymbol{A}=\boldsymbol{O}$, $r(\boldsymbol{A})=0$; 如果 $|\boldsymbol{A}|\neq 0$, 则 $r(\boldsymbol{A})=n$.

22. 因为

$$\begin{pmatrix}-\boldsymbol{E} & \boldsymbol{A}\\ \boldsymbol{B} & \boldsymbol{E}\end{pmatrix}\to\begin{pmatrix}-\boldsymbol{E} & \boldsymbol{A}\\ \boldsymbol{O} & \boldsymbol{E}+\boldsymbol{B}\boldsymbol{A}\end{pmatrix}\to\begin{pmatrix}-\boldsymbol{E} & \boldsymbol{O}\\ \boldsymbol{O} & \boldsymbol{E}+\boldsymbol{B}\boldsymbol{A}\end{pmatrix}\to\begin{pmatrix}\boldsymbol{E} & \boldsymbol{O}\\ \boldsymbol{O} & \boldsymbol{E}+\boldsymbol{B}\boldsymbol{A}\end{pmatrix},$$

$$\begin{pmatrix}-\boldsymbol{E} & \boldsymbol{A}\\ \boldsymbol{B} & \boldsymbol{E}\end{pmatrix}\to\begin{pmatrix}-\boldsymbol{E}-\boldsymbol{A}\boldsymbol{B} & \boldsymbol{O}\\ \boldsymbol{B} & \boldsymbol{E}\end{pmatrix}\to\begin{pmatrix}-\boldsymbol{E}-\boldsymbol{A}\boldsymbol{B} & \boldsymbol{O}\\ \boldsymbol{O} & \boldsymbol{E}\end{pmatrix}\to\begin{pmatrix}\boldsymbol{E}+\boldsymbol{A}\boldsymbol{B} & \boldsymbol{O}\\ \boldsymbol{O} & \boldsymbol{E}\end{pmatrix},$$

所以 $r(\boldsymbol{E})+r(\boldsymbol{E}+\boldsymbol{A}\boldsymbol{B})=r(\boldsymbol{E})+r(\boldsymbol{E}+\boldsymbol{B}\boldsymbol{A})$, 故 $r(\boldsymbol{E}+\boldsymbol{A}\boldsymbol{B})=r(\boldsymbol{E}+\boldsymbol{B}\boldsymbol{A})$.

习 题 3

1. 不存在. 因为 $r(\boldsymbol{\alpha}_1,\boldsymbol{\alpha}_2,\boldsymbol{\alpha}_3)=2<3$.

2. 记 $\boldsymbol{A}=(\boldsymbol{\alpha}_1,\boldsymbol{\alpha}_2,\cdots,\boldsymbol{\alpha}_n)$, 则 $D=|\boldsymbol{A}^{\mathrm{T}}\boldsymbol{A}|$.

3. $|\boldsymbol{A}^2|=|\boldsymbol{A}(\boldsymbol{\alpha}_1,\boldsymbol{\alpha}_2,\boldsymbol{\alpha}_3)|=|(\boldsymbol{A}\boldsymbol{\alpha}_1,\boldsymbol{A}\boldsymbol{\alpha}_2,\boldsymbol{A}\boldsymbol{\alpha}_3)|=|\boldsymbol{\alpha}_1+2\boldsymbol{\alpha}_2+\boldsymbol{\alpha}_3,\boldsymbol{\alpha}_1+\boldsymbol{\alpha}_3,\boldsymbol{\alpha}_2+2\boldsymbol{\alpha}_3|=|2\boldsymbol{\alpha}_2,\boldsymbol{\alpha}_1+\boldsymbol{\alpha}_3,\boldsymbol{\alpha}_2+2\boldsymbol{\alpha}_3|=|2\boldsymbol{\alpha}_2,\boldsymbol{\alpha}_1,2\boldsymbol{\alpha}_3|=-4|\boldsymbol{A}|$, 注意到 $|\boldsymbol{A}|\neq 0$, 所以 $|\boldsymbol{A}|=-4$.

4. D.

5. B.

6. (1) $r=2$. (2) $r=2$. (3) $r=4$.

7. 不一定线性相关. 如 $\boldsymbol{\alpha}_1=(1,0)^{\mathrm{T}},\boldsymbol{\alpha}_2=(0,0)^{\mathrm{T}},\boldsymbol{\beta}_1=(0,0)^{\mathrm{T}},\boldsymbol{\beta}_2=(0,1)^{\mathrm{T}}$, 则 $\boldsymbol{\alpha}_1+\boldsymbol{\beta}_1=\boldsymbol{\alpha}_1,\boldsymbol{\alpha}_2+\boldsymbol{\beta}_2=\boldsymbol{\beta}_2$ 线性无关.

8. 不一定线性无关. 如 $\boldsymbol{\alpha}_1=(1,0)^{\mathrm{T}},\boldsymbol{\alpha}_2=(0,1)^{\mathrm{T}},\boldsymbol{\beta}_1=(0,1)^{\mathrm{T}},\boldsymbol{\beta}_2=(1,0)^{\mathrm{T}}$, 则 $\boldsymbol{\alpha}_1+\boldsymbol{\beta}_1=(1,1)^{\mathrm{T}},\boldsymbol{\alpha}_2+\boldsymbol{\beta}_2=(1,1)^{\mathrm{T}}$ 线性相关.

9. 不一定线性无关. 如 $\boldsymbol{\alpha}=(1,0)^{\mathrm{T}},\boldsymbol{\beta}=(0,1)^{\mathrm{T}},\boldsymbol{\gamma}=(1,1)^{\mathrm{T}}$, 则 $\boldsymbol{\gamma}=\boldsymbol{\alpha}+\boldsymbol{\beta}$ 线性相关.

10. 向量组 $\boldsymbol{\beta}_1,\boldsymbol{\beta}_2$ 线性相关. 其实, 记 $\boldsymbol{A}=\begin{pmatrix}\boldsymbol{\alpha}_1^{\mathrm{T}}\\ \boldsymbol{\alpha}_2^{\mathrm{T}}\\ \boldsymbol{\alpha}_3^{\mathrm{T}}\end{pmatrix},\boldsymbol{B}=(\boldsymbol{\beta}_1,\boldsymbol{\beta}_2)$, 则 $r(\boldsymbol{A})=3,\boldsymbol{AB}=\boldsymbol{O}$. 因为 $0=r(\boldsymbol{AB})\geqslant r(\boldsymbol{A})+r(\boldsymbol{B})-4$, 所以 $r(\boldsymbol{B})\leqslant 1$. 故 $\boldsymbol{\beta}_1,\boldsymbol{\beta}_2$ 线性相关.

11. 线性无关.

12. $r(\boldsymbol{A}^2)=2$.

13. 因为 $m\geqslant r(\boldsymbol{A})\geqslant r(\boldsymbol{BA})=r(\boldsymbol{E})=m$, 所以 $r(\boldsymbol{A})=m$.

14. 因为 $\boldsymbol{AB}-\boldsymbol{E}=(\boldsymbol{A}-\boldsymbol{E})\boldsymbol{B}+\boldsymbol{B}-\boldsymbol{E}$, 所以

$$r(\boldsymbol{AB}-\boldsymbol{E})\leqslant r((\boldsymbol{A}-\boldsymbol{E})\boldsymbol{B})+r(\boldsymbol{B}-\boldsymbol{E})\leqslant r(\boldsymbol{A}-\boldsymbol{E})+r(\boldsymbol{B}-\boldsymbol{E}).$$

15. 设 $\boldsymbol{A}(c_1\boldsymbol{\alpha}_1+c_2\boldsymbol{\alpha}_2+\cdots+c_m\boldsymbol{\alpha}_m)=\boldsymbol{0}$. 因为 $\boldsymbol{A}$ 可逆, 用 $\boldsymbol{A}^{-1}$ 左乘以上式, 得到

$$c_1\boldsymbol{\alpha}_1+c_2\boldsymbol{\alpha}_2+\cdots+c_m\boldsymbol{\alpha}_m=\boldsymbol{0}.$$

又因为 $\boldsymbol{\alpha}_1,\boldsymbol{\alpha}_2,\cdots,\boldsymbol{\alpha}_m$ 线性无关, 所以 $c_1=c_2=\cdots=c_m=0$. 于是 $\boldsymbol{A\alpha}_1,\boldsymbol{A\alpha}_2,\cdots,\boldsymbol{A\alpha}_m$ 线性无关.

16. 必要性. 假设向量组 $\boldsymbol{\alpha}_1,\boldsymbol{\alpha}_2,\cdots,\boldsymbol{\alpha}_m$ 线性相关, 则存在不全为0的数 $k_1,k_2,\cdots,k_m$, 使得 $k_1\boldsymbol{\alpha}_1+k_2\boldsymbol{\alpha}_2+\cdots+k_m\boldsymbol{\alpha}_m=\boldsymbol{0}$. 于是 $\boldsymbol{\beta}=\sum\limits_{j=1}^{m}c_j\boldsymbol{\alpha}_j=\sum\limits_{j=1}^{m}(c_j+k_j)\boldsymbol{\alpha}_j$. 这与假设相矛盾. 故向量组 $\boldsymbol{\alpha}_1,\boldsymbol{\alpha}_2,\cdots,\boldsymbol{\alpha}_m$ 线性无关.

充分性. 因为 $m+1$ 个 m 维向量 $\boldsymbol{\beta},\boldsymbol{\alpha}_1,\boldsymbol{\alpha}_2,\cdots,\boldsymbol{\alpha}_m$ 必然线性相关, 所以存在不全为零的数 $c,c_1,c_2,\cdots,c_m$, 使得 $c\boldsymbol{\beta}+c_1\boldsymbol{\alpha}_1+c_2\boldsymbol{\alpha}_2+\cdots+c_m\boldsymbol{\alpha}_m=\boldsymbol{0}$. 注意到 $\boldsymbol{\alpha}_1,\boldsymbol{\alpha}_2,\cdots,\boldsymbol{\alpha}_m$ 线性无关, 所以 $c\neq 0$. 从而 $\boldsymbol{\beta}=-\dfrac{c_1}{c}\boldsymbol{\alpha}_1-\dfrac{c_2}{c}\boldsymbol{\alpha}_2-\cdots-\dfrac{c_m}{c}\boldsymbol{\alpha}_m$. 如果又有 $\boldsymbol{\beta}=k_1\boldsymbol{\alpha}_1+k_2\boldsymbol{\alpha}_2+\cdots+k_m\boldsymbol{\alpha}_m$, 则 $\left(k_1+\dfrac{c_1}{c}\right)\boldsymbol{\alpha}_1+\left(k_2+\dfrac{c_2}{c}\right)\boldsymbol{\alpha}_2+\cdots+\left(k_m+\dfrac{c_m}{c}\right)\boldsymbol{\alpha}_m=\boldsymbol{0}$, 还由 $\boldsymbol{\alpha}_1,\boldsymbol{\alpha}_2,\cdots,\boldsymbol{\alpha}_m$ 线性无关, 得到 $k_i=-\dfrac{c_i}{c}\ (i=1,2,\cdots,m)$.

17. 由 $r(\boldsymbol{A})=r$, 不妨设 $\boldsymbol{A}$ 的第 $i_1,i_2,\cdots,i_r$ 行线性无关, 因为 $\boldsymbol{A}$ 是对称矩阵 (或反对称矩阵), 所以 $\boldsymbol{A}$ 的第 $i_1,i_2,\cdots,i_r$ 列线性无关. 用初等行变换可把 $\boldsymbol{A}$ 的第 $i_1,i_2,\cdots,i_r$ 行换到前 r 行, 再用相同的初等列变换把 $\boldsymbol{A}$ 的第 $i_1,i_2,\cdots,i_r$ 列换到前 r 列, 得到的矩阵记为 $\boldsymbol{B}$, $\boldsymbol{B}$ 仍是对称矩阵(或反对称矩阵). 因为 $\boldsymbol{B}$ 的后 $n-r$ 个行向量中的每一个向量都是前 r 个行向量的线性组合, 所以可用第三类初等行变换把它们都变为零向量, 接着做同样的初

等列变换, 得到的矩阵 $\boldsymbol{C}$ 仍是对称矩阵 (或反对称矩阵), 且具有形式 $\boldsymbol{C}=\begin{pmatrix}\boldsymbol{Q} & \boldsymbol{O}\\ \boldsymbol{O} & \boldsymbol{O}\end{pmatrix}$. 因为 $r(\boldsymbol{C})=r(\boldsymbol{A})=r$, 所以 $|\boldsymbol{Q}|\neq 0$.

18. 是. 不妨设 $\boldsymbol{A}$ 的前 r 个行向量线性无关和 $\boldsymbol{A}$ 的前 r 个列向量线性无关, 其交点处的元素构成的 r 阶子式记为 D. 假设 $D=0$, 对 $\boldsymbol{A}$ 的前 r 个行施行初等行变换, 可得

$$\boldsymbol{A}\to\begin{pmatrix}\boldsymbol{0}^{\mathrm{T}} & \boldsymbol{\alpha}\\ \boldsymbol{B} & \boldsymbol{C}\end{pmatrix},$$

其中 $\boldsymbol{\alpha}$ 是 $n-r$ 维行向量, $\boldsymbol{B}$ 是 $(m-1)\times r$ 矩阵, $\boldsymbol{C}$ 是 $(m-1)\times(n-r)$ 矩阵. 因为初等行变换不改变矩阵的列秩, 所以 $r(\boldsymbol{B})=r$, 且 $\boldsymbol{\alpha}\neq\boldsymbol{0}$. 于是 $r(\boldsymbol{A})\geqslant r(\boldsymbol{B})+r(\boldsymbol{\alpha})=r+1$, 矛盾, 所以 $D\neq 0$.

19. 存在 m 阶可逆矩阵 $\boldsymbol{P}$ 和 n 阶可逆矩阵 $\boldsymbol{Q}$, 使得 $\boldsymbol{PAQ}=\begin{pmatrix}\boldsymbol{E}_r & \boldsymbol{O}\\ \boldsymbol{O} & \boldsymbol{O}\end{pmatrix}$. 于是

$$\boldsymbol{A}=\boldsymbol{P}^{-1}\begin{pmatrix}\boldsymbol{E}_r & \boldsymbol{O}\\ \boldsymbol{O} & \boldsymbol{O}\end{pmatrix}\boldsymbol{Q}^{-1}=\boldsymbol{P}^{-1}\begin{pmatrix}\boldsymbol{E}_r\\ \boldsymbol{O}\end{pmatrix}\begin{pmatrix}\boldsymbol{E}_r & \boldsymbol{O}\end{pmatrix}\boldsymbol{Q}^{-1}=\boldsymbol{BC},$$

其中 $\boldsymbol{B}=\boldsymbol{P}^{-1}\begin{pmatrix}\boldsymbol{E}_r\\ \boldsymbol{O}\end{pmatrix},\boldsymbol{C}=\begin{pmatrix}\boldsymbol{E}_r & \boldsymbol{O}\end{pmatrix}\boldsymbol{Q}^{-1}$. 显然 $r(\boldsymbol{B})=r(\boldsymbol{C})=r$.

20. 设 $\boldsymbol{B}$ 是 $m\times n$ 矩阵, 且 $r(\boldsymbol{B})=r$, 由 19 题, 存在 $m\times r$ 矩阵 $\boldsymbol{B}_1$ 和 $r\times n$ 矩阵 $\boldsymbol{B}_2$, 使得 $\boldsymbol{B}=\boldsymbol{B}_1\boldsymbol{B}_2$, 且 $r(\boldsymbol{B}_1)-r(\boldsymbol{B}_2)=r$. 再由西尔维斯特秩不等式, 得到

$$r(\boldsymbol{ABC})=r(\boldsymbol{AB}_1\boldsymbol{B}_2\boldsymbol{C})\geqslant r(\boldsymbol{AB}_1)+r(\boldsymbol{B}_2\boldsymbol{C})-r\geqslant r(\boldsymbol{AB})+r(\boldsymbol{BC})-r(\boldsymbol{B}).$$

或者因为

$$\begin{pmatrix}\boldsymbol{ABC} & \boldsymbol{O}\\ \boldsymbol{O} & \boldsymbol{B}\end{pmatrix}\to\begin{pmatrix}\boldsymbol{ABC} & \boldsymbol{O}\\ \boldsymbol{BC} & \boldsymbol{B}\end{pmatrix}\to\begin{pmatrix}\boldsymbol{O} & -\boldsymbol{AB}\\ \boldsymbol{BC} & \boldsymbol{B}\end{pmatrix}\to\begin{pmatrix}\boldsymbol{AB} & \boldsymbol{O}\\ -\boldsymbol{B} & \boldsymbol{BC}\end{pmatrix},$$

所以

$$r(\boldsymbol{ABC})+r(\boldsymbol{B})\geqslant r(\boldsymbol{AB})+r(\boldsymbol{BC}),\text{即}\, r(\boldsymbol{ABC})\geqslant r(\boldsymbol{AB})+r(\boldsymbol{BC})-r(\boldsymbol{B}).$$

21. 因为 $r(\boldsymbol{E}-\boldsymbol{A}_i)=n-r(\boldsymbol{A}_i)\leqslant n-r(\boldsymbol{B})\ (i=1,2,\cdots,m)$, 所以

$$\begin{aligned}r(\boldsymbol{E}-\boldsymbol{B})&=r(\boldsymbol{E}-\boldsymbol{A}_1+\boldsymbol{A}_1(\boldsymbol{E}-\boldsymbol{A}_2\cdots\boldsymbol{A}_m))\leqslant r(\boldsymbol{E}-\boldsymbol{A}_1)+r(\boldsymbol{E}-\boldsymbol{A}_2\cdots\boldsymbol{A}_m)\\ &\leqslant\cdots\leqslant\sum_{i=1}^{m}r(\boldsymbol{E}-\boldsymbol{A}_i)\leqslant m(n-r(\boldsymbol{B})).\end{aligned}$$

22. 考虑下列矩阵的分块初等变换:

$$\begin{pmatrix}\boldsymbol{A} & \boldsymbol{O}\\ \boldsymbol{O} & \boldsymbol{E}_n-\boldsymbol{BA}\end{pmatrix}\to\begin{pmatrix}\boldsymbol{A} & \boldsymbol{A}\\ \boldsymbol{O} & \boldsymbol{E}_n-\boldsymbol{BA}\end{pmatrix}\to\begin{pmatrix}\boldsymbol{A} & \boldsymbol{A}\\ \boldsymbol{BA} & \boldsymbol{E}_n\end{pmatrix}\to\begin{pmatrix}\boldsymbol{A}-\boldsymbol{ABA} & \boldsymbol{O}\\ \boldsymbol{O} & \boldsymbol{E}_n\end{pmatrix},$$

于是

$$r(\boldsymbol{A})+r(\boldsymbol{E}_n-\boldsymbol{BA})=r(\boldsymbol{A}-\boldsymbol{ABA})+n, \text{即}\, r(\boldsymbol{A}-\boldsymbol{ABA})-r(\boldsymbol{A})+r(\boldsymbol{E}_n-\boldsymbol{BA})=n.$$

23. 令 $\boldsymbol{D}=\operatorname{diag}(\boldsymbol{A}_1,\boldsymbol{A}_2,\cdots,\boldsymbol{A}_k), \boldsymbol{B}=(\boldsymbol{E}_n,\boldsymbol{E}_n,\cdots,\boldsymbol{E}_n)\in\mathbb{K}^{n\times kn}$, 则

$$\begin{pmatrix} \boldsymbol{A}_1^2 & \boldsymbol{A}_1\boldsymbol{A}_2 & \cdots & \boldsymbol{A}_1\boldsymbol{A}_k \\ \boldsymbol{A}_2\boldsymbol{A}_1 & \boldsymbol{A}_2^2 & \cdots & \boldsymbol{A}_2\boldsymbol{A}_k \\ \vdots & \vdots & & \vdots \\ \boldsymbol{A}_k\boldsymbol{A}_1 & \boldsymbol{A}_k\boldsymbol{A}_2 & \cdots & \boldsymbol{A}_k^2 \end{pmatrix}=\boldsymbol{DB}^{\mathrm{T}}\boldsymbol{BD}.$$

充分性. 由 $\boldsymbol{A}_1,\boldsymbol{A}_2,\cdots,\boldsymbol{A}_k$ 都是幂等矩阵和 $\boldsymbol{A}_i\boldsymbol{A}_j=\boldsymbol{O}\,(i\neq j)$, 得到 $\boldsymbol{A}=\sum\limits_{i=1}^{k}\boldsymbol{A}_i$ 也是幂等矩阵, 且 $r(\boldsymbol{A})+r(\boldsymbol{E}-\boldsymbol{A})=n$. 因为 $r(\boldsymbol{D})=\sum\limits_{i=1}^{k}r(\boldsymbol{A}_i)$, 所以我们只需要证明 $r(\boldsymbol{D})=r(\boldsymbol{A})$ 即可, 即证

$$r(\boldsymbol{E}_{kn}-\boldsymbol{B}^{\mathrm{T}}\boldsymbol{BD})=kn-r(\boldsymbol{D})=(k-1)n+r(\boldsymbol{E}_n-\boldsymbol{A}).$$

因为

$$\boldsymbol{E}_{kn}-\boldsymbol{B}^{\mathrm{T}}\boldsymbol{BD}=\begin{pmatrix} \boldsymbol{E}_n-\boldsymbol{A}_1 & -\boldsymbol{A}_2 & \cdots & -\boldsymbol{A}_k \\ -\boldsymbol{A}_1 & \boldsymbol{E}_n-\boldsymbol{A}_2 & \cdots & -\boldsymbol{A}_k \\ \vdots & \vdots & & \vdots \\ -\boldsymbol{A}_1 & -\boldsymbol{A}_2 & \cdots & \boldsymbol{E}_n-\boldsymbol{A}_k \end{pmatrix}\to\begin{pmatrix} \boldsymbol{E}_n-\boldsymbol{A} & -\boldsymbol{A}_2 & \cdots & -\boldsymbol{A}_k \\ \boldsymbol{O} & \boldsymbol{E}_n & \cdots & \boldsymbol{O} \\ \vdots & \vdots & & \vdots \\ \boldsymbol{O} & \boldsymbol{O} & \cdots & \boldsymbol{E}_n \end{pmatrix},$$

所以

$$r(\boldsymbol{E}_{kn}-\boldsymbol{B}^{\mathrm{T}}\boldsymbol{BD})=(k-1)n+r(\boldsymbol{E}_n-\boldsymbol{A}).$$

必要性. 由充分性的证明, 得到

$$r(\boldsymbol{E}_{kn}-\boldsymbol{B}^{\mathrm{T}}\boldsymbol{BD})=(k-1)n+r(\boldsymbol{E}_n-\boldsymbol{A}).$$

因为 $\boldsymbol{A}=\sum\limits_{i=1}^{k}\boldsymbol{A}_k$ 是幂等矩阵, 所以 $r(\boldsymbol{A})+r(\boldsymbol{E}_n-\boldsymbol{A})=n$. 又因为 $r(\boldsymbol{D})=\sum\limits_{i=1}^{k}r(\boldsymbol{A}_k)$, 所以

$$r(\boldsymbol{D})+r(\boldsymbol{E}_{kn}-\boldsymbol{B}'\boldsymbol{BD})=r(\boldsymbol{D})+(k-1)n+n-r(\boldsymbol{A})=kn.$$

由 22 题, 得到

$$r(\boldsymbol{D}-\boldsymbol{DB}^{\mathrm{T}}\boldsymbol{BD})=r(\boldsymbol{D})+r(\boldsymbol{E}_{kn}-\boldsymbol{B}^{\mathrm{T}}\boldsymbol{BD})-kn=0.$$

因此, $\boldsymbol{A}_i\,(i=1,2,\cdots,k)$ 均为幂等矩阵, 且 $\boldsymbol{A}_i\boldsymbol{A}_j=\boldsymbol{O}\,(i\neq j)$.

习 题 4

1. $(0,-3,1)^{\mathrm{T}}$.

2. 对方程组的增广矩阵 $\boldsymbol{B}$ 施行初等行变换, 得到

$$\boldsymbol{B}=\begin{pmatrix}1&1&-1&1\\2&a+2&-b&3\\0&-a&a+b&-2\end{pmatrix}\to\begin{pmatrix}1&1&-1&1\\0&a&-b+2&1\\0&0&a+2&-1\end{pmatrix},$$

(1) 当 $a\neq 0, a\neq -2$ 时, 原方程组有唯一解:

$$x_1=\frac{a^2+b-4}{a(a+2)},\ x_2=\frac{a-b+4}{a(a+2)},\ x_3=-\frac{1}{a+2};$$

(2) 当 $a=-2$ 或 $a=0, b\neq 4$ 时, 原方程组无解;

(3) 当 $a=0, b=4$ 时, 原方程组有无穷多解, 且通解为

$$(x_1,x_2,x_3)^{\mathrm{T}}=k(-1,1,0)^{\mathrm{T}}+\left(\frac{1}{2},0,-\frac{1}{2}\right)^{\mathrm{T}},$$

其中 k 为任意常数.

3. 记方程组的系数矩阵为 $\boldsymbol{A}$, 增广矩阵为 $\boldsymbol{B}$. 对 $\boldsymbol{B}$ 施行初等行变换, 得到

$$\boldsymbol{B}=\begin{pmatrix}a&b&2&1\\a&2b-1&3&1\\a&b&b+3&2b-1\end{pmatrix}\to\begin{pmatrix}a&b&2&1\\0&b-1&1&0\\0&0&b+1&2(b-1)\end{pmatrix}.$$

(1) 当 $a(b^2-1)\neq 0$ 时, 原方程组有唯一解

$$(x_1,x_2,x_3)^{\mathrm{T}}=\left(\frac{5-b}{a(b+1)},-\frac{2}{b+1},\frac{2(b-1)}{b+1}\right)^{\mathrm{T}};$$

(2) 当 $a=0$ 时, $\boldsymbol{B}\to\begin{pmatrix}0&1&0&\dfrac{4-b}{3}\\0&0&1&\dfrac{b-1}{3}\\0&0&0&(b-1)(b-5)\end{pmatrix}$.

① 当 $(b-1)(b-5)\neq 0$ 时, $r(\boldsymbol{B})=3>r(\boldsymbol{A})=2$, 原方程组无解;

② 当 $(b-1)(b-5)=0$ 时, $r(\boldsymbol{B})=r(\boldsymbol{A})=2$, 原方程组有无穷多解

$$(x_1,x_2,x_3)^{\mathrm{T}}=k(1,0,0)^{\mathrm{T}}+\left(0,\frac{4-b}{3},\frac{b-1}{3}\right)^{\mathrm{T}};$$

(3) 当 $b=1$ 时, 由 $\boldsymbol{B}\to\begin{pmatrix}a&1&0&1\\0&0&1&0\\0&0&0&0\end{pmatrix}$, 得到 $r(\boldsymbol{B})=r(\boldsymbol{A})=2$. 所以原方程组有无穷多解

$$(x_1,x_2,x_3)^{\mathrm{T}}=k(1,-a,0)^{\mathrm{T}}+(0,1,0)^{\mathrm{T}};$$

(4) 当$b=-1$时, 由$\boldsymbol{B}\to\begin{pmatrix}a & -1 & 2 & 1\\ 0 & -2 & 1 & 0\\ 0 & 0 & 0 & 1\end{pmatrix}$, 得到$r(\boldsymbol{B})=3>r(\boldsymbol{A})=2$. 所以原方程组无解.

综上可得, 当$a(b^2-1)\neq 0$时, 原方程组有唯一解

$$(x_1,x_2,x_3)^{\mathrm{T}}=\left(\frac{5-b}{a(b+1)},-\frac{2}{b+1},\frac{2(b-1)}{b+1}\right)^{\mathrm{T}};$$

当$a\in\mathbb{R},b=1$时, 原方程组有无穷多解

$$(x_1,x_2,x_3)^{\mathrm{T}}=k(1,-a,0)^{\mathrm{T}}+(0,1,0)^{\mathrm{T}},$$

其中k为任意常数; 当$a=0,b=5$时, 原方程组有无穷多解

$$(x_1,x_2,x_3)^{\mathrm{T}}=k(1,0,0)^{\mathrm{T}}+\left(0,-\frac{1}{3},\frac{4}{3}\right)^{\mathrm{T}},$$

其中k为任意常数.

4. $ad-bc=e$.

5. $\dfrac{1}{1-n}$.

6. C.

7. C.

8. B.

9. A.

10. D.

11. C.

12. A.

13. 设$\boldsymbol{X}=(x_1,x_2,\cdots,x_n)^{\mathrm{T}}$, 记$r(\boldsymbol{A})=r(\boldsymbol{B})=r$. 因为方程组$\boldsymbol{AX}=\boldsymbol{\beta}$有解, 所以, 如果$r=n$, 则方程组$\boldsymbol{AX}=\boldsymbol{\beta}$的唯一解$\boldsymbol{\eta}$显然是$\boldsymbol{BX}=\boldsymbol{\gamma}$的唯一解, 即这两个方程组同解; 如果$r<n$, 则设$\boldsymbol{AX}=\boldsymbol{\beta}$的通解为$\boldsymbol{X}=\boldsymbol{\eta}+k_1\boldsymbol{\xi}_1+k_2\boldsymbol{\xi}_2+\cdots+k_{n-r}\boldsymbol{\xi}_{n-r}$, 于是$\boldsymbol{\eta}$是$\boldsymbol{BX}=\boldsymbol{\gamma}$的一个特解, $\boldsymbol{\xi}_1,\boldsymbol{\xi}_2,\cdots,\boldsymbol{\xi}_{n-r}$是$\boldsymbol{BX}=\boldsymbol{0}$的$n-r$个线性无关的解. 又因为$r(\boldsymbol{B})=r$, 所以$\boldsymbol{\xi}_1,\boldsymbol{\xi}_2,\cdots,\boldsymbol{\xi}_{n-r}$是$\boldsymbol{BX}=\boldsymbol{0}$的一组基础解系. 从而$\boldsymbol{BX}=\boldsymbol{\gamma}$的通解是$\boldsymbol{X}=\boldsymbol{\eta}+k_1\boldsymbol{\xi}_1+k_2\boldsymbol{\xi}_2+\cdots+k_{n-r}\boldsymbol{\xi}_{n-r}$, 其中$k_1,k_2,\cdots,k_{n-r}$是任意常数. 这就证明了$\boldsymbol{AX}=\boldsymbol{\beta}$与$\boldsymbol{BX}=\boldsymbol{\gamma}$同解.

14. 记$s=\sum\limits_{k=1}^{n}x_k$, 则$\begin{cases}x_1=1+\dfrac{s}{2},\\ x_2=1+\dfrac{s}{2^2},\\ \vdots\qquad\vdots\\ x_n=1+\dfrac{s}{2^n},\end{cases}$ 即$s=n+s\left(1-\dfrac{1}{2^n}\right)$, 亦即$s=n\cdot 2^n$.
故$(x_1,x_2,\cdots,x_n)^{\mathrm{T}}=(1+n\cdot 2^{n-1},1+n\cdot 2^{n-2},\cdots,1+n)^{\mathrm{T}}$.

15. 设 $\boldsymbol{A}=(a_{ij})_{n\times n}$, 记 $\boldsymbol{e}_k\,(k=1,2,\cdots,n)$ 为第 k 个分量为1, 其余分量为0的 n 维列向量. 将 $\boldsymbol{A}$ 按列 (向量) 分块: $\boldsymbol{A}=(\boldsymbol{\alpha}_1,\boldsymbol{\alpha}_2,\cdots,\boldsymbol{\alpha}_n)$, 则

$$\begin{aligned}\det(\lambda\boldsymbol{E}-\boldsymbol{A})&=\det(\lambda\boldsymbol{e}_1-\boldsymbol{\alpha}_1,\lambda\boldsymbol{e}_2-\boldsymbol{\alpha}_2,\cdots,\lambda\boldsymbol{e}_n-\boldsymbol{\alpha}_n)\\&=\det(\lambda\boldsymbol{e}_1,\lambda\boldsymbol{e}_2,\cdots,\lambda\boldsymbol{e}_n)-\sum_{j=1}^{n}\det(\lambda\boldsymbol{e}_1,\cdots,\lambda\boldsymbol{e}_{j-1},\boldsymbol{\alpha}_j,\lambda\boldsymbol{e}_{j+1},\cdots,\lambda\boldsymbol{e}_n)+\\&\sum_{1\leqslant j_1<j_2\leqslant n}\det(\lambda\boldsymbol{e}_1,\cdots,\lambda\boldsymbol{e}_{j_1-1},\boldsymbol{\alpha}_{j_1},\lambda\boldsymbol{e}_{j_1+1},\cdots,\lambda\boldsymbol{e}_{j_2-1},\boldsymbol{\alpha}_{j_2},\lambda\boldsymbol{e}_{j_2+1},\cdots,\lambda\boldsymbol{e}_n)+\\&\cdots+(-1)^n\det(\boldsymbol{\alpha}_1,\boldsymbol{\alpha}_2,\cdots,\boldsymbol{\alpha}_n)\\&=\lambda^n-a_1\lambda^{n-1}+a_2\lambda^{n-2}+\cdots+(-1)^n a_n,\end{aligned}$$

其中 a_k 等于 $\boldsymbol{A}$ 的所有 k 阶主子式之和, 即

$$a_k=\sum_{1\leqslant j_1<j_2<\cdots<j_k\leqslant n}A\begin{pmatrix}j_1\ j_2\ \cdots\ j_k\\ j_1\ j_2\ \cdots\ j_k\end{pmatrix},k=1,2,\cdots,n.$$

所以 $\det\left(\dfrac{1}{2}\boldsymbol{E}-\boldsymbol{A}\right)=\dfrac{1}{2^n}-\dfrac{1}{2^{n-1}}a_1+\cdots+(-1)^n a_n$. 如果 $\det\left(\dfrac{1}{2}\boldsymbol{E}-\boldsymbol{A}\right)=0$, 则有

$$1+2\left[-a_1+2a_2+\cdots+(-1)^n 2^{n-1}a_n\right]=0.$$

但这是不可能的, 因为当 $a_{ij}\,(i,j=1,2,\cdots,n)$ 都是整数时, $a_1,a_2,\cdots,a_n$ 都是整数, 所以 $1+2[-a_1+2a_2+\cdots+(-1)^n2^{n-1}a_n]$ 是奇数. 因此, 原方程组只有零解.

16. (1) 一组基础解系 $\boldsymbol{\alpha}_1=(45,22,-4,1,0)^{\mathrm{T}},\boldsymbol{\alpha}_2=\left(-\dfrac{5}{3},-1,\dfrac{1}{3},0,1\right)^{\mathrm{T}}$;

(2) 特解 $\boldsymbol{\gamma}=(1,2,-1,0,0)^{\mathrm{T}}$,一组基础解系 $\boldsymbol{\alpha}_1=(1,1,0,1,0)^{\mathrm{T}},\boldsymbol{\alpha}_2=(-6,-4,1,0,1)^{\mathrm{T}}$;

(3) 特解 $\boldsymbol{\gamma}=(3,0,0,-1,2)^{\mathrm{T}}$,一组基础解系 $\boldsymbol{\alpha}_1=(-2,1,0,0,0)^{\mathrm{T}},\boldsymbol{\alpha}_2=(1,0,1,0,0)^{\mathrm{T}}$.

17. (1) $\boldsymbol{\alpha}_1=(0,0,1,0)^{\mathrm{T}},\boldsymbol{\alpha}_2=(-1,1,0,1)^{\mathrm{T}}$.

(2) 有非零公共解 $\boldsymbol{X}=k(-1,1,1,1)^{\mathrm{T}}$, 其中 k 为任意非零常数.

18. 设 $\boldsymbol{\xi}$ 是 $\begin{pmatrix}\boldsymbol{A}\\ \boldsymbol{B}\end{pmatrix}\boldsymbol{X}=\boldsymbol{0}$ 的解, 则 $\boldsymbol{A\xi}=\boldsymbol{0}$, $\boldsymbol{B\xi}=\boldsymbol{0}$. 设 $\boldsymbol{\xi}=t\boldsymbol{\alpha}_1+s\boldsymbol{\alpha}_2=u\boldsymbol{\beta}_1+v\boldsymbol{\beta}_2$, 即

$$(\boldsymbol{\alpha}_1,\boldsymbol{\alpha}_2,-\boldsymbol{\beta}_1,-\boldsymbol{\beta}_2)\begin{pmatrix}t\\ s\\ u\\ v\end{pmatrix}=\begin{pmatrix}0\\0\\0\\0\end{pmatrix} \tag{A.1}$$

$$(\boldsymbol{\alpha}_1,\boldsymbol{\alpha}_2,-\boldsymbol{\beta}_1,-\boldsymbol{\beta}_2)\to\begin{pmatrix}1&0&0&0\\0&1&0&-1\\0&0&1&1\\0&0&0&0\end{pmatrix}$$

由此可得方程组 (A.1) 的一组基础解系 $\begin{pmatrix} l \\ s \\ u \\ v \end{pmatrix} = \begin{pmatrix} 0 \\ 1 \\ -1 \\ 1 \end{pmatrix}$. 故 $\boldsymbol{\xi} = 0\boldsymbol{\alpha}_1 + \boldsymbol{\alpha}_2 = \boldsymbol{\alpha}_2$ 可作为方程组 $\begin{pmatrix} \boldsymbol{A} \\ \boldsymbol{B} \end{pmatrix} \boldsymbol{X} = \boldsymbol{0}$ 的一组基础解系.

19. $\begin{pmatrix} 1 & -2 & 3 & -4 & 1 & 0 & 0 \\ 0 & 1 & -1 & 1 & 0 & 1 & 0 \\ 1 & 2 & 0 & -3 & 0 & 0 & 1 \end{pmatrix} \to \begin{pmatrix} 1 & 0 & 0 & 1 & 2 & 6 & -1 \\ 0 & 1 & 0 & -2 & -1 & -3 & 1 \\ 0 & 0 & 1 & -3 & -1 & -4 & 1 \end{pmatrix}$.

(1) 方程组 $\boldsymbol{AX} = \boldsymbol{0}$ 的一组基础解系为 $\boldsymbol{\alpha} = (-1, 2, 3, 1)^{\mathrm{T}}$.

(2) 方程组 $\boldsymbol{AX} = \boldsymbol{e}_i (i = 1, 2, 3)$ 的一个特解分别为

$$\boldsymbol{\alpha}_1 = (2, -1, -1, 0)^{\mathrm{T}}, \boldsymbol{\alpha}_2 = (6, -3, -4, 0)^{\mathrm{T}}, \boldsymbol{\alpha}_3 = (-1, 1, 1, 0)^{\mathrm{T}}.$$

故 $\boldsymbol{B} = (k_1\boldsymbol{\alpha} + \boldsymbol{\alpha}_1, k_2\boldsymbol{\alpha} + \boldsymbol{\alpha}_2, k_3\boldsymbol{\alpha} + \boldsymbol{\alpha}_3)$, 其中 k_1, k_2, k_3 为任意常数.

20. (1) 因为 $r(\boldsymbol{\alpha}_1, \boldsymbol{\alpha}_2, \boldsymbol{\alpha}_3, \boldsymbol{\beta}) = 4$, 所以 $\boldsymbol{\beta}$ 不能由向量组 $\boldsymbol{\alpha}_1, \boldsymbol{\alpha}_2, \boldsymbol{\alpha}_3$ 线性表示.

(2) 当 $a = 4$ 时, $\boldsymbol{\beta} = \boldsymbol{\alpha}_1 + 2\boldsymbol{\alpha}_2 - \boldsymbol{\alpha}_3$; 当 $a \neq 4$ 时, 因为 $r(\boldsymbol{\alpha}_1, \boldsymbol{\alpha}_2, \boldsymbol{\alpha}_3, \boldsymbol{\beta}) = 4$, 所以 $\boldsymbol{\beta}$ 不能由向量组 $\boldsymbol{\alpha}_1, \boldsymbol{\alpha}_2, \boldsymbol{\alpha}_3$ 线性表示.

21. (1) $|\boldsymbol{A}| = \begin{vmatrix} 1 & a & 0 & 0 \\ 0 & 1 & a & 0 \\ 0 & 0 & 1 & a \\ a & 0 & 0 & 1 \end{vmatrix} = \begin{vmatrix} 1 & a & 0 \\ 0 & 1 & a \\ 0 & 0 & 1 \end{vmatrix} + (-1)^{4+1} a \begin{vmatrix} a & 0 & 0 \\ 1 & a & 0 \\ 0 & 1 & a \end{vmatrix} = 1 - a^4.$

(2) 对方程组的增广矩阵 $\boldsymbol{B}$ 施行初等行变换:

$$\begin{pmatrix} 1 & a & 0 & 0 & 1 \\ 0 & 1 & a & 0 & -1 \\ 0 & 0 & 1 & a & 0 \\ a & 0 & 0 & 1 & 0 \end{pmatrix} \to \begin{pmatrix} 1 & a & 0 & 0 & 1 \\ 0 & 1 & a & 0 & -1 \\ 0 & 0 & 1 & a & 0 \\ 0 & 0 & 0 & 1-a^4 & -a-a^2 \end{pmatrix}$$

由题设, 有 $r(\boldsymbol{B}) = r(\boldsymbol{A}) < 4$. 故 $a = -1$.

当 $a = -1$ 时, $\boldsymbol{B} \to \begin{pmatrix} 1 & 0 & 0 & -1 & 0 \\ 0 & 1 & 0 & -1 & -1 \\ 0 & 0 & 1 & -1 & 0 \\ 0 & 0 & 0 & 0 & 0 \end{pmatrix}$. 因此, 方程组的一个特解为 $\boldsymbol{\gamma}_0 = (0, -1, 0, 0)^{\mathrm{T}}$, 齐次线性方程组 $\boldsymbol{AX} = \boldsymbol{0}$ 的一组基础解系为 $\boldsymbol{\alpha} = (1, 1, 1, 1)^{\mathrm{T}}$. 于是方程组 $\boldsymbol{AX} = \boldsymbol{\beta}$ 的通解为 $\boldsymbol{X} = (x_1, x_2, x_3, x_4)^{\mathrm{T}} = k\boldsymbol{\alpha} + \boldsymbol{\gamma}_0$, 其中 k 为任意常数.

22. (1) 因为 $(\boldsymbol{A}, \boldsymbol{\xi}_1) = \begin{pmatrix} 1 & -1 & -1 & -1 \\ -1 & 1 & 1 & 1 \\ 0 & -4 & -2 & -2 \end{pmatrix} \to \begin{pmatrix} 1 & 0 & -\frac{1}{2} & -\frac{1}{2} \\ 0 & 1 & \frac{1}{2} & \frac{1}{2} \\ 0 & 0 & 0 & 0 \end{pmatrix}$,

所以方程组 $\boldsymbol{AX}=\boldsymbol{\xi}_1$ 的一个特解为 $\gamma_2=\left(-\frac{1}{2},\frac{1}{2},0\right)^{\mathrm{T}}$，齐次线性方程组 $\boldsymbol{AX}=\mathbf{0}$ 的一组基础解系为 $\boldsymbol{\alpha}=(1,-1,2)^{\mathrm{T}}$. 故 $\boldsymbol{\xi}_2=k_1\boldsymbol{\alpha}+\gamma_2$, 其中 k_1 为任意常数. 又因为 $\boldsymbol{A}^2=\begin{pmatrix}2&2&0\\-2&-2&0\\4&4&0\end{pmatrix}$, 且 $(\boldsymbol{A}^2,\boldsymbol{\xi}_1)=\begin{pmatrix}2&2&0&-1\\-2&-2&0&1\\4&4&0&-2\end{pmatrix}\to\begin{pmatrix}1&1&0&-\frac{1}{2}\\0&0&0&0\\0&0&0&0\end{pmatrix}$, 所以方程组 $\boldsymbol{A}^2\boldsymbol{X}=\boldsymbol{\xi}_1$ 的一个特解为 $\boldsymbol{\gamma}_3=\left(-\frac{1}{2},0,0\right)^{\mathrm{T}}$，齐次线性方程组 $\boldsymbol{A}^2\boldsymbol{X}=\mathbf{0}$ 的一组基础解系为 $\boldsymbol{\alpha}_1=(-1,1,0)^{\mathrm{T}},\boldsymbol{\alpha}_2=(0,0,1)^{\mathrm{T}}$. 故 $\boldsymbol{\xi}_3=\boldsymbol{\gamma}_3+k_2\boldsymbol{\alpha}_1+k_3\boldsymbol{\alpha}_2$, 其中 k_2,k_3 是任意常数.

(2) 因为 $|\boldsymbol{\xi}_1,\boldsymbol{\xi}_2,\boldsymbol{\xi}_3|=\begin{vmatrix}-1&k_1-\frac{1}{2}&-k_2-\frac{1}{2}\\1&-k_1+\frac{1}{2}&k_2\\-2&2k_1&k_3\end{vmatrix}=-\frac{1}{2}\neq0$, 所以 $\boldsymbol{\xi}_1,\boldsymbol{\xi}_2,\boldsymbol{\xi}_3$ 线性无关.

23. (1) 仅需证明方程组 $\boldsymbol{A}^{\mathrm{T}}\boldsymbol{AX}=\mathbf{0}$ 的解是方程组 $\boldsymbol{AX}=\mathbf{0}$ 的解. 设 $\boldsymbol{X}_0$ 是方程组 $\boldsymbol{A}^{\mathrm{T}}\boldsymbol{AX}=\mathbf{0}$ 的解, 于是 $\boldsymbol{X}_0^{\mathrm{T}}\boldsymbol{A}^{\mathrm{T}}\boldsymbol{AX}_0=0$, 即 $(\boldsymbol{AX}_0)^{\mathrm{T}}(\boldsymbol{AX}_0)=0$, 在实数范围内必有 $\boldsymbol{AX}_0=\mathbf{0}$, 即 $\boldsymbol{X}_0$ 是方程组 $\boldsymbol{AX}=\mathbf{0}$ 的解.

(2) 由 (1) 即得.

(3) 因为 $r(\boldsymbol{A}^{\mathrm{T}}\boldsymbol{A})\leqslant r\left(\boldsymbol{A}^{\mathrm{T}}\boldsymbol{A},\boldsymbol{A}^{\mathrm{T}}\boldsymbol{\beta}\right)=r\left(\boldsymbol{A}^{\mathrm{T}}(\boldsymbol{A},\boldsymbol{\beta})\right)\leqslant r(\boldsymbol{A}^{\mathrm{T}})=r(\boldsymbol{A})$, 由 (2), 有 $r(\boldsymbol{A})=r(\boldsymbol{A}^{\mathrm{T}}\boldsymbol{A})$. 所以 $r\left(\boldsymbol{A}^{\mathrm{T}}\boldsymbol{A},\boldsymbol{A}^{\mathrm{T}}\boldsymbol{\beta}\right)=r\left(\boldsymbol{A}^{\mathrm{T}}\boldsymbol{A}\right)$. 这就证明了方程组 $\boldsymbol{A}^{\mathrm{T}}\boldsymbol{AX}=\boldsymbol{A}^{\mathrm{T}}\boldsymbol{\beta}$ 有解.

24. 记 $\boldsymbol{A}=(a_{ij})_{m\times n},\boldsymbol{\beta}=(b_1,b_2,\cdots,b_m)^{\mathrm{T}},\boldsymbol{B}=\begin{pmatrix}\boldsymbol{A}^{\mathrm{T}}\\\boldsymbol{\beta}^{\mathrm{T}}\end{pmatrix}$, 则方程组 (4.4.6) 和方程组 (4.4.7) 的矩阵形式分别为 $\boldsymbol{AX}=\boldsymbol{\beta}$ 和 $\boldsymbol{BY}=\boldsymbol{e}_{n+1}$. 因为 $r(\boldsymbol{B},\boldsymbol{e}_{n+1})=r(\boldsymbol{A}^{\mathrm{T}})+1=r(\boldsymbol{A})+1$, 所以方程组 (4.4.6) 有解当且仅当 $r(\boldsymbol{A},\boldsymbol{\beta})=r(\boldsymbol{A})$ 当且仅当 $r(\boldsymbol{B})=r(\boldsymbol{A})$ 当且仅当 $r(\boldsymbol{B},\boldsymbol{e}_{n+1})=r(\boldsymbol{B})+1$ 当且仅当方程组 (4.4.7) 无解.

25. 证明齐次线性方程组 $\boldsymbol{A}^n\boldsymbol{X}=\mathbf{0}$ 与齐次线性方程组 $\boldsymbol{A}^{n+1}\boldsymbol{X}=\mathbf{0}$ 同解. 显然 $\boldsymbol{A}^n\boldsymbol{X}=\mathbf{0}$ 的解都是 $\boldsymbol{A}^{n+1}\boldsymbol{X}=\mathbf{0}$ 的解. 反之, 设 $\boldsymbol{\xi}$ 是齐次线性方程组 $\boldsymbol{A}^{n+1}\boldsymbol{X}=\mathbf{0}$ 的解, 假设 $\boldsymbol{A}^n\boldsymbol{\xi}\neq\mathbf{0}$, 则 $\boldsymbol{\xi},\boldsymbol{A\xi},\cdots,\boldsymbol{A}^n\boldsymbol{\xi}$ 线性无关. 其实, 设 $c_0\boldsymbol{\xi}+c_1\boldsymbol{A\xi}+\cdots+c_n\boldsymbol{A}^n\boldsymbol{\xi}=\mathbf{0}$, 依次用 $\boldsymbol{A}^n,\boldsymbol{A}^{n-1},\cdots,\boldsymbol{A},\boldsymbol{E}$ 左乘以上式两边就得 $c_0=0,c_1=0,\cdots,c_{n-1}=0,c_n=0$, 这与 $n+1$ 个 n 维向量必然线性相关相矛盾. 故 $\boldsymbol{A}^n\boldsymbol{\xi}=\mathbf{0}$, 即 $\boldsymbol{A}^{n+1}\boldsymbol{X}=\mathbf{0}$ 的解都是 $\boldsymbol{A}^n\boldsymbol{X}=\mathbf{0}$ 的解. 综上可知, 方程组 $\boldsymbol{A}^n\boldsymbol{X}=\mathbf{0}$ 与 $\boldsymbol{A}^{n+1}\boldsymbol{X}=\mathbf{0}$ 同解. 故 $r(\boldsymbol{A}^n)=r(\boldsymbol{A}^{n+1})$.

26. 对方程组的增广矩阵 $\boldsymbol{B}$ 施行初等行变换:

$$B \to \begin{pmatrix} 1 & -2 & 1 & 0 & \cdots & 0 & 0 & b_1 \\ 0 & 1 & -2 & 1 & \cdots & 0 & 0 & b_2 \\ \vdots & \vdots & \vdots & \vdots & & \vdots & \vdots & \vdots \\ 0 & 0 & 0 & 0 & \cdots & -2 & 1 & b_{n-2} \\ 1 & 0 & 0 & 0 & \cdots & 1 & -2 & b_{n-1} \\ 0 & 0 & 0 & 0 & \cdots & 0 & 0 & \sum\limits_{k=1}^{n} b_k \end{pmatrix} = C,$$

矩阵C的第2列到第n列和前$n-1$行构成的$n-1$阶子式$D_{n-1}=(-1)^{n-1}n$(参考习题1第7题). 其实, 由$D_n=-2D_{n-1}-D_{n-2}, D_1=-2, D_2=3, D_3=-4,\cdots$, 猜想$D_n=(-1)^n(n+1)$. 数学归纳法可证猜想正确. 又因为初等变换不改变矩阵的秩, 所以原方程组的系数矩阵A的秩$n-1\leqslant r(A)<n$. 于是$r(A)=n-1$. 原方程组有解的充分必要条件是$r(B)=r(A)=n-1$. $r(B)=r(C)=n-1$的充分必要条件是$\sum\limits_{k=1}^{n} b_k=0$.

27. 因为方程组$AX=0$与方程组$\begin{pmatrix} A \\ b^{\mathrm{T}} \end{pmatrix}X=0$同解, 所以$r(A)=r\begin{pmatrix} A \\ b^{\mathrm{T}} \end{pmatrix}$, 于是$r(A^{\mathrm{T}}, b)=r\begin{pmatrix} A \\ b^{\mathrm{T}} \end{pmatrix}=r(A)=r(A^{\mathrm{T}})$, 故$A^{\mathrm{T}}Y=b$有解. 反之, 当且仅当$r(A^{\mathrm{T}}, b)=r(A^{\mathrm{T}})$时, 方程组$A^{\mathrm{T}}Y=b$有解. 由此可得$r\begin{pmatrix} A \\ b^{\mathrm{T}} \end{pmatrix}=r(A)$, 即$b^{\mathrm{T}}$是$A$的行向量的线性组合. 故$\begin{pmatrix} A \\ b^{\mathrm{T}} \end{pmatrix}\to\begin{pmatrix} A \\ 0 \end{pmatrix}$, 即方程组$\begin{pmatrix} A \\ b^{\mathrm{T}} \end{pmatrix}X=0$与方程组$AX=0$同解.

28. 设$k_0\gamma+k_1(\gamma+\alpha_1)+\cdots+k_{n-r}(\gamma+\alpha_{n-r})=0$, 用$A$左乘以上式, 得到$(k_0+k_1+\cdots+k_{n-r})\beta=0$. 由$\beta\neq 0$, 得到$k_0=-(k_1+k_2+\cdots+k_{n-r})$, 代入上式, 得到$k_1\alpha_1+k_2\alpha_2+\cdots+k_{n-r}\alpha_{n-r}=0$. 由$\alpha_1,\alpha_2,\cdots,\alpha_{n-r}$是方程组$AX=0$的一组基础解系, 得到$k_1=k_2=\cdots=k_{n-r}=0$. 从而$k_0=0$. 于是$\gamma,\gamma+\alpha_1,\gamma+\alpha_2,\cdots,\gamma+\alpha_{n-r}$线性无关.

29. 假设方程组$AX=\beta$存在$n-r+2$个线性无关的解向量$\xi_1,\xi_2,\cdots,\xi_{n-r+2}$, 则由$k_1(\xi_2-\xi_1)+k_2(\xi_3-\xi_1)+\cdots+k_{n-r+1}(\xi_{n-r+2}-\xi_1)=0$, 得$k_1=k_2=\cdots=k_{n-r+1}=0$. 从而$\xi_2-\xi_1,\xi_3-\xi_1,\cdots,\xi_{n-r+2}-\xi_1$是齐次线性方程组$AX=0$的$n-r+1$个线性无关的解向量, 这与齐次线性方程组$AX=0$的解向量中至多有$n-r$个线性无关的解向量相矛盾. 故非齐次线性方程组$AX=\beta$的解向量中至多有$n-r+1$个线性无关的解向量. $\gamma,\gamma+\alpha_1,\gamma+\alpha_2,\cdots,\gamma+\alpha_{n-r}$是方程组$AX=\beta$的$n-r+1$个线性无关的解向量, 其中$\gamma$为非齐次线性方程组$AX=\beta$的一个特解, $\alpha_1,\alpha_2,\cdots,\alpha_{n-r}$是齐次线性方程组$AX=0$的一组基础解系.

30. 令$A=\begin{pmatrix} \alpha_1 \\ \alpha_2 \\ \vdots \\ \alpha_m \end{pmatrix}$, $B=\begin{pmatrix} A \\ \beta \end{pmatrix}$, $X=\begin{pmatrix} x_1 \\ x_2 \\ \vdots \\ x_n \end{pmatrix}$, 则方程组可写为$AX=0$. 方程

组 $\boldsymbol{AX}=\boldsymbol{0}$ 的解都是 $\boldsymbol{\beta X}=0$ 的解等价于 $\boldsymbol{AX}=\boldsymbol{0}$ 与 $\boldsymbol{BX}=\boldsymbol{0}$ 同解等价于 $r(\boldsymbol{A})=r(\boldsymbol{B})$ 等价于 $\boldsymbol{\beta}$ 可由 $\boldsymbol{\alpha}_1,\boldsymbol{\alpha}_2,\cdots,\boldsymbol{\alpha}_m$ 线性表示.

31. 因为 $r(\boldsymbol{A})=n-r$, 故 $\boldsymbol{A}$ 的行向量组的秩是 $n-r$, 从而 $r(\boldsymbol{A},\boldsymbol{A})=n-r$. 于是 $(\boldsymbol{A},\boldsymbol{A})\begin{pmatrix}\boldsymbol{X}\\ \boldsymbol{Y}\end{pmatrix}$ 的一组基础解系中含有 $n+r$ 个向量. 令

$$\boldsymbol{e}_k=(0,0,\cdots,0,1,0,\cdots,0)^{\mathrm{T}}\ (\text{第}\,k\,\text{个分量为}\,1,\text{其余}\,n-1\,\text{个分量为}\,0,\ k=1,2,\cdots,n),$$

则

$$\boldsymbol{\beta}_1=\begin{pmatrix}\boldsymbol{e}_1\\ -\boldsymbol{e}_1\end{pmatrix},\boldsymbol{\beta}_2=\begin{pmatrix}\boldsymbol{e}_2\\ -\boldsymbol{e}_2\end{pmatrix},\cdots,\boldsymbol{\beta}_n=\begin{pmatrix}\boldsymbol{e}_n\\ -\boldsymbol{e}_n\end{pmatrix},\boldsymbol{\beta}_{n+1}=\begin{pmatrix}\boldsymbol{\alpha}_1\\ \boldsymbol{0}\end{pmatrix},\cdots,\boldsymbol{\beta}_{n+r}=\begin{pmatrix}\boldsymbol{\alpha}_r\\ \boldsymbol{0}\end{pmatrix}$$

是方程组 $(\boldsymbol{A},\boldsymbol{A})\begin{pmatrix}\boldsymbol{X}\\ \boldsymbol{Y}\end{pmatrix}$ 的 $n+r$ 个线性无关的解. 其实, 设 $k_1\boldsymbol{\beta}_1+k_2\boldsymbol{\beta}_2+\cdots+k_n\boldsymbol{\beta}_n+k_{n+1}\boldsymbol{\beta}_{n+1}+\cdots+k_{n+r}\boldsymbol{\beta}_{n+r}=\boldsymbol{0}$. 由后 n 个分量推出 $k_1=k_2=\cdots=k_n=0$. 将已有结果代入上式, 由前 n 个分量和题设推出 $k_{n+1}=\cdots=k_{n+r}=0$. 故 $\boldsymbol{\beta}_1,\boldsymbol{\beta}_2,\cdots,\boldsymbol{\beta}_{n+r}$ 构成 $(\boldsymbol{A},\boldsymbol{A})\begin{pmatrix}\boldsymbol{X}\\ \boldsymbol{Y}\end{pmatrix}$ 的一组基础解系.

32. 由 $r(\boldsymbol{A})=r$, 得到 $\boldsymbol{AX}=\boldsymbol{0}$ 的一组基础解系中含有 $n-r$ 个线性无关的解向量. 因为 $\boldsymbol{AB}^{\mathrm{T}}=\boldsymbol{O}$, 且 $r(\boldsymbol{B}^{\mathrm{T}})=r(\boldsymbol{B})=n-r$, 所以 $\boldsymbol{B}^{\mathrm{T}}$ 的 $n-r$ 个列向量构成 $\boldsymbol{AX}=\boldsymbol{0}$ 的一组基础解系. 由 $\boldsymbol{AB}^{\mathrm{T}}=\boldsymbol{O}$, 取转置, 得到 $\boldsymbol{BA}^{\mathrm{T}}=\boldsymbol{O}$. 同上推理, 可得 $\boldsymbol{A}^{\mathrm{T}}$ 的 r 个线性无关的列向量构成 $\boldsymbol{BY}=\boldsymbol{0}$ 的一组基础解系.

33. 考虑行列式

$$D_n=\begin{vmatrix}a_{11}&a_{12}&\cdots&a_{1n}\\ a_{21}&a_{22}&\cdots&a_{2n}\\ \vdots&\vdots&&\vdots\\ a_{n-1,1}&a_{n-1,2}&\cdots&a_{n-1,n}\\ 1&1&\cdots&1\end{vmatrix}$$

第 n 行的代数余子式 $A_{nj}=(-1)^{n+j}M_j$. 由于 $a_{k1}A_{n1}+a_{k2}A_{n2}+\cdots+a_{kn}A_{nn}=0\,(k=1,2,\cdots,n-1)$. 故 $a_{k1}M_1+a_{k2}(-M_2)+\cdots+a_{kn}(-1)^{n-1}M_n=0\,(k=1,2,\cdots,n-1)$, 即 $(M_1,-M_2,\cdots,(-1)^{n-1}M_n)^{\mathrm{T}}$ 是方程组 (4.4.8) 的一个解. 又因为 $r(\boldsymbol{A})=n-1$, 即 $\boldsymbol{A}$ 中至少有一个 $n-1$ 阶子式不等于 0, 故 $(M_1,-M_2,\cdots,(-1)^{n-1}M_n)^{\mathrm{T}}\neq\boldsymbol{0}$. 还由 $r(\boldsymbol{A})=n-1$ 知原方程组的基础解系中只有一个解向量. 故 $(M_1,-M_2,\cdots,(-1)^{n-1}M_n)^{\mathrm{T}}$ 是方程组 (4.4.8) 的一组基础解系.

34. $\boldsymbol{\alpha}_{r+1}=(A_{r+1,1},A_{r+1,2},\cdots,A_{r+1,n})^{\mathrm{T}},\cdots,\boldsymbol{\alpha}_n=(A_{n1},A_{n2},\cdots,A_{nn})^{\mathrm{T}}$.

35. (1) 显然 $\boldsymbol{X}=(1,1,\cdots,1)^{\mathrm{T}}$ 是方程组 $\boldsymbol{AX}=\boldsymbol{\beta}$ 的一个解, 故 $r(\boldsymbol{A},\boldsymbol{\beta})=r(\boldsymbol{A})$. 因为 $\boldsymbol{A}$ 的前 $n-1$ 个列向量线性相关, 所以 $\boldsymbol{A}$ 的 n 个列向量线性相关, 故 $r(\boldsymbol{A})\leqslant n-1$. 又因为 $\boldsymbol{A}$ 的后 $n-1$ 个列向量线性无关, 所以 $r(\boldsymbol{A})\geqslant n-1$. 综上可知, $r(\boldsymbol{A},\boldsymbol{\beta})=r(\boldsymbol{A})=n-1$. 故方程组 $\boldsymbol{AX}=\boldsymbol{\beta}$ 有无穷多解.

(2) 由 (1), 得齐次线性方程组 $\boldsymbol{AX}=\boldsymbol{0}$ 的一组基础解系中只有一个线性无关的解向量. 因为 $\boldsymbol{AA}^*=|\boldsymbol{A}|\boldsymbol{E}=\boldsymbol{O}$, 所以 $\boldsymbol{A}^*$ 的每一个列向量都是方程组 $\boldsymbol{AX}=\boldsymbol{0}$ 的解向量. 因为 $r(\boldsymbol{A})=n-1$, 且 $\boldsymbol{A}$ 的后 $n-1$ 个列向量线性无关, 所以, 存在 $k\,(1\leqslant k\leqslant n)$, 使得 $A_{k1}\neq 0$. 又因为 $\boldsymbol{A}$ 的前 $n-1$ 个列线向量性相关, 所以 $A_{in}=0\,(i=1,2,\cdots,n)$. 故方程组 $\boldsymbol{AX}=\boldsymbol{\beta}$ 的通解为 $\boldsymbol{X}=t(A_{k1},A_{k2},\cdots,A_{k,n-1},0)^{\mathrm{T}}+(1,1,\cdots,1,1)^{\mathrm{T}}$, 其中 t 为任意常数.

36. 令 $\boldsymbol{B}=(\boldsymbol{\beta}_1,\boldsymbol{\beta}_2,\cdots,\boldsymbol{\beta}_{n-m})$. 由题设可知, $\boldsymbol{B}$ 的 $n-m$ 个线性无关的列向量构成齐次线性方程组 $\boldsymbol{AX}=\boldsymbol{0}$ 的一组基础解系. 因为 $\boldsymbol{\alpha}$ 是齐次线性方程组 $\boldsymbol{AX}=\boldsymbol{0}$ 的一个解向量, 所以, 存在 $k_1,k_2,\cdots,k_{n-m}$, 使得 $\boldsymbol{\alpha}=k_1\boldsymbol{\beta}_1+k_2\boldsymbol{\beta}_2+\cdots+k_{n-m}\boldsymbol{\beta}_{n-m}$. 令 $\boldsymbol{\beta}=(k_1,k_2,\cdots,k_{n-m})^{\mathrm{T}}$, 则有 $\boldsymbol{\alpha}=\boldsymbol{B\beta}$, 且 $r(\boldsymbol{B},\boldsymbol{\alpha})=r(\boldsymbol{B})$. 又因为 $r(\boldsymbol{B})=n-m$, 所以线性方程组 $\boldsymbol{BY}=\boldsymbol{\alpha}$ 只有唯一解. 因此, 存在唯一的 ($n-m$ 维) 向量 $\boldsymbol{\beta}$, 使得 $\boldsymbol{\alpha}=\boldsymbol{B\beta}$.

37. 我们证明 $\boldsymbol{AX}=\boldsymbol{0}$ 仅有零解. 反证法. 设 $\boldsymbol{X}_0=(c_1,c_2,\cdots,c_n)^{\mathrm{T}}$ 是 $\boldsymbol{AX}=\boldsymbol{0}$ 的一个非零解, 且设 $|c_j|=\max\{|c_1|,|c_2|,\cdots,|c_n|\}$, 将 $\boldsymbol{X}_0$ 代入第 j 个方程, 得到 $|a_{jj}||c_j|\leqslant \sum\limits_{k\neq j}|a_{jk}||c_k|\leqslant\left(\sum\limits_{k\neq j}|a_{jk}|\right)|c_j|<|a_{jj}||c_j|$, 矛盾. 因此, 方程组 $\boldsymbol{AX}=\boldsymbol{0}$ 只有零解. 故 $r(\boldsymbol{A})=n$, 即 $\boldsymbol{A}$ 可逆. 对于另一结论, 我们考虑矩阵 $t\boldsymbol{E}+\boldsymbol{A}$, 当 $t\geqslant 0$ 时, 它是一个严格对角占优矩阵, 所以 $|t\boldsymbol{E}+\boldsymbol{A}|\neq 0$. 又因为函数 $f(t)=|t\boldsymbol{E}+\boldsymbol{A}|$ 是 t 的 n 次多项式, 且首项 (最高次项) 系数为1, 因此, 对于充分大的 t 有 $f(t)>0$. 因为 $f(t)$ 是连续的, 所以 $|\boldsymbol{A}|=f(0)>0$.

38. 当 $n=1$ 时, 结论显然成立. 假设当未知数的个数小于或等于 $n-1$ 时, 结论成立. 下面证明对未知数的个数等于 n 时, 结论也成立. 设方程组 (4.4.9) 有解 $x_1,x_2,\cdots,x_n$: 如果 $x_1,x_2,\cdots,x_n$ 中有一个为0, 不妨设 $x_n=0$, 代入方程组 (4.4.9), 由归纳假设可知, 方程组 (4.4.9) 的前 $n-1$ 个方程构成的方程组在复数域 $\mathbb{C}$ 内仅有零解, 此零解显然也是 (4.4.9) 的最后一个方程的解. 因此, 方程组 (4.4.9) 在复数域 $\mathbb{C}$ 内仅有零解. 如果 $x_1,x_2,\cdots,x_n$ 全不为零, 不失一般性, 可设 $x_1,x_2,\cdots,x_m$ 两两互异, 且个数分别为 $k_1,k_2,\cdots,k_m$ $(k_1+k_2+\cdots+k_m=n)$, 则方程组 (4.4.9) 变为

$$\begin{cases} k_1x_1+k_2x_2+\cdots+k_mx_m=0,\\ k_1x_1^2+k_2x_2^2+\cdots+k_mx_m^2=0,\\ \quad\vdots\qquad\quad\vdots\qquad\qquad\quad\vdots\qquad\quad\vdots\\ k_1x_1^n+k_2x_2^n+\cdots+k_mx_m^n=0.\end{cases}\tag{A.2}$$

我们把式 (A.2) 看成是 m 个未知数 $k_1,k_2,\cdots,k_m$ 的齐次线性方程组, 其前 m 个方程构成的方程组的系数矩阵的行列式

$$\begin{vmatrix} x_1 & x_2 & \cdots & x_m\\ x_1^2 & x_2^2 & \cdots & x_m^2\\ \vdots & \vdots & & \vdots\\ x_1^m & x_2^m & \cdots & x_m^m\end{vmatrix}=\left(\prod_{i=1}^m x_i\right)\prod_{1\leqslant i<j\leqslant m}(x_j-x_i)\neq 0,$$

所以 $k_1=k_2=\cdots=k_m=0$, 这与 $k_1+k_2+\cdots+k_m=n>0$ 矛盾. 故方程组 (4.4.9) 的任一解 $x_1,x_2,\cdots,x_n$ 中必有为零的.

习 题 5

1. $\lambda_1=2,\lambda_2=1+\mathrm{i},\lambda_3=1-\mathrm{i}$, 属于 $\lambda_1=2,\lambda_2=1+\mathrm{i},\lambda_3=1-\mathrm{i}$ 的特征向量分别为 $k_1(2,-1,0)^{\mathrm{T}}(k_1\neq 0),k_2(-3\mathrm{i},1+2\mathrm{i},1)^{\mathrm{T}}(k_2\neq 0),k_3(3\mathrm{i},1-2\mathrm{i},1)^{\mathrm{T}}(k_3\neq 0)$.

2. 由 $\boldsymbol{A\alpha}=a\boldsymbol{\alpha}$ 即得.

3. A.

4. C.

5. C.

6. 6.

7. 13, 25, 37.

8. $5,-1,19$.

9. 3.

10. (1) $$\boldsymbol{A}=\begin{pmatrix}a&b&c\\b&c&a\\c&a&b\end{pmatrix}\to\begin{pmatrix}b&c&a\\a&b&c\\c&a&b\end{pmatrix}\to\begin{pmatrix}c&b&a\\b&a&c\\a&c&b\end{pmatrix}\to\begin{pmatrix}c&b&a\\a&c&b\\b&a&c\end{pmatrix}\to\begin{pmatrix}c&a&b\\a&b&c\\b&c&a\end{pmatrix}=\boldsymbol{B},$$
即 $\boldsymbol{E}_{23}\boldsymbol{E}_{12}\boldsymbol{A}(\boldsymbol{E}_{12}\boldsymbol{E}_{23})=\boldsymbol{E}_{23}\boldsymbol{E}_{12}\boldsymbol{A}(\boldsymbol{E}_{23}\boldsymbol{E}_{12})^{-1}=\boldsymbol{B}$, 故 $\boldsymbol{A}\sim\boldsymbol{B}$. 同理可得 $\boldsymbol{B}\sim\boldsymbol{C}$.

(2) 由 $\boldsymbol{AB}=\boldsymbol{BA}$, 得 $a^2+b^2+c^2=ab+ac+bc$. 又因为 $|\lambda\boldsymbol{E}-\boldsymbol{A}|=\lambda^3-(a+b+c)\lambda^2+(ab+bc+ca-a^2-b^2-c^2)\lambda+a^3+b^3+c^3-3abc=\lambda^3-(a+b+c)\lambda^2+(a+b+c)(a^2+b^2+c^2-ab-bc-ca)=\lambda^3-(a+b+c)\lambda^2$, 所以 $\lambda_1=\lambda_2=0,\lambda_3=a+b+c$.

11. 设 $\lambda_1,\lambda_2,\cdots,\lambda_n$ 是 $\boldsymbol{A}$ 的 n 个复特征值, 因为 $\lambda_1\lambda_2\cdots\lambda_n=|\boldsymbol{A}|<0$, 而复根成对出现且 $\lambda\bar{\lambda}>0$. 因此, $\boldsymbol{A}$ 有偶数个实特征根, 且一定有奇数个负特征值, 从而至少有一个正特征值.

12. 设 $k_1\boldsymbol{\alpha}_1+k_2\boldsymbol{\alpha}_2+\cdots+k_s\boldsymbol{\alpha}_s=\boldsymbol{0}$, 则 $(\lambda\boldsymbol{E}-\boldsymbol{A})^{s-1}(k_1\boldsymbol{\alpha}_1+k_2\boldsymbol{\alpha}_2+\cdots+k_s\boldsymbol{\alpha}_s)=k_s\boldsymbol{\alpha}_1=\boldsymbol{0}$, 所以 $k_s=0$. 将 $k_s=0$ 代入 $k_1\boldsymbol{\alpha}_1+k_2\boldsymbol{\alpha}_2+\cdots+k_s\boldsymbol{\alpha}_s=\boldsymbol{0}$ 后, 可得 $(\lambda E-A)^{s-2}(k_1\boldsymbol{\alpha}_1+k_2\boldsymbol{\alpha}_2+\cdots+k_{s-1}\boldsymbol{\alpha}_{s-1})=k_{s-1}\boldsymbol{\alpha}_1=\boldsymbol{0}$, 所以 $k_{s-1}=0$，$k_{s-2}=\cdots=k_1=0$. 于是 $\boldsymbol{\alpha}_1,\boldsymbol{\alpha}_2,\cdots,\boldsymbol{\alpha}_s$ 线性无关.

13. 设 λ 是 $\boldsymbol{AB}$ 的特征值, $\boldsymbol{\alpha}$ 是 $\boldsymbol{AB}$ 的属于特征值 λ 的特征向量, 则 $\boldsymbol{AB\alpha}=\lambda\boldsymbol{\alpha}$. 从而 $\boldsymbol{BAB\alpha}=\lambda\boldsymbol{B\alpha}$. 如果 $\boldsymbol{B\alpha}\neq\boldsymbol{0}$, 则 λ 是 $\boldsymbol{BA}$ 的特征值. 如果 $\boldsymbol{B\alpha}=\boldsymbol{0}$, 则 $|\boldsymbol{B}|=0,\lambda=0$, 于是 $|\boldsymbol{BA}|=0$, 即 $\lambda=0$ 是 $\boldsymbol{BA}$ 的特征值. 这说明 $\boldsymbol{AB}$ 的特征值是 $\boldsymbol{BA}$ 的特征值. 同理 $\boldsymbol{BA}$ 的特征值也是 $\boldsymbol{AB}$ 的特征值.

14. 若 $\boldsymbol{A}^2=\boldsymbol{E}$, 则 $r(\boldsymbol{E}-\boldsymbol{A})+r(\boldsymbol{E}+\boldsymbol{A})=n$; 若 $\boldsymbol{A}^2=\boldsymbol{A}$, 则 $r(\boldsymbol{A})+r(\boldsymbol{E}-A)=n$.

15. 因为 $\boldsymbol{A}^2=\boldsymbol{E}$, 所以 $r(\boldsymbol{E}-\boldsymbol{A})+r(\boldsymbol{E}+\boldsymbol{A})=n$. 这说明 $\boldsymbol{A}$ 有 n 个线性无关的特征向量, 所以 $\boldsymbol{A}$ 可对角化. 或者因为 $\boldsymbol{A}^2=\boldsymbol{E}$, 不妨设 $\boldsymbol{A}$ 有 r 重特征值 1, $n-r$ 重特征值 -1. 因为特征值 1 的几何重数 $n-r(\boldsymbol{E}-\boldsymbol{A})\leqslant r$, 特征值 -1 的几何重数 $n-r(\boldsymbol{E}+\boldsymbol{A})\leqslant n-r$, 而 $r(\boldsymbol{E}-\boldsymbol{A})+r(\boldsymbol{E}+\boldsymbol{A})=n$, 所以特征值 1 的几何重数等于 r, 特征值 -1 的几何重数等于 $n-r$. 故 $\boldsymbol{A}$ 可对角化.

16. 由题设知存在 n 阶可逆矩阵 $\boldsymbol{P}$, 使得 $\boldsymbol{P}^{-1}\boldsymbol{A}\boldsymbol{P}=\boldsymbol{B}$. 令 $\boldsymbol{P}^{-1}\boldsymbol{A}=\boldsymbol{B}\boldsymbol{P}^{-1}=\boldsymbol{Q}$, 则 $\boldsymbol{A}=\boldsymbol{P}\boldsymbol{Q},\boldsymbol{B}=\boldsymbol{Q}\boldsymbol{P}$.

17. (1) 不能. 理由是矩阵的特征值 1 的代数重数 2 不等于其几何重数 1.

(2) 能. $\boldsymbol{P}=\begin{pmatrix}1&3&1\\1&0&1\\0&-2&1\end{pmatrix},\boldsymbol{D}=\mathrm{diag}(-1,-1,2)$.

(3) 能. $\boldsymbol{P}=\begin{pmatrix}1&33-5\sqrt{33}&33+5\sqrt{33}\\1&-33+17\sqrt{33}&-33-17\sqrt{33}\\0&132&132\end{pmatrix},\boldsymbol{D}=\mathrm{diag}\left(3,\dfrac{-5+\sqrt{33}}{2},\dfrac{-5-\sqrt{33}}{2}\right)$.

(4) 能. $\boldsymbol{P}=\begin{pmatrix}1&-1&0&0\\1&1&0&0\\0&0&-1&1\\0&0&1&1\end{pmatrix},\boldsymbol{D}=\mathrm{diag}(1,-1,1,-1)$.

18. (1) $a=-4,b=1,\lambda=-2$.

(2) 因为特征值 $\lambda=-1$ 的几何重数 1 小于其代数重数 2, 所以 $\boldsymbol{A}$ 不能相似于对角矩阵.

19. (1) $\boldsymbol{B}=\begin{pmatrix}0&0&0\\1&0&3\\0&1&-2\end{pmatrix}$.

(2) -6.

20. $\boldsymbol{A}^n=\dfrac{1}{4}\begin{pmatrix}2^n(5-3^n)&2^n(1-3^n)&2^n(3^n-1)\\2^{n+1}(3^n-1)&2^{n+1}(3^n+1)&2^{n+1}(1-3^n)\\3\cdot2^n(1-3^n)&3\cdot2^n(1-3^n)&2^n(1+3^{n+1})\end{pmatrix}$.

21. 当 $n=1$ 时, 结论显然正确. 假设 $n-1$ 阶方阵相似于一个上三角矩阵, 设 λ_1 是 $\boldsymbol{A}$ 的一个特征值, 对应的特征向量是 $\boldsymbol{\alpha}_1$. 从 $\boldsymbol{\alpha}_1$ 出发可找到 $\mathbb{C}^{n\times1}$ 的 n 个线性无关的向量 $\boldsymbol{\alpha}_1,\boldsymbol{\alpha}_2,\cdots,\boldsymbol{\alpha}_n$, 使得 $\boldsymbol{A}(\boldsymbol{\alpha}_1,\boldsymbol{\alpha}_2,\cdots,\boldsymbol{\alpha}_n)=(\boldsymbol{\alpha}_1,\boldsymbol{\alpha}_2,\cdots,\boldsymbol{\alpha}_n)\begin{pmatrix}\lambda_1&*\\\boldsymbol{0}&\boldsymbol{A}_1\end{pmatrix}$, 其中 $\boldsymbol{A}_1$ 是 $n-1$ 阶矩阵. 令 $\boldsymbol{P}=(\boldsymbol{\alpha}_1,\boldsymbol{\alpha}_2,\cdots,\boldsymbol{\alpha}_n)$, 则 $\boldsymbol{P}^{-1}\boldsymbol{A}\boldsymbol{P}=\begin{pmatrix}\lambda_1&*\\\boldsymbol{0}&\boldsymbol{A}_1\end{pmatrix}$. 由归纳假设, 存在 $n-1$ 阶可逆矩阵 $\boldsymbol{Q}$, 使得 $\boldsymbol{Q}^{-1}\boldsymbol{A}_1\boldsymbol{Q}$ 是上三角矩阵. 令 $\boldsymbol{C}=\begin{pmatrix}1&\boldsymbol{0}^{\mathrm{T}}\\\boldsymbol{0}&\boldsymbol{Q}\end{pmatrix}$, 则 $\boldsymbol{C}$ 是 n 阶可逆矩阵, 再令 $\boldsymbol{M}=\boldsymbol{P}\boldsymbol{C}$, 则

$$\boldsymbol{M}^{-1}\boldsymbol{A}\boldsymbol{M}=\begin{pmatrix}1&\boldsymbol{0}^{\mathrm{T}}\\\boldsymbol{0}&\boldsymbol{Q}\end{pmatrix}^{-1}\begin{pmatrix}\lambda_1&*\\\boldsymbol{0}&\boldsymbol{A}_1\end{pmatrix}\begin{pmatrix}1&\boldsymbol{0}^{\mathrm{T}}\\\boldsymbol{0}&\boldsymbol{Q}\end{pmatrix}=\begin{pmatrix}\lambda_1&*\\\boldsymbol{0}&\boldsymbol{Q}^{-1}\boldsymbol{A}_1\boldsymbol{Q}\end{pmatrix}$$

是上三角矩阵.

22. 易知 $r(\boldsymbol{A}^*)=1$. 于是 $\boldsymbol{A}^*$ 的零特征值的几何重数为 $n-1$, 所以 $\boldsymbol{A}^*$ 至少有 $n-1$ 个零特征值. 又因为 $\mathrm{tr}\boldsymbol{A}^*=A_{11}+A_{22}+\cdots+A_{nn}=\sum\limits_{k=1}^{n}\prod\limits_{i\neq k}\lambda_i=\prod\limits_{k=1}^{n-1}\lambda_k$, 所以 $\boldsymbol{A}^*$ 的特征

值为 $\mu_1 = \mu_2 = \cdots = \mu_{n-1} = 0, \mu_n = \prod\limits_{k=1}^{n-1} \lambda_k$.

23. (1) 因为 $\boldsymbol{A}\boldsymbol{A}^{\mathrm{T}} = \boldsymbol{E} = \boldsymbol{A}\boldsymbol{A}^*$, 所以 $\boldsymbol{A}^{\mathrm{T}} = \boldsymbol{A}^*$.

(2) 因为 $\boldsymbol{A}\boldsymbol{A}^{\mathrm{T}} = \boldsymbol{E} = -\boldsymbol{A}\boldsymbol{A}^*$, 所以 $\boldsymbol{A}^{\mathrm{T}} = -\boldsymbol{A}^*$.

24. (1) $a = -2$.

(2) $\boldsymbol{Q} = \begin{pmatrix} \frac{1}{\sqrt{3}} & \frac{1}{\sqrt{6}} & \frac{1}{\sqrt{2}} \\ \frac{1}{\sqrt{3}} & -\frac{2}{\sqrt{6}} & 0 \\ \frac{1}{\sqrt{3}} & \frac{1}{\sqrt{6}} & -\frac{1}{\sqrt{2}} \end{pmatrix}$, 且 $\boldsymbol{Q}'\boldsymbol{A}\boldsymbol{Q} = \mathrm{diag}(0, -3, 3)$.

25. 易知 $\boldsymbol{A}$ 有一个特征值 $\lambda_1 = 3$, 对应的特征向量 $\boldsymbol{\alpha}_1 = (1, 1, 1)^{\mathrm{T}}$. 设 $\boldsymbol{A}$ 的另外两个特征值为 λ_2, λ_3, 由 $\lambda_1\lambda_2\lambda_3 = |\boldsymbol{A}| = 3$, 得到 $\lambda_2\lambda_3 = 1$. 又因为 λ_2, λ_3 是正整数, 所以 $\lambda_2 = \lambda_3 = 1$. 由于实对称矩阵 $\boldsymbol{A}$ 的属于不同特征值的特征向量彼此正交, 故可取 $\lambda_2 = \lambda_3$ 的特征向量 $\boldsymbol{\alpha}_2 = (1, -1, 0)^{\mathrm{T}}, \boldsymbol{\alpha}_3 = (1, 1, -2)^{\mathrm{T}}$, 令 $\boldsymbol{C} = \begin{pmatrix} \frac{1}{\sqrt{3}} & \frac{1}{\sqrt{2}} & \frac{1}{\sqrt{6}} \\ \frac{1}{\sqrt{3}} & -\frac{1}{\sqrt{2}} & \frac{1}{\sqrt{6}} \\ \frac{1}{\sqrt{3}} & 0 & -\frac{2}{\sqrt{6}} \end{pmatrix}$,

则 $\boldsymbol{A} = \boldsymbol{C}\mathrm{diag}(3, 1, 1)\boldsymbol{C}^{\mathrm{T}} = \dfrac{1}{3}\begin{pmatrix} 5 & 2 & 2 \\ 2 & 5 & 2 \\ 2 & 2 & 5 \end{pmatrix}$.

26. 因为 $|\lambda\boldsymbol{E} - \boldsymbol{A}| = \lambda^{n\ 1}[\lambda - (a_1^2 + a_2^2 + \cdots + a_n^2)]$, 所以 $\boldsymbol{A}$ 的特征值 $\lambda_1 = \lambda_2 = \cdots = \lambda_{n-1} = 0, \lambda_n = a_1^2 + a_2^2 + \cdots + a_n^2$. 在方程组 $\boldsymbol{A}\boldsymbol{X} = \boldsymbol{0}$ 两边左乘以 $\boldsymbol{\alpha}$, 得到 $a_1x_1 + a_2x_2 + \cdots + a_nx_n = 0$. 不妨设 $a_1 \neq 0$, 则 $\boldsymbol{A}$ 的属于特征值 $\lambda = 0$ 的特征向量为

$$k_1\begin{pmatrix} -a_2 \\ a_1 \\ 0 \\ \vdots \\ 0 \end{pmatrix} + k_2\begin{pmatrix} -a_3 \\ 0 \\ a_1 \\ \vdots \\ 0 \end{pmatrix} + \cdots + k_{n-1}\begin{pmatrix} -a_n \\ 0 \\ 0 \\ \vdots \\ a_1 \end{pmatrix},\ k_1^2 + k_2^2 + \cdots + k_{n-1}^2 \neq 0.$$

因为 $\boldsymbol{A}\boldsymbol{\alpha}^{\mathrm{T}} = \lambda_n\boldsymbol{\alpha}^{\mathrm{T}}$, 所以 $\boldsymbol{A}$ 的属于特征值 $\lambda_n = a_1^2 + a_2^2 + \cdots + a_n^2$ 的特征向量为 $k\boldsymbol{\alpha}^{\mathrm{T}}\ (k \neq 0)$.

27. 必要性. 显然.

充分性. 令 $\boldsymbol{D} = \mathrm{diag}(\lambda_1, \lambda_2, \cdots, \lambda_n)$, 其中 $\lambda_1, \lambda_2, \cdots, \lambda_n$ 是 $\boldsymbol{A}, \boldsymbol{B}$ 的相同特征值, 则存在正交矩阵 $\boldsymbol{Q}_1, \boldsymbol{Q}_2$, 使得 $\boldsymbol{Q}_1^{\mathrm{T}}\boldsymbol{A}\boldsymbol{Q}_1 = \boldsymbol{D} = \boldsymbol{Q}_2^{\mathrm{T}}\boldsymbol{B}\boldsymbol{Q}_2$. 令 $\boldsymbol{Q} = \boldsymbol{Q}_1\boldsymbol{Q}_2^{\mathrm{T}}$, 则 $\boldsymbol{Q}$ 是正交矩阵, 且 $\boldsymbol{Q}^{\mathrm{T}}\boldsymbol{A}\boldsymbol{Q} = \boldsymbol{B}$.

28. 由题设可知, 存在正交矩阵 $\boldsymbol{P}$, 使得 $\boldsymbol{P}^{\mathrm{T}}\boldsymbol{A}\boldsymbol{P} = \mathrm{diag}(s_1\boldsymbol{E}_1, s_2\boldsymbol{E}_2, \cdots, s_m\boldsymbol{E}_m)$, 其中 $\boldsymbol{E}_i$ 是 n_i 阶单位矩阵, $n_1 + n_2 + \cdots + n_m = n$, $s_1, s_2, \cdots, s_m$ 是 $\boldsymbol{A}$ 的 m 个互不相同的特征值. 又因为 $\boldsymbol{A}\boldsymbol{B} = (\boldsymbol{A}\boldsymbol{B})^{\mathrm{T}} = \boldsymbol{B}^{\mathrm{T}}\boldsymbol{A}^{\mathrm{T}} = \boldsymbol{B}\boldsymbol{A}$, 所以

$$\mathrm{diag}(s_1\boldsymbol{E}_1, s_2\boldsymbol{E}_2, \cdots, s_m\boldsymbol{E}_m)\boldsymbol{P}^{\mathrm{T}}\boldsymbol{B}\boldsymbol{P} = \boldsymbol{P}^{\mathrm{T}}\boldsymbol{B}\boldsymbol{P}\mathrm{diag}(s_1\boldsymbol{E}_1, s_2\boldsymbol{E}_2, \cdots, s_m\boldsymbol{E}_m).$$

令 $\boldsymbol{P}^{\mathrm{T}}\boldsymbol{B}\boldsymbol{P}=(\boldsymbol{B}_{ij})_{m\times m}$, 则 $s_i\boldsymbol{B}_{ij}=s_j\boldsymbol{B}_{ij}$, 即 $\boldsymbol{B}_{ij}=\boldsymbol{O}\,(i\neq j;i,j=1,2,\cdots,m)$. 于是

$$\boldsymbol{P}^{\mathrm{T}}\boldsymbol{B}\boldsymbol{P}=\operatorname{diag}(\boldsymbol{B}_{11},\boldsymbol{B}_{22},\cdots,\boldsymbol{B}_{mm})$$

是分块对角实对称矩阵. 因此, 存在分块对角正交矩阵 $\boldsymbol{Q}=\operatorname{diag}(\boldsymbol{Q}_1,\boldsymbol{Q}_2,\cdots,\boldsymbol{Q}_m)$, 使得 $\boldsymbol{Q}^{\mathrm{T}}(\boldsymbol{P}^{\mathrm{T}}\boldsymbol{B}\boldsymbol{P})\boldsymbol{Q}=\operatorname{diag}(t_1,t_2,\cdots,t_n)$. 令 $\boldsymbol{C}=\boldsymbol{P}\boldsymbol{Q}$, 则 $\boldsymbol{C}^{\mathrm{T}}\boldsymbol{B}\boldsymbol{C}=\operatorname{diag}(t_1,t_2,\cdots,t_n)$, 且

$$\boldsymbol{C}^{\mathrm{T}}\boldsymbol{A}\boldsymbol{C}=\boldsymbol{Q}^{\mathrm{T}}\operatorname{diag}(s_1\boldsymbol{E}_1,s_2\boldsymbol{E}_2,\cdots,s_m\boldsymbol{E}_m)\boldsymbol{Q}=\operatorname{diag}(s_1\boldsymbol{E}_1,s_2\boldsymbol{E}_2,\cdots,s_m\boldsymbol{E}_m).$$

综上可知, 存在正交矩阵 $\boldsymbol{C}$, 使得

$$\boldsymbol{C}^{\mathrm{T}}\boldsymbol{A}\boldsymbol{C}=\operatorname{diag}(s_1,s_2,\cdots,s_n),\ \boldsymbol{C}^{\mathrm{T}}\boldsymbol{B}\boldsymbol{C}=\operatorname{diag}(t_1,t_2,\cdots,t_n),$$

$$\boldsymbol{C}^{\mathrm{T}}(\boldsymbol{A}\boldsymbol{B})\boldsymbol{C}=(\boldsymbol{C}^{\mathrm{T}}\boldsymbol{A}\boldsymbol{C})(\boldsymbol{C}^{\mathrm{T}}\boldsymbol{B}\boldsymbol{C})=\operatorname{diag}(s_1t_1,s_2t_2,\cdots,s_nt_n).$$

因为 $s_1t_1,s_2t_2,\cdots,s_nt_n$ 是 $\boldsymbol{A}\boldsymbol{B}$ 的全部特征值, 所以结论成立.

29. 因为 $|\lambda\boldsymbol{E}-\boldsymbol{A}|=\lambda^n+(-1)(-1)^{n+1}(-1)^{n-1}=\lambda^n-1$, 所以 $\boldsymbol{A}$ 在复数域 $\mathbb{C}$ 内的全部特征值为 1 的全部 n 次单位根, 即 $\lambda_k=\exp\left(\dfrac{2k\pi\mathrm{i}}{n}\right)\ (k=0,1,\cdots,n-1)$.

30. 设 $\boldsymbol{B}$ 的特征多项式为 $f(\lambda)$, 因为 $\boldsymbol{A}$ 与 $\boldsymbol{B}$ 没有相同特征值, 所以 $f(\boldsymbol{A})$ 可逆. 由 $\boldsymbol{A}\boldsymbol{X}=\boldsymbol{X}\boldsymbol{B}$ 得到 $\boldsymbol{A}^k\boldsymbol{X}=\boldsymbol{X}\boldsymbol{B}^k\,(k=1,2,\cdots)$, 进一步, 得到 $f(\boldsymbol{A})\boldsymbol{X}=\boldsymbol{X}f(\boldsymbol{B})$. 再由哈密顿一凯莱定理, 有 $f(\boldsymbol{B})=\boldsymbol{O}$. 因此 $\boldsymbol{X}=(f(\boldsymbol{A}))^{-1}\boldsymbol{O}=\boldsymbol{O}$.

31. 由题设, 2 不是 $\boldsymbol{A}$ 的特征值, 可知 $|2\boldsymbol{E}-\boldsymbol{A}|\neq 0$, 即矩阵 $2\boldsymbol{E}-\boldsymbol{A}$ 可逆. 再由题设, 得到 $\boldsymbol{A}$ 的特征多项式 $f(\lambda)=|\lambda\boldsymbol{E}-\boldsymbol{A}|=\lambda(\lambda^n-1)$. 由哈密顿一凯莱定理, 得到

$$\boldsymbol{A}(\boldsymbol{A}^n-\boldsymbol{E})=\boldsymbol{O},\text{即 }\boldsymbol{A}^{n+1}=\boldsymbol{A}.$$

又因为

$$(2\boldsymbol{E})^{n+1}-\boldsymbol{A}^{n+1}=(2\boldsymbol{E}-\boldsymbol{A})[(2\boldsymbol{E})^n+(2\boldsymbol{E})^{n-1}\boldsymbol{A}+\cdots+\boldsymbol{A}^n],$$

所以

$$(2\boldsymbol{E})^{n+1}-2\boldsymbol{E}=\boldsymbol{A}-2\boldsymbol{E}+(2\boldsymbol{E})^{n+1}-\boldsymbol{A}^{n+1}=(2\boldsymbol{E}-\boldsymbol{A})[-\boldsymbol{E}+(2\boldsymbol{E})^n+(2\boldsymbol{E})^{n-1}\boldsymbol{A}+\cdots+\boldsymbol{A}^n],$$

即

$$(2\boldsymbol{E}-\boldsymbol{A})\cdot\frac{1}{2(2^n-1)}[(2^n-1)\boldsymbol{E}+(2\boldsymbol{E})^{n-1}\boldsymbol{A}+\cdots+\boldsymbol{A}^n]=\boldsymbol{E}.$$

于是

$$(2\boldsymbol{E}-\boldsymbol{A})^{-1}=\frac{1}{2(2^n-1)}[(2^n-1)\boldsymbol{E}+(2\boldsymbol{E})^{n-1}\boldsymbol{A}+\cdots+\boldsymbol{A}^n].$$

32. 因为 $|\lambda\boldsymbol{E}-\boldsymbol{A}|=\lambda^3-1$. 由哈密顿一凯莱定理, 得到 $\boldsymbol{A}^3=\boldsymbol{E}$, 所以 $\boldsymbol{A}^{-1}=\boldsymbol{A}^2$.

故 $\boldsymbol{A}^n=\begin{cases}\boldsymbol{E},\ n=3k,\\ \boldsymbol{A},\ n=3k+1,\\ \boldsymbol{A}^2,\ n=3k+2.\end{cases}$

33. 因为$f(\lambda)=|\lambda \boldsymbol{E}-\boldsymbol{A}|=\lambda^3-2\lambda+1$. 令$\varphi(\lambda)=2\lambda^8-3\lambda^5+4\lambda^4+\lambda^2-4$则$\varphi(\lambda)=f(\lambda)(2\lambda^5+4\lambda^3-5\lambda^2+12\lambda-14)+30\lambda^2-40\lambda+10$. 由哈密顿—凯莱定理, 得到

$$2\boldsymbol{A}^8-3\boldsymbol{A}^5+4\boldsymbol{A}^4+\boldsymbol{A}^2-4\boldsymbol{E}=30\boldsymbol{A}^2-40\boldsymbol{A}+10\boldsymbol{E}=10\begin{pmatrix}0&6&-2\\0&11&-7\\0&-7&4\end{pmatrix}.$$

34. 存在正交矩阵$\boldsymbol{Q}$, 使得$\boldsymbol{Q}^{\mathrm{T}}(\boldsymbol{A}+\boldsymbol{A}^{\mathrm{T}})\boldsymbol{Q}=\mathrm{diag}(\mu_1,\mu_2,\cdots,\mu_n)$. 设$\boldsymbol{\alpha}$是$\boldsymbol{A}$的属于特征值$\lambda$的单位特征向量, 则$\overline{\boldsymbol{\alpha}}^{\mathrm{T}}(\boldsymbol{A}+\boldsymbol{A}^{\mathrm{T}})\boldsymbol{\alpha}=(\lambda+\overline{\lambda})\overline{\boldsymbol{\alpha}}^{\mathrm{T}}\boldsymbol{\alpha}=2a$. 令$\boldsymbol{Q}^{\mathrm{T}}\boldsymbol{\alpha}=(x_1,x_2,\cdots,x_n)^{\mathrm{T}}$, 则$2a=\overline{\boldsymbol{\alpha}}^{\mathrm{T}}\boldsymbol{Q}\mathrm{diag}(\mu_1,\mu_2,\cdots,\mu_n)\boldsymbol{Q}^{\mathrm{T}}\boldsymbol{\alpha}=\sum\limits_{k=1}^{n}\mu_k|x_k|^2$. 因为$\sum\limits_{k=1}^{n}|x_k|^2=1$, 所以

$$\frac{1}{2}\min_{1\leqslant k\leqslant n}\mu_k\leqslant a\leqslant\frac{1}{2}\max_{1\leqslant k\leqslant n}\mu_k.$$

35. 设$\boldsymbol{\alpha}=(x_1,x_2,\cdots,x_n)^{\mathrm{T}}$为$\boldsymbol{A}$的属于特征值$\lambda$的一个单位特征向量.

(1) 记$M=\max\limits_{1\leqslant i,j\leqslant n}\dfrac{1}{2}|a_{ij}-a_{ji}|$, 则

$$\overline{\boldsymbol{\alpha}^{\mathrm{T}}}A\boldsymbol{\alpha}=\lambda\overline{\boldsymbol{\alpha}^{\mathrm{T}}}\boldsymbol{\alpha}=\lambda,\ \overline{\lambda}=\overline{(\overline{\boldsymbol{\alpha}^{\mathrm{T}}}\boldsymbol{A}\boldsymbol{\alpha})^{\mathrm{T}}}=\overline{\boldsymbol{\alpha}^{\mathrm{T}}}\boldsymbol{A}^{\mathrm{T}}\boldsymbol{\alpha},$$

从而$\lambda-\overline{\lambda}=2\mathrm{i}\mathrm{Im}\lambda=\overline{\boldsymbol{\alpha}^{\mathrm{T}}}(\boldsymbol{A}-\boldsymbol{A}^{\mathrm{T}})\boldsymbol{\alpha}$. 但是

$$\begin{aligned}2\mathrm{i}\mathrm{Im}\lambda&=\overline{\boldsymbol{\alpha}^{\mathrm{T}}}(\boldsymbol{A}-\boldsymbol{A}^{\mathrm{T}})\boldsymbol{\alpha}=\sum_{i,j=1}^{n}(a_{ij}-a_{ji})\overline{x}_ix_j\\&=\frac{1}{2}\left(\sum_{i,j=1}^{n}(a_{ij}-a_{ji})\overline{x}_ix_j+\sum_{i,j=1}^{n}(a_{ji}-a_{ij})x_i\overline{x}_j\right)\\&=\sum_{i,j=1}^{n}\frac{1}{2}(a_{ij}-a_{ji})(\overline{x}_ix_j-x_i\overline{x}_j),\end{aligned}$$

于是

$$\begin{aligned}|2\mathrm{Im}\lambda|&\leqslant\sum_{i,j=1}^{n}\frac{1}{2}|a_{ij}-a_{ji}||\overline{x}_ix_j-x_i\overline{x}_j|\leqslant M\sum_{\substack{i,j=1\\i\neq j}}^{n}|\overline{x}_ix_j-x_i\overline{x}_j|\\&\leqslant M\sqrt{n(n-1)}\sqrt{\sum_{\substack{i,j=1\\i\neq j}}^{n}|\overline{x}_ix_j-x_i\overline{x}_j|^2}\\&\leqslant M\sqrt{n(n-1)}\sqrt{\sum_{\substack{i,j=1\\i\neq j}}^{n}(\overline{x}_ix_j-x_i\overline{x}_j)(x_i\overline{x}_j-\overline{x}_ix_j)}\\&=M\sqrt{n(n-1)}\sqrt{\sum_{i,j=1}^{n}(2|x_i|^2|x_j|^2-x_i^2\overline{x}_j^2-\overline{x}_i^2x_j^2)}\\&=M\sqrt{n(n-1)}\sqrt{2-2\sum_{i=1}^{n}\overline{x}_i^2\sum_{j=1}^{n}x_j^2}\\&\leqslant M\sqrt{2n(n-1)}.\end{aligned}$$

故

$$|\mathrm{Im}\lambda|\leqslant M\sqrt{\frac{n(n-1)}{2}}.$$

(2) 记 $\rho=\max\limits_{1\leqslant i,j\leqslant n}|a_{ij}|$, $\delta=\max\limits_{1\leqslant i,j\leqslant n}\frac{1}{2}|a_{ij}+\overline{a}_{ji}|$, $\tau=\max\limits_{1\leqslant i,j\leqslant n}\frac{1}{2}|a_{ij}-\overline{a}_{ji}|$, 则

$$|\lambda|=|\overline{\boldsymbol{\alpha}^{\mathrm{T}}}\boldsymbol{A}\boldsymbol{\alpha}|=\left|\sum_{i,j=1}^{n}a_{ij}\overline{x}_ix_j\right|\leqslant\sum_{i,j=1}^{n}|a_{ij}||x_i||x_j|\leqslant\rho\sum_{i,j=1}^{n}|x_i||x_j|$$

$$=\rho\left(\sum_{i=1}^{n}|x_i|\right)^2\leqslant\rho n\sum_{i=1}^{n}|x_i|^2=\rho n.$$

因为 $\overline{\lambda}=\overline{\boldsymbol{\alpha}^{\mathrm{T}}}\overline{\boldsymbol{A}^{\mathrm{T}}}\boldsymbol{\alpha}$, 所以

$$\mathrm{Re}(\lambda)=\overline{\boldsymbol{\alpha}^{\mathrm{T}}}\left(\frac{\boldsymbol{A}+\overline{\boldsymbol{A}^{\mathrm{T}}}}{2}\right)\boldsymbol{\alpha},\mathrm{iIm}(\lambda)=\overline{\boldsymbol{\alpha}^{\mathrm{T}}}\left(\frac{\boldsymbol{A}-\overline{\boldsymbol{A}^{\mathrm{T}}}}{2}\right)\boldsymbol{\alpha},$$

故

$$|\mathrm{Re}\lambda|\leqslant\delta n,\quad|\mathrm{Im}\lambda|=|\mathrm{iIm}(\lambda)|\leqslant\tau n.$$

习 题 6

1. 当 $f(x_1,x_2,x_3)\neq0$ 时, $\boldsymbol{\alpha}=(a_1,a_2,a_3)^{\mathrm{T}},\boldsymbol{\beta}=(b_1,b_2,b_3)^{\mathrm{T}}$ 均为非零向量, 由 $a_1b_1+a_2b_2+a_3b_3=0$, 得到 $\boldsymbol{\alpha}$ 与 $\boldsymbol{\beta}$ 正交. 所以 $\boldsymbol{\alpha},\boldsymbol{\beta}$ 线性无关. 作非退化线性变换:

$$y_1=a_1x_1+a_2x_2+a_3x_3,y_2=b_1x_1+b_2x_2+b_3x_3,y_3=\begin{vmatrix}x_1&x_2&x_3\\a_1&a_2&a_3\\b_1&b_2&b_3\end{vmatrix},$$

则有 $f(x_1,x_2,x_3)=y_1y_2$. 再令 $y_1=z_1+z_2,y_2=z_1-z_2,y_3=z_3$, 则得到规范型 $f(x_1,x_2,x_3)=z_1^2-z_2^2$. 于是 $f(x_1,x_2,x_3)$ 的正、负惯性指数都等于1.

2. 因为 $(\boldsymbol{A}^{-1})^{\mathrm{T}}=(\boldsymbol{A}^{\mathrm{T}})^{-1}=\boldsymbol{A}^{-1}$, 且 $\boldsymbol{A}=\boldsymbol{A}^{\mathrm{T}}\boldsymbol{A}^{-1}\boldsymbol{A}$, 所以 $\boldsymbol{A}$ 与 $\boldsymbol{A}^{-1}$ 合同. 故 $f(x_1,x_2,\cdots,x_n)$ 与 $g(x_1,x_2,\cdots,x_n)$ 有相同的规范型.

3. 变换前后二次型的系数矩阵分别为 $\boldsymbol{A}=\begin{pmatrix}1&\alpha&1\\\alpha&1&\beta\\1&\beta&1\end{pmatrix}$, $\boldsymbol{B}=\begin{pmatrix}0&0&0\\0&1&0\\0&0&2\end{pmatrix}$. 令 $\boldsymbol{X}=\boldsymbol{P}\boldsymbol{Y}$, 则 $\boldsymbol{P}^{\mathrm{T}}\boldsymbol{A}\boldsymbol{P}=\boldsymbol{B}$. 由 $\boldsymbol{P}$ 是正交矩阵, 得 $\boldsymbol{P}^{-1}\boldsymbol{A}\boldsymbol{P}=\boldsymbol{B}$. 于是 $|\lambda\boldsymbol{E}-\boldsymbol{A}|=|\lambda\boldsymbol{E}-\boldsymbol{B}|$, 即 $\lambda^3-3\lambda^2+(2-\alpha^2-\beta^2)\lambda+(\alpha-\beta)^2=\lambda^3-3\lambda^2+2\lambda$. 故 $\alpha=\beta=0$.

4. (1) 记二次型的系数矩阵为 $\boldsymbol{A}=(a_{ij})_{n\times n}$, 其中 $a_{ij}=\begin{cases}1,\ i=j,\\\frac{1}{2},\ i\neq j,\end{cases}$ 则 $|\boldsymbol{A}_k|=\frac{k+1}{2^k}>0\,(k=1,2,\cdots,n)$. 或者用配方法, 得到 $f(x_1,x_2,\cdots,x_n)=$

$$\left(x_1+\frac{1}{2}\sum_{k=2}^{n}x_k\right)^2+\frac{3}{4}\left(x_2+\frac{1}{3}\sum_{k=3}^{n}x_k\right)^2+\cdots+\frac{n}{2(n-1)}\left(x_{n-1}+\frac{1}{n}x_n\right)^2+\frac{n+1}{2n}x_n^2\geqslant0,$$

且等号成立当且仅 $x_1=x_2=\cdots=x_n=0$. 所以二次型 $f(x_1,x_2,\cdots,x_n)$ 是正定二次型. 于是 $f(x_1,x_2,\cdots,x_n)$ 的正惯性指数为 n, 负惯性指数为0.

(2) 因为 $f(x_1,x_2,\cdots,x_n)=\sum\limits_{i=1}^{n}x_i^2-n\bar{x}^2=(x_1,x_2,\cdots,x_n)\boldsymbol{A}(x_1,x_2,\cdots,x_n)^{\mathrm{T}}$, 其中 $\boldsymbol{A}=\begin{pmatrix}1-\dfrac{1}{n} & -\dfrac{1}{n} & \cdots & -\dfrac{1}{n}\\ -\dfrac{1}{n} & 1-\dfrac{1}{n} & \cdots & -\dfrac{1}{n}\\ \vdots & \vdots & & \vdots\\ -\dfrac{1}{n} & -\dfrac{1}{n} & \cdots & 1-\dfrac{1}{n}\end{pmatrix}$, 且 $|\lambda\boldsymbol{E}-\boldsymbol{A}|=\lambda(\lambda-1)^{n-1}$, 所以 $\boldsymbol{A}$ 的特征值 $\lambda_1=\lambda_2=\cdots=\lambda_{n-1}=1,\lambda_n=0$. 或者作可逆线性变换:

$$\begin{cases}y_k=x_k-\bar{x}\,(k=1,2,\cdots,n-1),\\ y_n=x_n,\end{cases}$$

因为 $\bar{x}=\sum\limits_{k=1}^{n}y_k$, 所以 $f(x_1,x_2,\cdots,x_n)$

$$=\sum_{k=1}^{n-1}y_k^2+(y_n-\bar{x})^2=\sum_{k=1}^{n-1}y_k^2+\left(\sum_{k=1}^{n-1}y_k\right)^2=2\left(\sum_{k=1}^{n-1}y_k^2+\sum_{1\leqslant i<j\leqslant n-1}y_iy_j\right)$$

$$=2\left(y_1+\frac{1}{2}\sum_{k=2}^{n-1}y_k\right)^2+\frac{3}{2}\left(y_2+\frac{1}{3}\sum_{k=3}^{n-1}y_k\right)^2+\cdots+\frac{n-1}{(n-2)}\left(y_{n-2}+\frac{y_{n-1}}{n-1}\right)^2+\frac{n}{(n-1)}y_{n-1}^2.$$

故 $f(x_1,x_2,\cdots,x_n)$ 的正惯性指数为 $n-1$, 负惯性指数为 0.

5. 由 $|\lambda\boldsymbol{E}-\boldsymbol{A}|=0$, 得到 $\lambda_1=0,\lambda_2=\lambda_3=2$. 因为 $\boldsymbol{A}$ 是实对称阵, 故存在正交矩阵 $\boldsymbol{Q}$, 使得 $\boldsymbol{Q}^{-1}\boldsymbol{A}\boldsymbol{Q}=\mathrm{diag}(0,2,2)=\boldsymbol{D}$. 又因为 $\boldsymbol{Q}^{-1}\boldsymbol{B}\boldsymbol{Q}=\mathrm{diag}(k^2,(k+2)^2,(k+2)^2)$, 所以, 当 $k\neq 0,k\neq -2$ 时, $\boldsymbol{B}$ 为正定阵.

6. 显然 $f(x_1,x_2,\cdots,x_n)\geqslant 0$, 且 $f(x_1,x_2,\cdots,x_n)=0$ 当且仅当

$$\begin{cases}x_1+a_1x_2=0,\\ x_2+a_2x_3=0,\\ \qquad\vdots\\ x_{n-1}+a_{n-1}x_n=0,\\ x_n+a_nx_1=0.\end{cases}$$

该方程组的系数矩阵 $\boldsymbol{A}$ 的行列式

$$|\boldsymbol{A}|=\begin{vmatrix}1 & a_1 & 0 & \cdots & 0 & 0\\ 0 & 1 & a_2 & \cdots & 0 & 0\\ \vdots & \vdots & \vdots & & \vdots & \vdots\\ 0 & 0 & 0 & \cdots & 1 & a_{n-1}\\ a_n & 0 & 0 & \cdots & 0 & 1\end{vmatrix}=1+(-1)^{n+1}\prod_{k=1}^{n}a_k.$$

因为齐次线性方程组 $\boldsymbol{AX}=\boldsymbol{0}$ 仅有零解当且仅当 $|\boldsymbol{A}|\neq 0$, 所以, 当 $\prod\limits_{k=1}^{n} a_k \neq (-1)^n$ 时, $f(x_1,x_2,\cdots,x_n)$ 正定.

7. 因为 $\boldsymbol{A}$ 可逆, 所以, 当 $m=2k+1$ 时, $\boldsymbol{A}^m=(\boldsymbol{A}^k)^{\mathrm{T}}\boldsymbol{A}\boldsymbol{A}^k$, 即 $\boldsymbol{A}^m$ 与 $\boldsymbol{A}$ 合同. 故 $\boldsymbol{A}^m$ 是正定阵. 当 $m=2k$ 时, $\boldsymbol{A}^m=(\boldsymbol{A}^k)^{\mathrm{T}}\boldsymbol{E}\boldsymbol{A}^k$, 即 $\boldsymbol{A}^m$ 与 $\boldsymbol{E}$ 合同, $\boldsymbol{A}^m$ 也是正定阵.

8. 因为 $(\boldsymbol{A}\boldsymbol{A}^{\mathrm{T}})^{\mathrm{T}}=\boldsymbol{A}\boldsymbol{A}^{\mathrm{T}}$, 所以 $\boldsymbol{A}\boldsymbol{A}^{\mathrm{T}}$ 是实对称矩阵. 因为二次型 $f(x_1,x_2,\cdots,x_n)=\boldsymbol{X}^{\mathrm{T}}\boldsymbol{A}\boldsymbol{A}^{\mathrm{T}}\boldsymbol{X}=(\boldsymbol{A}^{\mathrm{T}}\boldsymbol{X},\boldsymbol{A}^{\mathrm{T}}\boldsymbol{X})\geqslant 0$, 且等号成立当且仅当 $\boldsymbol{A}^{\mathrm{T}}\boldsymbol{X}=\boldsymbol{0}$, 所以 $f(x_1,x_2,\cdots,x_n)$ 正定当且仅当齐次线性方程组 $\boldsymbol{A}^{\mathrm{T}}\boldsymbol{X}=\boldsymbol{0}$ 的系数矩阵 $\boldsymbol{A}^{\mathrm{T}}$ 列满秩, 即 $r(\boldsymbol{A}^{\mathrm{T}})=m$. 又因为 $r(\boldsymbol{A})=r(\boldsymbol{A}^{\mathrm{T}})$, 所以 $\boldsymbol{A}\boldsymbol{A}^{\mathrm{T}}$ 正定当且仅当 $r(\boldsymbol{A})=m$.

9. 存在 n 阶可逆矩阵 $\boldsymbol{P}$, 使得 $\boldsymbol{B}=\boldsymbol{P}^{\mathrm{T}}\boldsymbol{P}$. 于是 $\boldsymbol{C}^{\mathrm{T}}\boldsymbol{BC}=(\boldsymbol{PC})^{\mathrm{T}}(\boldsymbol{PC})$. 因为 $r(\boldsymbol{PC})=r(\boldsymbol{C})=m$, 即 $\boldsymbol{PC}$ 是列满秩矩阵, 所以 $\boldsymbol{C}^{\mathrm{T}}\boldsymbol{BC}\left[=(\boldsymbol{PC})^{\mathrm{T}}(\boldsymbol{PC})\right]$ 正定.

10. (1) 易知 1 是 $\boldsymbol{A}$ 的 r 重特征值, 0 是 $\boldsymbol{A}$ 的 $n-r$ 重特征值. 从而 $\boldsymbol{A}+\boldsymbol{E}$ 有 r 重特征值 2, 有 $n-r$ 重特征值 1. 故 $\boldsymbol{A}+\boldsymbol{E}$ 是正定阵.

(2) $|\boldsymbol{E}+\boldsymbol{A}+\boldsymbol{A}^2+\cdots+\boldsymbol{A}^k|=|\boldsymbol{E}+k\boldsymbol{A}|=(1+k)^r$.

11. 设 $c_1\boldsymbol{\alpha}_1+c_2\boldsymbol{\alpha}_2+\cdots+c_m\boldsymbol{\alpha}_m=\boldsymbol{0}$. 用 $\boldsymbol{A}$ 左乘以上式再与 $\boldsymbol{\alpha}_j$ 作内积, 得到

$$(\boldsymbol{\alpha}_j,c_1\boldsymbol{A\alpha}_1+c_2\boldsymbol{A\alpha}_2+\cdots+c_m\boldsymbol{A\alpha}_m)=0,$$

即 $c_1\boldsymbol{\alpha}_j^{\mathrm{T}}\boldsymbol{A\alpha}_1+c_2\boldsymbol{\alpha}_j^{\mathrm{T}}\boldsymbol{A\alpha}_2+\cdots+c_m\boldsymbol{\alpha}_j^{\mathrm{T}}\boldsymbol{A\alpha}_m=0$. 于是 $c_j\boldsymbol{\alpha}_j^{\mathrm{T}}\boldsymbol{A\alpha}_j=0$. 因为 $\boldsymbol{A}$ 正定, 且 $\boldsymbol{\alpha}_j\neq\boldsymbol{0}$, 所以 $\boldsymbol{\alpha}_j^{\mathrm{T}}\boldsymbol{A\alpha}_j>0$. 故 $c_j=0\,(j=1,2,\cdots,m)$.

12. C.

13. D.

14. C.

15. 因为 n 阶矩阵 $\boldsymbol{A}$ 正定, 所以, 存在 n 阶可逆矩阵 $\boldsymbol{P}$, 使得 $\boldsymbol{P}^{\mathrm{T}}\boldsymbol{AP}=\boldsymbol{E}$. 又因为

$$\boldsymbol{P}^{\mathrm{T}}\boldsymbol{AB}(\boldsymbol{P}^{\mathrm{T}})^{-1}=\boldsymbol{P}^{\mathrm{T}}\boldsymbol{APP}^{-1}\boldsymbol{B}(\boldsymbol{P}^{\mathrm{T}})^{-1}=\boldsymbol{P}^{-1}\boldsymbol{B}(\boldsymbol{P}^{\mathrm{T}})^{-1}=\boldsymbol{P}^{-1}\boldsymbol{B}(\boldsymbol{P}^{-1})^{\mathrm{T}},$$

所以 $\boldsymbol{AB}$ 与 $\boldsymbol{P}^{-1}\boldsymbol{B}(\boldsymbol{P}^{-1})^{\mathrm{T}}$ 有相同的特征值. 还因为 $\boldsymbol{B}$ 为正定阵时, 所以 $\boldsymbol{P}^{-1}\boldsymbol{B}(\boldsymbol{P}^{-1})^{\mathrm{T}}$ 也是正定阵, 因而矩阵 $\boldsymbol{P}^{-1}\boldsymbol{B}(\boldsymbol{P}^{-1})^{\mathrm{T}}$ 特征值都大于 0. 从而 $\boldsymbol{AB}$ 的所有特征值大于 0.

16. 必要性. 令 $\boldsymbol{B}=\boldsymbol{A}$ 即可.

充分性. 考虑二次型

$$f(x_1,x_2,\cdots,x_n)=\boldsymbol{X}^{\mathrm{T}}(\boldsymbol{AB}+(\boldsymbol{AB})^{\mathrm{T}})\boldsymbol{X}=2\boldsymbol{X}^{\mathrm{T}}(\boldsymbol{AB})\boldsymbol{X},$$

因为 $\boldsymbol{AB}+(\boldsymbol{AB})^{\mathrm{T}}$ 正定, 所以, 当 $\boldsymbol{X}\neq\boldsymbol{0}$ 时, $\boldsymbol{X}^{\mathrm{T}}(\boldsymbol{AB})\boldsymbol{X}>0$. 若 $r(\boldsymbol{A})<n$, 则存在 $\boldsymbol{X}\neq\boldsymbol{0}$, 使得 $\boldsymbol{A}^{\mathrm{T}}\boldsymbol{X}=\boldsymbol{0}$. 故 $\boldsymbol{X}^{\mathrm{T}}\boldsymbol{ABX}=\boldsymbol{X}^{\mathrm{T}}(\boldsymbol{AB})^{\mathrm{T}}\boldsymbol{X}=0$. 这与 $\boldsymbol{X}^{\mathrm{T}}(\boldsymbol{AB})\boldsymbol{X}>0$ 矛盾.

17. 必要性. 因为实矩阵 $\boldsymbol{C}$ 列满秩, 所以齐次线性方程组 $\boldsymbol{CX}=\boldsymbol{0}$ 只有零解. 换言之, $\forall\,\boldsymbol{X}=(x_1,x_2,\cdots,x_m)^{\mathrm{T}}\neq\boldsymbol{0}$, 有 $\boldsymbol{CX}\neq\boldsymbol{0}$. 又因为 $\boldsymbol{A}$ 是正定阵, 所以, $\forall\boldsymbol{X}\neq 0$, 有 $\boldsymbol{X}^{\mathrm{T}}(\boldsymbol{C}^{\mathrm{T}}\boldsymbol{AC})\boldsymbol{X}=(\boldsymbol{CX})^{\mathrm{T}}\boldsymbol{A}(\boldsymbol{CX})>0$. 因此 $\boldsymbol{C}^{\mathrm{T}}\boldsymbol{AC}$ 为正定阵.

充分性. 令 $\boldsymbol{C}=\boldsymbol{E}$, 则 $\boldsymbol{A}=\boldsymbol{E}^{\mathrm{T}}\boldsymbol{AE}$ 是正定阵.

18. 我们证明二次型 $f(x_1,x_2,\cdots,x_n)=\sum\limits_{i,j=1}^{n}\dfrac{x_ix_j}{i+j}$ 正定. 设 $\boldsymbol{X}=(x_1,x_2,\cdots,x_n)^{\mathrm{T}}\neq\boldsymbol{0}$, 令 $\varphi(t)=\sum\limits_{i,j=1}^{n}\dfrac{x_ix_j}{i+j}t^{i+j}\ (t\geqslant 0)$, 则 $\varphi(t)$ 在 $[0,+\infty)$ 上连续, 且当 $t>0$ 时,

$$\varphi'(t)=\frac{1}{t}\sum_{i,j=1}^{n}x_ix_jt^{i+j}=\frac{1}{t}\sum_{i,j=1}^{n}(x_it^i)(x_jt^j)=\frac{1}{t}\left(\sum_{i=1}^{n}x_it^i\right)^2\geqslant 0.$$

注意到 $\varphi'(t)$ 是 t 的至多 $2n-1$ 次非零多项式, 所以 $\varphi'(t)$ 在 $(0,+\infty)$ 上至多有 $2n-1$ 个零点, 从而 $\varphi(t)$ 在 $[0,+\infty)$ 上严格递增. 于是 $f(x_1,x_2,\cdots,x_n)=\varphi(1)>\varphi(0)=0$. 这说明 $f(x_1,x_2,\cdots,x_n)=\sum\limits_{i,j=1}^{n}\dfrac{x_ix_j}{i+j}=\boldsymbol{X}^{\mathrm{T}}\boldsymbol{A}\boldsymbol{X}$ 是正定二次型, 即 $\boldsymbol{A}$ 是正定阵.

19. 考虑二次型 $f(x,y,z)=x^2+y^2+z^2-2xy\cos A-2xz\cos B-2yz\cos C$, 其系数矩阵 $\boldsymbol{P}=\begin{pmatrix}1&-\cos A&-\cos B\\-\cos A&1&-\cos C\\-\cos B&-\cos C&1\end{pmatrix}$.

证法一. 因为 $\boldsymbol{P}$ 的所有一阶主子式都等于1, 所有二阶主子式都有形式 $1-\cos^2\alpha$, 而 $0<\alpha<\pi$, 所以 $1-\cos^2\alpha>0$, 唯一的三阶主子式 $|\boldsymbol{P}|=1-2\cos A\cos B\cos C-\cos^2 A-\cos^2 B-\cos^2 C=0$, 所以二次型 $f(x,y,z)$ 半正定. 因此, 对任意实数 x,y,z, 都有 $x^2+y^2+z^2\geqslant 2xy\cos A+2xz\cos B+2yz\cos C$.

证法二. 令 $|\lambda\boldsymbol{E}-\boldsymbol{P}|=0$, 即 $\lambda(\lambda^2-3\lambda+3-\cos^2 A-\cos^2 B-\cos^2 C)=0$. 于是 $\lambda_1=0,\lambda_2+\lambda_3=3,\lambda_2\lambda_3=3-\cos^2 A-\cos^2 B-\cos^2 C>0$, 即 $\lambda_2>0,\lambda_3>0$. 所以二次型 $f(x,y,z)$ 半正定. 因此, 对任意实数 x,y,z, 都有 $x^2+y^2+z^2\geqslant 2xy\cos A+2xz\cos B+2yz\cos C$.

20. 因为 $\boldsymbol{A}$ 正定, 所以, 存在可逆矩阵 $\boldsymbol{P}$, 使得 $\boldsymbol{P}^{\mathrm{T}}\boldsymbol{A}\boldsymbol{P}=\boldsymbol{E}$. 又因为 $\boldsymbol{P}^{\mathrm{T}}\boldsymbol{B}\boldsymbol{P}$ 是实对称矩阵, 故存在正交矩阵 $\boldsymbol{Q}$, 使得 $\boldsymbol{Q}^{\mathrm{T}}\boldsymbol{P}^{\mathrm{T}}\boldsymbol{B}\boldsymbol{P}\boldsymbol{Q}=\mathrm{diag}(\lambda_1,\lambda_2,\cdots,\lambda_n)$, 其中 $\lambda_1,\lambda_2,\cdots,\lambda_n$ 是 $\boldsymbol{P}^{\mathrm{T}}\boldsymbol{B}\boldsymbol{P}$ 的特征值. 令 $\boldsymbol{C}=\boldsymbol{P}\boldsymbol{Q}$, 则 $\boldsymbol{C}^{\mathrm{T}}\boldsymbol{A}\boldsymbol{C}=\boldsymbol{Q}^{\mathrm{T}}\boldsymbol{P}^{\mathrm{T}}\boldsymbol{A}\boldsymbol{P}\boldsymbol{Q}=\boldsymbol{Q}^{\mathrm{T}}(\boldsymbol{P}^{\mathrm{T}}\boldsymbol{A}\boldsymbol{P})\boldsymbol{Q}=\boldsymbol{E}$. 再令 $\boldsymbol{X}=\boldsymbol{C}\boldsymbol{Y}$, 则 $\boldsymbol{C}$ 满足题中要求. 又因为 $\boldsymbol{P}^{\mathrm{T}}\boldsymbol{B}\boldsymbol{P}=\boldsymbol{P}^{-1}\boldsymbol{P}\boldsymbol{P}^{\mathrm{T}}\boldsymbol{B}\boldsymbol{P}=\boldsymbol{P}^{-1}(\boldsymbol{A}^{-1}\boldsymbol{B})\boldsymbol{P}$, 所以 $\boldsymbol{A}^{-1}\boldsymbol{B}$ 与 $\boldsymbol{P}^{\mathrm{T}}\boldsymbol{B}\boldsymbol{P}$ 相似, 故 $\lambda_1,\lambda_2,\cdots,\lambda_n$ 是 $\boldsymbol{A}^{-1}\boldsymbol{B}$ 的特征值.

21. 因为 $|\boldsymbol{A}|>0$, 所以我们只需证明 $|\boldsymbol{E}+\boldsymbol{A}^{-1}\boldsymbol{B}|>1+|\boldsymbol{A}^{-1}\boldsymbol{B}|$ 即可. 由上题, 存在可逆矩阵 $\boldsymbol{C}$, 使得 $\boldsymbol{C}^{\mathrm{T}}\boldsymbol{A}\boldsymbol{C}=\boldsymbol{E},\boldsymbol{C}^{\mathrm{T}}\boldsymbol{B}\boldsymbol{C}=\mathrm{diag}(\lambda_1,\lambda_2,\cdots,\lambda_n)$, 其中 $\lambda_1,\lambda_2,\cdots,\lambda_n$ 是 $\boldsymbol{A}^{-1}\boldsymbol{B}$ 的特征值. 因为 $\boldsymbol{B}$ 半正定, $\boldsymbol{A}^{-1}$ 正定, 所以 $\lambda_k\geqslant 0$. 又因为 $r(\boldsymbol{B})\geqslant 1$, 故至少有一个 $\lambda_k>0$. 于是 $|\boldsymbol{C}|^2|\boldsymbol{A}+\boldsymbol{B}|=|\boldsymbol{C}^{\mathrm{T}}\boldsymbol{A}\boldsymbol{C}+\boldsymbol{C}^{\mathrm{T}}\boldsymbol{B}\boldsymbol{C}|=\prod\limits_{k=1}^{n}(1+\lambda_k)>1+\prod\limits_{k=1}^{n}\lambda_k=1+|\boldsymbol{A}^{-1}\boldsymbol{B}|$. 又因为 $|\boldsymbol{C}|^2|\boldsymbol{A}+\boldsymbol{B}|=|\boldsymbol{C}|^2|\boldsymbol{A}||\boldsymbol{E}+\boldsymbol{A}^{-1}\boldsymbol{B}|=|\boldsymbol{E}+\boldsymbol{A}^{-1}\boldsymbol{B}|$, 所以 $|\boldsymbol{A}+\boldsymbol{B}|>|\boldsymbol{A}|+|\boldsymbol{B}|$.

22. 显然 $\boldsymbol{A},\boldsymbol{C}$ 都是正定阵. 因为

$$\begin{pmatrix}\boldsymbol{E}_m&\boldsymbol{O}\\-\boldsymbol{B}^{\mathrm{T}}\boldsymbol{A}^{-1}&\boldsymbol{E}_n\end{pmatrix}\begin{pmatrix}\boldsymbol{A}&\boldsymbol{B}\\\boldsymbol{B}^{\mathrm{T}}&\boldsymbol{C}\end{pmatrix}\begin{pmatrix}\boldsymbol{E}_m&-\boldsymbol{A}^{-1}\boldsymbol{B}\\\boldsymbol{O}&\boldsymbol{E}_n\end{pmatrix}=\begin{pmatrix}\boldsymbol{A}&\boldsymbol{O}\\\boldsymbol{O}&\boldsymbol{C}-\boldsymbol{B}^{\mathrm{T}}\boldsymbol{A}^{-1}\boldsymbol{B}\end{pmatrix},$$

所以

$$\begin{vmatrix} \boldsymbol{A} & \boldsymbol{B} \\ \boldsymbol{B}^{\mathrm{T}} & \boldsymbol{C} \end{vmatrix} = |\boldsymbol{A}||\boldsymbol{C}-\boldsymbol{B}^{\mathrm{T}}\boldsymbol{A}^{-1}\boldsymbol{B}|.$$

因为矩阵 $\begin{pmatrix} \boldsymbol{A} & \boldsymbol{B} \\ \boldsymbol{B}^{\mathrm{T}} & \boldsymbol{C} \end{pmatrix}$ 与矩阵 $\begin{pmatrix} \boldsymbol{A} & \boldsymbol{O} \\ \boldsymbol{O} & \boldsymbol{C}-\boldsymbol{B}^{\mathrm{T}}\boldsymbol{A}^{-1}\boldsymbol{B} \end{pmatrix}$ 合同, 所以 $\boldsymbol{C}-\boldsymbol{B}^{\mathrm{T}}\boldsymbol{A}^{-1}\boldsymbol{B}$ 是正定阵. 当 $\boldsymbol{B}\neq\boldsymbol{O}$ 时, 因为 $\boldsymbol{A}^{-1}$ 正定, 所以, 存在正定阵 $\boldsymbol{P}$, 使得 $\boldsymbol{A}^{-1}=\boldsymbol{P}^{\mathrm{T}}\boldsymbol{P}=\boldsymbol{P}^2$. 因而 $\boldsymbol{B}^{\mathrm{T}}\boldsymbol{A}^{-1}\boldsymbol{B}=(\boldsymbol{PB})^{\mathrm{T}}(\boldsymbol{PB})$ 是秩不小于 1 的半正定阵. 从而

$$|\boldsymbol{C}| = \left|\left(\boldsymbol{C}-\boldsymbol{B}^{\mathrm{T}}\boldsymbol{A}^{-1}\boldsymbol{B}\right)+\boldsymbol{B}^{\mathrm{T}}\boldsymbol{A}^{-1}\boldsymbol{B}\right| > \left|\boldsymbol{C}-\boldsymbol{B}^{\mathrm{T}}\boldsymbol{A}^{-1}\boldsymbol{B}\right|.$$

故结论成立.

23. 因为 $|\boldsymbol{A}|>0$, 故存在可逆矩阵 $\boldsymbol{C}$, 使得 $\boldsymbol{C}^{\mathrm{T}}\boldsymbol{AC}=\boldsymbol{E},\boldsymbol{C}^{\mathrm{T}}\boldsymbol{BC}=\mathrm{diag}(\lambda_1,\lambda_2,\cdots,\lambda_n)$, 其中 $\lambda_1,\lambda_2,\cdots,\lambda_n$ 是 $\boldsymbol{A}^{-1}\boldsymbol{B}$ 的特征值. 因为 $\boldsymbol{B}$ 正定, $\boldsymbol{A}^{-1}$ 正定, 所以 $\lambda_k>0$. 故

$$|\boldsymbol{C}|^2|\boldsymbol{A}+\boldsymbol{B}| = |\boldsymbol{C}^{\mathrm{T}}\boldsymbol{AC}+\boldsymbol{C}^{\mathrm{T}}\boldsymbol{BC}| = \prod_{k=1}^{n}(1+\lambda_k) \geqslant 2^n\sqrt{\prod_{k=1}^{n}\lambda_k} = 2^n\sqrt{|\boldsymbol{A}^{-1}\boldsymbol{B}|}.$$

又因为 $|\boldsymbol{C}|^2|\boldsymbol{A}|=1$, 所以 $|\boldsymbol{C}|^2=|\boldsymbol{A}|^{-1}$. 故 $|\boldsymbol{A}+\boldsymbol{B}|\geqslant 2^n\sqrt{|\boldsymbol{A}||\boldsymbol{B}|}$.

24. 由 $\boldsymbol{A}$ 是实对称矩阵, 可设 $\boldsymbol{A}$ 的特征值为 $\lambda_1\leqslant\lambda_2\leqslant\cdots\leqslant\lambda_n$, 且存在正交矩阵 $\boldsymbol{P}$, 使得 $\boldsymbol{P}^{\mathrm{T}}\boldsymbol{AP}=\mathrm{diag}(\lambda_1,\lambda_2,\cdots,\lambda_n)$. 从而 $\forall\,\boldsymbol{\alpha}=(x_1,x_2,\cdots,x_n)^{\mathrm{T}}$, 存在唯一 $\boldsymbol{\beta}=(y_1,y_2,\cdots,y_n)^{\mathrm{T}}$, 使得 $\boldsymbol{\alpha}=\boldsymbol{P\beta}$. 于是 $\boldsymbol{\alpha}^{\mathrm{T}}\boldsymbol{A\alpha}=\boldsymbol{\beta}^{\mathrm{T}}\boldsymbol{P}^{\mathrm{T}}\boldsymbol{AP\beta}=\lambda_1y_1^2+\lambda_2y_2^2+\cdots+\lambda_ny_n^2\leqslant\lambda_ny_1^2+\lambda_ny_2^2+\cdots+\lambda_ny_n^2=\lambda_n\boldsymbol{\beta}^{\mathrm{T}}\boldsymbol{\beta}=\lambda_n(\boldsymbol{P}^{\mathrm{T}}\boldsymbol{\alpha})^{\mathrm{T}}(\boldsymbol{P}^{\mathrm{T}}\boldsymbol{\alpha})=\lambda_n\boldsymbol{\alpha}^{\mathrm{T}}\boldsymbol{\alpha}$. 同理可得 $\boldsymbol{\alpha}^{\mathrm{T}}\boldsymbol{A\alpha}\geqslant\lambda_1\boldsymbol{\alpha}^{\mathrm{T}}\boldsymbol{\alpha}$. 故 $f(x_1,x_2,\cdots,x_n)$ 在 $\sum\limits_{k=1}^{n}x_k^2=1$ 条件下的最大值 (在 $\boldsymbol{\alpha}$ 取 $\boldsymbol{P}$ 的第 n 个列向量时取得) 等于 $\boldsymbol{A}$ 的最大特征值. $f(x_1,x_2,\cdots,x_n)$ 在 $\sum\limits_{k=1}^{n}x_k^2=1$ 条件下的最小值 (在 $\boldsymbol{\alpha}$ 取 $\boldsymbol{P}$ 的第 1 个列向量时取得) 等于 $\boldsymbol{A}$ 的最小特征值.

25. 证法一. 记 M_{ij},A_{ij} 分别是 $|\boldsymbol{A}|$ 的元素 a_{ij} 的余子式和代数余子式, 将 $f(x_1,x_2,\cdots,x_n)$ 先按最后一列, 再按最后一行展开, 得到

$$\begin{aligned} f(x_1,x_2,\cdots,x_n) &= \sum_{i=1}^{n}(-1)^{i+n+1}x_i\left(\sum_{j=1}^{n}(-1)^{n+j}x_j(-1)^{n-1}M_{ij}\right) \\ &= (-1)^{3n}\sum_{i,j=1}^{n}A_{ij}x_ix_j = (-1)^n\boldsymbol{X}^{\mathrm{T}}\boldsymbol{A}^*\boldsymbol{X}, \end{aligned}$$

因为 $\boldsymbol{A}$ 正定时, $\boldsymbol{A}^*=|\boldsymbol{A}|\boldsymbol{A}^{-1}$ 正定, 所以结论成立.

证法二. 因为 $\boldsymbol{A}$ 正定, 所以 $\boldsymbol{A}$ 可逆. 所以第一块行左乘以 $\boldsymbol{X}^{\mathrm{T}}\boldsymbol{A}^{-1}$ 加到第二块行 (或第一块列右乘以 $\boldsymbol{A}^{-1}\boldsymbol{X}$ 加到第二块列), 得到

$$f(x_1,x_2,\cdots,x_n) = \begin{vmatrix} -\boldsymbol{A} & \boldsymbol{X} \\ \boldsymbol{0} & \boldsymbol{X}^{\mathrm{T}}\boldsymbol{A}^{-1}\boldsymbol{X} \end{vmatrix} = (-1)^n|\boldsymbol{A}|\boldsymbol{X}^{\mathrm{T}}\boldsymbol{A}^{-1}\boldsymbol{X} = (-1)^n\boldsymbol{X}^{\mathrm{T}}\boldsymbol{A}^*\boldsymbol{X}.$$

因为 $\boldsymbol{A}$ 正定时, $\boldsymbol{A}^*=|\boldsymbol{A}|\boldsymbol{A}^{-1}$ 正定, 所以结论成立.

26. 设 $\boldsymbol{A}=\begin{pmatrix}\boldsymbol{A}_{n-1} & \boldsymbol{\alpha}\\ \boldsymbol{\alpha}^{\mathrm{T}} & a_{nn}\end{pmatrix}$, 则

$$|\boldsymbol{A}|=\begin{vmatrix}\boldsymbol{A}_{n-1} & \boldsymbol{\alpha}\\ \boldsymbol{0} & a_{nn}-\boldsymbol{\alpha}^{\mathrm{T}}\boldsymbol{A}_{n-1}^{-1}\boldsymbol{\alpha}\end{vmatrix}=\left(a_{nn}-\boldsymbol{\alpha}^{\mathrm{T}}\boldsymbol{A}_{n-1}^{-1}\boldsymbol{\alpha}\right)|\boldsymbol{A}_{n-1}|.$$

因为 $\boldsymbol{A}$ 正定, 所以 $\boldsymbol{A}_{n-1},\boldsymbol{A}_{n-1}^{-1}$ 都正定. 故 $\boldsymbol{\alpha}^{\mathrm{T}}\boldsymbol{A}_{n-1}^{-1}\boldsymbol{\alpha}\geqslant 0$. 从而

$$|\boldsymbol{A}|=\left(a_{nn}-\boldsymbol{\alpha}^{\mathrm{T}}\boldsymbol{A}_{n-1}^{-1}\boldsymbol{\alpha}\right)|\boldsymbol{A}_{n-1}|\leqslant a_{nn}|\boldsymbol{A}_{n-1}|.$$

于是正定阵 $\boldsymbol{A}$ 的行列式

$$|\boldsymbol{A}|\leqslant a_{nn}|\boldsymbol{A}_{n-1}|\leqslant a_{nn}a_{n-1,n-1}|\boldsymbol{A}_{n-2}|\leqslant\cdots\leqslant\prod_{k=1}^{n}a_{kk}.$$

27. 因为 $\forall\,\boldsymbol{X}=(x_1,x_2,\cdots,x_n)^{\mathrm{T}}\neq\boldsymbol{0}$, 有 $\boldsymbol{X}^{\mathrm{T}}\boldsymbol{A}^{\mathrm{T}}\boldsymbol{A}\boldsymbol{X}=(\boldsymbol{A}\boldsymbol{X},\boldsymbol{A}\boldsymbol{X})\geqslant 0$, 所以 $\boldsymbol{A}^{\mathrm{T}}\boldsymbol{A}$ 是正定阵或者半正定阵. 如果 $|\boldsymbol{A}|\neq 0$, 则 $\boldsymbol{A}^{\mathrm{T}}\boldsymbol{A}$ 是正定阵. 由上题, 得到

$$|\boldsymbol{A}|^2=|\boldsymbol{A}^{\mathrm{T}}\boldsymbol{A}|=\begin{vmatrix}\sum\limits_{i=1}^{n}a_{i1}^2 & * & \cdots & *\\ * & \sum\limits_{i=1}^{n}a_{i2}^2 & \cdots & *\\ \vdots & \vdots & & \vdots\\ * & * & \cdots & \sum\limits_{i=1}^{n}a_{in}^2\end{vmatrix}\leqslant\prod_{j=1}^{n}\left(\sum_{i=1}^{n}a_{ij}^2\right).$$

当 $|\boldsymbol{A}|=0$ 时, 显然 $0=|\boldsymbol{A}|^2\leqslant\prod\limits_{j=1}^{n}\left(\sum\limits_{i=1}^{n}a_{ij}^2\right)$.

28. 设 $\boldsymbol{A}=(a_{ij})_{n\times n}$ 是 n 阶正定阵. 因为主对角元是一阶主子阵, 所以主对角元都大于0. 将 $\boldsymbol{A}$ 的第 j 行的 -1 倍加到第 i 行, 再将 $\boldsymbol{A}$ 的第 j 列的 -1 倍加到第 i 列, 这是合同变换. 变换后的矩阵 $\boldsymbol{B}$ 的 (i,i) 元是 $a_{ii}+a_{jj}-2a_{ij}$. 因为 $\boldsymbol{B}$ 正定, 所以 $a_{ii}+a_{jj}-2a_{ij}>0$. 同理可得 $a_{ii}+a_{jj}+2a_{ij}>0$. 故 $2|a_{ij}|<a_{ii}+a_{jj}\ (i,j=1,2,\cdots,n)$.

29. 因为 $f(x_1,x_2,\cdots,x_n)=(\boldsymbol{X}^{\mathrm{T}},1)\begin{pmatrix}\boldsymbol{A} & \boldsymbol{\alpha}\\ \boldsymbol{\alpha}^{\mathrm{T}} & 0\end{pmatrix}\begin{pmatrix}\boldsymbol{X}\\ 1\end{pmatrix}$. 对对称矩阵 $\begin{pmatrix}\boldsymbol{A} & \boldsymbol{\alpha}\\ \boldsymbol{\alpha}^{\mathrm{T}} & 0\end{pmatrix}$ 作合同变换:

$$\begin{pmatrix}\boldsymbol{E} & \boldsymbol{0}\\ -\boldsymbol{\alpha}^{\mathrm{T}}\boldsymbol{A}^{-1} & 1\end{pmatrix}\begin{pmatrix}\boldsymbol{A} & \boldsymbol{\alpha}\\ \boldsymbol{\alpha}^{\mathrm{T}} & 0\end{pmatrix}\begin{pmatrix}\boldsymbol{E} & -\boldsymbol{A}^{-1}\boldsymbol{\alpha}\\ \boldsymbol{0} & 1\end{pmatrix}=\begin{pmatrix}\boldsymbol{A} & \boldsymbol{0}\\ \boldsymbol{0} & -\boldsymbol{\alpha}^{\mathrm{T}}\boldsymbol{A}^{-1}\boldsymbol{\alpha}\end{pmatrix}.$$

令 $\begin{pmatrix}\boldsymbol{X}\\ 1\end{pmatrix}=\begin{pmatrix}\boldsymbol{E} & -\boldsymbol{A}^{-1}\boldsymbol{\alpha}\\ \boldsymbol{0} & 1\end{pmatrix}\begin{pmatrix}\boldsymbol{Y}\\ 1\end{pmatrix}$, 即 $\boldsymbol{X}=\boldsymbol{Y}-\boldsymbol{A}^{-1}\boldsymbol{\alpha}$, 则

$$f(x_1,x_2,\cdots,x_n)=(\boldsymbol{Y}^{\mathrm{T}},1)\begin{pmatrix}\boldsymbol{A} & \boldsymbol{0}\\ \boldsymbol{0} & -\boldsymbol{\alpha}^{\mathrm{T}}\boldsymbol{A}^{-1}\boldsymbol{\alpha}\end{pmatrix}\begin{pmatrix}\boldsymbol{Y}\\ 1\end{pmatrix}=\boldsymbol{Y}^{\mathrm{T}}\boldsymbol{A}\boldsymbol{Y}-\boldsymbol{\alpha}^{\mathrm{T}}\boldsymbol{A}^{-1}\boldsymbol{\alpha}.$$

因为$\boldsymbol{A}$正定, 所以$\boldsymbol{Y}^{\mathrm{T}}\boldsymbol{A}\boldsymbol{Y}\geqslant 0$, 且等号成立当且仅当$\boldsymbol{X}=-\boldsymbol{A}^{-1}\boldsymbol{\alpha}$. 故结论成立.

30. 必要性. 设$\boldsymbol{A}$正定, 则存在正定阵$\boldsymbol{C}$, 使得$\boldsymbol{A}=\boldsymbol{C}^2$. 于是$\boldsymbol{AB}=\boldsymbol{C}(\boldsymbol{CBC}^{\mathrm{T}})\boldsymbol{C}^{-1}$, 即$\boldsymbol{AB}$与实对称矩阵$\boldsymbol{CBC}^{\mathrm{T}}$有相同的特征值. 又因为$\boldsymbol{B}$正定, 所以存在正定阵$\boldsymbol{P}$, 使得$\boldsymbol{B}=\boldsymbol{P}^2$. 从而$\boldsymbol{CBC}^{\mathrm{T}}=(\boldsymbol{CP})(\boldsymbol{CP})^{\mathrm{T}}$是正定阵. 故$\mathrm{tr}\boldsymbol{AB}>0$.

充分性. 因为$\boldsymbol{A}$是n阶可逆实对称矩阵, 所以存在正交矩阵$\boldsymbol{Q}$, 使得

$$\boldsymbol{Q}^{\mathrm{T}}\boldsymbol{AQ}=\mathrm{diag}(\lambda_1,\lambda_2,\cdots,\lambda_n),$$

其中$\lambda_k\neq 0\,(k=1,2,\cdots,n)$是$\boldsymbol{A}$的特征值. 注意到$\mathrm{tr}\boldsymbol{AB}=\mathrm{tr}(\boldsymbol{Q}^{\mathrm{T}}\boldsymbol{AQ})(\boldsymbol{Q}^{\mathrm{T}}\boldsymbol{BQ})$, 令$\boldsymbol{B}=\boldsymbol{Q}\mathrm{diag}(1,t,\cdots,t)\boldsymbol{Q}^{\mathrm{T}}$, 其中$t$为任意正实数, 则

$$\mathrm{tr}\boldsymbol{AB}=\lambda_1+t\lambda_2+\cdots+t\lambda_n>0.$$

令$t\to 0^+$, 得到$\lambda_1>0$. 同理可得$\lambda_k>0\,(k=2,3,\cdots,n)$. 故$\boldsymbol{A}$是正定阵.

31. 因为$|\lambda\boldsymbol{E}-\boldsymbol{A}|=|(\lambda-1)\boldsymbol{E}-(-2)\boldsymbol{\alpha\alpha}^{\mathrm{T}}|=(\lambda-1)^{n-1}[(\lambda-1)-2\boldsymbol{\alpha}^{\mathrm{T}}\boldsymbol{\alpha}]=(\lambda-1)^{n-1}(\lambda+1)$, 所以$\boldsymbol{A}$有$n-1$个正特征值1, 一个负特征值$-1$. 故$\boldsymbol{A}$的正惯性指数为$n-1$, 负惯性指数为1.

32. 由$\boldsymbol{A}$可逆, 得$\boldsymbol{B}$可逆. 又因为

$$\begin{pmatrix}\boldsymbol{E} & \boldsymbol{O}\\ \lambda\boldsymbol{A}^{-1} & \boldsymbol{E}\end{pmatrix}\begin{pmatrix}\lambda\boldsymbol{E} & -\boldsymbol{A}\\ -\boldsymbol{A}^{\mathrm{T}} & \lambda\boldsymbol{E}\end{pmatrix}=\begin{pmatrix}\lambda\boldsymbol{E} & -\boldsymbol{A}\\ \lambda^2\boldsymbol{A}^{-1}-\boldsymbol{A}^{\mathrm{T}} & \boldsymbol{O}\end{pmatrix},$$

所以$|\lambda\boldsymbol{E}-\boldsymbol{B}|=\begin{vmatrix}\lambda\boldsymbol{E} & -\boldsymbol{A}\\ -\boldsymbol{A}^{\mathrm{T}} & \lambda\boldsymbol{E}\end{vmatrix}=\begin{vmatrix}\lambda\boldsymbol{E} & -\boldsymbol{A}\\ (\lambda^2\boldsymbol{E}-\boldsymbol{A}^{\mathrm{T}}\boldsymbol{A})\boldsymbol{A}^{-1} & \boldsymbol{O}\end{vmatrix}=|\lambda^2\boldsymbol{E}-\boldsymbol{A}^{\mathrm{T}}\boldsymbol{A}|$. 因为$\boldsymbol{A}^{\mathrm{T}}\boldsymbol{A}$是正定阵, 所以$\boldsymbol{A}^{\mathrm{T}}\boldsymbol{A}$的$n$个特征值都大于0. 于是$\boldsymbol{B}$的$2n$个特征值中恰好有$n$个正特征值和$n$个负特征值. 故$\boldsymbol{B}$的正、负惯性指数都是$n$.

习 题 7

1. 设$\dim V_1=\dim V_2=n$, 取V_1的一组基$\boldsymbol{\alpha}_1,\boldsymbol{\alpha}_2,\cdots,\boldsymbol{\alpha}_n$, 因为$V_1\subset V_2$, 所以向量组$\boldsymbol{\alpha}_1,\boldsymbol{\alpha}_2,\cdots,\boldsymbol{\alpha}_n\in V_2$且线性无关. 又因为$\dim V_2=n$, 所以$\forall\boldsymbol{\alpha}\in V_2$都有$\boldsymbol{\alpha}_1,\boldsymbol{\alpha}_2,\cdots,\boldsymbol{\alpha}_n,\boldsymbol{\alpha}$线性相关, 故$\boldsymbol{\alpha}$可由$\boldsymbol{\alpha}_1,\boldsymbol{\alpha}_2,\cdots,\boldsymbol{\alpha}_n$唯一线性表示, 换言之, $V_2\subseteq L(\boldsymbol{\alpha}_1,\boldsymbol{\alpha}_2,\cdots,\boldsymbol{\alpha}_n)=V_1$. 故$V_1=V_2$. 或者用反证法: 假设$\exists\boldsymbol{\alpha}\in V_2\backslash V_1$, 取$V_1$的一组基$\boldsymbol{\alpha}_1,\boldsymbol{\alpha}_2,\cdots,\boldsymbol{\alpha}_n$. 因为$V_1\subset V_2$, 所以$\boldsymbol{\alpha}_1,\boldsymbol{\alpha}_2,\cdots,\boldsymbol{\alpha}_n\in V_2$且线性无关, 而$\boldsymbol{\alpha}$不能由$\boldsymbol{\alpha}_1,\boldsymbol{\alpha}_2,\cdots,\boldsymbol{\alpha}_n$线性表示. 于是$\dim V_2\geqslant n+1>\dim V_1$. 这是矛盾.

2. (1) 若存在不全为零的数$k_1,k_2,\cdots,k_m$, 使得$k_1\boldsymbol{\alpha}_1+k_2\boldsymbol{\alpha}_2+\cdots+k_m\boldsymbol{\alpha}_m=\boldsymbol{\theta}$, 则有$k_1\boldsymbol{\beta}_1+k_2\boldsymbol{\beta}_2+\cdots+k_m\boldsymbol{\beta}_m=\boldsymbol{\theta}$. 故(2)与(1)等价.

3. 设$k_1\boldsymbol{\beta}_{i_1}+k_2\boldsymbol{\beta}_{i_2}+\cdots+k_r\boldsymbol{\beta}_{i_r}=\boldsymbol{\theta}$, 因为$\boldsymbol{\beta}_j=(\boldsymbol{\alpha}_1,\boldsymbol{\alpha}_2,\cdots,\boldsymbol{\alpha}_n)\boldsymbol{a}_j\,(j=1,2,\cdots,m)$, 所以$(\boldsymbol{\alpha}_1,\boldsymbol{\alpha}_2,\cdots,\boldsymbol{\alpha}_n)(k_1\boldsymbol{a}_{i_1}+k_2\boldsymbol{a}_{i_2}+\cdots+k_r\boldsymbol{a}_{i_r})=\boldsymbol{\theta}\,(\in V)$. 由$\boldsymbol{\alpha}_1,\boldsymbol{\alpha}_2,\cdots,\boldsymbol{\alpha}_n$线性无关, 得到$k_1\boldsymbol{a}_{i_1}+k_2\boldsymbol{a}_{i_2}+\cdots+k_r\boldsymbol{a}_{i_r}=\boldsymbol{0}\,(\in\mathbb{K}^{n\times 1})$. 又因为$\boldsymbol{a}_{i_1},\boldsymbol{a}_{i_2},\cdots,\boldsymbol{a}_{i_r}$线性无关, 所

以 $k_1=k_2=\cdots=k_r=0$. 于是 $\boldsymbol{\beta}_{i_1},\boldsymbol{\beta}_{i_2},\cdots,\boldsymbol{\beta}_{i_r}$ 线性无关. 设 $\boldsymbol{\beta}_j\in\{\boldsymbol{\beta}_1,\boldsymbol{\beta}_2,\cdots,\boldsymbol{\beta}_m\}$. 由 $\boldsymbol{\beta}_j=(\boldsymbol{\alpha}_1,\boldsymbol{\alpha}_2,\cdots,\boldsymbol{\alpha}_n)\boldsymbol{a}_j,\boldsymbol{a}_j=\sum\limits_{k=1}^{r}c_k\boldsymbol{a}_{i_k}\,(j=1,2,\cdots,m)$, 得到

$$\boldsymbol{\beta}_j=(\boldsymbol{\alpha}_1,\boldsymbol{\alpha}_2,\cdots,\boldsymbol{\alpha}_n)\left(\sum_{k=1}^{r}c_k\boldsymbol{a}_{i_k}\right)=\sum_{k=1}^{r}c_k(\boldsymbol{\alpha}_1,\boldsymbol{\alpha}_2,\cdots,\boldsymbol{\alpha}_n)\boldsymbol{a}_{i_k}=\sum_{k=1}^{r}c_k\boldsymbol{\beta}_{i_k},$$

即 $\boldsymbol{\beta}_j$ 可由 $\boldsymbol{\beta}_{i_1},\boldsymbol{\beta}_{i_2},\cdots,\boldsymbol{\beta}_{i_r}$ 线性表示. 综上可知, $\boldsymbol{\beta}_{i_1},\boldsymbol{\beta}_{i_2},\cdots,\boldsymbol{\beta}_{i_r}$ 是 $\boldsymbol{\beta}_1,\boldsymbol{\beta}_2,\cdots,\boldsymbol{\beta}_m$ 的一个极大无关组, 且 $r(\boldsymbol{\beta}_1,\boldsymbol{\beta}_2,\cdots,\boldsymbol{\beta}_m)=r(\boldsymbol{A})$.

4. 因为 $\boldsymbol{\alpha}_1,\boldsymbol{\alpha}_2,\cdots,\boldsymbol{\alpha}_n,\boldsymbol{\beta},\boldsymbol{\gamma}$ 线性相关, 所以, 存在不全为零的数 $k_1,k_2,\cdots,k_n,k,l$, 使得 $k\boldsymbol{\beta}+l\boldsymbol{\gamma}+\sum\limits_{i=1}^{n}k_i\boldsymbol{\alpha}_i=\boldsymbol{\theta}$. 由 $\boldsymbol{\alpha}_1,\boldsymbol{\alpha}_2,\cdots,\boldsymbol{\alpha}_n$ 线性无关, 得到 k,l 不全为零. 当 $k\neq0,l=0$ 时, $\boldsymbol{\beta}$ 可由 $\boldsymbol{\alpha}_1,\boldsymbol{\alpha}_2,\cdots,\boldsymbol{\alpha}_n$ 线性表示; 当 $k=0,l\neq0$ 时, $\boldsymbol{\gamma}$ 可由 $\boldsymbol{\alpha}_1,\boldsymbol{\alpha}_2,\cdots,\boldsymbol{\alpha}_n$ 线性表示; 当 $k\neq0,l\neq0$ 时, $\boldsymbol{\beta}$ 可由 $\boldsymbol{\alpha}_1,\boldsymbol{\alpha}_2,\cdots,\boldsymbol{\alpha}_n,\boldsymbol{\gamma}$ 线性表示, $\boldsymbol{\gamma}$ 可由 $\boldsymbol{\alpha}_1,\boldsymbol{\alpha}_2,\cdots,\boldsymbol{\alpha}_n,\boldsymbol{\beta}$ 线性表示, 从而 $\boldsymbol{\alpha}_1,\boldsymbol{\alpha}_2,\cdots,\boldsymbol{\alpha}_n,\boldsymbol{\beta}$ 与 $\boldsymbol{\alpha}_1,\boldsymbol{\alpha}_2,\cdots,\boldsymbol{\alpha}_n,\boldsymbol{\gamma}$ 等价.

5. (1) 因为 $(\boldsymbol{\beta}_1,\boldsymbol{\beta}_2,\cdots,\boldsymbol{\beta}_n)=(\boldsymbol{\alpha}_1,\boldsymbol{\alpha}_2,\cdots,\boldsymbol{\alpha}_n)\boldsymbol{A}$, 其中 $\boldsymbol{A}=(a_{ij})_{n\times n},a_{ij}=\begin{cases}1,\ i\leqslant j,\\0,\ i>j,\end{cases}$ 且 $|\boldsymbol{A}|=1\neq0$, 所以 $\boldsymbol{\beta}_1,\boldsymbol{\beta}_2,\cdots,\boldsymbol{\beta}_n$ 也是 V 的一组基.

(2) $\boldsymbol{\alpha}$ 在基 $\boldsymbol{\beta}_1,\boldsymbol{\beta}_2,\cdots,\boldsymbol{\beta}_n$ 下的坐标为 $\boldsymbol{A}^{-1}(n,n-1,\cdots,1)^{\mathrm{T}}=(1,1,\cdots,1)^{\mathrm{T}}$.

6. $(\boldsymbol{\alpha}_1,\boldsymbol{\alpha}_2,\boldsymbol{\alpha}_3,\boldsymbol{\beta}_1,\boldsymbol{\beta}_2)\to\begin{pmatrix}1&0&0&3&0\\0&1&0&-1&0\\0&0&1&-2&0\\0&0&0&0&1\end{pmatrix}$. 故 $\boldsymbol{\alpha}_1,\boldsymbol{\alpha}_2,\boldsymbol{\alpha}_3$ 线性无关, $\boldsymbol{\beta}_1,\boldsymbol{\beta}_2$ 线性无关, $\boldsymbol{\alpha}_1,\boldsymbol{\alpha}_2,\boldsymbol{\alpha}_3,\boldsymbol{\beta}_2$ 线性无关. 于是 $\boldsymbol{\alpha}_1,\boldsymbol{\alpha}_2,\boldsymbol{\alpha}_3$ 和 $\boldsymbol{\beta}_1,\boldsymbol{\beta}_2$ 可分别作为 V_1 和 V_2 的一组基, 且 $\boldsymbol{\beta}_1=3\boldsymbol{\alpha}_1-\boldsymbol{\alpha}_2-2\boldsymbol{\alpha}_3$. 所以 $V_1+V_2=L(\boldsymbol{\alpha}_1,\boldsymbol{\alpha}_2,\boldsymbol{\alpha}_3,\boldsymbol{\beta}_1,\boldsymbol{\beta}_2)=L(\boldsymbol{\alpha}_1,\boldsymbol{\alpha}_2,\boldsymbol{\alpha}_3,\boldsymbol{\beta}_2)$, 即 $\boldsymbol{\alpha}_1,\boldsymbol{\alpha}_2,\boldsymbol{\alpha}_3,\boldsymbol{\beta}_2$ 可作为 V_1+V_2 的一组基. 故 $\dim(V_1+V_2)=4$. 而 $\dim(V_1\cap V_2)=\dim V_1+\dim V_2-\dim(V_1+V_2)=1$, 且 $\boldsymbol{\beta}_1$ 可作为 $V_1\cap V_2$ 的一组基.

7. 对任意的 $m\in\mathbb{N}$, 令 $(\boldsymbol{E},\boldsymbol{A},\cdots,\boldsymbol{A}^{n-1})(k_1,k_2,\cdots,k_n)^{\mathrm{T}}=\boldsymbol{A}^m$, 即

$$\begin{cases}k_1+k_2a_1+\cdots+k_na_1^{n-1}=a_1^m,\\k_1+k_2a_2+\cdots+k_na_2^{n-1}=a_2^m,\\\quad\vdots\qquad\vdots\qquad\qquad\vdots\qquad\quad\vdots\\k_1+k_2a_n+\cdots+k_na_n^{n-1}=a_n^m,\end{cases}$$

因为该方程组的系数矩阵的行列式 $D=\prod\limits_{1\leqslant i<j\leqslant n}(a_j-a_i)\neq0$, 所以该方程组有唯一解. 换言之, $\forall\,m\in\mathbb{N}$, 存在唯一一组数 $k_1,k_2,\cdots,k_n$, 使得 $\boldsymbol{A}^m=k_1\boldsymbol{E}+k_2\boldsymbol{A}+\cdots+k_n\boldsymbol{A}^{n-1}$. 同理, 方程组 $(\boldsymbol{E},\boldsymbol{A},\cdots,\boldsymbol{A}^{n-1})(k_1,k_2,\cdots,k_n)^{\mathrm{T}}=\boldsymbol{O}$ 只有零解. 从而 $\boldsymbol{E},\boldsymbol{A},\cdots,\boldsymbol{A}^{n-1}$ 线性无关. 故 $\boldsymbol{E},\boldsymbol{A},\cdots,\boldsymbol{A}^{n-1}$ 为 V 的一组基.

8. (1) 因为 $V=L(\boldsymbol{\alpha}_1,\boldsymbol{\alpha}_2,\cdots,\boldsymbol{\alpha}_i)+L(\boldsymbol{\alpha}_{i+1},\boldsymbol{\alpha}_{i+2},\cdots,\boldsymbol{\alpha}_n)$, $\dim V=n=i+(n-i)=\dim L(\boldsymbol{\alpha}_1,\boldsymbol{\alpha}_2,\cdots,\boldsymbol{\alpha}_i)+\dim L(\boldsymbol{\alpha}_{i+1},\boldsymbol{\alpha}_{i+2},\cdots,\boldsymbol{\alpha}_n)$, 所以

$$V=L(\boldsymbol{\alpha}_1,\boldsymbol{\alpha}_2,\cdots,\boldsymbol{\alpha}_i)\oplus L(\boldsymbol{\alpha}_{i+1},\boldsymbol{\alpha}_{i+2},\cdots,\boldsymbol{\alpha}_n).$$

(2),(3) 仿 (1) 可证.

9. (1) 当 l_1 与 l_2 重合时, $V_1+V_2=V_1$ 为 1 维子空间; 当 l_1 与 l_2 不重合时, V_1+V_2 为 2 维子空间, 即过 l_1 和 l_2 的平面.

(2) 当 l_1,l_2,l_3 重合时, $V_1+V_2+V_3=V_1$ 为 1 维子空间; 当 l_1,l_2,l_3 共面且不全重合时, $V_1+V_2+V_3$ 为 2 维子空间; 当 l_1,l_2,l_3 不共面时, $V_1+V_2+V_3=\mathbb{R}^3$ 为 3 维空间.

10. 当 $m=1$ 时, 结论显然成立. 假设 $m=k$ 时, 结论成立, 即 $\exists\boldsymbol{\alpha}\in V$, 但 $\boldsymbol{\alpha}\notin\bigcup\limits_{i=1}^{k}V_i$. 若 $\boldsymbol{\alpha}\notin V_{k+1}$, 则结论已经成立. 若 $\boldsymbol{\alpha}\in V_{k+1}$, 则 $\exists\boldsymbol{\beta}\notin V_{k+1}$, $\forall t\in\mathbb{K}$, $t\boldsymbol{\alpha}+\boldsymbol{\beta}\notin V_{k+1}$, 对于 $i=1,2,\cdots,k$, 若 $t_1\boldsymbol{\alpha}+\boldsymbol{\beta}\in V_i,t_2\boldsymbol{\alpha}+\boldsymbol{\beta}\in V_i$, 则 $(t_1-t_2)\boldsymbol{\alpha}\in V_i$. 因为 $\boldsymbol{\alpha}\notin V_i$, 所以 $t_1=t_2$, 这说明至多存在一个 t_i, 使得 $\boldsymbol{\gamma}_i=t_i\boldsymbol{\alpha}+\boldsymbol{\beta}\in V_i\,(i=1,2,\cdots,k)$. 故除上述至多 k 个向量以外的任一向量 $\boldsymbol{\gamma}=t\boldsymbol{\alpha}+\boldsymbol{\beta}\,(t\neq t_1,t_2,\cdots,t_k)$ 都是符合要求的向量.

11. 由上一题, $\exists\boldsymbol{\alpha}_1\in V$, 使得 $\boldsymbol{\alpha}_1\notin\bigcup\limits_{k=1}^{m}V_k$. 令 $L(\boldsymbol{\alpha}_1)=V_{m+1}$, 又 $\exists\boldsymbol{\alpha}_2\in V$, 使得 $\boldsymbol{\alpha}_2\notin\bigcup\limits_{k=1}^{m+1}V_k$. 因为 $\boldsymbol{\alpha}_2\notin V_{m+1}$, 所以 $\boldsymbol{\alpha}_1,\boldsymbol{\alpha}_2$ 线性无关. 令 $L(\boldsymbol{\alpha}_1,\boldsymbol{\alpha}_2)=V_{m+2}$, 继续上述做法, $\cdots$, $\exists\boldsymbol{\alpha}_n\in V$, 使得 $\boldsymbol{\alpha}_n\notin\bigcup\limits_{k=1}^{m+(n-1)}V_k$. 因为 $\boldsymbol{\alpha}_n\notin V_{m+(n-1)}$, 所以 $\boldsymbol{\alpha}_1,\boldsymbol{\alpha}_2,\cdots,\boldsymbol{\alpha}_n$ 线性无关. 于是 $L(\boldsymbol{\alpha}_1,\boldsymbol{\alpha}_2,\cdots,\boldsymbol{\alpha}_n)=V_{m+n}=V$, 且 $\boldsymbol{\alpha}_1,\boldsymbol{\alpha}_2,\cdots,\boldsymbol{\alpha}_n\notin\bigcup\limits_{k=1}^{m}V_k$.

12. 设 W 是 V 的一个非平凡子空间, $\dim W=m\,(0<m<n)$, 在 W 中取一组基 $\boldsymbol{\alpha}_1,\boldsymbol{\alpha}_2,\cdots,\boldsymbol{\alpha}_m$, 把它扩充为 V 的一组基 $\boldsymbol{\alpha}_1,\boldsymbol{\alpha}_2,\cdots,\boldsymbol{\alpha}_m,\boldsymbol{\beta}_{m+1},\cdots,\boldsymbol{\beta}_n$, 令

$$W_i=L\big(\{\boldsymbol{\alpha}_1,\boldsymbol{\alpha}_2,\cdots,\boldsymbol{\alpha}_m,\boldsymbol{\beta}_{m+1},\cdots,\boldsymbol{\beta}_n\}\backslash\{\boldsymbol{\beta}_{m+i}\}\big)\,(i=1,2,\cdots,n-m),$$

则 $\dim W_i=n-1$, 且 $\bigcap\limits_{i=1}^{n-m}W_i=L(\boldsymbol{\alpha}_1,\boldsymbol{\alpha}_2,\cdots,\boldsymbol{\alpha}_m)=W$.

13. 因为 $\varphi(f_1)=af_1-bf_2+0f_3+0f_4,\varphi(f_2)=bf_1+af_2+0f_3+0f_4,\varphi(f_3)=f_1+0f_2+af_3-bf_4,\varphi(f_4)=0f_1+f_2+bf_3+af_4$, 所以 φ 在基 f_1,f_2,f_3,f_4 下的表示矩阵为 $\begin{pmatrix}a&b&1&0\\-b&a&0&1\\0&0&a&b\\0&0&-b&a\end{pmatrix}$.

14. (1) 由题设, 得 $\varphi(\boldsymbol{\alpha}_3)=(\boldsymbol{\alpha}_3,\boldsymbol{\alpha}_2,\boldsymbol{\alpha}_1)\begin{pmatrix}a_{33}\\a_{23}\\a_{13}\end{pmatrix}$, $\varphi(\boldsymbol{\alpha}_2)=(\boldsymbol{\alpha}_3,\boldsymbol{\alpha}_2,\boldsymbol{\alpha}_1)\begin{pmatrix}a_{32}\\a_{22}\\a_{12}\end{pmatrix}$, $\varphi(\boldsymbol{\alpha}_1)=(\boldsymbol{\alpha}_3,\boldsymbol{\alpha}_2,\boldsymbol{\alpha}_1)\begin{pmatrix}a_{31}\\a_{21}\\a_{11}\end{pmatrix}$, 所以 $\boldsymbol{A}=\begin{pmatrix}a_{33}&a_{32}&a_{31}\\a_{23}&a_{22}&a_{21}\\a_{13}&a_{12}&a_{11}\end{pmatrix}$.

(2) 令 $\boldsymbol{M}=(a_{ij})_{n\times n}$, 由 $(\boldsymbol{\alpha}_1,\boldsymbol{\alpha}_2,\boldsymbol{\alpha}_3)\boldsymbol{C}=(\boldsymbol{\alpha}_3+\boldsymbol{\alpha}_1,\boldsymbol{\alpha}_2,\boldsymbol{\alpha}_1)$, 其中 $\boldsymbol{C}=\begin{pmatrix}1&0&1\\0&1&0\\1&0&0\end{pmatrix}$, 得到 $\boldsymbol{B}=\boldsymbol{C}^{-1}\boldsymbol{M}\boldsymbol{C}=\begin{pmatrix}a_{31}+a_{33}&a_{32}&a_{31}\\a_{21}+a_{23}&a_{22}&a_{21}\\a_{11}+a_{13}-a_{31}-a_{33}&a_{12}-a_{32}&a_{11}-a_{31}\end{pmatrix}$.

或者 $\varphi(\boldsymbol{\alpha}_1+\boldsymbol{\alpha}_3)=(\boldsymbol{\alpha}_1+\boldsymbol{\alpha}_3,\boldsymbol{\alpha}_2,\boldsymbol{\alpha}_1)\begin{pmatrix}a_{31}+a_{33}\\a_{21}+a_{23}\\a_{11}+a_{13}-a_{31}-a_{33}\end{pmatrix}$,

$\varphi(\boldsymbol{\alpha}_2)=(\boldsymbol{\alpha}_1+\boldsymbol{\alpha}_3,\boldsymbol{\alpha}_2,\boldsymbol{\alpha}_1)\begin{pmatrix}a_{32}\\a_{22}\\a_{12}-a_{32}\end{pmatrix}$, $\varphi(\boldsymbol{\alpha}_1)=(\boldsymbol{\alpha}_1+\boldsymbol{\alpha}_3,\boldsymbol{\alpha}_2,\boldsymbol{\alpha}_1)\begin{pmatrix}a_{31}\\a_{21}\\a_{11}-a_{31}\end{pmatrix}$, 所以 $\boldsymbol{B}=\begin{pmatrix}a_{31}+a_{33}&a_{32}&a_{31}\\a_{21}+a_{23}&a_{22}&a_{21}\\a_{11}+a_{13}-a_{31}-a_{33}&a_{12}-a_{32}&a_{11}-a_{31}\end{pmatrix}$.

15. (1) 因为 $\varphi(\boldsymbol{\alpha}_1,\boldsymbol{\alpha}_2,\boldsymbol{\alpha}_3)=(\boldsymbol{\alpha}_1,\boldsymbol{\alpha}_2,\boldsymbol{\alpha}_3)\boldsymbol{A}$, 其中 $\boldsymbol{A}=\begin{pmatrix}1&1&1\\0&1&1\\0&0&1\end{pmatrix}$, 所以

$$\varphi^{-1}(\boldsymbol{\alpha}_1,\boldsymbol{\alpha}_2,\boldsymbol{\alpha}_3)=(\boldsymbol{\alpha}_1,\boldsymbol{\alpha}_2,\boldsymbol{\alpha}_3)\boldsymbol{A}^{-1}=(\boldsymbol{\alpha}_1,\boldsymbol{\alpha}_2,\boldsymbol{\alpha}_3)\begin{pmatrix}1&-1&0\\0&1&-1\\0&0&1\end{pmatrix}.$$

(2) $\varphi^{-1}(\varphi(\boldsymbol{\alpha}_1),\varphi(\boldsymbol{\alpha}_2),\varphi(\boldsymbol{\alpha}_3))=(\boldsymbol{\alpha}_1,\boldsymbol{\alpha}_2,\boldsymbol{\alpha}_3)=(\varphi(\boldsymbol{\alpha}_1),\varphi(\boldsymbol{\alpha}_2),\varphi(\boldsymbol{\alpha}_3))\boldsymbol{A}^{-1}$.

16. 设 φ 在 V 的一组基 $\boldsymbol{\alpha}_1,\boldsymbol{\alpha}_2,\cdots,\boldsymbol{\alpha}_n$ 下的表示矩阵为 $\boldsymbol{A}$, 则对于任意 n 阶可逆矩阵 $\boldsymbol{C}$, $(\boldsymbol{\alpha}_1,\boldsymbol{\alpha}_2,\cdots,\boldsymbol{\alpha}_n)\boldsymbol{C}$ 也是 V 的一组基. 由题设, 得到 φ 在基 $(\boldsymbol{\alpha}_1,\boldsymbol{\alpha}_2,\cdots,\boldsymbol{\alpha}_n)\boldsymbol{C}$ 下的表示矩阵为 $\boldsymbol{C}^{-1}\boldsymbol{A}\boldsymbol{C}=\boldsymbol{A}$, 即 $\boldsymbol{A}\boldsymbol{C}=\boldsymbol{C}\boldsymbol{A}$, 亦即 $\boldsymbol{A}$ 与一切可逆矩阵的乘法可交换, 所以 $\boldsymbol{A}=k\boldsymbol{E}\ (k\in\mathbb{K})$. 于是 $\varphi=kI_V\ (k\in\mathbb{K})$.

17. 因为 $(\boldsymbol{\beta}_1,\boldsymbol{\beta}_2,\boldsymbol{\beta}_3)=(\boldsymbol{\alpha}_1,\boldsymbol{\alpha}_2,\boldsymbol{\alpha}_3)\boldsymbol{C}$, 其中 $\boldsymbol{C}=\begin{pmatrix}1&1&0\\1&2&2\\0&0&-1\end{pmatrix}^{-1}\begin{pmatrix}1&1&0\\2&3&2\\3&5&1\end{pmatrix}=\begin{pmatrix}-6&-11&-4\\7&12&4\\-3&-5&-1\end{pmatrix}$, 且 $\boldsymbol{\alpha}=(\boldsymbol{\beta}_1,\boldsymbol{\beta}_2,\boldsymbol{\beta}_3)(1,-1,1)^{\mathrm{T}}$, 所以

$$\varphi(\boldsymbol{\alpha})=\varphi(\boldsymbol{\beta}_1,\boldsymbol{\beta}_2,\boldsymbol{\beta}_3)\begin{pmatrix}1\\-1\\1\end{pmatrix}=(\boldsymbol{\beta}_1,\boldsymbol{\beta}_2,\boldsymbol{\beta}_3)\boldsymbol{C}^{-1}\boldsymbol{A}\boldsymbol{C}\begin{pmatrix}1\\-1\\1\end{pmatrix}=(\boldsymbol{\beta}_1,\boldsymbol{\beta}_2,\boldsymbol{\beta}_3)\begin{pmatrix}\frac{73}{3}\\-\frac{55}{3}\\\frac{38}{3}\end{pmatrix},$$

其中

$$C^{-1}AC=\frac{1}{3}\begin{pmatrix}20&-22&31\\-14&16&-25\\7&-11&20\end{pmatrix}\begin{pmatrix}-6&-11&-4\\7&12&4\\-3&-5&-1\end{pmatrix}=\frac{1}{3}\begin{pmatrix}-367&-639&-199\\271&471&145\\-179&-309&-92\end{pmatrix}.$$

18. 必要性. 设 $\varphi(\boldsymbol{\alpha})=\boldsymbol{\theta}$, 而 $\boldsymbol{\alpha}=\sum\limits_{i=1}^{n}k_i\boldsymbol{\alpha}_i\,(k_i\in\mathbb{K},i=1,2,\cdots,n)$, 则 $\sum\limits_{i=1}^{n}k_i\varphi(\boldsymbol{\alpha}_i)=\boldsymbol{\theta}$, 因为 $\varphi(\boldsymbol{\alpha}_1),\varphi(\boldsymbol{\alpha}_2),\cdots,\varphi(\boldsymbol{\alpha}_n)$ 线性无关, 所以 $k_i=0\,(i=1,2,\cdots,n)$. 于是 $\boldsymbol{\alpha}=\boldsymbol{\theta}$. 故 φ 为单映射.

充分性. 设 $\sum\limits_{i=1}^{n}k_i\varphi(\boldsymbol{\alpha}_i)=\boldsymbol{\theta}$, 则 $\varphi\left(\sum\limits_{i=1}^{n}k_i\boldsymbol{\alpha}_i\right)=\boldsymbol{\theta}$. 因为 φ 为单映射, 所以 $\sum\limits_{i=1}^{n}k_i\boldsymbol{\alpha}_i=\boldsymbol{\theta}$. 再由 $\boldsymbol{\alpha}_1,\boldsymbol{\alpha}_2,\cdots,\boldsymbol{\alpha}_n$ 线性无关, 得到 $k_i=0\,(i=1,2,\cdots,n)$. 故 $\varphi(\boldsymbol{\alpha}_1),\varphi(\boldsymbol{\alpha}_2),\cdots,\varphi(\boldsymbol{\alpha}_n)$ 线性无关.

19. (1) $\varphi(\boldsymbol{\alpha}_1,\boldsymbol{\alpha}_2,\boldsymbol{\alpha}_3,\boldsymbol{\alpha}_4)=(\boldsymbol{\alpha}_1,\boldsymbol{\alpha}_2,\boldsymbol{\alpha}_3,\boldsymbol{\alpha}_4)\boldsymbol{A}$.

$(\boldsymbol{\beta}_1,\boldsymbol{\beta}_2,\boldsymbol{\beta}_3,\boldsymbol{\beta}_4)=(\boldsymbol{\alpha}_1,\boldsymbol{\alpha}_2,\boldsymbol{\alpha}_3,\boldsymbol{\alpha}_4)\begin{pmatrix}1&0&0&0\\-2&3&0&0\\0&-1&1&0\\1&-3&1&2\end{pmatrix}=(\boldsymbol{\alpha}_1,\boldsymbol{\alpha}_2,\boldsymbol{\alpha}_3,\boldsymbol{\alpha}_4)\boldsymbol{C}$. 于是

$$\varphi(\boldsymbol{\beta}_1,\boldsymbol{\beta}_2,\boldsymbol{\beta}_3,\boldsymbol{\beta}_4)=(\boldsymbol{\beta}_1,\boldsymbol{\beta}_2,\boldsymbol{\beta}_3,\boldsymbol{\beta}_4)\boldsymbol{C}^{-1}\boldsymbol{AC}=(\boldsymbol{\beta}_1,\boldsymbol{\beta}_2,\boldsymbol{\beta}_3,\boldsymbol{\beta}_4)\boldsymbol{B}.$$

因为 $(\boldsymbol{C},\boldsymbol{A})\to(\boldsymbol{E},\boldsymbol{C}^{-1}\boldsymbol{A})$, 其中 $\boldsymbol{C}^{-1}\boldsymbol{A}=\frac{1}{3}\begin{pmatrix}3&0&6&3\\1&2&5&5\\4&8&20&20\\1&-4&-4&-7\end{pmatrix}$. 因此

$$\boldsymbol{B}=\boldsymbol{C}^{-1}\boldsymbol{AC}=\frac{1}{3}\begin{pmatrix}6&-15&9&6\\2&-14&10&10\\8&-56&40&40\\2&13&-11&-14\end{pmatrix}.$$

(2) 因为 $\boldsymbol{A}\to\begin{pmatrix}1&0&2&1\\0&2&3&4\\0&0&0&0\\0&0&0&0\end{pmatrix}$, 所以 $\mathrm{Im}(\varphi)=L\left(\varphi(\boldsymbol{\alpha}_1),\varphi(\boldsymbol{\alpha}_2)\right)$, 即

$$\mathrm{Im}(\varphi)=L(\boldsymbol{\alpha}_1-\boldsymbol{\alpha}_2+\boldsymbol{\alpha}_3+2\boldsymbol{\alpha}_4,2\boldsymbol{\alpha}_2+2\boldsymbol{\alpha}_3-2\boldsymbol{\alpha}_4).$$

又易得方程组 $\boldsymbol{AX}=\boldsymbol{0}$ 的一组基础解系 $\boldsymbol{\xi}_1=\begin{pmatrix}-2\\-\frac{3}{2}\\1\\0\end{pmatrix},\boldsymbol{\xi}_2=\begin{pmatrix}-1\\-2\\0\\1\end{pmatrix}$. 故 $\mathrm{Ker}(\varphi)$ 的一组基

可取为$\boldsymbol{\gamma}_1=-2\boldsymbol{\alpha}_1-\dfrac{3}{2}\boldsymbol{\alpha}_2+\boldsymbol{\alpha}_3,\boldsymbol{\gamma}_2=-\boldsymbol{\alpha}_1-2\boldsymbol{\alpha}_2+\boldsymbol{\alpha}_4$, 且

$$\operatorname{Ker}(\varphi)=L\left(-2\boldsymbol{\alpha}_1-\frac{3}{2}\boldsymbol{\alpha}_2+\boldsymbol{\alpha}_3,-\boldsymbol{\alpha}_1-2\boldsymbol{\alpha}_2+\boldsymbol{\alpha}_4\right).$$

(3) $\boldsymbol{\gamma}_1,\boldsymbol{\gamma}_2$ 如上, $\boldsymbol{\gamma}_3=\boldsymbol{\alpha}_1,\boldsymbol{\gamma}_4=\boldsymbol{\alpha}_2$, 则$\varphi(\boldsymbol{\gamma}_1,\boldsymbol{\gamma}_2,\boldsymbol{\gamma}_3,\boldsymbol{\gamma}_4)=(\boldsymbol{\gamma}_1,\boldsymbol{\gamma}_2,\boldsymbol{\gamma}_3,\boldsymbol{\gamma}_4)\boldsymbol{K}$. 因为$(\boldsymbol{\gamma}_1,\boldsymbol{\gamma}_2,\boldsymbol{\gamma}_3,\boldsymbol{\gamma}_4)=(\boldsymbol{\alpha}_1,\boldsymbol{\alpha}_2,\boldsymbol{\alpha}_3,\boldsymbol{\alpha}_4)\boldsymbol{C}_1$, 其中$\boldsymbol{C}_1=\begin{pmatrix}-2&-1&1&0\\-\frac{3}{2}&-2&0&1\\1&0&0&0\\0&1&0&0\end{pmatrix}$. 故$\boldsymbol{K}=$

$$\boldsymbol{C}_1^{-1}\boldsymbol{A}\boldsymbol{C}_1=\begin{pmatrix}1&2&5&5\\2&-2&1&-2\\5&2&13&9\\\frac{9}{2}&1&\frac{21}{2}&\frac{13}{2}\end{pmatrix}\begin{pmatrix}-2&-1&1&0\\-\frac{3}{2}&-2&0&1\\1&0&0&0\\0&1&0&0\end{pmatrix}=\begin{pmatrix}0&0&1&2\\0&0&2&-2\\0&0&5&2\\0&0&\frac{9}{2}&1\end{pmatrix}.$$

(4) 令$\boldsymbol{\zeta}_1=\varphi(\boldsymbol{\alpha}_1),\boldsymbol{\zeta}_2=\varphi(\boldsymbol{\alpha}_2),\boldsymbol{\zeta}_3=\boldsymbol{\alpha}_3,\boldsymbol{\zeta}_4=\boldsymbol{\alpha}_4$, 则

$$\begin{aligned}\varphi(\boldsymbol{\zeta}_1,\boldsymbol{\zeta}_2,\boldsymbol{\zeta}_3,\boldsymbol{\zeta}_4)&=(\boldsymbol{\zeta}_1,\boldsymbol{\zeta}_2,\boldsymbol{\zeta}_3,\boldsymbol{\zeta}_4)\begin{pmatrix}1&0&0&0\\-1&2&0&0\\1&2&1&0\\2&-2&0&1\end{pmatrix}^{-1}\boldsymbol{A}\begin{pmatrix}1&0&0&0\\-1&2&0&0\\1&2&1&0\\2&-2&0&1\end{pmatrix}\\&=(\boldsymbol{\zeta}_1,\boldsymbol{\zeta}_2,\boldsymbol{\zeta}_3,\boldsymbol{\zeta}_4)\begin{pmatrix}1&0&2&1\\0&1&\frac{3}{2}&2\\0&0&0&0\\0&0&0&0\end{pmatrix}\begin{pmatrix}1&0&0&0\\-1&2&0&0\\1&2&1&0\\2&-2&0&1\end{pmatrix}\\&=(\boldsymbol{\zeta}_1,\boldsymbol{\zeta}_2,\boldsymbol{\zeta}_3,\boldsymbol{\zeta}_4)\begin{pmatrix}5&2&2&1\\\frac{9}{2}&1&\frac{3}{2}&2\\0&0&0&0\\0&0&0&0\end{pmatrix}.\end{aligned}$$

故φ在基$\boldsymbol{\zeta}_1,\boldsymbol{\zeta}_2,\boldsymbol{\zeta}_3,\boldsymbol{\zeta}_4$下的表示矩阵为$\boldsymbol{P}=\begin{pmatrix}5&2&2&1\\\frac{9}{2}&1&\frac{3}{2}&2\\0&0&0&0\\0&0&0&0\end{pmatrix}$.

20. 由题设, 易得φ在$\mathbb{R}^{3\times1}$的自然基$\boldsymbol{e}_1,\boldsymbol{e}_2,\boldsymbol{e}_3$下的表示矩阵$\boldsymbol{A}=\begin{pmatrix}1&1&-2\\0&1&1\\1&2&-1\end{pmatrix}$. 因为$r(\boldsymbol{A})=2$, 且$\boldsymbol{A}$的任意两个列向量线性无关, 所以不妨取$\varphi(\boldsymbol{e}_1),\varphi(\boldsymbol{e}_2)$构成$\operatorname{Im}(\varphi)$的一组基. 故$\operatorname{Im}(\varphi)=L(\varphi(\boldsymbol{e}_1),\varphi(\boldsymbol{e}_2),\varphi(\boldsymbol{e}_3))=L(\varphi(\boldsymbol{e}_1),\varphi(\boldsymbol{e}_2))$.

21. 因为$\boldsymbol{A}=\begin{pmatrix}1&1&5&1\\1&1&-2&3\\3&-1&8&1\\1&3&-9&7\end{pmatrix}\to\begin{pmatrix}1&-1&5&-1\\0&2&-7&4\\0&0&0&0\\0&0&0&0\end{pmatrix}$, 所以$r(\boldsymbol{A})=2$. 于是$r(\varphi)=r(\boldsymbol{A})=2$, $N(\varphi)=\dim\mathbb{R}^{4\times1}-r(\varphi)=4-2=2$.

22. 取$\mathbb{K}^{1\times n}$的一组基$\boldsymbol{e}_1,\boldsymbol{e}_2,\cdots,\boldsymbol{e}_n$, 其中$\boldsymbol{e}_k$为第$k$个分量为1, 其余分量为0 $(k=1,2,\cdots,n)$.

(1) $\forall\,\boldsymbol{\alpha}\in\operatorname{Ker}(\varphi)$, 则$\varphi(x_1,x_2,\cdots,x_n)=(x_2,x_3,\cdots,x_n,0)=(0,0,\cdots,0)$, 即$x_2=x_3=\cdots=0$, 从而$\boldsymbol{\alpha}=(x_1,0,\cdots,0)=x_1(1,0,\cdots,0)=x_1\boldsymbol{e}_1$. 于是$\operatorname{Ker}(\varphi)=L(\boldsymbol{e}_1)$. 故$N(\varphi)=1$, $r(\varphi)=\dim\mathbb{K}^{1\times n}-r(\varphi)=n-1$.

(2) 由$\varphi(\boldsymbol{e}_1)=\boldsymbol{0},\varphi(\boldsymbol{e}_{k+1})=\boldsymbol{e}_k\,(k=1,2,\cdots,n-1)$, 得到

$$\operatorname{Im}(\varphi)=L(\boldsymbol{e}_1,\boldsymbol{e}_2,\cdots,\boldsymbol{e}_{n-1}).$$

因为$\operatorname{Im}(\varphi)\cap\operatorname{Ker}(\varphi)=L(\boldsymbol{e}_1)\neq\{\boldsymbol{0}\}$, 所以$\operatorname{Ker}(\varphi)+\operatorname{Im}(\varphi)$不是直和.

23. 设$\dim V_1=k$, 则$\dim V_2=n-k$. 在V_1中取一组基$\boldsymbol{\alpha}_1,\boldsymbol{\alpha}_2,\cdots,\boldsymbol{\alpha}_k$, 在$V_2$中取一组基$\boldsymbol{\beta}_{k+1},\boldsymbol{\beta}_{k+2},\cdots,\boldsymbol{\beta}_n$, 并将其扩充为$V$的一组基$\boldsymbol{\beta}_1,\boldsymbol{\beta}_2,\cdots,\boldsymbol{\beta}_n$. 定义

$$\varphi(\boldsymbol{\beta}_j)=\boldsymbol{\alpha}_j\,(j=1,2,\cdots,k),\varphi(\boldsymbol{\beta}_j)=\boldsymbol{\theta}\,(j=k+1,k+2,\cdots,n),$$

则$\operatorname{Im}(\varphi)=L(\boldsymbol{\alpha}_1,\boldsymbol{\alpha}_2,\cdots,\boldsymbol{\alpha}_k)=V_1$, $V_2=L(\boldsymbol{\beta}_{k+1},\boldsymbol{\beta}_{k+2},\cdots,\boldsymbol{\beta}_n)\subseteq\operatorname{Ker}(\varphi)$. 又因为$\forall\,\boldsymbol{\alpha}\in\operatorname{Ker}(\varphi)$, 设$\boldsymbol{\alpha}=\sum\limits_{j=1}^{n}c_j\boldsymbol{\beta}_j$, 则$\boldsymbol{\theta}=\varphi(\boldsymbol{\alpha})=\sum\limits_{j=1}^{k}c_j\boldsymbol{\alpha}_j$. 再由$\boldsymbol{\alpha}_1,\boldsymbol{\alpha}_2,\cdots,\boldsymbol{\alpha}_k$的线性无关性, 得到$c_j=0\,(j=1,2,\cdots,k)$. 于是$\boldsymbol{\alpha}=\sum\limits_{j=k+1}^{n}c_j\boldsymbol{\beta}_j\in V_2$, 所以$\operatorname{Ker}(\varphi)\subseteq V_2$. 故$\operatorname{Ker}(\varphi)=V_2$.

24. (1) 因为$(\boldsymbol{e}_1,\boldsymbol{e}_2,\boldsymbol{e}_3,\boldsymbol{e}_4)\boldsymbol{C}=(\boldsymbol{\alpha}_1,\boldsymbol{\alpha}_2,\boldsymbol{\alpha}_3,\boldsymbol{\alpha}_4)$, 其中$\boldsymbol{C}=\begin{pmatrix}1&2&0&0\\1&3&0&0\\1&1&1&0\\1&0&0&1\end{pmatrix}$, 所以$\varphi$在基$\boldsymbol{\alpha}_1,\boldsymbol{\alpha}_2,\boldsymbol{\alpha}_3,\boldsymbol{\alpha}_4$下的表示矩阵为$\boldsymbol{B}=\boldsymbol{C}^{-1}\boldsymbol{A}\boldsymbol{C}=\begin{pmatrix}0&0&6&-5\\0&0&-5&4\\0&0&\dfrac{7}{2}&-\dfrac{3}{2}\\0&0&5&-2\end{pmatrix}$.

(2) 因为$|\lambda\boldsymbol{E}-\boldsymbol{B}|=\lambda^2\left(\lambda-\dfrac{1}{2}\right)(\lambda-1)$, 所以$\varphi$的特征值为$\lambda_1=\lambda_2=0,\lambda_3=\dfrac{1}{2},\lambda_4=1$, 且$\varphi$的属于特征值$\lambda_1=\lambda_2=0$的特征向量为$c_1\boldsymbol{\alpha}_1+c_2\boldsymbol{\alpha}_2\,(c_1^2+c_2^2\neq0)$, 属于特征值$\lambda_3=\dfrac{1}{2}$的特征向量为$c_3(-8\boldsymbol{\alpha}_1+6\boldsymbol{\alpha}_2+\boldsymbol{\alpha}_3+2\boldsymbol{\alpha}_4)\,(c_3\neq0)$, 属于特征值$\lambda_4=1$的特征向量为$c_4(-7\boldsymbol{\alpha}_1+5\boldsymbol{\alpha}_2+3\boldsymbol{\alpha}_3+5\boldsymbol{\alpha}_4)\,(c_4\neq0)$.

(3) 由 (2), 取

$$(\boldsymbol{\beta}_1,\boldsymbol{\beta}_2,\boldsymbol{\beta}_3,\boldsymbol{\beta}_4)=(\boldsymbol{\alpha}_1,\boldsymbol{\alpha}_2,\boldsymbol{\alpha}_3,\boldsymbol{\alpha}_4)\begin{pmatrix}1&0&-8&-7\\0&1&6&5\\0&0&1&3\\0&0&2&5\end{pmatrix}$$

或者

$$(\boldsymbol{\beta}_1,\boldsymbol{\beta}_2,\boldsymbol{\beta}_3,\boldsymbol{\beta}_4)=(\boldsymbol{e}_1,\boldsymbol{e}_2,\boldsymbol{e}_3,\boldsymbol{e}_4)\begin{pmatrix}1&2&4&3\\1&3&10&8\\1&1&-1&1\\1&0&-6&-2\end{pmatrix},$$

则 φ 有最简矩阵表示, 且 φ 在基 $\boldsymbol{\beta}_1,\boldsymbol{\beta}_2,\boldsymbol{\beta}_3,\boldsymbol{\beta}_4$ 下的表示矩阵为 $\mathrm{diag}\left(0,0,\dfrac{1}{2},1\right)$.

25. 当 $\varphi=I_V$ 时, 显然. 设 $\varphi\neq I_V$, 由 $\varphi^2=I_V$, 得到 φ 的特征值为 ±1. 令 $E_1=\{\boldsymbol{v}|\varphi(\boldsymbol{v})=\boldsymbol{v}\},E_{-1}=\{\boldsymbol{v}|\varphi(\boldsymbol{v})=-\boldsymbol{v}\}$, 则 E_1 和 E_{-1} 都是 V 的子空间. 设 $\boldsymbol{v}\in V,\boldsymbol{\alpha}=\dfrac{1}{2}(\boldsymbol{v}+\varphi(\boldsymbol{v})),\boldsymbol{\beta}=\dfrac{1}{2}(\boldsymbol{v}-\varphi(\boldsymbol{v}))$, 则 $\boldsymbol{v}=\boldsymbol{\alpha}+\boldsymbol{\beta}$, 且 $\varphi(\boldsymbol{\alpha})=\dfrac{1}{2}(\varphi(\boldsymbol{v})+\varphi^2(\boldsymbol{v}))=\dfrac{1}{2}(\varphi(\boldsymbol{v})+\boldsymbol{v})=\boldsymbol{\alpha},\varphi(\boldsymbol{\beta})=\dfrac{1}{2}(\varphi(\boldsymbol{v})-\varphi^2(\boldsymbol{v}))=-\dfrac{1}{2}(\boldsymbol{v}-\varphi(\boldsymbol{v}))=-\boldsymbol{\beta}$, 所以 $\boldsymbol{\alpha}\in E_1,\boldsymbol{\beta}\in E_{-1}$. 故 $V=E_1+E_{-1}$. 设 $\boldsymbol{v}\in E_1\cap E_{-1}$, 则 $\boldsymbol{v}=\varphi(\boldsymbol{v})=-\boldsymbol{v}$, 从而 $\boldsymbol{v}=\boldsymbol{\theta}$. 于是 $E_1\cap E_{-1}=\{\boldsymbol{\theta}\}$. 综上可知, $V=E_1\oplus E_{-1}$. 故 φ 有最简矩阵表示.

26. (1) 设 W 是 V 的包含 $\boldsymbol{\alpha}_n$ 的 φ-子空间, 则 $\varphi(\boldsymbol{\alpha}_n)=\boldsymbol{\alpha}_{n-1}\in W,\varphi^2(\boldsymbol{\alpha}_n)=\boldsymbol{\alpha}_{n-2}\in W,\cdots,\varphi^{n-1}(\boldsymbol{\alpha}_n)=\boldsymbol{\alpha}_1\in W$, 所以 $W=V$.

(2) 设 W 是 V 的 φ-子空间, 令 $\boldsymbol{\alpha}=\displaystyle\sum_{k=1}^n a_k\boldsymbol{\alpha}_k$ 是 W 中非零向量, 若 $a_n\neq0$, 则 $\varphi^{n-1}(\boldsymbol{\alpha})=a_n\boldsymbol{\alpha}_1\in W$. 如果 $a_n=a_{n-1}=\cdots=a_{k+1}=0,a_k\neq0$, 则 $\varphi^{k-1}(\boldsymbol{\alpha})=a_k\boldsymbol{\alpha}_1\in W$. 故 $\boldsymbol{\alpha}_1\in W$.

(3) 由 (2) 即得.

27. 令 W 是 $C^\infty[a,b]$ 中的一个 1 维 φ-子空间, 任取非零向量 $f\in W$, 则 $W=L(f(x))$, 且存在实数 λ, 使得 $\varphi(f(x))=\lambda f(x)$, 即 $f'(x)=\lambda f(x)$, 亦即 $f(x)=k\mathrm{e}^{\lambda x}\ (k\neq0)$. 因此, $W=L(\mathrm{e}^{\lambda x})\ (\lambda\in\mathbb{R})$ 为 $C^\infty[a,b]$ 的所有 1 维 φ-子空间.

28. 令 $W=\varphi(V)$. $\forall\boldsymbol{w}\in\varphi(V)$, 设 $\boldsymbol{w}=\varphi(\boldsymbol{v})$, 则 $\varphi(\boldsymbol{w})=\varphi^2(\boldsymbol{v})=\varphi(\boldsymbol{v})=\boldsymbol{w}$. 令 $U=\mathrm{Ker}(\varphi)$, 因为 $r(\varphi)<n$, 所以 $\mathrm{Ker}(\varphi)\neq\{\boldsymbol{\theta}\}$. 令 $\mathrm{Ker}(\varphi)=U$. 下面证明 $V=W\oplus U$. 因为 $\forall\boldsymbol{v}\in V$, 都有 $\boldsymbol{v}=\varphi(\boldsymbol{v})+(\boldsymbol{v}-\varphi(\boldsymbol{v}))$, 而 $\varphi(\boldsymbol{v}-\varphi(\boldsymbol{v}))=\varphi(\boldsymbol{v})-\varphi^2(\boldsymbol{v})=\boldsymbol{\theta}$, 所以 $V=W+U$. 设 $\boldsymbol{v}\in W\cap U$, 则 $\boldsymbol{v}=\varphi(\boldsymbol{v})=\boldsymbol{\theta}$. 于是 $W\cap U=\{\boldsymbol{\theta}\}$. 故 $V=W\oplus U$.

习 题 8

1. 直接验证.

2. 显然非零向量 $f_1(x)=-1,f_2(x)=x,f_3(x)=1-x$ 两两不共线, 且 $f_1+f_2+f_3=0$, 所以 f_1,f_2,f_3 构成三角形. 又因为 $\|f_1\|^2=(f_1,f_1)=\displaystyle\int_{-1}^1(-1)^2\mathrm{d}x=2,\|f_2\|^2=\int_{-1}^1x^2\mathrm{d}x=$

$\frac{2}{3}, \|f_3\|^2 = \int_{-1}^{1}(1-x)^2\mathrm{d}x = \frac{8}{3}$, 所以 $\|f_1\|^2 + \|f_2\|^2 = \|f_3\|^2$. 故向量 f_1, f_2, f_3 所构成的三角形为直角三角形.

3. 设 $\boldsymbol{\alpha}_i = \sum_{p=1}^{n} a_{pi}\boldsymbol{\varepsilon}_p, \boldsymbol{\alpha}_j = \sum_{q=1}^{n} a_{qj}\boldsymbol{\varepsilon}_q$, 因为 $\forall\, i = 1, 2, \cdots, k; j = 1, 2, \cdots, k$, 有

$$\sum_{l=1}^{n}(\boldsymbol{\alpha}_i, \boldsymbol{\varepsilon}_l)(\boldsymbol{\alpha}_j, \boldsymbol{\varepsilon}_l) = \sum_{l=1}^{n}\left(\sum_{p=1}^{n} a_{pi}\boldsymbol{\varepsilon}_p, \boldsymbol{\varepsilon}_l\right)\left(\sum_{q=1}^{n} a_{qj}\boldsymbol{\varepsilon}_q, \boldsymbol{\varepsilon}_l\right) = \sum_{l=1}^{n} a_{li}a_{lj}$$

$$= (a_{1i}, a_{2i}, \cdots, a_{ni})\boldsymbol{G}(\boldsymbol{\varepsilon}_1, \boldsymbol{\varepsilon}_2, \cdots, \boldsymbol{\varepsilon}_n)\begin{pmatrix} a_{1j} \\ a_{2j} \\ \vdots \\ a_{nj} \end{pmatrix} = (\boldsymbol{\alpha}_i, \boldsymbol{\alpha}_j).$$

故结论成立.

4. 因为 $(\boldsymbol{\alpha}, \boldsymbol{\beta}) = (x_1, x_2, \cdots, x_n)\boldsymbol{G}(\boldsymbol{\varepsilon}_1, \boldsymbol{\varepsilon}_2, \cdots, \boldsymbol{\varepsilon}_n)\begin{pmatrix} y_1 \\ y_2 \\ \vdots \\ y_n \end{pmatrix}$, 且基 $\boldsymbol{\varepsilon}_1, \boldsymbol{\varepsilon}_2, \cdots, \boldsymbol{\varepsilon}_n$ 的度量矩阵 $\boldsymbol{G}(\boldsymbol{\varepsilon}_1, \boldsymbol{\varepsilon}_2, \cdots, \boldsymbol{\varepsilon}_n) = \boldsymbol{E}$ 的充分必要条件为基 $\boldsymbol{\varepsilon}_1, \boldsymbol{\varepsilon}_2, \cdots, \boldsymbol{\varepsilon}_n$ 是标准正交基. 故结论成立.

5. 因为 $(\boldsymbol{\alpha}_1, \boldsymbol{\alpha}_1) = 1, (\boldsymbol{\alpha}_1, \boldsymbol{\alpha}_2) = -1, (\boldsymbol{\alpha}_1, \boldsymbol{\alpha}_3) = 1, (\boldsymbol{\alpha}_2, \boldsymbol{\alpha}_2) = 2, (\boldsymbol{\alpha}_2, \boldsymbol{\alpha}_3) = 0, (\boldsymbol{\alpha}_3, \boldsymbol{\alpha}_3) = 4$, 所以, 令 $\boldsymbol{\beta}_1 = \boldsymbol{\alpha}_1, \|\boldsymbol{\beta}_1\| = 1$; $\boldsymbol{\beta}_2 = \boldsymbol{\alpha}_2 - \frac{(\boldsymbol{\alpha}_2, \boldsymbol{\beta}_1)}{\|\boldsymbol{\beta}_1\|^2}\boldsymbol{\beta}_1 = \boldsymbol{\alpha}_2 + \boldsymbol{\alpha}_1, \|\boldsymbol{\beta}_2\| = 1$; $\boldsymbol{\beta}_3 = \boldsymbol{\alpha}_3 - \frac{(\boldsymbol{\alpha}_3, \boldsymbol{\beta}_1)}{\|\boldsymbol{\beta}_1\|^2}\boldsymbol{\beta}_1 - \frac{(\boldsymbol{\alpha}_3, \boldsymbol{\beta}_2)}{\|\boldsymbol{\beta}_2\|^2}\boldsymbol{\beta}_2 = \boldsymbol{\alpha}_3 - \boldsymbol{\alpha}_2 - 2\boldsymbol{\alpha}_1, \|\boldsymbol{\beta}_3\| = \sqrt{2}$, 则 $\boldsymbol{\beta}_1, \boldsymbol{\beta}_2, \boldsymbol{\beta}_3$ 是 V 的一组正交基. 再令 $\boldsymbol{\gamma}_1 = \boldsymbol{\alpha}_1, \boldsymbol{\gamma}_2 = \boldsymbol{\alpha}_1 + \boldsymbol{\alpha}_2, \boldsymbol{\gamma}_3 = -\sqrt{2}\boldsymbol{\alpha}_1 - \frac{\sqrt{2}}{2}\boldsymbol{\alpha}_2 + \frac{\sqrt{2}}{2}\boldsymbol{\alpha}_3$, 则 $\boldsymbol{\gamma}_1, \boldsymbol{\gamma}_2, \boldsymbol{\gamma}_3$ 是 V 的一组标准正交基, 其度量矩阵 $\boldsymbol{G}(\boldsymbol{\gamma}_1, \boldsymbol{\gamma}_2, \boldsymbol{\gamma}_3) = \boldsymbol{E}$ 是显然的.

6. 必要性. 设 $\boldsymbol{e}_1, \boldsymbol{e}_2, \cdots, \boldsymbol{e}_n$ 为 $\mathbb{R}^{n\times 1}$ 的自然基, 则

$$(\boldsymbol{e}_i, \boldsymbol{e}_j) = \boldsymbol{e}_i^{\mathrm{T}}\boldsymbol{A}\boldsymbol{e}_j = a_{ij}\,(i, j = 1, 2, \cdots, n),$$

因为 $(\boldsymbol{e}_i, \boldsymbol{e}_j) = (\boldsymbol{e}_j, \boldsymbol{e}_i)$, 所以 $a_{ij} = a_{ji}\,(i, j = 1, 2, \cdots, n)$. 故 $\boldsymbol{A}^{\mathrm{T}} = \boldsymbol{A}$, 即 $\boldsymbol{A}$ 为实对称矩阵. 又因为 $\forall\, \boldsymbol{X} = (x_1, x_2, \cdots, x_n)^{\mathrm{T}} \in \mathbb{R}^{n\times 1}$, 实二次型 $\boldsymbol{X}^{\mathrm{T}}\boldsymbol{A}\boldsymbol{X} = (\boldsymbol{X}, \boldsymbol{X}) \geqslant 0$, 等号成立当且仅当 $\boldsymbol{X} = \boldsymbol{0}$, 所以 $\boldsymbol{A}$ 为正定阵.

充分性. 验证题中定义满足内积定义:

(1) $\forall\, \boldsymbol{X} = (x_1, x_2, \cdots, x_n)^{\mathrm{T}} \in \mathbb{R}^{n\times 1}$, 由 $\boldsymbol{A}$ 正定, 得到 $(\boldsymbol{X}, \boldsymbol{X}) = \boldsymbol{X}^{\mathrm{T}}\boldsymbol{A}\boldsymbol{X} \geqslant 0$, 且等号成立当且仅当 $\boldsymbol{X} = \boldsymbol{0}$;

(2) $\forall\, \boldsymbol{X} = (x_1, x_2, \cdots, x_n)^{\mathrm{T}}, \boldsymbol{Y} = (y_1, y_2, \cdots, y_n)^{\mathrm{T}} \in \mathbb{R}^{n\times 1}$, 由 $\boldsymbol{A}$ 正定, 得到 $\boldsymbol{A}^{\mathrm{T}} = \boldsymbol{A}$. 于是

$$(\boldsymbol{X}, \boldsymbol{Y}) = \boldsymbol{X}^{\mathrm{T}}\boldsymbol{A}\boldsymbol{Y} = (\boldsymbol{X}^{\mathrm{T}}\boldsymbol{A}\boldsymbol{Y})^{\mathrm{T}} = \boldsymbol{Y}^{\mathrm{T}}\boldsymbol{A}^{\mathrm{T}}\boldsymbol{X} = \boldsymbol{Y}^{\mathrm{T}}\boldsymbol{A}\boldsymbol{X} = (\boldsymbol{Y}, \boldsymbol{X});$$

(3) $\forall\, \boldsymbol{X} = (x_1, x_2, \cdots, x_n)^{\mathrm{T}}, \boldsymbol{Y} = (y_1, y_2, \cdots, y_n)^{\mathrm{T}}, \boldsymbol{Z} = (z_1, z_2, \cdots, z_n)^{\mathrm{T}} \in \mathbb{R}^{n\times 1}$, $k, l \in \mathbb{R}$, 都有

$$(k\boldsymbol{X} + l\boldsymbol{Y}, \boldsymbol{Z}) = (k\boldsymbol{X} + l\boldsymbol{Y})^{\mathrm{T}}\boldsymbol{A}\boldsymbol{Z} = k\boldsymbol{X}^{\mathrm{T}}\boldsymbol{A}\boldsymbol{Z} + l\boldsymbol{Y}^{\mathrm{T}}\boldsymbol{A}\boldsymbol{Z} = k(\boldsymbol{X}, \boldsymbol{Z}) + l(\boldsymbol{Y}, \boldsymbol{Z}),$$

按欧氏空间的定义, $\mathbb{R}^{n\times 1}$ 在此定义下成为一个欧氏空间.

7. 必要性. 假设 $\boldsymbol{\alpha}_1,\boldsymbol{\alpha}_2,\cdots,\boldsymbol{\alpha}_m$ 线性相关, 则存在 $k_j\neq 0$, 使得

$$k_1\boldsymbol{\alpha}_1+k_2\boldsymbol{\alpha}_2+\cdots+k_m\boldsymbol{\alpha}_m=\boldsymbol{\theta},$$

先用 k_j 乘以 $\boldsymbol{G}$ 的第 j 行, 再把第 $i\,(i\neq j)$ 行的 k_i 倍加到第 j 行, 得到 $\boldsymbol{G}$ 的 (j,p) 元

$$(k_1\boldsymbol{\alpha}_1+k_2\boldsymbol{\alpha}_2+\cdots+k_m\boldsymbol{\alpha}_m,\boldsymbol{\alpha}_p)=0\,(p=1,2,\cdots,m).$$

故 $\boldsymbol{G}$ 不可逆.

充分性. 设 $\boldsymbol{\alpha}_1,\boldsymbol{\alpha}_2,\cdots,\boldsymbol{\alpha}_m$ 线性无关, 当 $m=n$ 时, 用格拉姆-施密特正交化方法: 令 $\boldsymbol{\beta}_1=\boldsymbol{\alpha}_1,\boldsymbol{\beta}_k=\boldsymbol{\alpha}_k+\sum\limits_{i=1}^{k-1}c_{ik}\boldsymbol{\alpha}_i$, 其中 $c_{ik}=-\dfrac{(\boldsymbol{\alpha}_k,\boldsymbol{\beta}_i)}{\|\boldsymbol{\beta}_i\|^2}\,(k=2,3,\cdots,m)$, 则 $(\boldsymbol{\alpha}_1,\boldsymbol{\alpha}_2,\cdots,\boldsymbol{\alpha}_m)\boldsymbol{C}=(\boldsymbol{\beta}_1,\boldsymbol{\beta}_2,\cdots,\boldsymbol{\beta}_m)$, 其中 $\boldsymbol{C}=\begin{pmatrix}1&c_{12}&\cdots&c_{1m}\\0&1&\cdots&c_{2m}\\\vdots&\vdots&&\vdots\\0&0&\cdots&1\end{pmatrix}$, 于是

$$\boldsymbol{G}(\boldsymbol{\beta}_1,\boldsymbol{\beta}_2,\cdots,\boldsymbol{\beta}_m)=\boldsymbol{C}^{\mathrm{T}}\boldsymbol{G}(\boldsymbol{\alpha}_1,\boldsymbol{\alpha}_2,\cdots,\boldsymbol{\alpha}_m)\overline{\boldsymbol{C}},$$

所以

$$|\boldsymbol{G}|=|\boldsymbol{G}(\boldsymbol{\alpha}_1,\boldsymbol{\alpha}_2,\cdots,\boldsymbol{\alpha}_m)|=\frac{1}{|\boldsymbol{C}^{\mathrm{T}}||\overline{\boldsymbol{C}}|}|\boldsymbol{G}(\boldsymbol{\beta}_1,\boldsymbol{\beta}_2,\cdots,\boldsymbol{\beta}_m)|=\prod_{k=1}^{m}\|\boldsymbol{\beta}_k\|^2>0.$$

故 $\boldsymbol{G}$ 可逆. 当 $m<n$ 时, 将其扩充为 V 的一组基 $\boldsymbol{\alpha}_1,\boldsymbol{\alpha}_2,\cdots,\boldsymbol{\alpha}_m,\boldsymbol{\alpha}_{m+1},\cdots,\boldsymbol{\alpha}_n$. 因为 $\boldsymbol{G}(\boldsymbol{\alpha}_1,\boldsymbol{\alpha}_2,\cdots,\boldsymbol{\alpha}_m,\boldsymbol{\alpha}_{m+1},\cdots,\boldsymbol{\alpha}_n)$ 是埃尔米特正定阵, 所以 m 阶顺序主子式 $|\boldsymbol{G}|>0$. 故 $\boldsymbol{G}$ 可逆.

8. 设 $\boldsymbol{A}$ 是 n 阶正定阵, 则存在正定阵 $\boldsymbol{C}$, 使得 $\boldsymbol{A}=\boldsymbol{C}^2$. 令 $\boldsymbol{\varepsilon}_1,\boldsymbol{\varepsilon}_2,\cdots,\boldsymbol{\varepsilon}_n$ 是 V 的一组标准正交基, 则

$$(\boldsymbol{\alpha}_1,\boldsymbol{\alpha}_2,\cdots,\boldsymbol{\alpha}_n)=(\boldsymbol{\varepsilon}_1,\boldsymbol{\varepsilon}_2,\cdots,\boldsymbol{\varepsilon}_n)\boldsymbol{C}$$

也是 V 的一组基, 且

$$\boldsymbol{G}(\boldsymbol{\alpha}_1,\boldsymbol{\alpha}_2,\cdots,\boldsymbol{\alpha}_n)=\boldsymbol{C}^{\mathrm{T}}\boldsymbol{G}(\boldsymbol{\varepsilon}_1,\boldsymbol{\varepsilon}_2,\cdots,\boldsymbol{\varepsilon}_n)\boldsymbol{C}=\boldsymbol{C}^{\mathrm{T}}\boldsymbol{E}\boldsymbol{C}=\boldsymbol{C}^2=\boldsymbol{A}.$$

令 $\boldsymbol{\eta}_1,\boldsymbol{\eta}_2,\cdots,\boldsymbol{\eta}_n$ 是 V 的另一组标准正交基, 则

$$(\boldsymbol{\beta}_1,\boldsymbol{\beta}_2,\cdots,\boldsymbol{\beta}_n)=(\boldsymbol{\eta}_1,\boldsymbol{\eta}_2,\cdots,\boldsymbol{\eta}_n)\boldsymbol{C}$$

是 V 的不同于 $\boldsymbol{\alpha}_1,\boldsymbol{\alpha}_2,\cdots,\boldsymbol{\alpha}_n$ 的另一组基, 但

$$\boldsymbol{G}(\boldsymbol{\beta}_1,\boldsymbol{\beta}_2,\cdots,\boldsymbol{\beta}_n)=\boldsymbol{C}^{\mathrm{T}}\boldsymbol{G}(\boldsymbol{\eta}_1,\boldsymbol{\eta}_2,\cdots,\boldsymbol{\eta}_n)\boldsymbol{C}=\boldsymbol{C}^{\mathrm{T}}\boldsymbol{E}\boldsymbol{C}=\boldsymbol{C}^2=\boldsymbol{A}.$$

9. 令 $\boldsymbol{\beta}=\boldsymbol{\beta}_1-\boldsymbol{\beta}_2=\sum\limits_{i=1}^{n}k_i\boldsymbol{\alpha}_i$, 则

$$(\boldsymbol{\beta},\boldsymbol{\beta})=\sum_{i=1}^{n}k_i(\boldsymbol{\beta},\boldsymbol{\alpha}_i)=0,$$

所以 $\boldsymbol{\beta}=\boldsymbol{\theta}$, 即 $\boldsymbol{\beta}_1=\boldsymbol{\beta}_2$.

10. (1) 首先, 求得方程组的一组基础解系为

$$\boldsymbol{\alpha}_1=(1,0,0,-5,-1)^{\mathrm{T}},\boldsymbol{\alpha}_2=(0,1,0,-4,-1)^{\mathrm{T}},\boldsymbol{\alpha}_3=(0,0,1,4,1)^{\mathrm{T}}.$$

(2) 其次, 正交化, 得到

$$\begin{aligned}&\boldsymbol{\beta}_1=\boldsymbol{\alpha}_1=(1,0,0,-5,-1)^{\mathrm{T}},\\&\boldsymbol{\beta}_2=\boldsymbol{\alpha}_2-\frac{(\boldsymbol{\alpha}_2,\boldsymbol{\beta}_1)}{\|\boldsymbol{\beta}_1\|}\boldsymbol{\beta}_1=\frac{1}{9}(-7,9,0,-1,-2)^{\mathrm{T}},\\&\boldsymbol{\beta}_3=\boldsymbol{\alpha}_3-\frac{(\boldsymbol{\alpha}_3,\boldsymbol{\beta}_2)}{\|\boldsymbol{\beta}_2\|}\boldsymbol{\beta}_2-\frac{(\boldsymbol{\alpha}_3,\boldsymbol{\beta}_1)}{\|\boldsymbol{\beta}_1\|}\boldsymbol{\beta}_1=\frac{1}{15}(7,6,15,1,2)^{\mathrm{T}}.\end{aligned}$$

(3) 最后, 单位化, 得到 W 的一组规范正交基为

$$\boldsymbol{\gamma}_1=\frac{1}{3\sqrt{3}}(1,0,0,-5,-1)^{\mathrm{T}},\boldsymbol{\gamma}_2=\frac{1}{3\sqrt{15}}(-7,9,0,-1,-2)^{\mathrm{T}},\boldsymbol{\gamma}_3=\frac{1}{3\sqrt{35}}(7,6,15,1,2)^{\mathrm{T}}.$$

11. 因为 $\boldsymbol{\theta}\in V_1$，所以 $V_1\neq\varnothing$. 又因为 $\forall\boldsymbol{\beta},\boldsymbol{\gamma}\in V_1,k,l\in\mathbb{R}$, $(\boldsymbol{\alpha},k\boldsymbol{\beta}+l\boldsymbol{\gamma})=k(\boldsymbol{\alpha},\boldsymbol{\beta})+l(\boldsymbol{\alpha},\boldsymbol{\gamma})=0$, 所以 $k\boldsymbol{\beta}+l\boldsymbol{\gamma}\in V_1$, 故 V_1 是 V 的子空间. 将 $\boldsymbol{\alpha}$ 扩充为 V 的一组规范正交基 $\boldsymbol{\alpha},\boldsymbol{\beta}_1,\cdots,\boldsymbol{\beta}_{n-1}$, 则 $\boldsymbol{\beta}_1,\cdots,\boldsymbol{\beta}_{n-1}\in V_1$, 从而 $L(\boldsymbol{\beta}_1,\cdots,\boldsymbol{\beta}_{n-1})\subset V_1$. 反之, $\forall\boldsymbol{\beta}\in V_1$, 设 $\boldsymbol{\beta}=c\boldsymbol{\alpha}+\sum\limits_{k=1}^{n-1}c_k\boldsymbol{\beta}_k$, 则由 $0=(\boldsymbol{\beta},\boldsymbol{\alpha})=c(\boldsymbol{\alpha},\boldsymbol{\alpha})$, 得到 $c=0$, 即 $\boldsymbol{\beta}=\sum\limits_{k=1}^{n-1}c_k\boldsymbol{\beta}_k\in L(\boldsymbol{\beta}_1,\cdots,\boldsymbol{\beta}_{n-1})$. 于是 $V_1=L(\boldsymbol{\beta}_1,\cdots,\boldsymbol{\beta}_{n-1})$. 故 $\dim V_1=n-1$.

12. $\sqrt{13}$.

13. 因为 $P\boldsymbol{v}-\boldsymbol{u}\in U,\boldsymbol{v}-P\boldsymbol{v}\in U^{\perp}$, 所以

$$\|\boldsymbol{v}-\boldsymbol{u}\|^2=\|\boldsymbol{v}-P\boldsymbol{v}+P\boldsymbol{v}-\boldsymbol{u}\|^2=\|\boldsymbol{v}-P\boldsymbol{v}\|^2+\|P\boldsymbol{v}-\boldsymbol{u}\|^2\geqslant\|\boldsymbol{v}-P\boldsymbol{v}\|^2,$$

等号成立当且仅当 $\boldsymbol{u}=P\boldsymbol{v}$.

14. 将 U 的基 $1,t,t^2$ 正交化, 得到正交基

$$1,t-\frac{\int_0^1 t\mathrm{d}t}{\int_0^1 1^2\mathrm{d}t}=t-\frac{1}{2},t^2-\frac{\int_0^1 t^2\mathrm{d}t}{\int_0^1 1^2\mathrm{d}t}-\frac{\int_0^1 t^2(t-\frac{1}{2})\mathrm{d}t}{\int_0^1\left(t-\frac{1}{2}\right)^2\mathrm{d}t}\left(t-\frac{1}{2}\right)=t^2-t+\frac{1}{6}=\left(t-\frac{1}{2}\right)^2-\frac{1}{12},$$

规范化, 得到规范正交基 $\boldsymbol{\varepsilon}_1,\boldsymbol{\varepsilon}_2,\boldsymbol{\varepsilon}_3$, 其中 $\boldsymbol{\varepsilon}_1=1,\boldsymbol{\varepsilon}_2=\sqrt{12}\left(t-\frac{1}{2}\right),\boldsymbol{\varepsilon}_3=\sqrt{180}\left[\left(t-\frac{1}{2}\right)^2-\frac{1}{12}\right]$. 于是所求投影

$$\begin{aligned}f(t)&=(\mathrm{e}^t,\boldsymbol{\varepsilon}_1)\boldsymbol{\varepsilon}_1+(\mathrm{e}^t,\boldsymbol{\varepsilon}_2)\boldsymbol{\varepsilon}_2+(\mathrm{e}^t,\boldsymbol{\varepsilon}_3)\boldsymbol{\varepsilon}_3\\&=\mathrm{e}-1+(18-6\mathrm{e})\left(t-\frac{1}{2}\right)+(210\mathrm{e}-570)\left(t^2-t+\frac{1}{6}\right)\end{aligned}$$

$$= 39\mathrm{e} - 105 + (-216\mathrm{e} + 588)t + (210\mathrm{e} - 570)t^2.$$

15. (1) 因为 $\|\boldsymbol{x} + k\boldsymbol{y}\|^2 = \|\boldsymbol{x}\|^2 + |k|^2\|\boldsymbol{y}\|^2 + 2\mathrm{Re}(\bar{k}(\boldsymbol{x}, \boldsymbol{y}))$, 所以必要性显然. 下面证明充分性. 由题设, 得到 $2\mathrm{Re}\left(\bar{k}(\boldsymbol{x}, \boldsymbol{y})\right) + |k|^2\|\boldsymbol{y}\|^2 \geqslant 0\,(k \in \mathbb{K})$. 当 $\mathbb{K} = \mathbb{R}$ 时, 用 $-k$ 代替 k, 得到 $-2k(\boldsymbol{x}, \boldsymbol{y}) + k^2\|\boldsymbol{y}\|^2 \geqslant 0$. 于是 $|2(\boldsymbol{x}, \boldsymbol{y})| \leqslant |k|\|\boldsymbol{y}\|^2$. 故 $(\boldsymbol{x}, \boldsymbol{y}) = 0$, 即 $\boldsymbol{x} \perp \boldsymbol{y}$. 当 $\mathbb{K} = \mathbb{C}$ 时, 设 $k \in \mathbb{R}$, 先用 $-k$ 代替 k, 得到 $-2k\mathrm{Re}(\boldsymbol{x}, \boldsymbol{y}) + k^2\|\boldsymbol{y}\|^2 \geqslant 0$. 于是 $|2\mathrm{Re}(\boldsymbol{x}, \boldsymbol{y})| \leqslant |k|\|\boldsymbol{y}\|^2$. 因而 $\mathrm{Re}(\boldsymbol{x}, \boldsymbol{y}) = 0$; 再用 $k\mathrm{i}$ 代替 k, 得到 $|2\mathrm{Im}(\boldsymbol{x}, \boldsymbol{y})| \leqslant |k|\|\boldsymbol{y}\|^2$, 所以 $\mathrm{Im}(\boldsymbol{x}, \boldsymbol{y}) = 0$. 故 $(\boldsymbol{x}, \boldsymbol{y}) = 0$, 即 $\boldsymbol{x} \perp \boldsymbol{y}$.

(2) 必要性显然.

充分性. 由题设, 得到 $\mathrm{Re}(\bar{k}(\boldsymbol{x}, \boldsymbol{y})) = 0$. 当 $\mathbb{K} = \mathbb{R}$ 时, 取 $k = 1$, 得到 $(\boldsymbol{x}, \boldsymbol{y}) = 0$, 即 $\boldsymbol{x} \perp \boldsymbol{y}$. 当 $\mathbb{K} = \mathbb{C}$ 时, 先取 $k = 1$, 得到 $\mathrm{Re}(\boldsymbol{x}, \boldsymbol{y}) = 0$; 再取 $k = \mathrm{i}$, 得到 $\mathrm{Im}(\boldsymbol{x}, \boldsymbol{y}) = 0$. 故 $(\boldsymbol{x}, \boldsymbol{y}) = 0$, 即 $\boldsymbol{x} \perp \boldsymbol{y}$.

16. C.

17. C.

18. 因为 $\boldsymbol{A}(\boldsymbol{\alpha} + \mathrm{i}\boldsymbol{\beta}) = \lambda(\boldsymbol{\alpha} + \mathrm{i}\boldsymbol{\beta})$, 所以 $(\boldsymbol{\alpha}^{\mathrm{T}} + \mathrm{i}\boldsymbol{\beta}^{\mathrm{T}})(\boldsymbol{\alpha} + \mathrm{i}\boldsymbol{\beta}) = (\boldsymbol{\alpha}^{\mathrm{T}} + \mathrm{i}\boldsymbol{\beta}^{\mathrm{T}})\boldsymbol{A}^{\mathrm{T}}\boldsymbol{A}(\boldsymbol{\alpha} + \mathrm{i}\boldsymbol{\beta}) = \lambda^2(\boldsymbol{\alpha}^{\mathrm{T}} + \mathrm{i}\boldsymbol{\beta}^{\mathrm{T}})(\boldsymbol{\alpha} + \mathrm{i}\boldsymbol{\beta})$. 因为 $\lambda \notin \mathbb{R}$, 所以 $\lambda^2 \neq 1$. 于是 $(\boldsymbol{\alpha}^{\mathrm{T}} + \mathrm{i}\boldsymbol{\beta}^{\mathrm{T}})(\boldsymbol{\alpha} + \mathrm{i}\boldsymbol{\beta}) = 0$, 即 $\|\boldsymbol{\alpha}\|^2 - \|\boldsymbol{\beta}\|^2 + 2\mathrm{i}(\boldsymbol{\alpha}, \boldsymbol{\beta}) = 0$, 亦即 $(\boldsymbol{\alpha}, \boldsymbol{\beta}) = 0, \|\boldsymbol{\alpha}\| = \|\boldsymbol{\beta}\|$.

19. 记 $\boldsymbol{X} = (x_1, x_2, \cdots, x_n)^{\mathrm{T}}, \boldsymbol{b} = (b_1, b_2, \cdots, b_n)^{\mathrm{T}}, \boldsymbol{G} = \boldsymbol{G}(\boldsymbol{\alpha}_1, \boldsymbol{\alpha}_2, \cdots, \boldsymbol{\alpha}_n)$, 令 $\boldsymbol{\beta} = x_1\boldsymbol{\alpha}_1 + x_2\boldsymbol{\alpha}_2 + \cdots + x_n\boldsymbol{\alpha}_n$, 则 $\boldsymbol{G}\overline{\boldsymbol{X}} = \boldsymbol{b}$. 因为 $|\boldsymbol{G}| > 0$, 所以方程组 $\boldsymbol{G}\overline{\boldsymbol{X}} = \boldsymbol{b}$ 存在唯一解. 故存在唯一 $\boldsymbol{\beta}$ 满足题设条件.

20. 只需证明 T 是线性变换. 由题设, 得到

$$(T(\boldsymbol{\alpha} + \boldsymbol{\beta}), T(\boldsymbol{\gamma})) = (\boldsymbol{\alpha} + \boldsymbol{\beta}, \boldsymbol{\gamma}) = (\boldsymbol{\alpha}, \boldsymbol{\gamma}) + (\boldsymbol{\beta}, \boldsymbol{\gamma}),$$

$$(T(\boldsymbol{\alpha}) + T(\boldsymbol{\beta}), T(\boldsymbol{\gamma})) = (T(\boldsymbol{\alpha}), T(\boldsymbol{\gamma})) + (T(\boldsymbol{\beta}), T(\boldsymbol{\gamma})) = (\boldsymbol{\alpha}, \boldsymbol{\gamma}) + (\boldsymbol{\beta}, \boldsymbol{\gamma}),$$

从而

$$(T(\boldsymbol{\alpha} + \boldsymbol{\beta}), T(\boldsymbol{\gamma})) = (T(\boldsymbol{\alpha}) + T(\boldsymbol{\beta}), T(\boldsymbol{\gamma})).$$

因为 T 是一一变换, 所以 $T(\boldsymbol{\alpha} + \boldsymbol{\beta}) = T(\boldsymbol{\alpha}) + T(\boldsymbol{\beta})$. 同理可得 $T(c\boldsymbol{\alpha}) = cT(\boldsymbol{\alpha})$. 故 T 是线性变换.

21. 记 $\boldsymbol{A} = \begin{pmatrix} \boldsymbol{\alpha}_1 \\ \boldsymbol{\alpha}_2 \\ \vdots \\ \boldsymbol{\alpha}_n \end{pmatrix}$, 则 $\boldsymbol{A}\boldsymbol{A}^{\mathrm{T}} = \begin{pmatrix} (\boldsymbol{\alpha}_1, \boldsymbol{\alpha}_1) & (\boldsymbol{\alpha}_1, \boldsymbol{\alpha}_2) & \cdots & (\boldsymbol{\alpha}_1, \boldsymbol{\alpha}_n) \\ (\boldsymbol{\alpha}_2, \boldsymbol{\alpha}_1) & (\boldsymbol{\alpha}_2, \boldsymbol{\alpha}_2) & \cdots & (\boldsymbol{\alpha}_2, \boldsymbol{\alpha}_n) \\ \vdots & \vdots & & \vdots \\ (\boldsymbol{\alpha}_n, \boldsymbol{\alpha}_1) & (\boldsymbol{\alpha}_n, \boldsymbol{\alpha}_2) & \cdots & (\boldsymbol{\alpha}_n, \boldsymbol{\alpha}_n) \end{pmatrix}$, 且两个方程组可分别记为 $\boldsymbol{A}\boldsymbol{X} = \boldsymbol{0}$ 和 $\boldsymbol{A}\boldsymbol{A}^{\mathrm{T}}\boldsymbol{X} = \boldsymbol{0}$, 其中 $\boldsymbol{X} = (x_1, x_2, \cdots, x_n)^{\mathrm{T}} \in \mathbb{R}^{n\times 1}$. 由方程组 $\boldsymbol{A}\boldsymbol{X} = \boldsymbol{0}$ 与方程组 $\boldsymbol{A}^{\mathrm{T}}\boldsymbol{A}\boldsymbol{X} = \boldsymbol{0}$ 在 $\mathbb{R}^{n\times 1}$ 中同解, 得到 $r(\boldsymbol{A}) = r(\boldsymbol{A}^{\mathrm{T}}\boldsymbol{A})$. 从而 $r(\boldsymbol{A}^{\mathrm{T}}) = r(\boldsymbol{A}\boldsymbol{A}^{\mathrm{T}})$. 因为 $r(\boldsymbol{A}) = r(\boldsymbol{A}^{\mathrm{T}})$, 所以 $r(\boldsymbol{A}\boldsymbol{A}^{\mathrm{T}}) = r(\boldsymbol{A})$. 于是方程组 $\boldsymbol{A}\boldsymbol{X} = \boldsymbol{0}$ 与方程组 $\boldsymbol{A}\boldsymbol{A}^{\mathrm{T}}\boldsymbol{X} = \boldsymbol{0}$ 的解空间有相同的维数. 故方程组 $\boldsymbol{A}\boldsymbol{X} = \boldsymbol{0}$ 与方程组 $\boldsymbol{A}\boldsymbol{A}^{\mathrm{T}}\boldsymbol{X} = \boldsymbol{0}$ 的解空间保积同构.

22. 必要性显然.

充分性. 由 $\boldsymbol{G}(\boldsymbol{\alpha}_1,\boldsymbol{\alpha}_2,\cdots,\boldsymbol{\alpha}_k)=\boldsymbol{G}(\boldsymbol{\beta}_1,\boldsymbol{\beta}_2,\cdots,\boldsymbol{\beta}_k)$, 得到 $(\boldsymbol{\alpha}_i,\boldsymbol{\alpha}_j)=(\boldsymbol{\beta}_i,\boldsymbol{\beta}_j)\,(i,j=1,2,\cdots,k)$. 当 $k=1$ 时, 若 $\boldsymbol{\alpha}_1=\boldsymbol{\beta}_1$, 则 T 为恒等变换. 若 $\boldsymbol{\alpha}_1\neq\boldsymbol{\beta}_1$, 则令 $\boldsymbol{u}=\dfrac{\boldsymbol{\alpha}_1-\boldsymbol{\beta}_1}{\|\boldsymbol{\alpha}_1-\boldsymbol{\beta}_1\|}$, 定义 $T:T(\boldsymbol{\alpha})=\boldsymbol{\alpha}-(\boldsymbol{u},\boldsymbol{\alpha})\boldsymbol{u}-(\boldsymbol{\alpha},\boldsymbol{u})\boldsymbol{u}$, 则

$$\big(T(\boldsymbol{\alpha}_1),T(\boldsymbol{\alpha}_1)\big)=\big(\boldsymbol{\alpha}_1-(\boldsymbol{u},\boldsymbol{\alpha}_1)\boldsymbol{u}-(\boldsymbol{\alpha}_1,\boldsymbol{u})\boldsymbol{u},\ \boldsymbol{\alpha}_1-(\boldsymbol{u},\boldsymbol{\alpha}_1)\boldsymbol{u}-(\boldsymbol{\alpha}_1,\boldsymbol{u})\boldsymbol{u}\big)=(\boldsymbol{\alpha}_1,\boldsymbol{\alpha}_1),$$

且由 $(\boldsymbol{\alpha}_1,\boldsymbol{\alpha}_1)=(\boldsymbol{\beta}_1,\boldsymbol{\beta}_1)$, 得到

$$\begin{aligned}\|\boldsymbol{\alpha}_1-\boldsymbol{\beta}_1\|^2&=(\boldsymbol{\alpha}_1-\boldsymbol{\beta}_1,\boldsymbol{\alpha}_1-\boldsymbol{\beta}_1)=(\boldsymbol{\alpha}_1,\boldsymbol{\alpha}_1)-(\boldsymbol{\alpha}_1,\boldsymbol{\beta}_1)-(\boldsymbol{\beta}_1,\boldsymbol{\alpha}_1)+(\boldsymbol{\beta}_1,\boldsymbol{\beta}_1)\\&=(\boldsymbol{\alpha}_1,\boldsymbol{\alpha}_1)-(\boldsymbol{\alpha}_1,\boldsymbol{\beta}_1)-(\boldsymbol{\beta}_1,\boldsymbol{\alpha}_1)+(\boldsymbol{\alpha}_1,\boldsymbol{\alpha}_1)\\&=(\boldsymbol{\alpha}_1-\boldsymbol{\beta}_1,\boldsymbol{\alpha}_1)+(\boldsymbol{\alpha}_1,\boldsymbol{\alpha}_1-\boldsymbol{\beta}_1),\end{aligned}$$

$$T(\boldsymbol{\alpha}_1)=\boldsymbol{\beta}_1+\left(1-\frac{(\boldsymbol{\alpha}_1-\boldsymbol{\beta}_1,\boldsymbol{\alpha}_1)+(\boldsymbol{\alpha}_1,\boldsymbol{\alpha}_1-\boldsymbol{\beta}_1)}{\|\boldsymbol{\alpha}_1-\boldsymbol{\beta}_1\|^2}\right)(\boldsymbol{\alpha}_1-\boldsymbol{\beta}_1)=\boldsymbol{\beta}_1.$$

故结论对 $k=1$ 成立. 假设结论对 $k-1\,(k>1)$ 成立. 若 $\boldsymbol{\alpha}_1,\boldsymbol{\alpha}_2,\cdots,\boldsymbol{\alpha}_k$ 线性相关, 不妨设 $\boldsymbol{\alpha}_k=\displaystyle\sum_{i=1}^{k-1}c_i\boldsymbol{\alpha}_i$, 由归纳假设存在保积变换 T, 使得 $T(\boldsymbol{\alpha}_i)=\boldsymbol{\beta}_i\,(i=1,2,\cdots,k-1)$,

$$\begin{aligned}(T(\boldsymbol{\alpha}_k)-\boldsymbol{\beta}_k,T(\boldsymbol{\alpha}_k)-\boldsymbol{\beta}_k)&=(T(\boldsymbol{\alpha}_k),T(\boldsymbol{\alpha}_k))+(\boldsymbol{\beta}_k,\boldsymbol{\beta}_k)-(T(\boldsymbol{\alpha}_k),\boldsymbol{\beta}_k)-(\boldsymbol{\beta}_k,T(\boldsymbol{\alpha}_k))\\&=(\boldsymbol{\alpha}_k,\boldsymbol{\alpha}_k)+(\boldsymbol{\beta}_k,\boldsymbol{\beta}_k)-\left(\sum_{i=1}^{k-1}c_i\boldsymbol{\beta}_i,\boldsymbol{\beta}_k\right)-\left(\boldsymbol{\beta}_k,\sum_{i=1}^{k-1}c_i\boldsymbol{\beta}_i\right)\\&=2(\boldsymbol{\alpha}_k,\boldsymbol{\alpha}_k)-\left(\sum_{i=1}^{k-1}c_i\boldsymbol{\alpha}_i,\boldsymbol{\alpha}_k\right)-\left(\boldsymbol{\alpha}_k,\sum_{i=1}^{k-1}c_i\boldsymbol{\alpha}_i\right)\\&=\left(\boldsymbol{\alpha}_k-\sum_{i=1}^{k-1}c_i\boldsymbol{\alpha}_i,\boldsymbol{\alpha}_k\right)+\left(\boldsymbol{\alpha}_k,\boldsymbol{\alpha}_k-\sum_{i=1}^{k-1}c_i\boldsymbol{\alpha}_i\right)=0,\end{aligned}$$

所以 $T(\boldsymbol{\alpha}_k)=\boldsymbol{\beta}_k$. 若 $\boldsymbol{\alpha}_1,\boldsymbol{\alpha}_2,\cdots,\boldsymbol{\alpha}_k$ 线性无关, 则格拉姆矩阵 $\boldsymbol{G}(\boldsymbol{\alpha}_1,\boldsymbol{\alpha}_2,\cdots,\boldsymbol{\alpha}_k)$ 的秩为 k, 从而 $\boldsymbol{\beta}_1,\boldsymbol{\beta}_2,\cdots,\boldsymbol{\beta}_k$ 线性无关. 记 $V=L(\boldsymbol{\alpha}_1,\boldsymbol{\alpha}_2,\cdots,\boldsymbol{\alpha}_k),W=L(\boldsymbol{\beta}_1,\boldsymbol{\beta}_2,\cdots,\boldsymbol{\beta}_k)$, 对内积空间 U 作正交直和分解:

$$U=V\oplus V^{\perp}=W\oplus W^{\perp}.$$

设 $\boldsymbol{e}_{k+1},\boldsymbol{e}_{k+2},\cdots,\boldsymbol{e}_n$ 是 $V^{\perp}$ 的一组规范正交基, $\boldsymbol{f}_{k+1},\boldsymbol{f}_{k+2},\cdots,\boldsymbol{f}_n$ 是 $W^{\perp}$ 的一组规范正交基. 因为 $\boldsymbol{\alpha}_1,\boldsymbol{\alpha}_2,\cdots,\boldsymbol{\alpha}_k$ 是 V 的一组基, $\boldsymbol{\beta}_1,\boldsymbol{\beta}_2,\cdots,\boldsymbol{\beta}_k$ 是 W 的一组基, 定义 V 上的线性变换 T:

$$T\left(\sum_{i=1}^{k}c_i\boldsymbol{\alpha}_i+\sum_{j=k+1}^{n}c_j\boldsymbol{e}_j\right)=\sum_{i=1}^{k}c_i\boldsymbol{\beta}_i+\sum_{j=k+1}^{n}c_j\boldsymbol{f}_j,\forall\,\boldsymbol{\alpha}=\sum_{i=1}^{k}c_i\boldsymbol{\alpha}_i+\sum_{j=k+1}^{n}c_j\boldsymbol{e}_j,$$

则易知 T 是内积空间 U 上的线性变换, 且 $T(\boldsymbol{\alpha}_i)=\boldsymbol{\beta}_i\,(i=1,2,\cdots,k)$. 最后证明 T 是保积变换. 因为

$$(T(\boldsymbol{\alpha}),T(\boldsymbol{\alpha}))=\left(\sum_{i=1}^{k}c_i\boldsymbol{\beta}_i+\sum_{j=k+1}^{n}c_j\boldsymbol{f}_j,\sum_{i=1}^{k}c_i\boldsymbol{\beta}_i+\sum_{j=k+1}^{n}c_j\boldsymbol{f}_j\right)$$

$$
\begin{aligned}
&= \left(\sum_{i=1}^{k} c_i\boldsymbol{\beta}_i, \sum_{i=1}^{k} c_i\boldsymbol{\beta}_i\right) + \left(\sum_{j=k+1}^{n} c_j\boldsymbol{f}_j, \sum_{j=k+1}^{n} c_j\boldsymbol{f}_j\right) \\
&= \left(\sum_{i=1}^{k} c_i\boldsymbol{\alpha}_i, \sum_{i=1}^{k} c_i\boldsymbol{\alpha}_i\right) + \left(\sum_{j=k+1}^{n} c_j\boldsymbol{e}_j, \sum_{j=k+1}^{n} c_j\boldsymbol{e}_j\right) \\
&= (\boldsymbol{\alpha}, \boldsymbol{\alpha}).
\end{aligned}
$$

所以 T 是保积变换.